U0940763

山东财政统计

Shandong Financial Statistics

2004

山东省财政厅　编

中国财政经济出版社

图书在版编目（CIP）数据

山东财政统计．2004/山东省财政厅编．—北京：中国财政经济出版社，2005.12
ISBN 7－5005－8816－X

Ⅰ．山…　Ⅱ．山…　Ⅲ．地方财政-统计资料-山东省-2004　Ⅳ．F812.752－66

中国版本图书馆 CIP 数据核字（2005）第 142326 号

中国财政经济出版社出版
URL：http：//www.cfeph.cn
E-mail：cfeph@cfeph.cn

社址：北京市海淀区阜成路甲 28 号　邮政编码：100036
发行处电话：88190406　财经书店电话：64033436
山东海扬印刷有限公司印装
787×1092 毫米　16 开　39.25 印张　1 049 200 字
2005 年 12 月第 1 版　2005 年 12 月北京第 1 次印刷
印数：1—3 000　定价：120.00 元
ISBN 7－5005－8816－X/F·7672

《山东财政统计》编委会

编 者 说 明

一、《山东财政统计》是一套反映山东省财政发展状况的资料性年刊。《山东财政统计（2004）》收录了2004年山东省国民经济主要指标、财政收支主要指标、预算执行报表、政府采购执行情况和重要财政报告，全面反映山东省财政发展状况。

二、全书内容包括六部分：特载部分、山东省国民经济资料部分、山东省财政收支资料部分、山东省地方财政预算执行资料部分、政府采购信息统计部分、全国财政经济资料部分。

三、全省财政收支数字按当年全省相关决算填列；各市、县（市、区）财政收支数字按各级当年财政决算填列。预算执行资料按全省各月财政收支月报填列。

四、本书所涉及的全国性统计资料均未包括中国台湾省、香港特别行政区和澳门特别行政区的数据。

五、本书所使用的度量衡单位均采用国家统一标准计量单位。

六、为避免小数位取舍而产生计算误差，本书部分表格数据保留小数位数不同，未做舍位调整。本书表中“空格”表示无数据。

七、本书属内部资料，仅供财税系统和有关部门研究参考，请注意保存，勿对外引用。

编　者

2005年11月于济南

总　目　录

目　录

特　载　部　分

山东省国民经济资料部分

山东省财政收支资料部分

山东省地方财政预算执行资料部分

政府采购信息统计部分

全国财政经济资料部分

特载部分

关于山东省2004年预算执行情况和2005年预算草案的报告

——2005年1月17日在山东省第十届人民代表大会第三次会议上

山东省财政厅厅长　尹慧敏

各位代表：

我受省人民政府委托，向大会提交山东省2004年预算执行情况和2005年预算草案，请予审议，并请省政协委员和其他列席会议的同志提出意见。

一、2004年全省和省级预算执行情况

2004年，在中共山东省委的正确领导下，全省上下以邓小平理论和“三个代表”重要思想为指导，深入贯彻党的十六大和十六届三中、四中全会精神，积极落实科学发展观和中央宏观调控政策，国民经济持续快速发展。在此基础上，全省财政收支增幅较高，预算执行情况良好。

据快报统计，2004年全省地方财政收入828.40亿元，完成汇总预算的111.32%，同比增长28.88%（其中经常性收入增长13.50%）；全省财政支出1188.64亿元，完成预算的107.80%，同比增长17.61%。当年收入，加中央税收返还和各项补助及上年结转收入等522.76亿元，收入共计1351.16亿元；当年财政支出，加上解中央支出及结转下年支出等158.37亿元，支出共计1347.01亿元。全省收支相抵，累计净结余4.15亿元。

省级财政收入120.19亿元，完成预算的116.56%，同比增长23.78%（其中经常性收入增长10.20%）；省级财政支出187.06亿元，完成预算的102.22%，同比增长7.47%。当年省级收入，加中央税收返还和各项补助、市净上解收入及上年结转收入等173.29亿元，收入共计293.48亿元；当年省级支出，加上解中央支出、补助市县专项支出及结转下年支出等106.27亿元，支出共计293.33亿元。省级收支相抵，累计净结余1480万元。

2004年，全省纳入预算管理的政府性基金收入167.60亿元，比上年增长48.28%（主要是国有土地收入等增收较多），其中省级收入57.31亿元，比上年增长23.85%；全省政府性基金支出163.52亿元，比上年增长51.58%（主要是各级用于土地开发、整理的支出增加较多），其中省级基金支出47.71亿元，比上年增长23.55%。

全省预算外资金收入310.00亿元，比上年增长5.03%，其中省级收入144.10亿元，比上年增长28.49%；全省预算外资金支出288.24亿元，比上年增长8.04%，其中省级支出136.17亿元，比上年增长32.93%。

地方预算内外收入，加社会保障基金收入和上缴中央税收等，2004年全省境内财政总收入2675.60亿元，同口径比上年增长26.06%。

上述预算执行数字是快报数，由于上下级之间的体制结算正在进行，财政决算编成后，有些数字还会有所变化。

各位代表，过去的一年里，在各级人大依法监督和政协的大力支持下，各级政府及其财税部门按照省委确定的发展目标和工作思路，抢抓机遇、加快发展，依法治税、增收节支，深化改革、加强管理，财税工作取得了新的成绩。

（一）依法加强税费征管，财政收入跃上新台阶

2004年中央出台的政策性减收因素较

多,仅调整出口退税政策、深化农村税费改革、提高增值税、营业税起征点,地方税收就减少80多亿元。在这种情况下,各级坚持依法治税,不断完善税费征管机制,着力改善收入结构,财政实力进一步增强。全省国税系统组织各项收入1130.58亿元,其中地方收入204.49亿元;全省地税系统组织各项收入507.52亿元,其中地方收入405.13亿元;各级财政部门组织各项收入257.60亿元。全省地方财政收入过5亿元的县(市、区)达到32个,比上年增加11个,其中有3个县级市的地方财政收入超过10亿元。预计全省境内财政总收入占生产总值的比重达到17.8%,比上年提高0.9个百分点。财政收入大幅度增长,集中反映出省委工作会议以来各级解放思想、干事创业、加快发展取得的明显成效。

(二)坚持多予少取放活,支持"三农"取得新突破

各级坚决贯彻中央和省委"1号文件"精神,紧紧围绕粮食增产和农民增收,进一步加大了对"三农"的支持力度。全省用于"三农"的各项财政性投入达222.74亿元,增长48.5%。安排农业综合开发和土地治理专项资金3.81亿元,改造中低产田、复垦土地和建设高标准农田174万亩。认真落实对粮食、良种、农机购置的"三补贴"政策,全省对种粮农民直接补贴7.36亿元,兑现农作物良种推广和农机购置补贴6548万元。积极支持禽流感防治工作,全省各级拨付专项资金7945万元。加快推进农村人畜吃水工程建设,全省安排资金2.47亿元。经过三年的努力,基本实现了解决历史性缺水人口饮水困难的目标。深入实施重点贫困乡镇扶贫开发计划,全省筹集资金9945万元,为1240个贫困村40万贫困人口改善了生产生活条件。实施农村劳动力转移培训工程,各级安排3200万元资金,培训农村劳动力16.26万人,转移就业15.22万人。稳步推进新型农村合作医疗试点和农村医疗救助制度建设,全省安排财政补贴资金1.7亿元,参保农民达到1371万人。加快农村中小学危房改造步伐,各级财政安排资金2.5亿元,当年改造危房101万平方米。深入推进农村税费改革,在前两年大幅度减轻农民负担的基础上,去年又停征了除烟叶外的农业特产税,降低农业税税率3个百分点,取消了部分涉农收费项目,全省农民减负40多亿元。

(三)调整优化支出结构,统筹事业发展迈出新步伐

2004年,面对不断加大的支出压力,各级合理运筹财政资金,整合存量、调节增量、优化结构,集中财力统筹解决各项社会事业发展中的重点、难点问题。全省教育支出203.79亿元,比上年增长13.75%;科技支出22.07亿元,可比增长13.76%,均高于经常性财政收入增长幅度。认真落实城市居民最低生活保障政策,全省拨付资金4.7亿元。支持就业再就业工作,全省安排资金5.03亿元。支持困难企业军转干部解困工作,各级安排资金3.5亿元。推进疾病预防控制体系和医疗救治体系建设,全省落实资金10.1亿元。支持文化体育事业发展,全省投入财政资金32亿元。加快环境治理和"生态省"建设,全省拨付环境治理专项资金17.9亿元。支持"平安山东"建设,省对下安排政法专款补助6.99亿元,有效地改善了贫困地区基层政法单位的办案条件。

(四)完善政策抓落实,服务经济发展取得新进展

2004年是省委确定的"工作落实年"。各级不断完善决策目标、执行责任和考核监督"三个体系",灵活运用财税杠杆,求真务实促发展,齐心协力抓落实,保证了省委重大决策的顺利实施。积极贯彻国家宏观调控政策,全省完成基本建设支出59.10亿元,利用中央国债资金23.16亿元,利用国际金融组织和外国政府贷款4亿多元,强化了经济社会发展中的薄弱环节。认真落实出口退税政策,全省完成出口退税291.38亿元,省级拨付出口扶持及奖励资金7000万元,保障了企业利益,支持了外贸出口。研究制定13条优惠政策,切实加大了对胶东半岛制造业基地建设的支持力度。进一步充实和增加了省级担保基金,支持中小企业和民营经济发展。适时提高增值税和营业税起征点,为全省个体工商业户减轻税负6.15亿元。落实国家和省出台

的税收优惠政策，为全省企业减轻税负160多亿元，优化了发展环境。

（五）加大对基层扶持力度，落实促强扶弱战略取得新成效

为加快县域经济发展，改善县乡财政状况，各级进一步加大了对基层的转移支付力度，包括中央补助部分在内，去年省、市对县乡的转移支付达到75.81亿元，比上年增加33.3亿元。省财政出台了激励性转移支付办法，完善了营业税、所得税超收奖励措施，共对各市县补助3.16亿元；安排欠发达县重点中小学及职业学校等建设补助资金4500万元；安排欠发达县中小企业发展、国际市场开拓及劳务输出等专项补助1.07亿元，有力地促进了县域经济发展和县乡财政收入增长。

（六）加快体制机制改革，财政管理再上新水平

各级积极推进部门预算编制改革，加快构建预算内外资金综合运筹机制、重点项目投入机制、人员经费保障机制、政府采购预算管理机制和绩效评价机制，预算的完整性、规范性和约束力明显增强。省级改革了对部分事业单位的经费补助方式，调动了事业单位创新发展的积极性。国库集中支付改革取得新进展，省级试点范围扩大到17个部门51个预算单位。按照《政府采购法》的要求，积极规范政府采购机构设置，省级和部分市实现了“采管分离”。2004年全省政府采购规模达到107亿元，资金节约率为15%左右。扎实推进财政投资评审工作，全省完成投资评审项目367个，评审值125.79亿元，审减财政资金19.58亿元。财政监督进一步加强，查处违法违纪金额60.6亿元。

各位代表，2004年全省预算执行情况总体上是好的，但仍面临不少矛盾，财政工作也存在一些问题和不足。一是财政收入结构不够合理。受经济结构性矛盾的制约，我省部分产业的税收贡献较少，财政收入占生产总值的比重和税收收入占地方财政收入的比重较低，财政保障能力还比较弱。二是社会分配方面的问题较多，调节收入分配差距和防范财政风险的任务较重。三是部分县乡财政比较困难。农村税费改革、出口退税机制改革等因素对县乡财政影响较大，尽管中央和省加大了转移支付力度，但部分县乡“钱少、人多、债重”的状况尚未得到根本改观。四是收支管理有待进一步加强。一些地方税收优惠政策过多过乱；各种形式的偷、逃、骗税现象依然存在；有的地方和部门财政、财务管理不严，花钱大手大脚，资金使用效益不高；账务造假、信息失真等问题时有发生。上述情况表明，深化财税改革和加强财政监管的任务还相当艰巨。对此，我们将积极采取措施，认真加以解决。

二、2005年预算安排意见

根据中央和全省经济工作会议精神，2005年预算安排的指导思想是：以邓小平理论和“三个代表”重要思想为指导，认真落实科学发展观和省委重大决策，依法加强收入征管，不断提高“两个比重”；稳步推进财税改革，切实提高财税管理水平；优化支出结构，集中财力保障重点支出需要；加大转移支付力度，建立激励帮促机制，努力缓解县乡财政困难；落实稳健财政政策，大力支持结构调整，促进经济持续协调发展和社会全面进步。

按照上述指导思想和2005年全省主要经济预期指标，充分考虑各种增减收因素，全省地方财政收入安排936.10亿元，比上年增长13%（其中经常性收入增长8%）。上述收入，加中央税收返还补助及上年结转收入等542.30亿元，减上解中央支出及结转下年支出等159.01亿元，全省可供安排支出的财力为1319.39亿元。按照收支平衡的原则，全省支出相应安排1319.39亿元，比上年增长11%。以上全省预算安排是指导性的，待各级预算经同级人大批准后，具体情况还会有所变化，我们将及时汇总，并报省人大常委会备案。

2005年省级收入安排129.80亿元，比上年增长8%（其中经常性收入增长5%）。上述收入，加中央税收返还补助、市净上解收入及上年结转收入等175.31亿元，减上解中央支出、补助市县专项支出和结转下年支出等110.53亿元，省级可供安排支出的财力为194.58亿元。按照收支平衡的原则，省级支

出相应安排194.58亿元,比上年增长4.02%。除保证人员工资及正常公用经费外,项目支出重点向人民群众最急需、改革发展最关键、经济社会最薄弱的方面倾斜。具体安排情况如下:

1. 加大“三农”投入,促进城乡协调发展。这方面重点项目支出共安排10.65亿元。其中,安排3.9亿元,用于农业综合开发、农业科技推广转化、良种补贴以及农业产业化体系建设等,进一步支持粮食生产和挖掘农业内部增收潜力;安排1.45亿元,用于实施“双增工程”、农机购置补贴、农民专业合作组织建设,促进农村劳动力转移,支持渔民转产转业和渔业资源修复等;安排1.9亿元,用于粮食风险基金配套和对种粮农民的直接补贴,保护和调动农民种粮积极性;安排9500万元,用于农业生态工程、重点流域治理等,切实改善农村基础设施条件;安排1.05亿元,用于村村通自来水工程建设;安排1亿元,用于农村中小学危房改造;安排4000万元,用于贫困地区农村中小学助学金、免费提供教材、更新课桌凳等;安排7668万元,用于扩大新型农村合作医疗试点。另外,安排地方水利建设基金2.6亿元,主要用于大中型病险水库除险加固、骨干河道治理、节水灌溉、农田水利设施建设等,提高防汛抗旱能力。

2. 加大重点事业投入,促进社会全面进步。这方面重点项目支出共安排8.65亿元。主要是,高等教育安排1.02亿元,其中2200万元用于省属高校“三重点”建设,进一步提高省属高校的教学科研能力;7990万元用于高校困难学生伙食补助、助学贷款贴息和世行贷款还本付息等。科技方面安排1.98亿元,其中1.38亿元用于应用技术研究与开发及重点实验室建设;4026万元用于支持人才智力引进、“泰山学者”等高层次人才队伍建设;2000万元用于实施“科学普及村村通”工程。文化体育方面安排6741万元,用于文物保护及文体设施建设等,改善群众文体活动条件。医疗卫生和计划生育方面安排4.03亿元,用于发展医疗卫生单位重点学科和重点实验室,建设疾病控防、计划免疫等公共卫生体系,落实计划生育各项综合改革政策,增强食品药品监督执法能力。公检法方面安排9434万元,进一步提高政法机关装备水平,支持“平安山东”建设。

3. 加大社会保障投入,改善困难群众生活。这方面重点项目支出共安排2.35亿元。其中,8500万元用于城市居民最低生活保障;5000万元用于实施以技能扶贫和救助扶贫为主要内容的“双扶工程”和以培训企业高技能人才为主要内容的“金蓝领”工程;1000万元用于自然灾害生活救助;9000万元用于支持公共就业服务体系建设,切实加大就业和再就业工作力度,培育新的就业增长点。

4. 加大重点建设项目投入,促进经济快速协调发展。这方面共安排9.82亿元。其中,6.1亿元用于基本建设投资和城市建设补助;5000万元用于国债配套及国债转贷技改贴息;1.12亿元用于支持扩大外贸出口、招商引资、第三产业和民营中小企业发展;安排7000万元旅游发展专项资金,支持做大做强旅游产业;8000万元用于信息化推广及环保产业科技研发,促进“数字山东”和“生态省”建设;6000万元用于生态、环境治理及结构调整,促进可持续发展。

5. 加大转移支付力度,保证基层正常运转。2005年省财政共安排对下转移支付资金71.7亿元。其中,农村税费改革转移支付22.5亿元;取消农业特产税和降低农业税税率3个百分点转移支付26亿元(根据中央要求,省委决定今年农业税税率再降2个百分点,由此造成的减收,待中央财政转移支付确定后,省里再统筹安排);一般性和激励性转移支付23.2亿元,比2004年增加4亿元,重点用于解决县乡财政困难,保障基层政权运转和重点事业发展。

另外,安排预备费3.5亿元。

这样安排以后,列省本级的预算内支农支出4.75亿元,同比增长6.21%;教育支出25.58亿元,增长6.01%;科技支出5.07亿元,增长5.06%,均达到了法定增长要求。今年把40个省政府组成部门和直属机构的部门预算提交本次大会审议。

三、突出重点,狠抓落实,确保完成2005年预算任务

2005年是深入落实科学发展观的重要一

年,也是全面完成“十五”计划目标的关键一年。我们要围绕省委总体工作部署,进一步解放思想,抢抓机遇,深化改革,加强管理,保证圆满完成预算任务。

（一）积极培植财源,努力做大财政经济“蛋糕”

牢固树立发展意识,灵活运用财税政策和手段,创新激励机制,调动各方面加快发展、培植财源的积极性。关注农村、关心农民、支持农业,在落实好各项支农、补农政策的同时,加大农村税费改革力度,全省农业税税率再降低2个百分点,为农民减负20多亿元,进一步促进粮食增产、农民增收。围绕省委支持“三个亮点”、“三个一批”、“三个突破”和胶东半岛制造业基地建设等重大战略决策,进一步落实、完善财税政策,提高支持经济发展的效果。大力支持国有企业产权制度改革,推进大型企业主辅分离、辅业改制工作。改进关闭小企业专项资金投向和使用方式,加快淘汰落后生产力,推进国有经济结构和布局的战略性调整。完善社会化服务体系,营造有利于民营经济、中小企业发展的社会环境。足额安排出口退税资金,支持出口企业开拓国际市场,扩大省内产品出口。整合政府财政资源,完善分配机制,优化投资方向,支持实施名牌战略,支持利用现代信息技术和先进适用技术改造传统产业,支持发展循环经济。认真落实促强扶弱战略,加大财税政策、资金、项目倾斜力度,促进县域经济加快发展,培植壮大县乡财源。按照国家部署,稳步推进税制改革,清理收费项目,规范财经秩序。

（二）依法治税管费,保证财政收入稳定增长

正确处理“取”与“予”的关系,把提高“两个比重”作为财经工作的关键来抓,引导各级转变经济增长方式,改善经济运行质量,切实把经济发展的成果反映到财政上来。大力加强税收征管,改进税源控管手段,完善税收征管体系,切实防止有税不收和无税强收。认真清理规范税收优惠政策,坚决制止随意减税、免税,严厉打击偷、逃、骗税,保证各项税收随经济增长而增长。严格落实政府非税收入管理规定,该纳入预算的纳入预算,该纳入专户的纳入专户,坚决纠正各种违规收费。加强对“两个比重”的考核和分类指导,把省对下的转移支付与各地的收入努力程度挂钩,实行政策激励与考核约束并重,扩大总量与优化结构并举,努力增加各级可用财力。

（三）抓住难得机遇,努力缓解县乡财政困难

缓解县乡财政困难,事关基层政权巩固,事关社会稳定,事关全省改革发展大局,意义重大。今年国家将出台缓解县乡财政困难的政策措施,我们要抓住这次机遇,把缓解县乡财政困难作为财政工作的重中之重来抓。在支持县域经济发展的基础上,进一步理顺县乡财政体制和农村义务教育投入机制,合理划分财权、事权,减轻乡村支出压力。对经济欠发达、财政收入规模小的乡镇,积极推行“乡财县管乡用”,规范乡镇财政收支秩序。深化乡镇机构改革,转变管理职能,进一步精减财政供养人员。加大转移支付力度,增强转移支付制度的激励约束功能,引导县乡两级开源节流、增收节支。逐步清理消化乡镇现有债务,严格控制新增债务,切实防范县乡财政风险。缓解县乡财政困难是一项艰巨、复杂的系统工程,全省上下要协调配合、各方联动、综合扶持,力争三至五年内取得明显效果。

（四）依法科学理财,切实提高财税精细化管理水平

要牢固树立艰苦奋斗、勤俭节约、过紧日子的思想,高度重视和加强财税管理,切实为人民管好家、理好财。一方面,要转变理财观念,创新工作思路。工作中既要善于算大账,算经济账、发展账,正确处理好各种分配关系,又要善于算细账,算成本账、效益账,处处精打细算,合理、节约使用财政资金,勤俭办一切事业。另一方面,要进一步深化财税改革,创新财政管理机制。大力推进部门预算、国库集中收付、政府采购和“收支两条线”改革,健全预算管理方式,完善财政监督机制。

坚持把清理界定财政支出范围与稳步推进事业单位改革结合起来,把保证机构运转与整合行政资源结合起来,把深化预算编制改革与推行财务包干结合起来,把加强支出管理与推进职务消费货币化结合起来,提高财政资金使用效益,促进事业更快更好地发展。逐步建立绩效评价机制,加强财政支出的事前评审、事中监控和事后评价,加强财务会计和行政事业单位资产管理,把财政管理工作做深、做精、做细、做扎实。

各位代表,在新的一年里,我们决心在省委的领导下,认真落实本次大会决议,切实加强队伍建设和廉政建设,进一步转变工作作风,锐意改革,强化管理,扎实工作,精打细算,勤俭持家,为建设"大而强、富而美"的社会主义新山东做出新的贡献。

关于山东省2004年财政决算和2005年上半年预算执行情况的报告

——2005年7月27日在山东省第十届人民代表大会常务委员会第十五次会议上

山东省财政厅厅长　尹慧敏

主任、各位副主任、秘书长、各位委员：

受省政府委托，我向省人大常委会报告山东省2004年财政决算和2005年上半年预算执行情况，请予审议。

一、2004年财政决算情况

2004年，在中共山东省委的领导下，全省上下以邓小平理论和“三个代表”重要思想为指导，深入贯彻党的十六大和十六届三中、四中全会精神，积极落实科学发展观与国家宏观调控政策，经济发展速度明显加快，质量和效益进一步提高。在此基础上，财政收支实现较快增长，圆满完成了省十届人大二次会议确定的预算任务。

(一)一般预算收支情况

2004年，全省一般预算收入828.33亿元，完成预算的111.31%，比上年增长16.05%(相同口径增长28.87%，其中经常性收入增长13.50%)；全省一般预算支出1189.37亿元，完成预算的107.87%，比上年增长17.69%。当年一般预算收入，加中央税收返还、各项补助及上年结转收入等551.35亿元，收入共计1379.68亿元；当年一般预算支出，加上解中央支出及结转下年支出等186.17亿元，支出共计1375.54亿元。全省收支相抵，累计净结余4.14亿元。需要说明的是，去年全省结转下年支出142.22亿元，比上年增加30.34亿元，主要是由于中央实施宏观调控，国债投资补助以及出口退税结算资金下达较晚，地方当年未能实现支出。

2004年，省级一般预算收入120.12亿元，完成预算的116.50%，增长23.71%(经常性收入增长10.20%)。其中，增值税31.43亿元，完成预算的129.86%；营业税27.64亿元，完成预算的110.54%；企业所得税17.99亿元，完成预算的117.12%；各项非税收入32.01亿元，完成预算的113.02%。去年省级超收较多，主要是石油、石化、电力等行业价格攀升、生产增长、税收增加，同时也是各级加强税收征管、深化“收支两条线”改革的结果。扣除按政策应返还各市的营业税、企业所得税以及具有专项用途的非税收入，加中央决算补助，去年省级财力比预算增加11.97亿元。这部分资金，主要用于了农村税费改革转移支付、省对下激励性转移支付、农村人畜吃水工程、30个经济欠发达县补助、驻济以外省直单位落实工资政策、山东大学共建、省会城市建设以及省体育中心改造等方面。按照《山东省省级预算审查监督条例》的规定，去年12月份我们已将上述资金的具体使用情况，向省人大财经委作了报告。

2004年，省级一般预算支出187.06亿元，完成预算的102.22%，相同口径比上年增长7.47%。其中，农业支出4.92亿元，完成预算的104.29%，同比增长11.91%；教育支出24.13亿元，完成预算的107.45%，增长13.74%；科技支出4.82亿元，完成预算的104.54%，同比增长10.61%，以上支出均达到了法定增长要求。基本建设支出28.84亿元，完成预算的96.42%，主要是中央实施宏观调控，基本建设国债补助拨付较晚，未完全实现支出；企业挖潜改造资金7.18亿元，完成预算的103.24%;行政管理费13.01亿元,完成预算的98.42%,主要是部分原列省级支出的项目,改列对下补助支出;公检法司支出15.64亿元,完成预算的113.07%,主要是公安等部门纳入预算管理的行政性收费超收较多,支出相应增加;各类事业费支出30.46亿元,完成预算的111.12%,主要是按中央要求,将质监系统部分原在预算外管理的行政性收费,纳入了预算管理;医疗卫生支出6.95亿元,完成预算的111.79%,主要是从去年开始,药监系统经费上划省级管理。

去年,省级安排预备费3.3亿元,已全部动支,主要用于全省农业、教育、文体、卫生、基本建设以及突发应急事件等方面的开支。其中,农业方面支出4300万元,教育方面支出3160万元,文体卫生和社保方面支出6447万元,菏泽市出口退税补助2181万元,提高离休干部护理费和警衔标准增支1911万元,大汶河琵琶山溢流坝修复等重点工程建设4100万元,省国资委等新设机构开办经费2746万元等。

2004年省级一般预算收入120.12亿元,加中央税收返还和各项补助、市上解收入及省级上年结转收入等181.88亿元,收入共计302.00亿元;当年省级一般预算支出187.06亿元,加上解中央支出、补助市县支出及结转下年支出114.79亿元,支出共计301.85亿元,其中结转下年支出45.42亿元,比上年增加6.50亿元,主要是中央决算补助增加,当年没有实现支出。省级收支相抵,累计净结余1480万元。

(二)基金预算收支情况

2004年,全省基金预算收入167.78亿元,比上年增长48.43%,主要是土地有偿使用收入增加较多;基金预算支出164.16亿元,增长52.17%,主要是各级用于土地开发整理的支出大幅度增加。当年基金预算收入,加上年结余收入、中央补助收入、调入资金等71.85亿元,收入共计239.63亿元;当年基金预算支出,加调出资金4.03亿元,支出共计168.19亿元。全省基金收支相抵,年终滚存结余71.44亿元,主要是大部分基金按规定以收定支,跨年度安排使用,结余较多。

2004年,省级基金预算收入57.39亿元,比上年增长24.03%。其中,养路费收入29.89亿元,增长11.89%;新增建设用地有偿使用费收入24.21亿元,增长59.62%。基金支出47.71亿元,增长23.55%。其中,养路费支出30.35亿元,增长12.92%;土地有偿使用支出13.95亿元,增长99.31%。当年基金预算收入,加上年结余、中央补助及各市上解收入42.54亿元,收入共计99.93亿元。当年基金预算支出,加补助各市支出31.40亿元,支出共计79.11亿元。省级基金收支相抵,年终滚存结余20.82亿元。

(三)预算外资金收支情况

2004年,全省预算外资金收入317.26亿元,比上年增长7.49%;预算外资金支出295.68亿元,增长10.82%。全省预算外资金收支相抵,当年结余21.58亿元。

2004年,省级预算外资金收入144.10亿元,比上年增长28.49%,主要是公路客货运附加增收较多,同时根据财政部要求,将彩票公益金纳入预算外资金统计范围;预算外资金支出136.17亿元,增长32.92%。省级预算外资金收支相抵,当年结余7.93亿元。

上述地方预算内、外收入,加社会保障基金收入和上缴中央税收等,2004年全省境内财政性总收入2680.17亿元,比上年增长26.28%。按相同口径统计,境内地方财政性总支出为1873.34亿元,比上年增长18.20%。

需要说明的是,上述收支决算数字,与年初向省十届人大三次会议报告的执行数相比略有变化,主要是决算期间,由于资金在途、中央补助变动等原因,一些收支科目发生了相应变化。

各位委员,在去年政策性减收增支因素较多、财政运行压力较大的情况下,全省和省级均超额完成了全年预算任务。按相同口径计算,全省地方财政收入当年增加185.56亿元,是历史上增收最多的一年;财政支出规模相应扩大,保障能力显著增强。这是各级党委、政府正确领导,各级人大加强监督,全省上下解放思想、干事创业、加快发展的结果。在充分肯定成绩的同时,我们也清醒地看到,财政运行中还存在一些矛盾和问题。一是财政收入结构不够合理。去年我省在优化财政收入结构方面,虽然取得了一定成效,但从全国来看仍有较大差距。2004 年,我省地方财政收入中,税收收入所占比重为 75.75%,居全国第 19 位,比全国平均水平低 6.15 个百分点。其中增值税、营业税、企业所得税、个人所得税四个主体税种,所占比重为 49.56%,比全国平均水平低 11.98 个百分点。主要是受经济结构性矛盾的制约,部分产业和行业的税收贡献较少。二是部分县乡财政仍然比较困难。农村税费改革、出口退税机制改革等因素,对县乡财政影响较大,尽管中央和省加大了转移支付力度,但部分县乡由于经济基础薄弱,自有财力增长慢,加上人多、债重,财政收支矛盾仍然十分突出。2004 年,全省有 51 个县(市、区),可用财力不能满足基本支出需求;有 13 个县本级、624 个乡镇,机关事业单位人员的工资达不到国家标准(750 元/月);有 40 多个县(市、区),预算安排的公用经费人均不足 1000 元,制约了基层政府职能的发挥和城乡社会事业发展。三是财经秩序还不够规范。审计和财政监督情况表明,当前在一些地区和部门,有法不依、管理松弛的问题还比较严重。主要表现在:各种形式的偷、逃、骗税等违法现象屡禁不止;财政收入混级串库、乱拉税源、滞留延压问题时有发生;部门预算编制、执行与管理尚有一些薄弱环节;政府采购预算规模小,执行进度慢,管理有待加强;财政资金低效使用甚至被挤占挪用的问题依然存在,财政监督管理还不够到位,等等。

对上述问题,省政府高度重视,要求各级各部门牢固树立科学发展观和理财观,认真贯彻落实人大决议,大力深化财税改革,严格收入征管,强化预算管理,加强财政监督,采取有力措施,认真加以解决。

二、2005 年上半年预算执行情况

今年以来,我省经济继续保持快速增长,财政收支情况总体良好。上半年,全省地方财政收入 531.40 亿元,完成预算的 56.77%,比上年同期增长 25.84%;全省财政支出 553.66 亿元,完成预算的 41.75%,增长 20.79%。其中,省级收入 73.48 亿元,完成预算的 56.61%,增长 24.39%;省级支出 80.08 亿元,完成预算的 41.15%,增长 8.10%。分析上半年预算执行情况,主要有以下几个特点:

(一) 财政收入快速增长

今年以来,在经济快速发展的基础上,各级坚持依法治税、均衡入库,财政收入呈现增幅高、进度快的良好态势。上半年,全省地方财政收入比去年同期增收 109.12 亿元,收入增幅在东部沿海省市中居第 1 位;收入进度比时间进度快 6.77 个百分点,是近年来收入进度最快的一年。17 个市平均收入增幅为 26.08%,收入进度为 56.80%,均实现了“时间过半、任务过半”。分税种看,与经济发展水平高度相关的增值税、营业税、企业所得税、个人所得税四个主体税种,同比分别增长 30.97%、25.20%、34.97% 和 24.53%。这集中反映了我省经济运行的良好态势和效果。

(二) 重点支出得到较好保障

今年以来,各级围绕落实科学发展观、构建和谐社会,大力调整优化支出结构,科学运筹资金,进一步加大了对经济发展和重点事业的保障力度。上半年,全省财政支出比去年同期增加 95.29 亿元,增幅提高 0.26 个百分点,支出进度提高 0.18 个百分点。其中农业、教育、科技支出分别增长 15.65%、14.51%、25.05%,均保持了稳定增长的势头。受去年中央国债补助结转较多的影响,上半年全省基本建设支出增长 68.93%,企业挖潜改造支出增长 40.04%,均明显高于全省支出平均增长水平。

(三) 加强县乡财政建设取得突破性进展

省政府高度重视县乡财政建设,6 月份专门召开全省会议,对这项工作做出全面部署,并研究制定了《关于进一步加强县乡财政建设促进县域经济社会统筹发展的意见》,下发了 10 个配套办法。省财政在保持原有对下转移支付规模和补助政策不变的基础上,今年通过积极争取中央支持,多渠道筹措资金 15.63 亿元,实施了“五奖一补”政策。即对市级下移财力、县乡税收增长、精简机构人员、

按时偿还债务以及粮食主产县给予奖励,对可用财力不能满足基本支出需求的51个财政困难县(市、区)给予补助。同时,进一步完善省对下财政体制,将上缴地区的递增上解比例由5%降为3%,帮助其解决所辖县因体制原因造成的特殊困难;将补助地区的体制补助并入税收返还基数,与“两税”增长挂钩,进一步增强激励作用;调整个人所得税省市分享办法,形成“利益共享、风险共担”的良好机制。这些措施,增加了基层财力,极大地调动了各级加快发展、增收节支的积极性,县乡财政困难状况将会明显缓解。

(四) 各项财税改革稳步推进

农村税费改革进一步深化。今年全省农业税税率降低2个百分点,有7个市、66个县(市、区)全部免征农业税,为农民减负约28亿元。粮食直补政策落实到位。全省向种粮农民发放补贴资金8.46亿元,直接受益农户达1600多万户,进一步调动了农民种粮的积极性。出口退税政策落实较好。上半年全省完成出口退税104.42亿元,其中地方退税26.11亿元,为外贸出口企业注入了新的活力。国库集中支付改革步伐加快。今年省政府所有部门已全面实施,市县试点工作也正式启动。政府采购管理体制和职能配置逐步规范,采购规模进一步扩大。

总的看,上半年预算执行情况较好,为圆满完成全年预算任务奠定了坚实基础,但也显现出一些矛盾和问题。收入方面,财政增收的不确定性因素较多。受市场需求变化的影响,目前我省钢材、铝材、玻璃等行业产品价格有所回落,水泥、汽车、机械、家电等行业市场销售由旺转平,加上煤、电、油、运持续紧张,造成企业成本上升,亏损面扩大,相关税收减少。特别是原油价格的波动,直接影响省级收入的走势。支出方面,财政增支的压力较大。由于上半年支出进度比时间进度慢8.25个百分点,部分重点支出情况更为突出,相应加大了今后几个月的支出压力。另外,我省下半年防汛救灾任务较重,加上省级和部分市县相继出台了调整工资政策,预计财政新增支出较多。

分析全年财政形势,虽然困难和压力不小,但有利因素也很多。随着省委工作会议精神的深入贯彻落实,特别是在几次科学发展情况交流现场会的推动下,各地抢抓机遇、加快发展、干事创业的积极性日益高涨,新开工项目较多,全省经济将继续保持良好的发展态势。同时,下半年中央将对出口退税政策进行调整,地方减收压力会明显减轻。只要增收节支的措施跟上,预计能够圆满完成全年预算任务。

三、下半年工作重点和措施

根据当前财政经济形势和省委、省政府要求,针对财政决算和预算执行中反映出的问题,我们将认真落实稳健财政政策,采取更加有效的措施,进一步抓好增收节支工作,切实加强财政管理,努力完成省十届人大三次会议确定的各项任务。

(一) 发挥财政职能作用,促进全省经济持续快速发展

认真落实各项支农、惠农政策,进一步深化农村税费改革,努力减轻农民负担、增加农业投入、保障粮食安全,促进农村二、三产业发展和农民增收。灵活运用财税杠杆,引导各地走新型工业化道路,加快推进经济结构调整和增长方式转变,加快发展现代制造业和现代服务业,加快发展循环经济,做大做强主导产业和主导产品,不断培植新的经济财政增长点。支持国有资产管理体制改革,支持国有企业分离办社会职能,促进国有经济调整结构、加快发展。积极落实出口退税政策,着力促进我省产品出口和外向型经济发展。

(二) 深入开展增收节支活动,集中财力保重点、办大事

进一步完善收入考核激励约束机制,引导各级正确处理“取”与“予”的关系,严格依法治税、应收尽收,努力把经济发展的成果反映到财政增收上来。开展税收优惠政策专项检查,全面清理各地自行出台的税收减免政策,纠正缓税、包税、引税、混库现象,严厉打击偷、逃、骗税行为,堵塞税收征管漏洞,挖掘税收增长潜力。严格落实“收支两条线”规

定,加强和规范非税收入管理,壮大财政收入规模,优化财政收入结构,不断提高“两个比重”。按照建设节约型社会的要求,引导各级各部门牢固树立过紧日子的思想,精打细算,厉行节约,勤俭办一切事业。严格控制预算追加,大力压减一般性支出,禁止铺张浪费、大手大脚花钱。优化支出结构,加快支出进度,确保农业、教育、科技以及防汛救灾等重点支出需要。加大对农村人畜吃水工程、农村中小学危房改造、课桌凳更新和“两免一补”工作的支持力度,稳妥推进新型农村合作医疗试点和“两个体系”建设,促进城乡经济社会统筹协调发展。

(三) 切实加强县乡财政建设,努力缓解县乡财政困难

认真落实全省加强县乡财政建设工作会议精神,把缓解县乡财政困难作为财政工作的头等大事来抓。加强情况调度和工作指导,督促各市尽快制定具体的实施方案,安排配套资金,把省里的帮扶政策真正落实到县乡。大力推进县乡综合配套改革,进一步精简机构、人员,控制新增债务。积极实施“乡财乡用县管”和“村财村用乡管”改革试点,提高基层财政管理水平。建立省市财政部门与困难县的对口联络制度,加强对政策落实情况的监督检查,让缓解县乡财政困难工作的成果更多地惠及干部群众,确保年内县乡在编人员工资达到国家标准,确保基层政权和村级组织正常运转,确保农村义务教育和公共卫生等重点事业健康发展。

(四) 加快推进财政改革,积极创新财政管理机制

继续深化预算编制改革,完善支出定额体系,提高财政保障水平。严格预算执行纪律,切实减少预算执行中资金分配不及时、支出不均衡等问题。全面推行国库集中收付制度,积极利用现代化科技手段,实现财政资金网上支付,加快资金拨付速度,提高资金使用效益。进一步扩大政府采购规模,突出解决好政府采购预算执行不到位和超预算采购等问题,规范政府采购行为。不断深化“收支两条线”改革,加强非税收入管理,建立健全预算内外资金综合运筹机制。积极推进事业单位改革,统筹解决好社会事业发展中的突出问题。

(五) 加强财政监督管理,大力推进依法理财

对照审计部门提出的意见和建议,深入查找财政管理中的不足,完善制度办法,严肃财经纪律,努力提高财政管理水平。进一步加强专项资金管理,健全资金管理制度与绩效考评办法,从制度上防范资金拨付不及时、改变资金用途等问题,确保财政资金安全运行、合理分配、高效使用。严格执行《预算法》、《会计法》等法律法规,严厉打击财务会计违法违规行为,规范会计工作秩序,提高会计信息质量。加强对预算单位的财政监督检查,突出解决收入管理不严格、支出使用不合理、会计核算不规范等问题。带头严格执行财经法纪,自觉接受人大监督和审计监督,规范财税执法行为,建设阳光财政,进一步提高依法理财水平和工作透明度。

各位主任、各位委员,下半年的预算执行任务比较重。我们决心在省委的领导下,认真落实本次会议决议,切实加强队伍建设和勤政廉政建设,进一步转变工作作风,锐意改革,强化管理,增收节支,扎实工作,确保圆满完成全年预算任务。

附:2004 年财政决算草案和 2005 年上半年预算执行情况表

2004 年山东财政运行分析

2004 年,全省上下深入贯彻党的十六大及十六届三中、四中全会精神,坚持以科学发展观总揽全局,全面落实中央宏观调控政策和省委"一二三四五六"的工作思路,全省经济保持了持续快速发展的好势头,质量和效益进一步提高。在此基础上,各级财税部门努力增收节支,圆满完成了各项预算任务。

一、2004 年全省预算执行的主要特点

2004 年,是我省各项财税工作取得显著成绩的一年。在各级党委、政府的重视和支持下,各级财税部门进一步加强收入征管,优化支出结构,加快改革步伐,全省财政收入上了一个新的台阶,财政改革实现了新的突破,财政管理水平有了新的提高。

(一) 经济发展为财政收入奠定基础,财政收入迈上了新台阶

2004 年,全省经济运行态势持续向好,在许多行业都出现了多年未有的好局面。全省 GDP 完成 15490.7 亿元,增长 15.3%;工业企业生产、销售两旺,全省规模以上企业工业增加值完成 6498 亿元,增长 26.5%;工业企业利润总额达 1384 亿元,增长 48.7%;全社会商品零售总额完成 4483 亿元,增长 13.9%;固定资产投资完成 7589 亿元,增长 37.7%;外贸进出口总额完成 608 亿美元,增长 36.1%;实际利用外商投资 98 亿美元,比上年增长 32.4%。经济形势向好为财政收入的增长奠定了坚实基础。

全省地方财政收入突破 800 亿元。2004 年,在全省取消烟叶外的农业特产税、农业税率降低 3 个百分点、出口退税机制改革等减收因素很多的情况下,全省地方财政收入突破 800 亿元,达到 828.33 亿元,超额完成年初预算,同口径增长 28.87%,比上年增收 185.56 亿元,是近年来增收最多的一年。全省地方财政收入列广东、上海、江苏之后,继续位居全国第四位。

全省境内财政收入突破 2600 亿元。在地方财政收入快速增长的同时,上交中央收入、预算外收入等也保持了较高增长。2004 年,全省地方财政收入加上上交中央税收、政府性基金收入、预算外收入和社会保障基金收入,全省境内财政总收入完成 2675.6 亿元,同比增长 26.1%。其中,上交中央部分完成 1028.5 亿元,增长 30.5%;地方部分 1647.1 亿元,增长 23.4%。

(二) 收入入库均衡性增强,各季度、各级次收入协调增长

2004 年,各级积极探索科学的征管模式,坚持勤抓、早抓,狠抓均衡入库工作,全省财政收入保持了协调增长。

各季度财政收入均衡增长。2004 年,全省各季度财政收入均超过时间进度,同比增幅均保持在 24% 以上,财政收入均衡入库工作,达到了历年来最好水平。第一季度完成财政收入 192.95 亿元,占预算的 25.92%,增长 24.94%;到第二季度累计完成 422.28 亿元,占预算的 56.72%,增长 27.97%;到第三季度累计完成 601.01 亿元,占预算的 80.73%,增长 26.41%;全年完成 828.33 亿元,占预算的 111.31%,增长 28.87%。

各级次财政收入协调增长。2004 年,省级和 17 个市均超额完成年初收入预算并保持了较高增幅。在石油、石化、有色金属等行业产品价格高,市场情况较好的推动下,省级财政收入完成 120.12 亿元,占预算的 116.50%,增长 23.71%;市以下财政收入在大多数地方增幅较高的带动下,完成 708.21 亿元,可比口径增长 29.79%,其中,莱芜、滨州、威海收入增幅超过了 40%。随着加快县域经济发展,特别是扶持 30 个强县、30 个弱县发展的政策措施逐步得到落实,一些县财政收入实现较快增长。全省地方财政收入过亿元的县(市、区)达到 134 个,有 3 个县地方

财政收入首次突破10亿元;超过5亿元的有32个,比上年增加11个。

(三)收入结构调整初见成效,税收收入比重止住下滑势头

各级财税部门抓住经济形势向好的机遇,按照省委、省政府要求,治税管费,在提高两个比重方面狠下功夫。一方面,在加强主体税种征管的同时,努力挖掘新的税收增长潜力;另一方面,进一步规范非税收入的征管,初步止住了税收收入比重下滑的势头。

企业所得税保持较快增长。2004年,企业所得税呈现出增幅高、进度快、后劲足的特点。从增幅看,各月增幅一直保持在28%以上,各月均超过全省平均增幅;从进度看,各月均超过序时进度,除3月份外,各月进度均超过全省平均进度。

契税、耕地占用税成为税收收入中的新亮点。农业税制改革以后,各级农税征管部门迅速转移工作重点,进一步加大工作力度,契税、耕地占用税成为税收收入新的增长点。全年两税分别比去年增收18.72亿元和9.62亿元,增长达到122.14%、110.66%,远远超过全省平均增幅,两税占税收收入比重由2003年的4.30%上升到2004年8.35%,拉动税收收入增幅5.82个百分点。

非税收入进一步规范。今年以来,各级深入贯彻落实行政许可法,积极稳妥地清理收费项目,规范行政收费行为,严格把握行政性收费纳入财政预算管理的政策界限,对现行已纳入预算管理的非税收入,进行全面清查梳理,取得了较好的效果。全年完成非税收入200.90亿元,增长29.19%。其中,行政性收费收入完成90.99亿元,增长20.14%,近年来首次低于全省财政收入增幅。

全省近几年财政收入与行政性收费增幅(%)

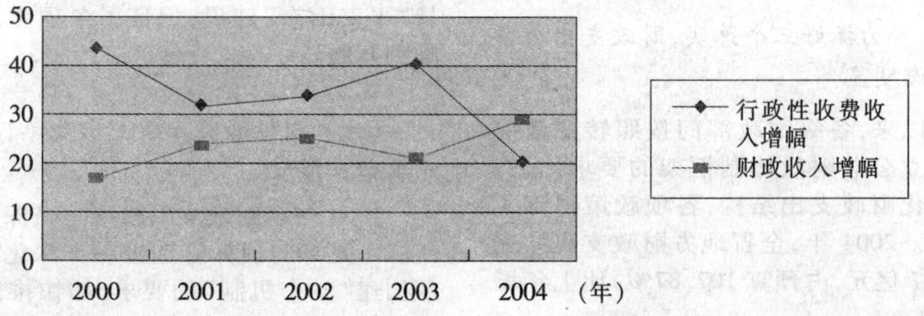

在主体税种和契税、耕地占用税等税种的带动下,全年税收收入共完成627.43亿元,同口径占财政收入比重的77.53%,与上年基本持平,初步止住了税收收入比重连年快速下滑的势头。从全国的情况看,2004年,我省税收收入比重在全国的位次不断提高,一季度倒数第三,上半年倒数第七、三季度倒数第八,全年列十三位,比上年提高了三位。

(四)支持经济力度加大,政策扶持效果显著

2004年,各级财政部门灵活运用财税杠杆,积极促进经济增长和结构调整,强化了对经济发展的扶持力度。

适时提高了增值税和营业税的起征点。通过采取这一政策,全省为个体工商业户减轻税负6.15亿元,较好地促进了个体经济发展和下岗职工再就业。协调国税、地税部门落实税收优惠政策,全年兑现税收优惠政策160多亿元,优化了发展环境,提高了企业竞争力。

农业税制改革促进了粮食丰产、农民增收。全省上下认真贯彻农村工作会议和财政工作会议的部署,把解决好"三农"问题作为各项工作的重中之重,积极采取措施,加大对农业的支持和保护力度。2004年停征了除烟叶外的农业特产税,降低农业税税率3个百分点,直接为农民减负近40亿元;为保护种粮农民利益,对种粮农民进行直接补贴,全省

直补资金兑付率达99.93%,兑付资金7.35亿元。这些政策,有力地支持了农业和农村经济的发展,广大农民切实得到了实惠。2004年,全省农林牧渔业总产值达到3453.2亿元,比上年同期增长5.7%。粮食总产量达到3516.7万吨,比上年增长2.4%。农民人均纯收入快速增长,达到3507.4元,比上年同期增加356.9元,增幅同比提高4.6个百分点,增加额和增幅均为1997年以来最高水平。

出口退税机制改革为外贸企业注入新的活力。2004年,各级财政部门积极筹措资金,切实把出口退税机制落到实处,新的出口退税机制运行平稳,全年累计完成155.4亿元。外贸出口额较大的如青岛、威海、烟台三市;增值税直比分别下降61.68%、49.73%和27.62%。新的出口退税机制为外贸企业注入了新的活力,保证出口企业利益,调动各方面扩大出口的积极性,促进省内产品出口,全省外贸出口增势强劲。全年共完成出口358.7亿美元,增长35.0%,出口额在全国列第5位。

(五)努力抓好三个落实,财政支出公共性特征日渐明显

今年以来,各级财政部门按照转变政府职能和建立公共财政体制框架的要求,大力调整和优化财政支出结构,各项政策得到了较好落实。2004年,全省地方财政支出共完成1189.37亿元,占预算107.87%,比上年增长17.69%。

积极落实国家宏观调控政策。为贯彻落实好中央的宏观调控政策,各级财政部门适时把握投资方向,进一步控制投资规模。全省基本建设支出完成60.03亿元,完成预算的96.59%,下降5.72%;企业挖潜改造资金完成51.01亿元,完成预算的110.75%,增长10.20%。

积极落实支持"三农"支出。2004年,各级财政除了在收入政策上大力支持"三农"外,全省财政预算内支农支出达到73.11亿元,比上年增长18.27%。落实对粮食、良种、农机购置"三补贴"资金近8亿元。安排专项资金,积极支持农村劳动力转移培训、农村人畜吃水工程、农村中小学危房改造、新型农村合作医疗试点和农村医疗救助制度建设等,全年培训农民13万人,解决了150万人的吃水困难问题,改造消除农村中小学危房78万平方米,26个省级试点县有867万农民参加了新型农村合作医疗试点,当年受益人口达到205万人次,有力地改善了农业生产和农民生活条件。

积极落实各项重点事业发展支出。在收支矛盾突出、财政资金比较紧张的情况下,各级通过盘活存量、调整增量,不断优化支出结构,集中财力加大了对重点事业发展的支持力度。2004年,全省教育支出204.83亿元,比上年增长14.33%;科技支出22.38亿元,增长12.42%;社会保障支出74.92亿元,增长19.54%,均高于经常性财政收入增长幅度。全省共拨付4.7亿元资金落实城市居民最低生活保障政策,安排5.03亿元资金支持就业再就业,筹集1.85亿元资金用于支持困难企业军转干部解困工作,有效保障了困难群体的生活问题。全省落实7.8亿元资金推进疾病预防控制体系和医疗救治体系建设,拨付1.7亿元专项资金加快环境治理和"生态省"建设,安排对下政法专款6.99亿元支持"平安山东"建设,保证了各项重点工作的顺利开展。

(六)积极落实三项支出改革,政府预算制度初步形成

2004年是财政支出改革向纵深发展的一年。一是部门预算管理进一步深化。省级按照构建"五个机制"的要求,加快推进预算编制改革,所有部门均编制了部门预算;改进了部分事业单位的财政补助方式,由原来补助人头费改为支持事业发展,调动了单位面向市场、自我发展的积极性。二是国库集中支付改革力度进一步加大。省财政对提交省人大审议预算的16个部门,全部纳入了集中支付改革范围,加上已经试点的省残联,试点部门和预算单位分别达到了17个和51个。三是积极推进政府采购管理制度改革。政府采购管理体制和职能配置逐步规范,采购规模进一步扩大,2004年,全省完成采购额130亿元,节支率约为15%。

二、2004年财政运行中存在的主要问题

总体上看,2004年我省预算执行情况

良好，但我们也应清醒地看到预算执行中存在的问题，需要逐步采取措施加以解决。

(一)经济运行质量和产业素质有待进一步提高

主体税种反映经济规模和整体素质，是经济运行质量和效益水平的重要体现。2004年，我省GDP完成15490.7亿元，比广东少550亿元，比江苏多87亿元，明显多于浙江、上海，但与经济总量和效益状况直接相关的增值税、营业税、企业所得税三个主体税种收入，我省明显偏少。从规模看，2004年我省三个主体税种收入为378.55亿元，比广东、上海、江苏、浙江分别少468.6、400.5、190.6、132.1亿元。我省主体税种占地方财政收入的45.70%，比全国低9.93个百分点，比上述四省市分别低14.1、24.7、12.4、17.7个百分点。主体税种的差距主要体现在营业税和企业所得税上。近两年我省营业税增幅比较高，但与沿海先进省市相比仍有较大差距。2004年，我省营业税完成176.45亿元，增长21.94%，与上海、江苏、浙江相比，绝对额分别少266.0、106.0、109.8亿元，增幅分别低11.2、14.4、8.1个百分点。从企业所得税看，差距也很大。2004年，我省企业所得税完成86.06亿元，增长29.54%，与广东、上海、江苏、浙江相比，绝对额分别低108.3、118.9、52.5、61.7亿元，增幅分别低10.7、19.9、9.2个百分点。出现这种情况，根本原因在于我省产业结构、经济素质和整体运行质量不够理想，高新技术、高附加值、高税收产业比重低，无税、低税产业比重大。如我省水泥、化肥、农机等产量产值位居全国前列，产值贡献大，财政贡献小。这种状况的改变，有赖于产业结构的调整升级，是一项长期的任务。结构不合理将是今后几年制约我省财政收入持续快速增长的主要因素。

(二)财政收入结构需要进一步优化

一个时期以来，我省财政收入在总量持续快速增长的同时，结构不合理的矛盾越来越突出，集中表现为非税收入比重不断上升，税收收入比重持续下降，可用财力增长趋缓。2004年，在优化收入结构方面，虽然取得了显著成效，但就目前收入结构来看，仍然很不合理，尤其是与发达省份相比，差距较大。2004年，我省税收收入占地方财政收入的比重，比全国平均水平低6.2个百分点，分别比广东、上海、江苏、浙江低8.3、20.0、9.3、16.7个百分点。

从各市情况看，全省17市中，非税收入占地方财政收入比重超过30%的有泰安、德州、聊城、菏泽4个市；莱芜、青岛、东营、潍坊、烟台、济南均低于全省平均水平，其中莱芜市非税收入所占比重最低，只有12.6%。

(三)基层财政困难状况有所加剧

分税制以来，我省县域经济财政实力有所增强，但与其他沿海先进省份相比，县域经济发展仍显缓慢，财政状况还比较困难。近几年，随着农村税费改革的逐步深入，特别是2004年全面取消农业特产税、农业税税率降低3个点后，基层财政收支矛盾进一步加大，尽管中央、省、市加大了转移支付力度，部分县乡的财政困难状况仍有所加剧，正常运转和重点事业发展面临着更大困难。

基本支出水平低，重点事业保障能力弱。由于人均财力低，乡村收支矛盾加大，特别是西部地区多数县乡在正常工资都难以保障的情况下，更无力满足公用经费、重点事业保障支出的需要。

乡镇债务包袱重，基层财政风险大。目前，我省基层债务膨胀与财力萎缩的矛盾，在农村税费改革后更为突出。乡镇撤并后，新债在不断增加，一些老债也浮出水面。乡镇债务规模早已超出了乡镇经济的承受能力，成为制约县域经济发展的沉重包袱，并危及到农村经济的发展和基层社会稳定。

支出挂账多，财政隐患增加。一些县级财力匮乏，入不敷出，举债度日，隐性“包袱”的问题比较突出。在一些县乡，大量的调度款被“暂付款”长期占压，库款调度异常紧张，不得不靠上级财政超拨的调度款和举债度日。大量隐性“包袱”的存在，加大了财政的运行风险，也严重影响了县域经济建设和发展。

（四）财政支出结构还不适应公共财政的要求

从2004年全省财政支出看，支出结构不合理的情况依然存在，财政资金分配和管理尚不适应建立公共财政体制的要求。

财政支出范围不够合理。财政支出“缺位”和“越位”现象并存：一方面财政资金还没有完全从一些竞争性领域退出，财政包揽事务过多，如一些学会、协会、杂志社、剧团等应自谋生路，却还在很大程度上靠财政供养，占用了大量的财政资金；另一方面财政应承担的教育、农业、社会保障等，又因财力有限，投入不足。

财政支出效益不高。从单位和部门看，存在着资金闲置和浪费的现象。在一些地区和单位，不同程度地存在着干事不计成本、效益观念淡薄、花钱大手大脚的问题，有的为了实现工作目标，不计代价，敞着口子花钱，付出的成本往往比得到的收益还大。从财政的角度看，也存在着预算约束力不强的问题，如对一些专项资金缺乏有效的论证评价、不规范的追加支出过多，财政监督管理薄弱等现象还在一定范围上存在。

三、明年财政工作的措施与建议

2005年，是进一步贯彻落实科学发展观，全面完成“十五”计划的关键一年。扎扎实实做好各项财政工作，具有十分重要的意义。一方面，随着省委工作会议精神的深入贯彻落实，各地抢抓机遇、加快发展、干事创业的积极性日益高涨，全省经济发展将进入一个新的快速增长期，为财政增收奠定坚实的基础。另一方面，为支持改革、促进发展，今年国家将会出台一些新的减收增支政策和改革措施，将影响财政收入增长。同时，落实科学发展观，统筹各项事业发展，又都需要增加财政支出，收支矛盾依然十分突出。在这种形势下，各级要结合本地实际，深入分析各项收支增减因素，切实提高资金的使用效益，在工作中，要重点把握好以下四个方面。

一是要建立财政收入快速、健康、可持续增长的有效机制。财政收入的增加，从根本上取决于经济发展，同时也与抓收入的方式与效果密切相关。多年来，各级都十分重视抓财政收入，而且成效明显。要保持财政收入快速、健康、可持续增长，就要逐步建立和完善以考核机制为主体、以激励机制和约束机制为配套、“一体两翼”增收保障机制。在考核体系上，不仅要考核各地财政收入完成了多少、增长了多少，而且要考核财政收入占GDP和税收占财政收入的比重提高了多少，是否与经济发展和结构调整相适应。在激励机制上，要进一步解放思想，扩大范围，加大力度，大张旗鼓地鼓励干事创业者。在约束机制上，重点对弄虚作假、越权减免税收等违规违纪行为，进行严厉查处，规范财经秩序。通过创新工作机制，使各级加快发展的成果更好地反映到财政收入上来，实现全省财政收入的快速、健康和可持续发展。

二是继续优化财政收入结构，不断提高“两个比重”。各级要进一步统一思想认识，按照“依法征管、优化结构、做大做实”的思路，完善“两个体系”和“两个机制”，努力把经济发展的成果真正反映到财政增收上来，务求“两个比重”状况有进一步改善，特别是税收占财政收入的比重要有明显提高。一方面，各级要牢固树立“发展增收”、“结构增收”、“效益增收”的理念，增加政府税收、增加群众收入，促进经济发展和结构调整。另一方面，当前收入组织中还存在漏征漏管、偷逃骗税等问题，应收尽收还有相当大的潜力。不断完善税源动态监控体系、非税收入管理体系、财政收入监督体系和激励约束机制，做到依法治税、应收尽收、收实收好，进一步做大、做强、做实财政收入。

三是研究采取综合措施，着力缓解县乡财政困难。中央经济工作会议和全国财政工作会议提出，要把缓解县乡财政困难作为今年财政工作的重点来抓。经过积极争取，我省部分困难县将纳入中央财政的扶持范围。各级要紧紧抓住中央实行“三奖一补”办法的机遇，从维护基层政权和社会稳定，提高党在基层的执政能力，促进城乡和区域协调发展的高度，把缓解县乡财政困难问题作为今年和今后一个时期财政工作的重中之重，列入重要议事日程。从现在起，就要抓紧全面了解把握情况，深入研究综合治理的措施办法，把缓解县乡财政困难作为一项重要的政治任务来抓。一方面，做好基础数据的测算和申报工作，力争我省有更多的困难县进入中央扶持范围，尽可能多地争取中央财政支持。另一方面，结合我省实际，从培植财源、完善体制、健全机制、增加投入四个方面，采取有效措施，逐步缓解县乡财政困难，力争三、五年内取得明显效果。

四是进一步深化改革，努力提高财政精细化管理水平。工作中既要善于算大账，学会用市场化的方法理财、用科学的手段理财，又要善于算细账，处处精打细算，勤俭办一切事业。要坚持和体现整合财力、优化结构、突出重点、集中投入的原则，在保证工资发放和政权运转基本需要的基础上，充分体现向重点事业倾斜、向薄弱环节倾斜、向基层倾斜的精神。要进一步推进以部门预算、国库集中收付、政府采购制度为主要内容的支出管理改革，扩大改革面，规范改革步骤，提高改革效果。同时，要加强财政资金的绩效评价工作。通过制定相关指标和标准，分析评价财政资金分配使用的合规性、合理性和有效性，节减财政开支，提高资金分配的科学性和使用效益。要通过严格的监督检查，真正把财政管理精细化目标要求落到实处，不断提高财政资金使用效益。

简要说明

一、预算科目变化情况

《2004年政府预算收支科目》在2003年科目的基础上,作了下列修改和调整:

1. 根据所得税收入分享改革和跨地区经营、集中纳税企业的变化情况,对“一般预算收入科目”04类“企业所得税”有关款、项科目进行了修订(财预[2003]92号)。

2. 根据预算管理实际需要,删除下列科目:(1)“一般预算收入科目”4222款“经贸委行政性收费收入”、7104款“港澳台和外商投资企业中方职工补贴收入”、7107款“外事服务收入”等科目;(2)一般预算支出科目0134款“外贸基建支出”、0229款“外贸企业挖潜改造资金”、0533款“外贸科技三项费用”、057901项“科技型中小企业技术创新基金”、057909项“其他”、080403项“禁牧舍饲粮食折现”、1104款“外贸事业费”、170301项“城市居民最低生活保障”、170309项“其他”、190110项“社会保险经办机构”、2609款“棉花发展补贴款”、262701项“中央食品企业亏损挂账消化款”、6109款“出版企业发展专项资金”等科目;(3)基金预算收支科目8008款“邮电附加费收入(支出)”、8010款“市话初装基金收入(支出)”、8803款“渔业建设附加费收入(支出)”科目(财预[2003]92号)。

3. 因部分行政事业性收费纳入预算管理,“一般预算收入科目”中第42类“行政性收费收入”科目相应增设了部分款级科目(财预[2003]470号)。

二、财税政策调整变化情况

1. 根据《国务院关于明确中央与地方所得税收入分享比例的通知》(国发[2003]26号)精神,山东省人民政府对全省(不含青岛)2004年及以后年份所得税分享比例进行了明确:(1)一般企业所得税收入,中央分享60%,省级分享8%,市分享32%。(2)山东国际电源开发有限公司及其分公司等特殊企业缴纳的企业所得税收入,中央分享60%、省级分享40%;(3)个人所得税收入,中央分享60%,市分享40%,省级暂不参与分享。(4)储蓄存款利息个人所得税收入,中央分享60%,省级分享40%(鲁政发[2003]112号)。

2. 为促进外贸体制改革,保持外贸和经济持续健康发展,国务院决定按照“新账不欠、老账要还,完善机制,共同负担,推动改革,促进发展”的原则,实行出口退税分担机制改革。从2004年起,以2003年出口退税实退指标为基数,对超基数部分的应退税额,由中央和地方按75:25的比例共同负担。对截止2003年底的累计欠退税,全部由中央财政负担(国发[2003]24号)。

3. 为进一步深化农村税费改革,从源头上减轻农民负担,从制度上防止农民负担反弹,按照5年内取消农业税的总体部署,国务院决定2004年在黑龙江、吉林两省进行免征农业税改革试点,河北、内蒙古、辽宁、江苏、安徽、江西、山东、河南、湖北、四川等11个粮食主产省(区)的农业税税率降低3个百分点,其余省份农业税税率降低1个百分点。农业税附加随正税同步降低或取消。一些地方可根据本地的财力状况,自主决定多降税率或进行免征农业税改革试点。征收牧业税的地区,要按照本省(区)减免农业税的步骤和要求同步减免牧业税(国发[2004]21号)。

4. 为进一步规范政府收入分配秩序,贯彻落实《国务院办公厅转发财政部关于深化收支两条线改革进一步加强财政管理意见的通知》(国办发[2001]93号)规定,财政部决定从2004年1月1日起,将外交、人事、卫生、文联、教育、体育、旅游、水利、司法、药品监督、保密、测绘、质检、新闻出版、国土资源、铁道、财政、档案、建设、交通国防科工委等部门相关行政性收费收入纳入预算管理(财预[2003]470号)。

山东省国民经济资料部分

2004 年山东省行政区划、人口基本情况

单位：万人

地区	街道办事处（个）	乡（个）	镇（个）	总人口（万人）	非农业		农业人口		总面积（平方公里）	年末实有耕地面积（千公顷）
					人数（万人）	占总人口%	人数（万人）	占总人口%		
全省合计	**423**	**295**	**1223**	**9180**	**2951.0**	**32.1**	**6212.0**	**67.7**		**6951**
青岛市	**94**		**84**	**721**	**351.0**	**48.7**	**380.2**	**52.8**	**10654**	**428**
即墨市	5		18	108	15.8	14.6	92.4	85.4	1780	75
胶州市	5		13	77	15.6	20.3	61.3	79.7	1313	56
胶南市	2		16	81	15.0	18.6	65.8	81.5	1894	54
平度市	4		26	135	17.0	12.6	117.6	87.4	3166	158
莱西市	5		11	72	10.6	14.7	61.5	85.3	1522	70
崂山区	4			21	6.8	32.6	14.0	67.3	389	2
城阳区	8			46	8.0	17.2	38.0	81.9	553	6
黄岛区	5			28	14.0	50.0	14.0	50.0	217	3
开发区										
市南区	14			48.9	48.9	100.0			30	
市北区	16			47.3	47.2	99.8	0.1	0.2	29	
四方区	15			38.4	38.4	100.0			35	
李沧区	11			29	26.6	92.0	2.1	7.3	98	0
济南市	**58**	**27**	**61**	**590**	**308.0**	**52.2**	**282.1**	**47.8**	**8177**	**325**
历下区	10		1	59	59.1	99.5			101	1
市中区	13		2	55	55.2	99.8			280	5
天桥区	13		2	49	41.8	85.0	7.4	14.9	249	8
槐荫区	12		2	35	35.3	100.0			152	4
历城区	4	2	12	89	47.7	53.7	41.1	46.3	1299	33
章丘市	2	4	16	99	24.8	25.0	74.3	75.0	1855	76
长清县	4	2	5	54	12.6	23.5	41.1	76.6	1178	40
平阴县		4	7	36	10.3	28.3	26.1	71.6	827	28
济阳县		1	7	53	13.2	24.9	39.9	75.0	1076	65
商河县		14	7	60	7.9	13.2	51.9	86.7	1163	67
淄博市	**23**	**8**	**76**	**415**	**184.4**	**44.4**	**230.6**	**55.6**	**5938**	**165**
博山区	2		11	47	28.2	60.1	18.7	39.9	682	9
淄川区	3	3	16	67	31.6	47.0	35.7	53.0	1001	17
张店区	8		8	70	53.2	76.4	16.4	23.6	360	9
周村区	5		4	31	16.0	51.0	15.4	49.0	264	12
临淄区	5	1	8	59	27.7	46.6	31.7	53.4	668	33
桓台县			11	49	11.6	23.8	37.2	76.2	498	26
高青县			9	36	5.6	15.5	30.5	84.5	830	42
沂源县		4	9	56	10.5	18.9	45.0	81.1	1636	16
枣庄市	**16**	**3**	**44**	**365**	**120.2**	**32.9**	**244.9**	**67.1**	**4550**	**179**
市中区	6	2	3	50	31.6	63.9	17.9	36.1	375	10
薛城区	2		6	47	20.5	43.8	26.2	56.1	507	21
峄城区	2		5	36	9.5	26.3	26.7	73.7	627	28
山亭区	1		8	47	5.6	12.0	41.0	88.1	1018	23

续表 1

地区	街道办事处(个)	乡(个)	镇(个)	总人口(万人)	非农业		农业人口		总面积(平方公里)	年末实有耕地面积(千公顷)
					人数(万人)	占总人口%	人数(万人)	占总人口%		
台儿庄区	1		5	29	8.4	29.0	20.5	71.1	538	26
滕州市	4		17	157	44.7	28.4	112.6	71.6	1485	71
烟台市	**48**	**6**	**94**	**647**	**236.1**	**36.5**	**410.7**	**63.5**	**13490**	**455**
芝罘区	12			68	63.2	92.4	5.2	7.6	169	1
福山区	2		4	39	11.4	29.2	27.6	70.8	707	17
龙口市	3		10	63	25.1	40.0	37.7	60.0	894	21
莱阳市	4		14	88	19.9	22.7	67.8	77.3	1732	80
蓬莱市	5		7	45	14.0	31.4	30.6	68.6	1129	38
招远市	4		10	57	17.6	31.1	39.0	68.9	1433	42
莱州市	5		11	86	22.8	26.5	63.1	73.5	1878	73
栖霞市	2		13	64	12.1	19.0	51.5	81.0	2016	53
海阳市	3		11	67	12.6	18.8	54.3	81.2	1887	59
牟平区	3		10	47	17.1	36.2	30.2	63.8	1589	40
长岛县		6	2	4	1.9	43.2	2.5	56.8	56	0
开发区	2									
莱山区	3		2	19	10.0	52.1	9.2	47.9	258	9
潍坊市	**41**	**9**	**142**	**851**	**247.9**	**29.1**	**602.7**	**70.9**	**15859**	**783**
潍城区	4		4	37	22.6	61.1	14.4	38.9	272	12
坊子区	4		4	24	9.5	39.6	14.5	60.4	346	15
寒亭区	2	2	6	35	7.9	22.4	27.4	77.6	872	34
昌邑市	2	2	11	68	14.0	20.6	53.8	79.4	1812	69
昌乐县			15	60	13.7	23.0	45.8	77.0	1101	52
安丘市	2		21	105	17.4	16.6	87.5	83.4	1928	94
寿光市	5	1	14	107	26.5	24.8	80.3	75.2	2180	89
青州市	3	1	17	90	21.8	24.2	68.2	75.8	1569	61
高密市	3		17	86	23.9	27.9	61.8	72.1	1603	89
诸城市	3	2	18	106	30.5	28.7	75.6	71.3	2183	104
临朐县		1	16	85	20.1	23.6	65.1	76.4	1834	48
奎文区	10			48	40.0	83.3	8.0	16.7	71	1
济宁市	**22**	**39**	**94**	**802**	**239.2**	**29.8**	**563.1**	**70.2**	**11286**	**545**
市中区	8			42	41.3	98.3	0.8	1.8	39	0
任城区	3		9	64	13.6	21.2	50.6	78.8	881	55
兖州市	2		10	61	23.3	38.5	37.2	61.5	648	38
曲阜市	2	4	6	64	27.5	43.2	36.2	56.8	896	43
泗水县		3	9	60	13.1	22.0	46.6	78.1	1070	42
邹城市	3		14	112	35.5	31.7	76.5	68.3	1619	63
微山县		7	7	70	16.9	24.3	52.6	75.7	1780	25
鱼台县		3	7	45	8.4	18.6	36.9	81.4	654	38
金乡县		4	9	61	17.6	28.9	43.3	71.0	887	52
嘉祥县		7	8	79	11.6	14.7	67.6	85.3	973	57

续表2

地　区	街　道办事处（个）	乡（个）	镇（个）	总人口（万人）	非农业		农业人口		总面积（平方公里）	年末实有耕地面积（千公顷）
					人数（万人）	占总人口%	人数（万人）	占总人口%		
汶上县		6	8	74	18.3	25.0	55.1	75.0	877	55
梁山县		5	9	72	12.0	16.8	59.7	83.3	963	55
临沂市	**19**	**32**	**129**	**1015**	**250.5**	**24.7**	**764.5**	**75.3**	**17184**	**779**
郯城县		6	11	98	17.2	17.6	80.5	82.4	1307	64
苍山县		7	14	118	15.6	13.2	102.4	86.8	1800	97
莒南县		2	16	99	19.1	19.3	80.0	80.7	1752	67
沂水县		6	13	111	40.9	36.9	70.0	63.1	2435	77
蒙阴县		2	9	53	14.0	26.4	39.0	73.6	1602	33
平邑县		2	14	99	15.2	15.4	83.6	84.6	1825	58
费　县		4	14	92	17.8	19.3	74.4	80.7	1890	66
沂南县		1	16	91	10.7	11.8	80.0	88.2	1774	67
临沭县		1	11	63	11.0	17.4	52.1	82.6	1038	53
兰山区	4		7	89	57.9	65.4	30.6	34.6	665	22
罗庄区	8			43	20.4	47.7	22.3	52.3	371	11
河东区		2	10	60	10.6	17.6	49.8	82.4	728	38
泰安市	**10**	**15**	**61**	**550**	**177.2**	**32.2**	**372.7**	**67.8**	**7762**	**321**
新泰市	2	1	17	135	37.7	27.9	97.7	72.2	1933	67
宁阳县		3	9	81	20.1	24.9	60.6	75.0	1124	58
东平县		7	7	77	17.8	23.0	59.5	76.9	1340	61
肥城市	1	1	12	97	33.4	34.6	63.1	65.3	1277	59
泰山区	5	1	2	63	46.2	73.4	16.7	26.6	337	9
岱岳区	2	2	14	97	22.0	22.6	75.1	77.4	1750	63
聊城市	**28**	**40**	**66**	**566**	**139.9**	**24.7**	**426.5**	**75.3**	**8714**	**537**
东昌府区	10	2	8	101	38.7	38.2	62.6	61.8	1254	78
临清市	4	3	9	73	33.5	46.1	39.1	53.9	950	63
阳谷县		5	11	76	17.2	22.8	58.3	77.2	1065	67
莘　县		7	15	97	14.5	15.0	82.1	85.0	1416	82
茌平县		8	7	57	8.3	14.4	49.0	85.6	1120	69
东阿县	2	2	7	42	8.0	19.0	34.0	81.0	799	47
冠　县		10	7	74	7.9	10.6	66.1	89.4	1161	72
高唐县	3	3	6	48	12.0	25.2	35.5	74.8	949	60
菏泽市	**10**	**41**	**107**	**881**	**155.6**	**17.7**	**725.1**	**82.3**	**12238**	**691**
牡丹区	8	3	13	139	40.4	29.2	98.1	70.8	1415	81
曹　县		8	17	143	27.7	19.4	115.2	80.6	1969	104
定陶县		4	7	61	10.4	17.0	50.9	83.0	846	49
成武县		2	10	63	9.7	15.3	53.6	84.7	949	49
单　县		4	16	117	16.5	14.1	100.6	85.9	1702	98
巨野县			16	94	12.5	13.3	81.7	86.7	1303	76
郓城县		9	12	110	11.4	10.4	98.1	89.6	1643	102
鄄城县		6	10	79	16.2	20.5	62.8	79.5	1041	65

续表 3

地 区	街道办事处(个)	乡(个)	镇(个)	总人口(万人)	非农业		农业人口		总面积(平方公里)	年末实有耕地面积(千公顷)
					人数(万人)	占总人口%	人数(万人)	占总人口%		
东明县		6	7	75	10.80	14.4	64.00	85.6	1370	53
德州市	**12**	**34**	**80**	**549**	**130.3**	**23.7**	**419.0**	**76.3**	**10356**	**538**
德城区	5	2	4	58	39.0	67.6	18.7	32.4	539	22
陵 县		3	9	56	9.7	17.4	46.2	82.6	1213	55
平原县		3	8	45	8.2	18.1	36.6	81.0	1047	50
夏津县		2	10	49	13.9	28.4	35.0	71.6	882	55
武城县		3	5	37	6.7	18.0	30.5	82.0	751	39
齐河县		5	9	61	9.0	14.8	52.1	85.4	1411	74
禹城市	1	3	7	51	10.3	20.4	40.4	79.8	990	53
乐陵市	4	4	8	65	9.7	15.0	55.2	85.2	1172	63
临邑县		3	7	52	11.1	21.3	41.2	78.9	1016	51
宁津县		2	9	46	7.9	17.2	38.0	82.8	833	48
庆云县	1	4	4	30	4.9	16.4	25.0	83.6	502	27
滨州市	**9**	**19**	**57**	**369**	**93.7**	**25.4**	**275.2**	**74.6**	**9445**	**381**
惠民县		4	10	63	8.3	13.3	54.1	86.6	1357	75
阳信县		3	6	44	9.9	22.7	33.7	77.1	793	42
无棣县		5	6	44	11.7	26.8	32.0	73.2	1998	55
沾化县		4	6	39	7.1	18.4	31.4	81.6	2114	57
博兴县			10	47	10.1	21.3	37.3	78.7	901	45
邹平县	3		13	71	17.8	25.1	53.1	74.9	1250	64
滨城区	6	3	6	62	28.7	46.1	33.5	53.9	1041	42
东营市	**7**	**13**	**23**	**179**	**84.5**	**47.2**	**94.4**	**52.8**	**7923**	**159**
东营区	6		4	60	45.9	76.9	13.8	23.1	1155	19
河口区	1	3	3	21	14.2	69.0	6.3	31.0	2139	16
广饶县		4	6	48	9.7	20.1	38.4	79.9	1138	51
垦利县		2	5	21	7.6	35.5	13.8	64.5	2204	31
利津县		4	5	29	7.1	24.4	22.1	75.6	1287	43
威海市	**14**		**52**	**248**	**113.7**	**45.8**	**134.7**	**54.2**	**5436**	**165**
环翠区	10		9	59	44.2	75.1	14.7	24.9	731	15
乳山市	1		14	58	18.0	31.0	40.1	69.0	1668	46
文登市	3		14	65	23.5	36.4	41.1	63.6	1645	52
荣成市			15	67	27.9	41.8	38.9	58.2	1392	53
日照市	**7**	**8**	**39**	**280**	**75.9**	**27.1**	**204.6**	**72.9**	**5310**	**172**
莒 县		4	17	110	19.2	17.4	90.9	82.6	1952	72
五莲县		3	9	51	16.5	32.4	34.4	67.6	1443	41
东港区	3		7	67	28.0	41.5	39.0	57.9	1905	46
莱芜市	**2**	**1**	**6**	**41**	**5.9**	**14.4**	**35.1**	**85.6**		
莱城区	5	1	14	124	43.0	34.6	81.3	65.4	2246	60
钢城区	4	1	11	101	31.5	31.3	69.1	68.7	1907	52
	1		3	24	11.6	48.7	12.2	51.4	339	8

注:人口数采用的为户籍统计数字。

2004年山东省各县(市、区)国内生产总值构成

单位：亿元

地　区	国内生产总值	增长速度%	第　一产　业	第　二产　业	工　业	建筑业	第　三产　业	人均国内生产总值(元)	按人均排　序
全省合计									
青岛市	**2163.8**	**116.8**	**161.8**	**1171.4**	**1024.1**	**276.7**	**830.6**	**29808**	
即墨市	192.4	20.6	24.0	99.3	84.8	14.5	69.1	17894	
胶州市	217.0	18.4	21.6	127.3	112.7	14.6	68.1	28182	
胶南市	191.4	21.0	26.0	111.3	98.5	12.8	54.1	23079	
平度市	219.0	18.4	40.7	105.1	91.7	13.4	73.2	16477	
莱西市	145.8	18.4	22.1	70.0	56.9	13.1	53.7	20250	
崂山区	175.0	18.5	5.0	123.4	114.9	8.5	46.7		
城阳区	197.6	25.2	13.9	129.8	115.7	14.1	54.0	44766	
黄岛区	276.2	30.2	4.1	183.0	161.4	21.6	89.1	98670	
开发区									
市南区	136.8	14.2		20.9	13.9		115.9	28516	
市北区	92.2	12.7		37.1	32.0		55.1	19490	
四方区	62.9	15.4		37.3	35.7		25.6	16557	
李沧区	114.6	19.9	0.1	87.9	81.4	6.5	26.6		
济南市	**1618.9**	**115.6**	**118.7**	**742.4**	**617.0**	**116.9**	**757.8**	**27610**	
历下区	297.7	14.8	0.2	72.7	46.4	26.3	224.8	50579	1
市中区	181.8	15.9	1.8	48.5	40.2	8.3	131.5	33260	3
天桥区	122.0	14.3	1.9	42.6	28.9	13.7	77.5	24959	4
槐荫区	83.2	13.2	1.6	29.7	21.3	8.3	51.9	23755	5
历城区	315.6	24.8	17.2	220.4	195.2	25.2	78.0	36163	2
章丘市	178.4	14.3	29.5	90.7	80.0	10.7	58.1	18019	6
长清县	93.6	14.2	16.1	49.7	37.1	12.6	27.8	17483	7
平阴县	63.3	14.6	10.8	33.8	31.8	2.0	18.7	17432	8
济阳县	68.1	16.0	19.9	31.1	27.2	3.8	17.1	12834	9
商河县	63.1	12.0	19.7	28.9	23.5	5.4	14.6	10580	10
淄博市	**1231.0**	**17.0**	**54.1**	**796.9**	**707.9**	**89.0**	**380.0**	**29729**	
博山区	128.1	22.1	3.8	80.9	69.3	11.6	43.5	27296	4
淄川区	160.4	17.1	4.0	97.7	90.6	7.1	58.7	23853	6
张店区	261.6	20.6	2.3	151.4	137.8	13.6	107.9	37532	2
周村区	112.2	17.6	4.3	59.9	54.8	5.2	48.0	35836	3
临淄区	271.0	16.1	13.0	199.1	181.3	17.8	58.9	45760	1
桓台县	125.2	19.0	9.4	79.3	65.7	13.7	36.5	25763	5
高青县	36.4	22.0	9.5	17.3	14.4	2.9	9.6	10100	7
沂源县	53.1	28.0	8.5	26.8	23.2	3.6	17.8	9576	8
枣庄市	**503.3**	**31.3**	**54.5**	**308.8**	**271.6**	**37.2**	**140.0**	**13811**	
市中区	46.4	20.5	3.0	27.1	23.0	3.1	16.4	13900	2
薛城区	50.9	19.4	5.6	31.4	26.9	2.9	14.0	12760	4
峄城区	38.1	16.7	7.1	21.4	19.6	0.8	9.6	10543	5
山亭区	34.2	15.4	6.3	15.4	13.3	1.2	12.6	7357	6

续表1

地 区	国内生产总值	增长速度%	第一产业	第二产业	工 业	建筑业	第三产业	人均国内生产总值(元)	按人均排序
台儿庄区	43.5	17.3	6.9	23.0	21.4	0.6	13.7	15137	1
滕州市	214.6	20.4	25.9	119.8	107.0	30.4	68.9	13663	3
烟台市	**1630.9**	**17.5**	**171.2**	**924.7**	**839.7**		**535.0**	**25059**	
芝罘区	83.0	20.7	1.6	35.3	27.7	7.6	46.0	30934	4
福山区	59.7	23.1	5.8	35.1	25.7	9.4	18.8	24002	8
龙口市	244.5	23.8	19.6	144.2	139.0	5.2	80.7	38996	2
莱阳市	131.2	22.0	21.1	68.7	61.0	7.7	41.4	14873	11
蓬莱市	135.3	23.5	13.2	79.9	76.9	3.0	42.3	30292	5
招远市	161.9	19.0	10.9	99.6	92.7	6.9	51.4	28541	6
莱州市	198.3	18.8	27.4	101.6	88.1	13.5	69.3	23087	9
栖霞市	79.6	15.6	20.1	33.2	29.3	3.9	26.2	12508	13
海阳市	86.1	18.2	21.2	44.3	34.0	10.3	20.6	12814	12
牟平区	92.9	16.8	9.9	49.8	43.5	6.3	33.2	19594	10
长岛县	16.6	15.9	9.0	1.7	1.2	0.5	5.9	37619	3
开发区	202.3	44.5	9.7	150.3	125.7	24.6	42.4	143812	1
莱山区	48.4	28.8	1.7	29.6	23.2	6.4	17.1	25907	7
潍坊市	**1246.4**	**16.9**	**180.4**	**683.5**	**618.5**	**65.0**	**382.5**	**14678.0**	
潍城区	41.2	18.9	4.3	23.2	20.3	2.9	13.6	16814	3
坊子区	37.1	17.2	2.5	23.5	20.9	2.6	11.1	15477	5
寒亭区	40.7	22.9	6.8	20.8	16.6	4.2	13.2	11509	9
昌邑市	99.0	24.8	16.8	51.7	47.7	4.0	30.4	14610	6
昌乐县	60.0	25.1	12.3	31.0	27.4	3.6	16.6	10079	10
安丘市	90.4	18.4	26.2	31.6	26.8	4.8	32.7	8620	11
寿光市	193.0	19.8	35.4	90.8	77.1	13.7	66.8	18064	2
青州市	125.6	21.3	17.6	66.5	61.5	5.0	41.5	13970	7
高密市	102.0	13.2	18.5	53.8	48.5	5.3	29.7	11933	8
诸城市	176.4	19.5	26.2	105.0	94.6	10.4	45.3	16639	4
临朐县	60.5	12.1	14.3	28.3	25.4	2.9	17.9	7085	12
奎文区	37.1	25.5	0.8	21.8	21.0	0.8	14.5	35314	1
济宁市	**1102.2**	**17.2**	**152.6**	**568.9**	**495.3**	**156.9**	**380.7**	**13767**	
市中区	22.0	20.6			9.0	73.6	11.2	5263	12
任城区	79.0	20.7	11.2	10.8	37.1	1.7	25.6	12355	4
兖州市	153.6	20.9	17.1	28.8	74.4	5.1	50.9	27370	1
曲阜市	125.0	17.4	11.1	30.8	43.2	11.2	52.8	19559	3
泗水县	58.4	17.1	12.5	18.8	19.7	17.9	20.4	9782	8
邹城市	233.3	20.6	18.8	25.2	133.3	5.8	63.5	20832	2
微山县	83.1	19.9	14.0	29.3	41.4	17.3	15.6	12028	6
鱼台县	48.9	17.8	11.3	28.4	17.7	4.5	16.8	10806	7
金乡县	74.1	17.8	20.4	29.9	18.8	3.1	27.8	12173	5
嘉祥县	61.3	20.3	10.6	36.4	26.4	7.0	19.9	77778	10

续表 2

地　区	国内生产总值	增长速度%	第一产业	第二产业	工　业	建筑业	第三产业	人均国内生产总值(元)	按人均排序
汶上县	53.8	17.8	12.8	29.4	18.3	4.9	17.8	7332	11
梁山县	58.6	17.0	15.5	29.4	22.5	4.9	15.6	8180	9
临沂市	**1012.0**	**17.0**	**147.0**	**531.4**	**437.4**	**94.0**	**333.6**	**9990**	
郯城县	86.4	18.5	15.6	40.2	344.2	6.0	30.6	8856	6
苍山县	81.0	16.0	20.5	27.0	21.5	5.5	33.5	6877	12
莒南县	77.1	19.1	14.7	33.3	28.5	4.8	29.2	7783	10
沂水县	100.0	19.3	14.7	50.5	44.4	6.2	34.8	9014	5
蒙阴县	50.1	18.2	10.5	12.9	17.0	3.9	18.7	9448	3
平邑县	84.7	21.0	16.4	42.2	35.7	6.5	26.2	8599	7
费　县	78.1	18.0	14.6	37.4	32.2	5.2	26.1	8479	9
沂南县	67.3	17.6	14.0	30.3	25.3	5.0	23.0	7422	11
临沭县	54.1	19.5	8.5	26.3	22.1	4.1	19.3	8463	8
兰山区	106.2	23.0	5.9	65.3	61.4	3.9	35.0	12079	2
罗庄区	84.6	18.0	4.7	54.2	49.6	4.6	19.0	17858	1
河东区	59.4	21.2	6.7	25.7	21.2	4.5	18.4	9444	4
泰安市	**732.1**	**16.4**	**93.9**	**386.1**	**322.5**	**63.6**	**252.1**	**13341**	
新泰市	181.2	22.4	18.0	118.6	107.4	11.1	44.6	13395	
宁阳县	68.7	16.7	16.7	30.8	24.6	6.3	21.1	8513	
东平县	60.5	16.1	13.3	27.7	23.1	4.6	19.4	7832	
肥城市	152.2	21.3	18.7	86.8	77.4	9.4	46.8	15579	
泰山区	55.4	16.9	3.2	31.9	25.4	6.6	20.2	15724	
岱岳区	72.6	16.5	23.9	31.4	26.0	5.4	17.3	7509	
聊城市	**572.7**	**17.0**	**116.3**	**314.6**	**266.9**	**47.6**	**141.8**	**10134**	
东昌府区	89.1	11.4	16.0	48.3	40.7	7.6	24.8	8844	4
临清市	77.2	17.8	12.6	46.3	42.5	2.6	18.3	10665	2
阳谷县	60.5	17.3	16.6	30.9	27.2	3.7	27.2	8016	6
莘　县	65.5	17.2	20.8	26.9	20.4	6.5	17.8	6782	7
茌平县	57.5	21.0	15.3	32.2	29.0	10.0	10.0	10063	3
东阿县	36.0	17.2	8.0	19.1	16.7		8.8	8601	5
冠　县	49.5	17.4	16.6	18.0	15.8	2.2	14.6	6703	8
高唐县	83.4	16.7	10.7	59.2	54.3	4.9	12.6	17647	1
菏泽市	**365.0**		**136.0**	**148.4**	**123.6**	**24.8**	**80.7**	**4160**	
牡丹区	72.2	23.8	16.2	31.9	25.6	6.3	24.1	5241	1
曹　县	49.4	16.9	18.9	21.6	17.9	3.7	8.9	3466	9
定陶县	27.0	16.4	11.6	10.7	8.8	1.9	4.7	4427	5
成武县	29.9	15.5	12.2	13.1	10.5	2.6	4.6	4729	3
单　县	48.6	15.6	20.2	17.7	13.0	4.7	10.7	4163	6
巨野县	33.7	17.9	14.1	13.8	11.9	1.9	5.8	3597	7
郓城县	49.3	17.8	18.8	22.7	17.2	5.5	7.8	4515	4
鄄城县	27.3	22.0	12.7	9.3	6.3	3.0	5.3	3475	8

续表3

地　区	国内生产总值	增长速度%	第　一产　业	第　二产　业	工　业	建筑业	第　三产　业	人均国内生产总值(元)	按人均排　序
东明县	37.6	20.4	12.1	18.9	16.0	2.9	6.6	5053	2
德州市	**686.9**	**23.4**	**118.2**	**360.7**	**322.0**	**38.7**	**207.9**	**12542**	
德城区	49.2	22.7	3.9	24.4	19.4	5.0	20.8	29903	1
陵　县	57.6	22.3	12.1	29.9	24.3	5.6	15.6	10319	8
平原县	54.0	24.8	11.8	26.5	23.9	2.6	15.6	12061	6
夏津县	49.4	25.4	9.2	24.5	23.8	0.7	15.6	10106	9
武城县	47.0	19.8	8.4	25.8	24.0	1.9	12.8	12632	5
齐河县	67.3	19.8	14.4	34.3	31.2	3.1	18.7	11043	7
禹城市	66.2	19.5	13.0	33.8	28.7	5.1	19.4	13109	2
乐陵市	57.6	21.1	13.0	28.3	25.3	3.0	16.2	8930	10
临邑县	68.0	19.6	11.7	36.3	29.7	6.7	20.1	13060	3
宁津县	58.1	21.8	12.0	30.2	28.1	2.1	15.9	12668	4
庆云县	26.0	25.8	5.0	11.2	8.3	2.9	9.8	8715	11
滨州市	**519.5**	**17.2**	**80.7**	**300.0**	**258.1**	**42.0**	**138.7**	**14134**	
惠民县	57.1	18.7	12.8	25.6	20.1	5.5	18.7	9138	6
阳信县	29.5	18.5	8.0	14.0	11.3	2.7	7.5	6774	7
无棣县	58.0	19.8	11.9	33.1	28.1	5.2	11.3	13297	4
沾化县	47.8	19.3	11.6	20.0	14.4	5.6	16.2	12431	5
博兴县	75.6	24.5	10.3	45.3	37.1	8.2	20.0	15946	3
邹平县	156.1	27.5	16.7	105.1	94.4	10.7	34.3	22114	1
滨城区	118.0	21.1	9.6	68.0	55.5	12.5	40.4	19158	2
东营市	**891.9**	**17.2**	**40.7**	**720.2**	**645.2**	**75.5**	**130.9**	**50155**	
东营区	57.5	38.9	5.9	31.4	19.6	11.8	20.2	9625	5
河口区	39.2	15.5	4.4	23.8	11.8	12.1	11.0	19123	3
广饶县	113.1	30.5	15.1	69.9	59.5	10.4	28.1	23524	1
垦利县	46.5	31.5	6.6	32.2	29.9	2.2	7.7	21734	2
利津县	44.1	24.2	10.5	23.3	20.5	2.7	10.4	15096	4
威海市	**1008.8**	**17.1**	**98.9**	**616.3**	**568.5**	**47.8**	**293.6**	**40677**	
环翠区	279.1	18.7	17.9	184.8	165.2	19.6	76.4	48103	1
乳山市	150.0	19.7	19.9	83.6	74.8	8.8	46.6	25694	4
文登市	267.9	19.6	23.7	163.1	154.5	8.6	81.1	41349	3
荣成市	311.8	19.2	37.5	184.8	174.0	10.8	89.5	46605	2
日照市	**387.8**	**17.2**	**62.6**	**191.1**	**158.1**	**33.0**	**134.1**	**13875**	
莒　县	97.8	13.3	21.6	38.8	33.1	5.8	37.4	8892	4
五莲县	63.3	22.2	10.3	34.8	31.8		18.2	14250	2
东港区	91.7	17.1	12.8	37.7	28.2	9.5	41.2	13789	3
莱芜市	**61.1**	**34.3**	**11.0**	**33.9**	**29.2**	**4.7**	**16.2**	**14769**	1
莱城区	223.9	17.2	16.9	141.4	127.4	14.0	65.5	18042	
钢城区	130.5	12.9	14.6	64.3	56.8	7.5	51.6	1298	
	93.4	24.9	2.3	77.2	70.7	6.5	14.0	3952	

2004年山东省各县(市、区)主要经济指标

单位：亿元

地区	规模以上工业总产值	农林牧渔业总产值	固定资产投资额	社会消费品零售总额	外贸进出口总值(亿美元)	其中：出口总值(亿美元)	各项存款余额	其中：居民储蓄	各项贷款余额	农民人均纯收入(元)	粮食(万吨)
全省合计	**21338.2**	**3453.9**	**5400.3**	**4483.4**	**607.8**	**358.7**	**14514.3**	**7721.5**	**11782.8**		
青岛市	**333.9**	**303.4**	**778.6**	**605.5**	**269.9**	**157.8**	**2246.3**	**1089.5**	**1847.3**	**5080.0**	**232.3**
即墨市	252.8	51.2		61.1	18.3	12.3	127.7	92.6	77.8	5013	43.2
胶州市	316.7	41.0		53.7	24.7	15.6	90.5	66.1	48.2	5078	29.0
胶南市	333.7	0.5		48.5	10.7	7.6	80.4	56.9	66.8	5013	27.7
平度市	212.1	75.6		69.1	5.8	3.7	94.8	79.4	54.3	4880	90.7
莱西市	193.8	41.7		42.6	10.0	6.5	59.8	48.3	39.2	4850	39.8
崂山区	428.6	11.6		23.2	25.8	13.6	188.4	69.0	116.3	5831	0.2
城阳区	401.7	23.1		9.3	43.0	26.3	134.8	62.9	115.1	5202	0.3
黄岛区开发区	587.1	7.7		28.4	34.5	17.7	129.9	49.9	130.8	5641	1.3
市南区	38.9			85.6	30.1	14.7					
市北区	100.0			76.3		4.0					
四方区	130.0			36.3	3.0	4.0					
李沧区	470.1	0.1		47.0		6.8		98.4		5500	0.0
济南市	**1753.8**	**204.4**	**547.6**	**621.0**	**30.5**	**13.7**	**2991.3**	**870.5**	**2829.9**	**4116.3**	**242.7**
历下区	194.1	0.4		141.2		1.6	551.9	143.1	596.8	5352	0.5
市中区	151.9	3.0		90.7		1.2	180.6	44.5	177.4	4700	3.2
天桥区	100.1	3.3		86.5		1.2	113.5	64.1	106.3	4594	4.1
槐荫区	62.7	2.8		75.3		0.9	337.6	87.5	361.7	5026	2.9
历城区	471.7	30.0		59.3		5.5	129.2	88.9	62.0	4248	24.8
章丘市	200.1	50.1		68.5		0.7	93.9	72.4	124.4	4792	57.8
长清县	100.8	25.1		31.1		0.4	44.4	33.8	23.9	4099	30.7
平阴县	93.6	19.6		24.9		1.0	30.7	21.1	19.4	3497	20.2
济阳县	74.6	34.1		23.4		0.2	20.7	15.8	15.3	3423	45.1
商河县	60.2	36.0		18.6		0.3	22.3	16.1	16.8	3411	53.5
淄博市	**1898.4**	**101.0**	**251.4**	**299.8**	**26.6**	**14.5**	**943.9**	**529.2**	**675.7**	**4432.0**	**116.4**
博山区	201.1	7.6		40.5	4.2	1.7	80.5	54.2	67.5	4512	3.2
淄川区	293.0	7.3		48.8	2.9	2.3	143.5	81.5	77.7	4730	9.2
张店区	432.8	4.8		91.5	9.9	5.3	323.2	136.9	269.4	5393	9.5
周村区	155.3	7.8		34.3	2.2	1.2	75.1	49.4	51.5	4909	7.3
临淄区	526.7	24.3		41.1	2.6	1.7	180.0	114.3	87.2	5068	29.6
桓台县	194.2	17.2		20.5	3.5	1.6	79.0	50.8	73.9	4821	32.5
高青县	38.7	16.6		9.3	0.5	0.3	26.9	17.8	21.5	3408	21.9
沂源县	56.6	15.5		13.8	0.8	0.4	35.8	24.4	26.9	3335	3.5
枣庄市	**707.2**	**103.8**	**134.1**	**140.3**	**3.5**	**2.6**	**315.3**	**194.3**	**238.8**	**3759.0**	**121.6**
市中区	143.2	5.7		18.5	0.4	0.4	118.2	60.6	103.2	4285	5.1
薛城区	122.5	11.8		15.1	0.1	0.1	48.6	31.6	30.8	3935	13.2
峄城区	50.3	13.7		9.2	0.2	0.2	13.3	9.0	9.7	3730	18.7
山亭区	26.9	11.3		9.3	0.1	0.1	10.8	8.4	9.4	2802	10.7

续表 1

地　区	规模以上工业总产值	农林牧渔　业总产值	固　定资　产投资额	社会消费品零售总额	外贸进出口总值(亿美元)	其中:出口总值(亿美元)	各项存款余额	其中:居　民储　蓄	各项贷款余额	农民人均纯收入(元)	粮食(万吨)
台儿庄区	62.7	13.2		11.1	0.0	0.0	14.7	9.9	14.8	3677	17.6
滕州市	308.1	48.0		64.0	0.5	0.5	103.0	74.9	70.9	4006	56.3
烟台市	**2656.8**	**308.1**	**621.2**	**440.4**	**79.9**	**45.0**					
芝罘区	249.4	3.9		40.1	4.2	2.9	465.7	221.5	425.2	5464	
福山区	435.0	10.7		16.2	4.0	2.4	121.2	58.3	337.6	4505	3.5
龙口市	567.0813	34.5		49.5	7.8	4.1	162.2	123.1	110.7	5419	11.3
莱阳市	202.3	32.5		50.4	3.8	3.3	78.4	58.9	55.5	4450	31.2
蓬莱市	280.0	25.0		28.0	3.2	1.9	91.6	67.5	58.3	5055	13.8
招远市	403.9	19.2		41.6	4.0	3.0	107.5	72.9	61.4	4998	25.7
莱州市	229.5	50.2		51.4	3.8	3.1	140.1	106.8	50.5	4840	36.5
栖霞市	90.2	37.8		32.1	1.2	1.0	52.2	44.3	26.0	3806	27.3
海阳市	72.4	39.3		30.3	1.8	1.4	58.7	43.7	22.9	4060	31.5
牟平区	122.8	19.9		27.2	4.3	3.0	88.4	60.5	45.1	4790	14.9
长岛县	4.2	15.5		4.9	0.2	0.2	12.1	9.3	3.4	4969	0.0
开发区		16.4		17.6	25.9	10.0					
莱山区	62.3	3.2		14.8	5.6	3.1	43.5	25.4	31.3	4900	1.9
潍坊市	**1822.4**	**362.5**	**452.4**	**405.2**	**30.4**	**21.3**					
潍城区	72.9	7.0		23.8	0.6	0.5	38.7	25.0	24.3	4848	6.7
坊子区	57.7	5.1		9.7	0.9	0.6	21.6	16.4	11.5	4369	11.0
寒亭区	43.4	15.4		13.1	0.4	0.3	28.4	25.2	22.9	4570	19.9
昌邑市	170.1	39.5		33.8	1.2	1.1	80.2	64.6	42.5	4568	36.7
昌乐县	78.0	22.1		24.2	1.5	0.9	42.4	32.5	29.7	4086	19.5
安丘市	91.7	47.0		36.6	2.2	1.8	63.9	50.2	41.0	4124	31.3
寿光市	329.2	66.0		41.9	4.1	1.7	150.5	110.8	113.9	5016	35.9
青州市	172.2	37.3		44.2	1.1	0.9	102.8	83.6	50.1	4201	36.3
高密市	160.9	43.4		36.9	4.2	2.8	62.4	48.2	49.3	4228	45.9
诸城市	329.8	53.0		44.0	4.5	3.5	95.7	77.6	88.1	5008	54.9
临朐县	64.4	22.7		25.0	1.1	0.6	52.0	41.6	26.4	3526	25.1
奎文区	65.9	1.4		20.9	1.0	0.9	37.4	22.3	29.1	4797	0.9
济宁市	**1035.4**	**300.9**	**311.9**	**293.8**	**14.4**	**8.2**	**609.6**	**436.1**	**371.1**	**40435.0**	**356.1**
市中区	23.6			46.0	0.4	0.4	59.9	39.0	29.9		
任城区	100.3	24.2		11.7	0.4	0.4	64.8	45.8	44.6	3984	43.2
兖州市	151.7	28.5		34.5	2.8	0.3	69.1	52.5	57.2	4426	37.5
曲阜市	40.4	21.6		33.9	0.4	0.3	56.4	36.8	30.2	3904	33.0
泗水县	32.8	23.3		9.4	0.9	0.6	20.5	17.5	13.8	3222	17.6
邹城市	265.0	37.4		44.7	2.0	1.5	140.9	86.6	93.3	4085	47.4
微山县	66.8	28.0		12.8	0.3	0.2	46.5	30.3	19.7	3531	29.0
鱼台县	22.6	22.1		8.9	0.2	0.2	19.4	16.0	14.6	3655	27.9
金乡县	29.3	35.6		10.7	0.7	0.7	31.3	27.2	19.7	3668	8.7
嘉祥县	48.0	22.9		11.1	0.3	0.3	33.0	29.1	21.6	3335	38.0

续表 2

地 区	规模以上工业总产值	农林牧渔业总产值	固定资产投资额	社会消费品零售总额	外贸进出口总值（亿美元）	其中：出口总值（亿美元）	各项存款余额	其中：居民储蓄	各项贷款余额	农民人均纯收入（元）	粮食（万吨）
汶上县	25.6	24.5		11.0	0.1	0.1	28.7	23.2	15.4	3373	35.1
梁山县	52.4	33.0		10.3	0.1	0.1	39.1	32.1	20.1	3252	29.5
临沂市	**908.8**	**267.8**	**263.8**	**309.9**	**15.8**	**11.3**	**784.1**	**500.7**	**600.1**	**3158.0**	**345.5**
郯城县	52.1	29.5		22.1	0.6	0.3	41.1	34.0	23.0	3288	50.1
苍山县	30.2	35.3		23.0	0.5	0.3	38.5	31.6	24.0	2928	52.2
莒南县	41.9	26.4		17.0	1.5	1.4	49.1	38.4	32.5	3158	35.4
沂水县	73.9	26.9		25.7	1.1	0.8	56.3	46.1	29.8	3115	33.3
蒙阴县	30.3	18.4		14.5	0.2	0.2	26.5	20.3	15.7	3125	13.9
平邑县	46.5	28.4		22.4	0.3	0.3	34.9	26.1	24.1	3096	27.6
费 县	42.7	32.0		17.7	0.7	0.7	35.7	27.8	19.7	3035	31.3
沂南县	26.7	24.5		15.8	0.3	0.2	38.3	31.6	22.6	3070	29.9
临沭县	56.9	15.4		12.3	1.3	0.9	33.2	23.3	20.4	3087	26.3
兰山区	290.9	9.9		78.8	3.4	1.3	195.4	110.2	144.8	3743	14.8
罗庄区	107.0	6.1		13.5	2.4	1.6	65.7	32.0	79.5	3417	8.3
河东区	27.7	15.0		9.7	3.6	0.8	50.7	34.1	38.6	3159	22.7
泰安市	**733.4**	**172.5**	**177.3**	**224.2**	**6.0**	**4.5**	**536.8**	**338.6**	**372.4**	**3690.0**	**210.0**
新泰市	250.8	34.2		49.3	0.7	0.3	115.3	76.0	70.6	3923	39.0
宁阳县	46.6	28.9		28.0	0.5	0.5	37.4	27.8	23.9	3486	40.8
东平县	48.5	23.1		18.9	0.3	0.2	29.0	23.6	17.0	2835	34.1
肥城市	207.9	32.9		47.9	1.6	1.2	93.0	66.2	69.6	3849	46.1
泰山区	146.7	5.4		30.8	0.5	0.4	213.9	102.9	166.5	4258	5.5
岱岳区	40.3	43.4		31.3	0.4	0.3	48.3	42.0	24.9	4003	44.6
聊城市	**679.9**	**208.6**	**142.2**	**127.3**	**5.2**	**3.6**	**459.0**	**319.4**	**372.4**	**3066.0**	**327.2**
东昌府区	107.8	27.9		32.7	0.1	0.1	164.4	98.9	146.7	3026	48.7
临清市	136.7	20.5		18.8	1.4	1.0	63.5	49.3	45.5	2983	29.1
阳谷县	68.2	17.7		16.2	0.2	0.2	48.9	39.4	38.7	3080	39.2
莘 县	42.2	36.4		16.1	0.2	0.1	34.3	31.3	22.8	2963	56.9
茌平县	78.4	28.0		10.7	1.2	0.9	40.9	26.1	37.5	3181	45.4
东阿县	49.7	14.0		9.6			30.4	20.5	23.3	2968	31.9
冠 县	39.5	31.2		12.0			33.6	28.5	25.2	2935	45.0
高唐县	157.4	19.2		11.3	0.6	0.4	42.9	25.6	34.4	3421	31.0
菏泽市	**302.3**	**240.1**	**104.5**	**177.4**	**8.3**	**6.9**					
牡丹区	73.9	73.9		73.0	42.9		2.4	78.5	121.4	2712	37.2
曹 县	48.3	48.3		31.7	25.2		1.8	26.9	26.4	2574	45.5
定陶县	20.1	20.1		18.4	12.3		0.5	17.1	20.8	2678	28.9
成武县	28.3	28.3		19.7	12.8		0.1	17.0	18.4	2692	34.5
单 县	26.4	26.4		31.5	21.0		0.3	26.9	21.4	2630	35.9
巨野县	35.2	35.2		29.2	16.4		0.5	25.9	37.6	2691	25.1
郓城县	34.2	34.2		33.9	20.2		0.6	38.5	26.8	2697	42.2
鄄城县	18.6	18.6		24.0	13.8		0.6	19.8	15.9	2565	36.2

续表 3

地 区	规模以上工业总产值	农林牧渔业总产值	固定资产投资额	社会消费品零售总额	外贸进出口总值(亿美元)	其中:出口总值(亿美元)	各项存款余额	其中:居民储蓄	各项贷款余额	农民人均纯收入(元)	粮食(万吨)
东明县	48.8	22.2		12.7	0.1	0.1	28.0	22.5	22.0	2676	31.5
德州市	**772.5**	**226.5**	**311.4**	**187.2**	**5.9**	**4.5**	**487.9**	**324.2**	**421.2**	**37374.0**	**354.8**
德城区	214.5	7.4		20.0	0.4	0.3	202.5	99.2	181.5	3720	13.1
陵 县	61.3	24.5		15.5	0.1	0.1	28.0	22.1	24.1	3392	45.6
平原县	54.0	22.1		15.2	0.1	0.1	34.5	26.5	32.0	3400	33.2
夏津县	52.4	20.0		15.1	0.0	0.0	24.3	20.7	21.4	3359	16.2
武城县	48.8	15.8		14.8	0.1	0.1	27.4	21.8	25.2	3386	20.1
齐河县	63.9	27.0		16.0	0.2	0.2	29.4	22.3	25.2	3362	48.1
禹城市	68.1	24.4		16.9	0.6	0.6	28.4	19.8	28.9	3468	47.8
乐陵市	57.4	24.4		15.7	0.4	0.3	31.4	25.6	28.9	3369	44.0
临邑县	71.1	22.8		17.5	0.2	0.2	31.6	26.1	20.1	3390	45.1
宁津县	61.2	22.4		15.6	0.2	0.2	39.4	32.3	25.4	3412	24.1
庆云县	19.7	9.4		14.6	0.1	0.1	11.1	7.8	8.6	3116	17.4
滨州市	**760.4**	**151.3**	**229.6**	**117.9**	**19.1**	**9.0**	**341.8**	**212.3**	**277.2**	**3378.0**	**185.2**
惠民县	39.1	25.4		14.4	0.1	0.0	26.6	20.8	15.9	3325	33.8
阳信县	26.2	14.6		8.0	0.7	0.6	15.6	12.1	10.1	3025	28.2
无棣县	76.9	21.6		11.7	0.3	0.1	27.4	20.3	20.7	3026	15.9
沾化县	21.7	21.1		10.7	0.1	0.1	21.3	14.9	16.9	3321	9.5
博兴县	109.7	18.9		14.8	2.1	0.3	54.9	36.3	38.0	3675	29.4
邹平县	357.8	31.2		25.2	12.9	5.8	79.6	44.1	90.3	3942	46.7
滨城区	182.3	18.5		33.1	2.9	2.2	116.6	63.8	85.1	3407	21.7
东营市	**1090.2**	**81.7**	**384.1**	**117.1**	**10.6**	**6.1**	**555.3**	**328.3**	**357.4**	**4033.0**	**48.9**
东营区	56.5	0.8		51.9	1.3	0.6	335.2	182.9	159.9	4060	4.6
河口区	27.3	8.8		9.0	0.2	0.2	68.9	55.2	21.5	3870	1.5
广饶县	197.6	29.1		16.5	3.0	1.4	79.0	41.8	114.5	4204	30.7
垦利县	101.2	11.9		5.8	0.4	0.2	52.2	34.9	40.3	3922	5.0
利津县	70.1	19.7		9.9	0.7	0.5	20.0	13.5	21.2	3870	7.0
威海市	**2140.9**	**182.5**	**387.5**	**238.1**	**55.9**	**34.5**	**631.8**	**412.4**	**452.5**	**5376.0**	**91.3**
环翠区	520.2	32.8		86.7	36.0	21.9	321.4	163.3	252.1	5801	5.5
乳山市	289.8	36.8		35.3	3.8	2.5	65.9	55.6	38.5	4680	24.8
文登市	633.3	47.7		48.2	7.2	4.9	102.9	83.5	54.8	5285	34.7
荣成市	697.6	63.9		67.9	8.9	5.2	141.6	110.0	107.1	5768	26.3
日照市	**346.9**	**110.3**	**132.9**	**104.5**	**18.4**	**10.8**	**275.7**	**156.2**	**273.5**	**3695.0**	**90.6**
莒 县	36.0	35.2		27.9	0.8	0.5	49.8	37.2	31.4	3623	37.3
五莲县	73.0	17.7		14.6	0.7	0.6	38.5	27.1	21.1	3588	18.7
东港区	55.9	23.1		45.8	1.5	1.5	47.5	36.0	30.0	3676	15.9
莱芜市	**81.0**	**25.8**		**14.5**	**4.9**	**1.7**	**21.9**	**13.5**	**21.2**	**3971.0**	**16.7**
莱城区	395.0	30.7	90.3	67.1	7.2	4.3	188.7	101.5	166.1	4232	23.8
钢城区	69.0	26.1		51.5	2.3	1.3	122.0	62.8	94.2	4225	21.4
	258.21	4.26		15.57	0.08	0.03	61.53	22.8	71.54	4271	1.8

山东省财政收支资料部分

2004年山东省财政收入情况

单位：万元

地区	合计	一、增值税	二、营业税	三、企业所得税	四、企业所得税退税	五、个人所得税
全省合计	**8283306**	**1160390**	**1764502**	**860624**		**319637**
地(市)合计	7082069	846123	1488151	680721		246572
地(市)本级	2465526	273207	625248	332634		101263
县级合计	4616543	572916	862903	348087		145309
省内合计	**6978170**	**1073885**	**1345512**	**685494**		**255919**
地(市)合计	5776933	759618	1069161	505591		182854
地(市)本级	1918542	238332	418254	250146		67693
县级合计	3858391	521286	650907	255445		115161
青岛市	**1305136**	**86505**	**418990**	**175130**		**63718**
本级	546984	34875	206994	82488		33570
县级小计	758152	51630	211996	92642		30148
即墨市	74167	5523	19318	9411		1933
胶州市	66280	2842	17793	4142		2444
胶南市	79577	1493	15948	6638		1363
平度市	61500	5755	10434	4151		1274
莱西市	38757	1130	4911	1085		891
崂山区	87057	5584	22134	16545		4056
城阳区	54443	4259	11512	5749		1991
黄岛区	40775	2256	14270	4377		1627
开发区	37602	5092	13511	4054		1075
市南区	77182	－11705	46856	12822		7699
市北区	60198	9205	14763	12056		2410
四方区	28457	6727	8661	2537		1201
李沧区	40074	12071	9084	5595		1285
保税区	12083	1398	2801	3480		899
济南市	**890364**	**123982**	**232019**	**96374**		**44821**
本级	459750	70183	128679	61073		24005
县级小计	430614	53799	103340	35301		20816
历下区	71140	7190	27681	4126		5450
市中区	60359	5873	18865	6963		6179
天桥区	38107	5877	12165	2636		1673
槐荫区	31005	5667	8718	2044		1792
历城区	73606	11713	13717	8468		2822
长青区	19769	1648	4106	1092		537
章丘市	85143	10375	8562	4766		1395

续表1

地　　区	合　计	一、增值税	二、营业税	三、企业所得税	四、企业所得税退　税	五、个人所得税
平阴县	16256	1940	2464	1604		461
济阳县	20213	2549	5019	2915		239
商河县	15016	967	2043	687		268
淄博市	**500365**	**79104**	**84906**	**45388**		**14016**
本级	177176	14481	34914	23156		5369
县级小计	323189	64623	49992	22232		8647
博山区	33017	9709	4008	1701		860
淄川区	43093	9024	4867	4058		1325
张店区	60533	10234	12886	3562		1033
周村区	30486	4081	4626	880		584
临淄区	72216	13325	12655	5210		2444
桓台县	40209	9088	5613	3657		1360
高青县	18028	3177	2191	307		363
沂源县	25607	5985	3146	2857		678
枣庄市	**207068**	**31331**	**24707**	**13499**		**5308**
本级	52303	12494	8895	5755		994
县级小计	154765	18837	15812	7744		4314
市中区	27555	2605	2522	1098		774
薛城区	25063	3638	3595	902		874
峄城区	11562	1104	922	2042		224
山亭区	10790	938	932	344		321
台儿庄区	14709	1464	1930	1495		310
滕州市	65086	9088	5911	1863		1811
烟台市	**640214**	**75101**	**145449**	**67237**		**18623**
本级	140307	13457	47669	19877		4121
县级小计	499907	61644	97780	47360		14502
芝罘区	42217	5677	16862	3897		1766
福山区	24128	2695	6990	2121		732
龙口市	80158	10832	9716	7901		2131
莱阳市	40017	3177	5621	1830		1015
蓬莱市	50006	5585	7883	5680		914
招远市	51080	2666	7679	6866		1437
莱州市	57000	4659	10207	3864		1740
栖霞市	16507	1829	2701	549		488

续表 2

地　　区	合　计	一、增值税	二、营业税	三、企业所得税	四、企业所得税退　税	五、个人所得税
海阳市	30500	3797	3976	1807		510
牟平区	24836	2989	4091	1736		690
长岛县	2885	-21	725	333		95
开发区	57565	15825	13286	9437		2487
莱山区	23008	1934	8043	1339		497
潍坊市	**525808**	**82666**	**88855**	**40082**		**16068**
本级	125585	26114	23470	15775		5218
县级小计	400223	56552	65385	24307		10850
潍城区	15850	2025	4072	424		497
坊子区	15306	2230	2309	1478		421
寒亭区	19559	3166	2528	490		450
昌邑市	35669	4614	4017	1216		1217
昌乐县	26663	4617	4360	928		729
安丘市	30016	3534	5024	1767		772
寿光市	73018	10613	9794	7053		1860
青州市	41060	6566	5906	1469		1399
高密市	37655	4698	6397	2972		966
诸城市	65168	7381	12226	4407		1166
临朐县	17258	3310	3324	731		727
奎文区	23001	3798	5427	1372		646
济宁市	**540556**	**92444**	**69987**	**61787**		**15264**
本级	173775	28392	18198	45986		3891
县级小计	366781	64052	51789	15801		11373
市中区	15602	1797	6306	674		670
任城区	32032	5914	4849	831		1068
兖州市	69465	15095	6242	3351		1578
曲阜市	44276	3160	5724	1825		755
泗水县	10066	1622	1555	456		257
邹城市	100016	17600	12146	3940		3797
微山县	34237	11072	4394	1517		1213
鱼台县	9268	1820	1740	531		304
金乡县	13025	1364	2188	709		426
嘉祥县	14673	1375	3444	578		605
汶上县	12586	1992	1561	885		359

续表3

地　区	合　计	一、增值税	二、营业税	三、企业所得税	四、企业所得税退　税	五、个人所得税
梁山县	11535	1242	1642	505		341
临沂市	**375770**	**40340**	**60397**	**25725**		**12543**
本级	131437	11110	22868	9860		3700
县级小计	244333	29230	37529	15865		8843
郯城县	25053	3948	3150	1174		725
苍山县	15625	1603	2484	611		403
莒南县	20006	1674	3050	1236		886
沂水县	32588	3998	3485	1627		1148
蒙阴县	10129	2229	1529	418		415
平邑县	19626	1635	2645	1311		564
费　县	17326	1152	2727	1011		664
沂南县	16169	1602	2641	412		575
临沭县	16846	1190	2577	1554		500
兰山区	44008	6245	10929	2542		2284
罗庄区	16571	3304	1394	3467		382
河东区	10386	651	917	503		294
泰安市	**312132**	**43323**	**37369**	**14945**		**6876**
本级	85672	6489	19689	8725		2315
县级小计	226460	36834	17680	6220		4561
新泰市	73106	13651	3201	2351		1585
宁阳县	20996	3856	1791	936		605
东平县	17861	2930	1342	239		415
肥城市	58568	10849	5418	1623		1175
泰山区	31711	3587	3751	591		473
郊　区	24218	1961	2177	480		308
聊城市	**224328**	**24119**	**38637**	**22608**		**7324**
本级	73742	7986	18993	10868		2723
县级小计	150586	16133	19644	11740		4601
东昌府区	29461	1539	6459	2802		1402
临清市	25215	3557	2388	1121		769
阳谷县	12305	1592	1215	508		289
莘　县	11600	1184	1081	289		351
茌平县	18233	4192	3012	2392		751
东阿县	11545	1420	1112	886		269

续表 4

地　　区	合　　计	一、增值税	二、营业税	三、企业所得税	四、企业所得税退　税	五、个人所得税
冠　县	10032	1219	999	85		138
高唐县	32195	1430	3378	3657		632
菏泽市	**172245**	**13902**	**28131**	**8359**		**4491**
本级	38558	1582	5732	4130		995
县级小计	133687	12320	22399	4229		3496
牡丹区	23636	1851	5796	1034		489
曹　县	14713	997	1833	302		546
定陶县	9179	721	1306	309		171
成武县	10188	1420	2104	411		367
单　县	14341	1208	2304	368		357
巨野县	13783	673	2919	329		341
郓城县	21399	1164	2320	468		460
鄄城县	9596	1386	1849	78		175
东明县	16852	2900	1968	930		590
德州市	**243230**	**20157**	**40418**	**14720**		**5236**
本级	36980	3243	7649	6694		1082
县级小计	206250	16914	32769	8026		4154
德城区	31148	3493	11371	1148		594
陵　县	12268	1133	2360	506		379
平原县	17880	1739	2522	1060		331
夏津县	10811	1483	1913	393		311
武城县	18427	829	1336	609		462
齐河县	30821	2946	2949	1169		350
禹城市	19523	1170	2412	556		266
乐陵市	17886	282	1761	518		288
临邑县	30797	2464	2838	1218		642
宁津县	12058	829	2134	649		403
庆云县	4631	547	1174	199		128
滨州市	**220066**	**44965**	**33619**	**21292**		**6057**
本级	43286	5684	6594	6488		1802
县级小计	176780	39281	27025	14804		4255
惠民县	6534	1026	1230	418		347
阳信县	4021	413	883	128		122
无棣县	23963	2715	5368	3185		536

续表5

地　区	合　计	一、增值税	二、营业税	三、企业所得税	四、企业所得税退　税	五、个人所得税
沾化县	23792	10733	1305	646		527
博兴县	32861	5824	4267	2676		1160
邹平县	59105	15130	7757	6490		1035
滨州市	26504	3440	6215	1261		528
东营市	**283130**	**26269**	**64817**	**21798**		**12298**
本级	151210	5019	29422	7493		6445
县级小计	131920	21250	35395	14305		5853
东营区	45678	9086	13631	4239		1078
河口区	19769	2188	5776	1985		2889
广饶县	36419	6020	8339	3487		1096
垦利县	20008	3542	4944	3379		448
利津县	10046	414	2705	1215		342
威海市	**426409**	**23964**	**71532**	**30882**		**8569**
本级	89866	6321	14186	7870		1931
县级小计	336543	17643	57346	23012		6638
环翠区	75165	5134	26042	9490		2720
乳山市	55242	1961	5822	2347		630
文登市	100118	4344	11200	5018		1462
荣成市	106018	6203	14281	6157		1826
日照市	**112298**	**9869**	**30948**	**8953**		**2739**
本级	62294	4500	19134	5794		1355
县级小计	50004	5369	11814	3159		1384
莒　县	14562	1856	2881	530		464
五莲县	12207	2526	1882	1533		528
东港区	15492	1070	4993	551		235
岚山区	7743	-83	2058	545		157
莱芜市	**102950**	**28082**	**17370**	**11942**		**2621**
本级	76601	21277	12162	10602		1747
县级小计	26349	6805	5208	1340		874
莱城区	15853	4105	2924	513		569
钢城区	10496	2700	2284	827		305
省级	**1201237**	**314267**	**276351**	**179903**		**73065**

续表 6

地　区	六、资源税	七、固定资产投资方向调节税	八、城市维护建设税	九、房产税	十、印花税	十一、城镇土地使用税	十二、土地增值税
全省合计	**135148**	**14679**	**549266**	**267768**	**62914**	**211717**	**90831**
地(市)合计	98950	14679	547889	267768	62914	211717	90831
地(市)本级	12198	2718	230370	75458	16405	49445	14529
县级合计	86752	11961	317519	192310	46509	162272	76302
省内合计	**128679**	**12905**	**455757**	**206036**	**46064**	**181602**	**66151**
地(市)合计	92481	12905	454380	206036	46064	181602	66151
地(市)本级	12198	954	192048	53345	10366	43344	8433
县级合计	80283	11951	262332	152691	35698	138258	57718
青岛市	**6469**	**1774**	**93509**	**61732**	**16850**	**30115**	**24680**
本级		1764	38322	22113	6039	6101	6096
县级小计	6469	10	55187	39619	10811	24014	18584
即墨市	344		5635	3565	1172	2995	2810
胶州市	1232		3450	5261	1507	4794	1176
胶南市	366	10	4950	2493	731	6547	1755
平度市	2208		4407	3353	882	1809	748
莱西市	1458		2504	2679	479	1465	5884
崂山区	27		5007	1999	705	384	1361
城阳区	804		9271	2018	740	569	823
黄岛区			4178	1817	154	1229	275
开发区	24		2601	1041	968	444	1178
市南区			2459	7608	1356	762	1924
市北区			4467	3072	535	688	330
四方区			2458	2394	220	1021	169
李沧区	6		3084	2053	1024	1182	9
保税区			716	266	338	125	142
济南市	**2906**	**21**	**65903**	**30010**	**8238**	**13002**	**9635**
本级			39835	13968	1796	6424	721
县级小计	2906	21	26068	16042	6442	6578	8914
历下区		20	4997	4769	2002	716	3061
市中区	439		4352	4299	1915	1109	1922
天桥区		1	2818	1898	946	1034	374
槐荫区			2247	1136	484	835	1659
历城区	231		4247	1104	448	739	621
长青区	52		821	337	151	448	188
章丘市	1247		3830	1070	256	671	386

续表7

地　　区	六、资源税	七、固定资产投资方向调节税	八、城市维护建设税	九、房产税	十、印花税	十一、城镇土地使用税	十二、土地增值税
平阴县	781		1019	629	111	318	12
济阳县	7		1219	163	63	56	483
商河县	149		518	637	66	652	208
淄博市	**3867**		**46151**	**17422**	**4349**	**21148**	**4833**
本级	386		18799	3883	991	4766	1166
县级小计	3481		27352	13539	3358	16382	3667
博山区	552		3539	2706	445	1507	266
淄川区	862		3607	2042	440	4408	462
张店区	278		6706	1996	359	1888	1932
周村区	70		2614	1099	397	2515	330
临淄区	775		4829	3134	1015	4749	381
桓台县	50		2273	1313	405	575	272
高青县			2386	490	163	447	18
沂源县	894		1398	759	134	293	6
枣庄市	**7145**	**37**	**22499**	**11869**	**1031**	**13953**	**2936**
本级	4065	7	5864	1643	408	2791	23
县级小计	3080	30	16635	10226	623	11162	2913
市中区	678	19	632	3618	77	3249	754
薛城区	329	11	2082	824	126	821	47
峄城区	420		490	211	23	147	3
山亭区	313		634	401	16	458	2
台儿庄区	291		684	391	41	552	5
滕州市	1049		12113	4781	340	5935	2102
烟台市	**9651**	**3128**	**41338**	**29728**	**8265**	**18425**	**16209**
本级		58	8175	4813	1209	1659	1031
县级小计	9651	3070	33163	24915	7056	16766	15178
芝罘区		25	3496	2063	518	711	442
福山区	471		1560	936	280	809	1638
龙口市	762		7629	5857	1455	6086	594
莱阳市	662		2702	2381	693	1994	1115
蓬莱市	619	45	2574	2033	437	887	2749
招远市	4191	1146	2266	2605	749	1739	1382
莱州市	1629		2908	1969	821	970	1831
栖霞市	976		1058	937	159	551	185

续表 8

地　　区	六、资源税	七、固定资产投资方向调节税	八、城市维护建设税	九、房产税	十、印花税	十一、城镇土地使用税	十二、土地增值税
海阳市	127	1	3053	1340	364	1100	842
牟平区	186	1853	1550	1266	325	1069	638
长岛县	4		85	145	21	38	8
开发区	9		2970	2750	1099	391	1296
莱山区	15		1312	633	135	421	2458
潍坊市	**23670**	**573**	**39729**	**15476**	**2869**	**14249**	**4260**
本级	3781		14939	4549	647	3469	144
县级小计	19889	573	24790	10927	2222	10780	4116
潍城区	2		1040	638	112	312	29
坊子区	809		680	414	60	669	591
寒亭区	5474		1067	256	90	250	
昌邑市	5039	296	2399	649	77	762	159
昌乐县	736		1336	588	85	572	1591
安丘市	1862		2049	1035	244	828	156
寿光市	4659		4213	2090	358	1945	92
青州市	409		3320	1550	391	1521	382
高密市	31		2386	1060	223	1262	460
诸城市	557	277	3905	1464	431	1636	431
临朐县	306		863	816	95	568	89
奎文区	5		1532	367	57	455	136
济宁市	**19501**		**39704**	**12258**	**3203**	**11365**	**3635**
本级	1398		6725	3182	879	3120	1167
县级小计	18103		32979	9076	2324	8245	2468
市中区			924	472	88	403	521
任城区	3346		5622	1285	306	1307	51
兖州市	2355		4556	1120	436	1305	410
曲阜市	428		1584	787	75	692	471
泗水县	1150		321	345	88	286	159
邹城市	4618		14849	2823	660	2128	474
微山县	3028		2870	705	218	679	11
鱼台县	351		456	237	65	131	24
金乡县	168		470	447	69	220	154
嘉祥县	2264		503	200	164	266	162
汶上县	379		460	346	41	302	6

续表 9

地　　区	六、资源税	七、固定资产投资方向调节税	八、城市维护建设税	九、房产税	十、印花税	十一、城镇土地使用税	十二、土地增值税
梁山县	16		363	309	114	526	25
临沂市	**3805**	**2130**	**19946**	**10955**	**2119**	**12741**	**545**
本级	473	675	6949	3187	532	3678	197
县级小计	3332	1455	12997	7768	1587	9063	348
郯城县	675	143	1819	1186	262	1212	23
苍山县	568		374	309	27	196	2
莒南县	64		831	603	150	712	
沂水县	375		873	816	224	771	68
蒙阴县	164		657	206	59	215	5
平邑县	329	86	555	269	55	263	
费　县	57		575	862	153	1019	20
沂南县	494		503	412	52	393	
临沭县	137		847	659	285	1062	32
兰山区	47	730	4039	1735	185	2006	197
罗庄区	368		1589	459	72	731	
河东区	53	496	337	253	63	484	
泰安市	**6912**	**620**	**21632**	**10148**	**1778**	**6164**	**4247**
本级			4458	2216	519	873	176
县级小计	6912	620	17174	7932	1259	5291	4071
新泰市	2258		7577	3346	267	2563	1202
宁阳县	1341		1195	511	43	291	512
东平县	1262	120	944	324	187	311	2
肥城市	1481		4577	1884	307	1034	1044
泰山区	9	410	2007	1472	274	766	1241
郊　区	561	90	874	395	181	326	70
聊城市	**585**	**823**	**11384**	**6680**	**2059**	**7442**	**5606**
本级	8	214	3072	1364	338	1159	2088
县级小计	577	609	8312	5316	1721	6283	3518
东昌府区	6		1446	931	298	895	1397
临清市	342		1918	1282	402	1960	581
阳谷县	33	609	400	677	184	536	55
莘　县	2		618	330	108	378	
茌平县	64		1311	787	298	787	68
东阿县	35		1353	319	73	468	226

续表 10

地　　区	六、资源税	七、固定资产投资方向调节税	八、城市维护建设税	九、房产税	十、印花税	十一、城镇土地使用税	十二、土地增值税
冠　县	30		376	195	107	221	5
高唐县	65		890	795	251	1038	1186
菏泽市	**3744**	**170**	**6891**	**5178**	**1487**	**4406**	**853**
本级			1654	1401	168	525	34
县级小计	3744	170	5237	3777	1319	3881	819
牡丹区	161	20	1205	1109	117	746	386
曹　县	275		693	301	82	699	2
定陶县	217		278	206	23	131	
成武县	427		578	217	35	149	
单　县	331		413	398	16	363	282
巨野县	147		471	234	72	258	20
郓城县	1797		409	616	900	769	1
鄄城县	237		192	118	10	119	78
东明县	152	150	998	578	64	647	50
德州市	**3539**		**14368**	**14755**	**1477**	**18057**	**1096**
本级			3794	1991	202	1146	
县级小计	3539		10574	12764	1275	16911	1096
德城区	39		1763	1016	206	1219	534
陵　县	71		1138	953	30	948	50
平原县	54		546	541	48	482	
夏津县	202		657	526	45	1016	71
武城县	296		1132	972	229	1178	2
齐河县	1173		1144	2083	249	2632	163
禹城市	568		1439	1507	123	1824	126
乐陵市	510		343	1302	111	1597	102
临邑县	145		1976	2787	136	4491	34
宁津县	442		300	983	90	1428	14
庆云县	37		136	93	8	98	
滨州市	**2338**	**642**	**18929**	**4848**	**2092**	**6954**	**294**
本级	2		4432	914	178	664	53
县级小计	2336	642	14497	3934	1914	6290	241
惠民县	50		207	124	16	86	10
阳信县	63		165	185	77	210	11
无棣县	1768		957	491	147	716	56

续表 11

地　　区	六、资源税	七、固定资产投资方向调节税	八、城市维护建设税	九、房产税	十、印花税	十一、城镇土地使用税	十二、土地增值税
沾化县	311		3252	131	41	138	3
博兴县	23	642	2552	737	449	1072	159
邹平县	109		5484	1472	1098	1574	2
滨州市	12		1880	794	86	2494	
东营市	**685**		**61745**	**9004**	**3241**	**12352**	**613**
本级			52249	3951	1054	7768	147
县级小计	685		9496	5053	2187	4584	466
东营区			3372	965	175	403	56
河口区	13		1320	1275	313	738	63
广饶县	649		2487	1879	1334	2052	206
垦利县			1447	546	184	671	59
利津县	23		870	388	181	720	82
威海市	**815**	**4761**	**21530**	**21084**	**2053**	**14479**	**10374**
本级	7		4432	1920	466	1429	837
县级小计	808	4761	17098	19164	1587	13050	9537
环翠区	36	2885	6496	4747	659	2314	1285
乳山市	271	1876	1490	851	212	806	3251
文登市	108		2694	5559	259	3865	4272
荣成市	393		6418	8006	458	6066	729
日照市	**773**		**6295**	**3750**	**646**	**3790**	**804**
本级	32		3602	2127	412	1705	494
县级小计	741		2693	1623	234	2085	310
莒　县	251		704	472	69	492	
五莲县	343		709	572	45	707	1
东港区	22		865	410	86	633	234
岚山区	125		415	169	34	253	75
莱芜市	**2545**		**16336**	**2871**	**1157**	**3075**	**211**
本级	2046		13069	2236	567	2168	155
县级小计	499		3267	635	590	907	56
莱城区	399		2183	533	291	651	28
钢城区	100		1084	102	299	256	28
省级	**36198**		**1377**				

续表 12

地 区	十三、车船使用和牌照税	十四、屠宰税	十五、筵席税	十六、农业税	十七、农业特产税	十八、牧业税	十九、耕地占用税	二十、契 税
全省合计	**49347**			**251102**	**12699**		**183219**	**340488**
地(市)合计	49347			251102	12699		183219	340488
地(市)本级	4462			2394			31844	124831
县级合计	44885			248708	12699		151375	215657
省内合计	**45191**			**230249**	**12476**		**139497**	**253784**
地(市)合计	45191			230249	12476		139497	253784
地(市)本级	3375			2394			31844	78833
县级合计	41816			227855	12476		107653	174951
青岛市	**4156**			**20853**	**223**		**43722**	**86704**
本级	1087							45998
县级小计	3069			20853	223		43722	40706
即墨市	299			4714			3217	3629
胶州市	141			2030	57		8369	2395
胶南市	296			4876	166		12624	9096
平度市	774			5326			1653	2953
莱西市	464			3600			1813	1844
崂山区	106						5209	7117
城阳区	129			142			5702	3783
黄岛区	82			157			702	7838
开发区	3			4			288	729
市南区	327							
市北区	201						4123	
四方区	128							
李沧区	110			4			22	
保税区	9							1322
济南市	**4441**			**8086**			**2939**	**32737**
本级	35						258	12917
县级小计	4406			8086			2681	19820
历下区	740							6231
市中区	566						2	4203
天桥区	1303			100				2819
槐荫区	420							1845
历城区	132			919			253	1442
长青区	113			1048			1031	251
章丘市	44						774	2784

续表 13

地　　区	十三、车船使用和牌照税	十四、屠宰税	十五、筵席税	十六、农业税	十七、农业特产税	十八、牧业税	十九、耕地占用税	二十、契　税
平阴县	147			680			410	141
济阳县	237			3134			180	76
商河县	704			2205			31	28
淄博市	**2338**			**5727**	**535**		**16964**	**23965**
本级	434			97			2075	10043
县级小计	1904			5630	535		14889	13922
博山区	145			92	19		897	1345
淄川区	334			210			1862	1244
张店区	307			174			550	3580
周村区	260			214			1923	1516
临淄区	362			1061			3608	2805
桓台县	272			1165			2790	2612
高青县	93			1395			2437	420
沂源县	131			1319	516		822	400
枣庄市	**1025**			**5275**	**23**		**1773**	**3991**
本级	41							701
县级小计	984			5275	23		1773	3290
市中区	227			245				230
薛城区	78			488			239	1084
峄城区	42			646				60
山亭区	17			801	23		428	515
台儿庄区	126			721			200	306
滕州市	494			2374			906	1095
烟台市	**3506**			**14435**			**13262**	**25309**
本级	266			13				3122
县级小计	3240			14422			13262	22187
芝罘区	114			84				3267
福山区	125			263			548	1154
龙口市	445			927			3903	3676
莱阳市	521			2371			57	882
蓬莱市	224			844			2000	2000
招远市	368			1515			830	1556
莱州市	623			2096			2614	2984
栖霞市	261			1450			292	191

续表 14

地　区	十三、车船使用和牌照税	十四、屠宰税	十五、筵席税	十六、农业税	十七、农业特产税	十八、牧业税	十九、耕地占用税	二十、契　税
海阳市	182			2040			1977	1187
牟平区	172			1418			230	753
长岛县	22			722				69
开发区	94			559			42	1988
莱山区	89			133			769	2480
潍坊市	**5418**			**28023**	**4198**		**13627**	**26603**
本级	239			223			924	6494
县级小计	5179			27800	4198		12703	20109
潍城区	357			414			16	1305
坊子区	101			955			1287	646
寒亭区	22			1077			16	256
昌邑市	476			2318			15	375
昌乐县	511			2871	608		297	720
安丘市	171			4230	475		281	991
寿光市	1137			4083			3044	3236
青州市	658			2648	13		955	2010
高密市	419			3109	228		1957	1897
诸城市	462			4550	2605		3707	3996
临朐县	441			1521	269		719	1197
奎文区	424			24			409	3480
济宁市	**1116**			**19969**			**27966**	**16714**
本级	77			691			14077	7925
县级小计	1039			19278			13889	8789
市中区	50						336	61
任城区	33			1520			841	266
兖州市	123			1165			3945	3842
曲阜市	80			892			3221	2887
泗水县	14			1128			244	563
邹城市	112			2157			846	449
微山县	185			1957			977	78
鱼台县	81			1300			302	36
金乡县	50			3549			870	151
嘉祥县	169			1375			279	210
汶上县	99			1925			1696	236

续表 15

地　　区	十三、车船使用和牌照税	十四、屠宰税	十五、筵席税	十六、农业税	十七、农业特产税	十八、牧业税	十九、耕地占用税	二十、契　税
梁山县	44			2309			333	11
临沂市	**2481**			**33310**	**6198**		**7379**	**23281**
本级	233			161			608	19198
县级小计	2248			33149	6198		6771	4083
郯城县	137			3441			188	117
苍山县	241			3742	105		397	562
莒南县	472			4515	600		257	157
沂水县	541			3193	3174		408	589
蒙阴县	64			2421	244		6	27
平邑县	97			4269	383		226	1316
费　县	200			4161	478		781	77
沂南县	59			2433	1002		608	258
临沭县	221			2602	155		387	95
兰山区	133			811	46		1806	100
罗庄区	23			572	2		637	632
河东区	60			990	8		1070	153
泰安市	**2030**			**16981**			**9830**	**18048**
本级	324			290			1126	2364
县级小计	1706			16691			8704	15684
新泰市	222			3194			1523	6204
宁阳县	381			3285			1146	778
东平县	280			2636			191	426
肥城市	315			3159			3000	2606
泰山区	217			1882			840	5544
郊　区	291			2535			2004	126
聊城市	**4049**			**13304**			**1968**	**4099**
本级	450							
县级小计	3599			13304			1968	4099
东昌府区	301			1852			1415	2423
临清市	489			1497			205	538
阳谷县	305			1606			73	250
莘　县	704			2293			14	29
茌平县	515			1476			171	151
东阿县	196			1058			61	46

续表 16

地　　区	十三、车船使用和牌照税	十四、屠宰税	十五、筵席税	十六、农业税	十七、农业特产税	十八、牧业税	十九、耕地占用税	二十、契　税
冠　县	612			2236			19	30
高唐县	477			1286			10	632
菏泽市	**6746**			**25761**			**2897**	**3063**
本级	32						687	720
县级小计	6714			25761			2210	2343
牡丹区	809			2894			1180	1208
曹　县	783			4043			116	80
定陶县	298			2362			396	180
成武县	397			1781				92
单　县	1020			3620			395	220
巨野县	642			3292			101	235
郓城县	1276			3476			2	39
鄄城县	681			2202			20	116
东明县	808			2091				173
德州市	**6161**			**15650**			**949**	**3381**
本级	204							
县级小计	5957			15650			949	3381
德城区	385			646			59	1353
陵　县	643			1853				135
平原县	478			1658			53	170
夏津县	675			1391			32	303
武城县	405			1055				135
齐河县	1234			1726				601
禹城市	602			1511			1	137
乐陵市	304			2123				168
临邑县	684			1535			354	219
宁津县	351			1529				59
庆云县	198			624			450	100
滨州市	**2311**			**10010**			**4727**	**6455**
本级	67			116			13	1305
县级小计	2244			9894			4714	5150
惠民县	127			2211			10	40
阳信县	175			1109				60
无棣县	334			1182			4	321

续表 17

地　区	十三、车船使用和牌照税	十四、屠宰税	十五、筵席税	十六、农业税	十七、农业特产税	十八、牧业税	十九、耕地占用税	二十、契　税
沾化县	168			1116			71	189
博兴县	247			1350			2535	955
邹平县	589			1970			1888	2001
滨州市	604			956			206	1584
东营市	**1422**			**3527**			**856**	**8828**
本级	677							435
县级小计	745			3527			856	8393
东营区	104			380			152	6091
河口区	171			324			77	550
广饶县	115			1409			368	396
垦利县	168			490			82	1081
利津县	187			924			177	275
威海市	**735**			**22307**			**32668**	**50434**
本级	68			544			11414	11034
县级小计	667			21763			21254	39400
环翠区	143			2990			3200	1153
乳山市	277			3993			5696	7868
文登市	141			5372			8102	18792
荣成市	106			9408			4256	11587
日照市	**1045**			**6376**	**1461**		**987**	**5745**
本级	81			211			50	2307
县级小计	964			6165	1461		937	3438
莒　县	409			2700	898		356	182
五莲县	250			1349	378			142
东港区	212			1029	100		422	1942
岚山区	93			**1087**	**85**		**159**	**1172**
莱芜市	367			1508	61		705	1131
本级	147			48			612	268
县级小计	220			1460	61		93	863
莱城区	164			1307	61		32	545
钢城区	**56**			**153**			**61**	**318**
省级								

续表 18

地　区	二十一、国有资产经营收益	二十二、国有企业计划亏损补贴	二十三、行政性收费收入	二十四、罚没收入	二十五、海域场地矿区使用费收入	二十六、专项收入	二十七、其他收入
全省合计	**264645**	**-43871**	**909921**	**437059**	**8371**	**353922**	**78928**
地(市)合计	264645	-29469	675639	389490	7957	307004	73633
地(市)本级	65632	-27579	261487	109874	6690	125098	27318
县级合计	199013	-1890	414152	279616	1267	181906	46315
省内合计	**233225**	**-34012**	**854799**	**402150**	**1048**	**310097**	**71662**
地(市)合计	233225	-19610	620517	354581	634	263179	66367
地(市)本级	55630	-17720	237071	103203	267	105592	22940
县级合计	177595	-1890	383446	251378	367	157587	43427
青岛市	**31420**	**-9859**	**55122**	**34909**	**7323**	**43825**	**7266**
本级	10002	-9859	24416	6671	6423	19506	4378
县级小计	21418		30706	28238	900	24319	2888
即墨市	2850			3307	71	3287	87
胶州市			1919	3911	459	2297	61
胶南市	2000		2645	2723	57	2683	117
平度市	5951		3334	3532	100	2692	164
莱西市	2293		2411	2996		810	40
崂山区	3544		9016	1949	1	2130	183
城阳区				4601	101	2135	114
黄岛区				8		1792	13
开发区	2114		1248	1480	111	947	690
市南区	18		5056	508		904	588
市北区	1172		2821	2354		1891	110
四方区			1022	457		1054	408
李沧区	1476		1234	410		1380	45
保税区				2		317	268
济南市	**2658**	**-7335**	**137404**	**40556**	**17**	**34905**	**7045**
本级		-7335	63682	23662	3	18051	1793
县级小计	2658		73722	16894	14	16854	5252
历下区	80		743	553		2328	453
市中区			609	856		2167	40
天桥区			1579	1508		1333	43
槐荫区	42		2031	901		1148	36
历城区	796		16817	2854	14	3219	3050
长青区	3		4347	2357		896	343
章丘市			42300	3877		2770	36

续表 19

地　　区	二十一、国有资产经营收益	二十二、国有企业计划亏损补贴	二十三、行政性收费收入	二十四、罚没收入	二十五、海域场地矿区使用费收入	二十六、专项收入	二十七、其他收入
平阴县			1459	2247		1728	105
济阳县	1737		381	1122		613	20
商河县			3456	619		652	1126
淄博市	**31400**		**34873**	**21180**	**5**	**36521**	**5673**
本级	17602		15587	4915		17709	803
县级小计	13798		19286	16265	5	18812	4870
博山区	1610		170	985	5	2140	316
淄川区			3473	3093		1519	263
张店区	1384		6292	2062		4595	715
周村区	2425		1445	2658		1729	1120
临淄区	5759		3209	2822		4019	54
桓台县	1500		3724	1284		2236	20
高青县	1120		973	793		1221	34
沂源县				2568		1353	2348
枣庄市	**18314**	**-810**	**19668**	**11508**	**2**	**11030**	**954**
本级	8	-750	3378	1491		4235	260
县级小计	18306	-60	16290	10017	2	6795	694
市中区	7476		841	2017		483	10
薛城区	2220		4922	1553		1224	6
峄城区	1987		1438	1279		472	52
山亭区	827		2260	1189		365	6
台儿庄区	70		4363	1353		387	20
滕州市	5726	-60	2466	2626	2	3864	600
烟台市	**53361**	**-1500**	**39047**	**27612**	**80**	**26822**	**5126**
本级	2080	-1500	18711	4950	4	8597	1995
县级小计	51281		20336	22662	76	18225	3131
芝罘区	7		1143	452	18	1587	88
福山区			470	2136		1169	31
龙口市	4790		6475	3495	8	3341	135
莱阳市	7117		2508	3038		1452	881
蓬莱市	11394		1010	1630		1384	114
招远市	8773		1916	1591		1734	71
莱州市	9758		2031	3649		2600	47
栖霞市	2100		131	1968		671	10

续表 20

地　区	二十一、国有资产经营收益	二十二、国有企业计划亏损补贴	二十三、行政性收费收入	二十四、罚没收入	二十五、海域场地矿区使用费收入	二十六、专项收入	二十七、其他收入
海阳市	4826		713	1207		936	515
牟平区	1490		850	2113	50	987	380
长岛县			267	28		59	285
开发区	172		2653	544		1423	540
莱山区	854		169	811		882	34
潍坊市	**18588**	**-2100**	**26555**	**39124**	**1**	**22616**	**14658**
本级		-2100	5966	6821		7455	1457
县级小计	18588		20589	32303	1	15161	13201
潍城区			1305	2898		395	9
坊子区			106	2158		291	101
寒亭区			1853	2102		455	7
昌邑市	1800		2721	3295		2087	2137
昌乐县			1575	1396		1068	2075
安丘市	191		1799	3348		1233	26
寿光市	7160		2963	4374		2694	1650
青州市	1537		1800	4005		1647	2874
高密市			4198	2064		1630	1698
诸城市	7900		1300	4428		2250	89
临朐县			772	382		789	339
奎文区			197	1853	1	622	2196
济宁市	**10531**		**72881**	**35046**	**152**	**21896**	**5137**
本级	516		24772	4369	63	4732	3615
县级小计	10015		48109	30677	89	17164	1522
市中区			2140	752		394	14
任城区	3		861	1660	2	2253	14
兖州市			10079	10580		3017	266
曲阜市	9633		5594	5571	31	833	33
泗水县	56		113	785		416	508
邹城市	275		23120	4198		5767	57
微山县	25		380	1548		2828	552
鱼台县			459	1093		333	5
金乡县	12		657	1103	56	358	4
嘉祥县			1242	1405		374	58
汶上县			790	1142		358	9

续表21

地　区	二十一、国有资产经营收益	二十二、国有企业计划亏损补贴	二十三、行政性收费收入	二十四、罚没收入	二十五、海域场地矿区使用费收入	二十六、专项收入	二十七、其他收入
梁山县	10		2672	837		233	3
临沂市	**16718**	**-1433**	**41942**	**39703**	**5**	**13925**	**1015**
本级	12000	-1230	20531	12328		3659	720
县级小计	4718	-203	21411	27375	5	10266	295
郯城县	3000		645	2195		1004	9
苍山县	15		397	3251		319	19
莒南县		-203	1989	2134	1	863	15
沂水县	552		7535	2144		1041	26
蒙阴县			157	761	4	536	12
平邑县	171		1870	2760		803	19
费　县			1061	1542		782	4
沂南县	500		1467	2196		439	123
临沭县			1594	1902		1034	13
兰山区	400		1503	5434		2797	39
罗庄区			1419	1006		506	8
河东区	80		1773	2049		143	9
泰安市	**13126**		**37683**	**27801**	**25**	**12870**	**19724**
本级	3590		15139	4630	9	3165	9575
县级小计	9536		22544	23171	16	9705	10149
新泰市	5986		6765	4603		2519	4089
宁阳县	158		1121	1909		1079	58
东平县			3908	1614		722	8
肥城市	2175		4720	3766		3513	5922
泰山区	1217		6008	521	16	855	30
郊　区			22	10758		1017	42
聊城市	**10418**	**-1474**	**38801**	**18105**	**32**	**7248**	**511**
本级	145		16459	6128	7	1517	223
县级小计	10273	-1474	22342	11977	25	5731	288
东昌府区	167		1697	3027		1385	19
临清市	2340		3158	1519	25	1054	70
阳谷县			1828	1751		341	53
莘　县	50		2920	896		342	11
茌平县		-1250	1604	878		991	35
东阿县	186	-220	1705	1774		509	69

续表 22

地　区	二十一、国有资产经营收益	二十二、国有企业计划亏损补贴	二十三、行政性收费收入	二十四、罚没收入	二十五、海域场地矿区使用费收入	二十六、专项收入	二十七、其他收入
冠　县		-4	2246	1256		246	16
高唐县	7530		7184	876		863	15
菏泽市	**638**	**-516**	**24103**	**22710**		**7713**	**1518**
本级		-363	10166	9565		1453	77
县级小计	638	-153	13937	13145		6260	1441
牡丹区			1494	1957		469	711
曹　县			2471	1031		445	14
定陶县			1610	691		247	33
成武县	380	-133	774	850		330	9
单　县	129		943	1381		559	34
巨野县	109	-20	1718	1809		428	5
郓城县			3176	4071		447	8
鄄城县			1240	414		154	527
东明县	20		511	941		3181	100
德州市	**1082**		**56567**	**16076**		**8877**	**664**
本级			2102	5090		3259	524
县级小计	1082		54465	10986		5618	140
德城区			5481	1230		594	17
陵　县			1093	520		398	58
平原县			5937	1720		533	8
夏津县				1409		378	6
武城县	560		7446	1193		582	6
齐河县			9735	1757		904	6
禹城市			5959	811		507	4
乐陵市	522		5875	1859		214	7
临邑县			9783	364		1112	15
宁津县			2439	108		293	7
庆云县			717	13		103	6
滨州市	**4874**		**20309**	**13150**	**16**	**14021**	**2163**
本级	412		8720	2140		3485	217
县级小计	4462		11589	11010	16	10536	1946
惠民县			295	166		158	13
阳信县			50	270		98	2
无棣县			2618	1199	16	628	1722

续表 23

地　　区	二十一、国有资产经营收益	二十二、国有企业计划亏损补贴	二十三、行政性收费收入	二十四、罚没收入	二十五、海域场地矿区使用费收入	二十六、专项收入	二十七、其他收入
沾化县			2119	1111		1834	97
博兴县	2000		2553	2179		1457	24
邹平县	1200		1596	3866		5802	42
滨州市	1262		2358	2219		559	46
东营市	**3458**	**-384**	**19372**	**7212**	**61**	**25304**	**652**
本级	199	-384	15779	833	15	19661	447
县级小计	3259		3593	6379	46	5643	205
东营区	2830		542	1067		1433	74
河口区			656	792	27	591	21
广饶县	274		1499	2312	13	2435	49
垦利县	155		546	1232		995	39
利津县			350	976	6	189	22
威海市	**46752**	**-3480**	**38686**	**16184**	**238**	**11445**	**397**
本级	17776	-3480	6177	3247	166	3246	275
县级小计	28976		32509	12937	72	8199	122
环翠区	1650		727	1273	1	2208	12
乳山市	6281		7782	2818		1000	10
文登市	16145		8957	2034	71	1646	77
荣成市	4900		15043	6812		3346	23
日照市	**483**		**8166**	**14705**		**4006**	**757**
本级	483		5968	10890		2466	683
县级小计			2198	3815		1540	74
莒　县			999	903		388	8
五莲县				608		582	52
东港区			899	1410		370	9
岚山区			300	894		200	5
莱芜市	**824**	**-578**	**4460**	**3909**		**3980**	**373**
本级	819	-578	3934	2144		2902	276
县级小计	5		526	1765		1078	97
莱城区				792		745	11
钢城区	5		526	973		333	86
省级		**-14402**	**234282**	**47569**	**414**	**46918**	**5295**

2004年山东省财政收入分市地明细表

单位：万元

地区	总计	一、增值税					
		小计	国有企业增值税	集体企业增值税	股份制企业增值税	联营企业增值税	港澳台和外商投资企业增值税
全省合计	**8283306**	**1160390**	**276394**	**67222**	**644908**	**3094**	**220412**
青岛市	1305136	86505	44268	7435	61562	291	50418
济南市	890364	123982	36262	7550	50967	197	15073
淄博市	500365	79104	9751	13233	34474	526	12879
枣庄市	207068	31331	12805	2148	14186	1	1167
烟台市	640214	75101	12494	6133	30513	677	30310
潍坊市	525808	82666	17661	4445	45315	134	13055
济宁市	540556	92444	38228	3582	22239	432	28341
临沂市	375770	40340	7361	3187	19781	30	9379
泰安市	312132	43323	10059	3183	21791	233	2099
聊城市	224328	24119	3342	992	13129	88	1032
菏泽市	172245	13902	4404	652	5790		837
德州市	243230	20157	3902	1070	9950	9	963
滨州市	220066	44965	2419	1429	34920	10	3485
东营市	283130	26269	2930	3177	15644	28	3359
威海市	426409	23964	3698	4666	18061	168	7640
日照市	112298	9869	3033	557	7634		541
莱芜市	102950	28082	792	3543	24888	201	186
省级	1201237	314267	62985	240	214064	69	39648

续表1

地区	一、增值税							
	私营企业增值税	其他增值税	增值税税款滞纳金、罚款收入	福利企业增值税退税	软件集成电路增值税退税	三线搬迁增值税退税	民贸企业增值税退税	宣传文化单位增值税退税
全省合计	**185331**	**29898**	**5536**	**-24443**	**-2277**	**-23**		**-2273**
青岛市	24461	4190	740	-2673	-465			-152
济南市	17672	3851	836	-684	-894			-758
淄博市	19361	1561	555	-4072	-50			-24
枣庄市	4770	620	56	-175				-51
烟台市	22961	3088	403	-2176	-265			-132
潍坊市	22280	3004	388	-2429	-117			
济宁市	8592	1174	323	-503				-340
临沂市	10079	4439	422	-2940				-197
泰安市	9809	576	253	-1007	-367	-23		-89
聊城市	8433	1248	392	-424				-95
菏泽市	8668	1163	131	-173				-155
德州市	7708	863	115	-110				-97
滨州市	6211	853	237	-1105				-47
东营市	5645	796	161	-1654	-17			-11
威海市	5187	1590	182	-1684	-102			-68
日照市	1123	678	68	-360				-40
莱芜市	2359	204	25	-2274				-17
省级	12		249					

续表 2

地　区	一、增值税					二、营业税		
	森工综合利用增值税退税	其他增值税退税	免抵调增增值税	出口货物退增值税	免抵调减增值税	小计	金融保险业营业税（地方）	一般营业税
全省合计	**-1169**	**-10007**	**156369**	**-232213**	**-156369**	**1764502**	**280725**	**1476627**
青岛市	-14	-1316	51250	-102240	-51250	418990	46144	371854
济南市		-970	12177	-5120	-12177	232019	51216	179799
淄博市		-498	9290	-8592	-9290	84906	15971	68769
枣庄市		-1134	1411	-3062	-1411	24707	3742	20904
烟台市	-1	-275	18986	-28629	-18986	145449	21605	123678
潍坊市	-279	-766	9297	-20025	-9297	88855	13294	75464
济宁市		-3624	12620	-6000	-12620	69987	11520	58383
临沂市		-139	5560	-11062	-5560	60397	12578	47661
泰安市	-12	-196	2654	-2986	-2654	37369	6793	30465
聊城市	-201	-679	1571	-3138	-1571	38637	7012	31367
菏泽市	-229	-62	3040	-7124	-3040	28131	4203	23836
德州市	-137	-76	2473	-4003	-2473	40418	8312	31936
滨州市	-197		6516	-3250	-6516	33619	6120	27446
东营市	-99		797	-3690	-797	64817	8373	56355
威海市		-249	12712	-15125	-12712	71532	7929	61244
日照市			3699	-3365	-3699	30948	5333	25586
莱芜市		-23	2222	-1802	-2222	17370	3664	13677
省级			94	-3000	-94	276351	46916	228203

续表 3

地　区	二、营业税		三、企业所得税	四、企业所得税退税	五、个人所得税	六、资源税	七、固定资产投资方向调节税	八、城市维护建设税
	营业税税款滞纳金、罚款收入	营业税退税						
全省合计	**7150**		**860624**		**319637**	**135148**	**14679**	**549266**
青岛市	992		175130		63718	6469	1774	93509
济南市	1004		96374		44821	2906	21	65903
淄博市	166		45388		14016	3867		46151
枣庄市	61		13499		5308	7145	37	22499
烟台市	166		67237		18623	9651	3128	41338
潍坊市	97		40082		16068	23670	573	39729
济宁市	84		61787		15264	19501		39704
临沂市	158		25725		12543	3805	2130	19946
泰安市	111		14945		6876	6912	620	21632
聊城市	258		22608		7324	585	823	11384
菏泽市	92		8359		4491	3744	170	6891
德州市	170		14720		5236	3539		14368
滨州市	53		21292		6057	2338	642	18929
东营市	89		21798		12298	685		61745
威海市	2359		30882		8569	815	4761	21530
日照市	29		8953		2739	773		6295
莱芜市	29		11942		2621	2545		16336
省级	1232		179903		73065	36198		1377

续表 4

地　区	九、房产税	十、印花税				十一、城镇土地使用税	十二、土地增值税	十三、车船使用和牌照税
		小计	证券交易印花税	其他印花税	印花税税款滞纳金、罚款收入			
全省合计	**267768**	**62914**		**61886**	**1028**	**211717**	**90831**	**49347**
青岛市	61732	16850		16554	296	30115	24680	4156
济南市	30010	8238		8166	72	13002	9635	4441
淄博市	17422	4349		4301	48	21148	4833	2338
枣庄市	11869	1031		947	84	13953	2936	1025
烟台市	29728	8265		8189	76	18425	16209	3506
潍坊市	15476	2869		2842	27	14249	4260	5418
济宁市	12258	3203		3179	24	11365	3635	1116
临沂市	10955	2119		2087	32	12741	545	2481
泰安市	10148	1778		1688	90	6164	4247	2030
聊城市	6680	2059		1966	93	7442	5606	4049
菏泽市	5178	1487		1465	22	4406	853	6746
德州市	14755	1477		1460	17	18057	1096	6161
滨州市	4848	2092		2076	16	6954	294	2311
东营市	9004	3241		3158	83	12352	613	1422
威海市	21084	2053		2036	17	14479	10374	735
日照市	3750	646		629	17	3790	804	1045
莱芜市	2871	1157		1143	14	3075	211	367
省级								

续表 5

地　区	十四、屠宰税	十五、筵席税	十六、农业税	十七、农业特产税	十八、牧业税	十九、耕地占用税	二十、契税	二十一、国有资产经营收益
全省合计			**251102**	**12699**		**183219**	**340488**	**264645**
青岛市			20853	223		43722	86704	31420
济南市			8086			2939	32737	2658
淄博市			5727	535		16964	23965	31400
枣庄市			5275	23		1773	3991	18314
烟台市			14435			13262	25309	53361
潍坊市			28023	4198		13627	26603	18588
济宁市			19969			27966	16714	10531
临沂市			33310	6198		7379	23281	16718
泰安市			16981			9830	18048	13126
聊城市			13304			1968	4099	10418
菏泽市			25761			2897	3063	638
德州市			15650			949	3381	1082
滨州市			10010			4727	6455	4874
东营市			3527			856	8828	3458
威海市			22307			32668	50434	46752
日照市			6376	1461		987	5745	483
莱芜市			1508	61		705	1131	824
省级								

续表 6

地　区	二十二、国有企业计划亏损补贴	二十三、行政性收费收入						
		小计	烟草行政性收费收入	国土资源行政性收费收入	建设行政性收费收入	铁道行政性收费收入	商贸行政性收费收入	文化行政性收费收入
全省合计	**-43871**	**909921**	**41**	**91728**	**35085**		**550**	**460**
青岛市	-9859	55122	1	1353	2028		65	2
济南市	-7335	137404		15578	12875		23	4
淄博市		34873		4482	671		29	
枣庄市	-810	19668		951	877		2	3
烟台市	-1500	39047		7366	2099		48	3
潍坊市	-2100	26555	5	6681	2985			1
济宁市		72881		3389	3037		94	5
临沂市	-1433	41942	15	4238	1809		14	27
泰安市		37683	6	4480	4191		4	379
聊城市	-1474	38801	8	7653	628			
菏泽市	-516	24103	3	3034	339		1	4
德州市		56567	2	2071	598			
滨州市		20309		2163	204		22	3
东营市	-384	19372		236	772		6	2
威海市	-3480	38686		613	296			
日照市		8166		455	499		5	1
莱芜市	-578	4460	1	64	116			
省级	-14402	234282		26921	1061		237	26

续表 7

地　区	二十三、行政性收费收入							
	海洋行政性收费收入	广播电影电视行政性收费收入	公安行政性收费收入	司法行政性收费收入	卫生行政性收费收入	药品监管行政性收费收入	民政行政性收费收入	农业行政性收费收入
全省合计	**90**	**2209**	**189041**	**5773**	**14690**	**1807**	**2383**	**11819**
青岛市	20	50	4938	209	2209	30	78	1056
济南市		310	16928	1852	2188	2	309	744
淄博市			6784	153	292		3	181
枣庄市		231	1635	90	185		79	177
烟台市		62	15793	411	1578		36	1633
潍坊市		703	3456	427	1046		358	633
济宁市			13899	377	1312		56	552
临沂市			14010	237	649		54	437
泰安市		853	8689	1180	976		699	134
聊城市			12184	48	245		32	306
菏泽市			7686	109	853		215	150
德州市			4347	173	70		10	178
滨州市			5005	106	701		15	161
东营市			6560	199	300		23	229
威海市			4010		58		6	261
日照市			3015	58	196		17	600
莱芜市			1537	144			2	34
省级	70		58565		1832	1775	391	4353

续表 8

地　区	二十三、行政性收费收入							
	水利行政性收费收入	旅游行政性收费收入	税务行政性收费收入	劳动保障行政性收费收入	工商行政性收费收入	信息产业行政性收费收入	口岸行政性收费收入	人口和计划生育行政性收费收入
全省合计	**53555**	**14**	**2153**	**1116**	**106237**	**788**		**11429**
青岛市	2638			5	5959	121		116
济南市	12831	4	1937	130	11674	107		602
淄博市	2927					113		227
枣庄市	517			2		12		1977
烟台市	2075					35		229
潍坊市	1684			78		4		576
济宁市	2945			12		46		796
临沂市	1408			34		35		1134
泰安市	2888	3		661	5	26		374
聊城市	2610		209	18		18		344
菏泽市	623	1	6	49		58		3408
德州市	975					30		542
滨州市	2164			3		23		481
东营市	6411			2	7			344
威海市	96			16		41		34
日照市	1046			6		18		98
莱芜市	1884					11		5
省级	7833	6	1	100	88592	90		142

续表 9

地　区	二十三、行政性收费收入							
	知识产权行政性收费收入	林业行政性收费收入	环保行政性收费收入	法院行政性收费收入	民航行政性收费收入	人事行政性收费收入	质量监督检验检疫行政性收费收入	保监会行政性收费收入
全省合计	**16**	**4308**	**9824**	**70458**		**4045**	**23697**	
青岛市		76	156	16744		1463	371	
济南市	10	129	6090	11569		685	1611	
淄博市		14		1255		81		
枣庄市	6	91	72	1736		51		
烟台市		244	151	5180		565		
潍坊市		180	1	1492		88		
济宁市		337	37	2515		80		
临沂市		2147	5	4329		281		
泰安市		83	254	2233				
聊城市		372	384	845		196		
菏泽市		165	52	1252		36		
德州市		51	347	550		107		
滨州市		112	51	1180		26		
东营市		4	102	1151		62		
威海市		2	32	2162				
日照市		61		383		34	5	
莱芜市		4		53				
省级		236	2090	15829		290	21710	

续表 10

地　　区	二十三、行政性收费收入						
	财政行政性收费收入	证监会行政性收费收入	人防行政性收费收入	新闻出版行政性收费收入	教育行政性收费收入	交通行政性收费收入	其他行政性收费收入
全省合计	**1303**		**14104**	**36**	**586**	**488**	**250088**
青岛市	366		1695		4		13369
济南市	325		4130		10	15	34732
淄博市							17661
枣庄市	104		711	1			10158
烟台市	50		1096		3		390
潍坊市			109		454		5594
济宁市	165		1225	2			42000
临沂市	38		82				10959
泰安市	13		814				8738
聊城市			233			113	12355
菏泽市	8		795				5256
德州市	14		18				46484
滨州市	17		320				7552
东营市	6		2296		1	360	299
威海市							31059
日照市	9		580		3		1077
莱芜市							605
省级	188			33	111		1800

续表 11

地区	二十四、罚没收入							
	小计	铁道罚没收入	交通罚没收入	质量技术监督罚没收入	物价罚没收入	公安罚没收入	检察院罚没收入	法院罚没收入
全省合计	**437059**		**36429**	**17206**	**6051**	**93298**	**25839**	**6993**
青岛市	34909		2714	605	234	7322	1107	509
济南市	40556		2186	2123	1061	8402	2355	1209
淄博市	21180		1953		614	3047	425	336
枣庄市	11508		1417		50	3598	1954	193
烟台市	27612		3275		815	10160	1514	762
潍坊市	39124		3398		436	8622	2426	896
济宁市	35046		1919		143	7299	2035	538
临沂市	39703		4726		501	10702	5382	904
泰安市	27801		2198	1	192	5055	1304	374
聊城市	18105		5148		553	6648	1092	127
菏泽市	22710		1860		230	3733	1197	158
德州市	16076		1549		150	4354	781	83
滨州市	13150		1620		46	2984	581	183
东营市	7212		875		150	2197	138	142
威海市	16184		394		158	3373	1365	458
日照市	14705		716		98	2247	687	27
莱芜市	3909		476		48	926	87	89
省级	47569		5	14477	572	2629	1409	5

续表 12

地区	二十四、罚没收入							
	卫生罚没收入	工商罚没收入	海关罚没收入	烟草罚没收入	缉私罚没收入	新疆棉罚没收入	税务部门其他罚没收入	药品监督罚没收入
全省合计	**701**	**29097**	**2321**	**1177**	**1**	**12**	**1056**	**2357**
青岛市	280	1529	1210	170		12	265	102
济南市	54	3077	272	225				196
淄博市	23			1				5
枣庄市	7			53				1
烟台市	28		117	70				1
潍坊市	6		168	104	1			1
济宁市	22		47	76				
临沂市	131			61				
泰安市	18		79	28				7
聊城市	18		1	154				8
菏泽市	10		1	21				
德州市	24		2	80				32
滨州市	1			19				
东营市	18		1	26				8
威海市	37		177	66				
日照市	3		34	16				4
莱芜市	1							
省级	20	24491	212	7			791	1992

续表 13

地区	二十四、罚没收入		二十五、海域场地矿区使用费收入	二十六、专项收入				
	其他罚没收入	罚没收入退库		小计	排污费收入	城市水资源费收入	教育费附加收入	矿产资源补偿费收入
全省合计	**214521**		**8371**	**353922**	**62721**	**33240**	**216057**	**18957**
青岛市	18850		7323	43825	7331	1302	34676	76
济南市	19396		17	34905	3988	1014	26229	
淄博市	14776		5	36521	5505	11453	18980	
枣庄市	4235		2	11030	1143	2432	7095	
烟台市	10870		80	26822	3617	3045	16443	
潍坊市	23066		1	22616	3985	2637	15655	
济宁市	22967		152	21896	2883	4207	14797	
临沂市	17296		5	13925	3781	386	8466	
泰安市	18545		25	12870	1467	2816	7568	
聊城市	4356		32	7248	1347	481	5172	
菏泽市	15500			7713	2280	1563	3575	
德州市	9021			8877	1410	701	6766	
滨州市	7716		16	14021	1737		11979	
东营市	3657		61	25304	1886		23417	
威海市	10156		238	11445	2008	1011	8426	
日照市	10873			4006	1121	27	2819	
莱芜市	2282			3980	576		3404	
省级	959		414	46918	16656	165	590	18881

续表 14

地区	二十六、专项收入				二十七、其他收入			
	探矿权采矿权使用费及价款收入	内河航道养护费收入	公路运输管理费收入	水路运输管理费收入	小计	利息收入	国库存款利息收入	其他利息收入
全省合计	**13078**		**9798**	**71**	**78928**	**18151**	**16807**	**1344**
青岛市	440				7266	4519	3742	777
济南市	753		2869	52	7045	1234	1234	
淄博市			583		5673	779	770	9
枣庄市	16		344		954	336	274	62
烟台市	263		3435	19	5126	1041	662	379
潍坊市	339				14658	416	406	10
济宁市	9				5137	621	616	5
临沂市	1292				1015	902	902	
泰安市	1019				19724	416	416	
聊城市			248		511	431	429	2
菏泽市	21		274		1518	223	209	14
德州市					664	611	611	
滨州市			305		2163	356	342	14
东营市	1				652	652	652	
威海市					397	391	325	66
日照市	39				757	305	305	
莱芜市					373	228	222	6
省级	8886		1740		5295	4690	4690	

续表 15

地　区	二十七、其他收入					
	基本建设贷款归还收入	基本建设收入	捐赠收入	动用国储棉、糖、肉上交财政收入	动用国家储备粮油上交差价收入	其他收入
全省合计	**2052**		**578**			**58147**
青岛市	2052					695
济南市						5811
淄博市						4894
枣庄市			488			130
烟台市						4085
潍坊市						14242
济宁市						4516
临沂市						113
泰安市						19308
聊城市						80
菏泽市			90			1205
德州市						53
滨州市						1807
东营市						
威海市						6
日照市						452
莱芜市						145
省级						605

2004 年山东省财政收入分级情况

单位：万元

项目	全省							
	合计	省级	地级	地级直属乡	地级直属镇	县级	乡镇级	镇
合计	**8283306**	**1201237**	**2465526**	**267**	**11184**	**3173047**	**1443496**	**1327531**
一、增值税	1160390	314267	273206	25	1594	352343	220574	203688
二、营业税	1764502	276351	625246	66	2738	571520	291385	268948
三、企业所得税	860624	179903	332634		344	266678	81409	78112
四、企业所得税退税								
五、个人所得税	319637	73065	101263	2	162	94453	50856	47611
六、资源税	135148	36198	12198	1	2	41642	45110	38719
七、固定资产投资方向调节税	14679		2718			11271	690	554
八、城市维护建设税	549266	1377	230371	21	485	220289	97229	92734
九、房产税	267768		75460	22	141	123812	68496	65780
十、印花税	62914		16403	1	72	28474	18037	16947
十一、城镇土地使用税	211717		49444	1	400	91627	70646	66779
十二、土地增值税	90831		14529		103	54604	21698	21308
十三、车船使用和牌照税	49347		4461	1	46	13536	31350	25563
十四、屠宰税								
十五、筵席税								
十六、农业税	251102		2395	118	896	16138	232569	201656
十七、农业特产税	12699					2893	9806	8135
十八、牧业税								
十九、耕地占用税	183219		31843		2247	96883	54493	52381
二十、契税	340488		124830		526	171394	44264	42269
二十一、国有资产经营收益	264645		65633			184379	14633	13388
二十二、国有企业计划亏损补贴	－43871	－14402	－27579			－1890		
二十三、行政性收费收入	909921	234282	261489		2	382842	31308	27549
二十四、罚没收入	437059	47569	109877		8	259312	20301	19134
二十五、土地和海域有偿使用收入	8371	414	6690			808	459	459
二十六、专项收入	353922	46918	125097	9	215	157856	24051	22716
二十七、其他收入	78928	5295	27318		1203	32183	14132	13101

续表1

项目	青岛市						
	合计	地级	地级直属乡	地级直属镇	县级	乡镇级	镇
合计	**1305136**	**546984**			**486704**	**271448**	**271448**
一、增值税	86505	34875			29713	21917	21917
二、营业税	418990	206994			126733	85263	85263
三、企业所得税	175130	82488			67817	24825	24825
四、企业所得税退税							
五、个人所得税	63718	33570			20788	9360	9360
六、资源税	6469				787	5682	5682
七、固定资产投资方向调节税	1774	1764			1	9	9
八、城市维护建设税	93509	38322			40132	15055	15055
九、房产税	61732	22113			23322	16297	16297
十、印花税	16850	6039			5539	5272	5272
十一、城镇土地使用税	30115	6101			10696	13318	13318
十二、土地增值税	24680	6096			6677	11907	11907
十三、车船使用和牌照税	4156	1087			1050	2019	2019
十四、屠宰税							
十五、筵席税							
十六、农业税	20853				7	20846	20846
十七、农业特产税	223					223	223
十八、牧业税							
十九、耕地占用税	43722				25728	17994	17994
二十、契税	86704	45998			28666	12040	12040
二十一、国有资产经营收益	31420	10002			17125	4293	4293
二十二、国有企业计划亏损补贴	-9859	-9859					
二十三、行政性收费收入	55122	24416			30706		
二十四、罚没收入	34909	6671			27501	737	737
二十五、土地和海域有偿使用收入	7323	6423			441	459	459
二十六、专项收入	43825	19506			20387	3932	3932
二十七、其他收入	7266	4378			2888		

续表 2

项目	济南市						
	合计	地级	地级直属乡	地级直属镇	县级	乡镇级	镇
合 计	**890364**	**459750**			**345276**	**85338**	**76175**
一、增值税	123982	70183			35334	18465	17336
二、营业税	232019	128679			80540	22800	20073
三、企业所得税	96374	61073			24964	10337	9916
四、企业所得税退税							
五、个人所得税	44821	24005			17546	3270	3076
六、资源税	2906				696	2210	1710
七、固定资产投资方向调节税	21				21		
八、城市维护建设税	65903	39835			19095	6973	6405
九、房产税	30010	13968			13913	2129	2096
十、印花税	8238	1796			5753	689	639
十一、城镇土地使用税	13002	6424			5367	1211	1160
十二、土地增值税	9635	721			7396	1518	1442
十三、车船使用和牌照税	4441	35			2105	2301	1868
十四、屠宰税							
十五、筵席税							
十六、农业税	8086				450	7636	5927
十七、农业特产税							
十八、牧业税							
十九、耕地占用税	2939	258			1340	1341	1024
二十、契税	32737	12917			18386	1434	1100
二十一、国有资产经营收益	2658				2658		
二十二、国有企业计划亏损补贴	−7335	−7335					
二十三、行政性收费收入	137404	63682			73722		
二十四、罚没收入	40556	23662			16894		
二十五、土地和海域有偿使用收入	17	3			14		
二十六、专项收入	34905	18051			16000	854	723
二十七、其他收入	7045	1793			3082	2170	1680

续表 3

项目	淄博市						
	合计	地级	地级直属乡	地级直属镇	县级	乡镇级	镇
合　计	**500365**	**177176**			**225461**	**97728**	**96211**
一、增值税	79104	14481			24208	40415	40038
二、营业税	84906	34914			36111	13881	13551
三、企业所得税	45388	23156			15313	6919	6899
四、企业所得税退税							
五、个人所得税	14016	5369			5745	2902	2846
六、资源税	3867	386			1382	2099	2037
七、固定资产投资方向调节税							
八、城市维护建设税	46151	18799			19096	8256	8171
九、房产税	17422	3883			9764	3775	3740
十、印花税	4349	991			1826	1532	1516
十一、城镇土地使用税	21148	4766			10349	6033	5994
十二、土地增值税	4833	1166			3306	361	361
十三、车船使用和牌照税	2338	434			1388	516	476
十四、屠宰税							
十五、筵席税							
十六、农业税	5727	97			198	5432	5105
十七、农业特产税	535				400	135	75
十八、牧业税							
十九、耕地占用税	16964	2075			13279	1610	1589
二十、契税	23965	10043			13658	264	258
二十一、国有资产经营收益	31400	17602			13798		
二十二、国有企业计划亏损补贴							
二十三、行政性收费收入	34873	15587			19286		
二十四、罚没收入	21180	4915			16056	209	209
二十五、土地和海域有偿使用收入	5				5		
二十六、专项收入	36521	17709			15688	3124	3082
二十七、其他收入	5673	803			4605	265	264

续表 4

项目	枣庄市						
	合计	地级	地级直属乡	地级直属镇	县级	乡镇级	镇
合计	**207068**	**52303**			**96385**	**58380**	**53864**
一、增值税	31331	12494			13547	5290	4982
二、营业税	24707	8895			9845	5967	5481
三、企业所得税	13499	5755			7074	670	664
四、企业所得税退税							
五、个人所得税	5308	994			2279	2035	1925
六、资源税	7145	4065			1296	1784	1656
七、固定资产投资方向调节税	37	7			30		
八、城市维护建设税	22499	5864			9572	7063	7037
九、房产税	11869	1643			4306	5920	4955
十、印花税	1031	408			343	280	273
十一、城镇土地使用税	13953	2791			3594	7568	6673
十二、土地增值税	2936	23			2203	710	565
十三、车船使用和牌照税	1025	41			688	296	276
十四、屠宰税							
十五、筵席税							
十六、农业税	5275				398	4877	4732
十七、农业特产税	23				23		
十八、牧业税							
十九、耕地占用税	1773				1666	107	107
二十、契税	3991	701			3029	261	261
二十一、国有资产经营收益	18314	8			10850	7456	6215
二十二、国有企业计划亏损补贴	−810	−750			−60		
二十三、行政性收费收入	19668	3378			10270	6020	5995
二十四、罚没收入	11508	1491			8818	1199	1199
二十五、土地和海域有偿使用收入	2				2		
二十六、专项收入	11030	4235			6379	416	407
二十七、其他收入	954	260			233	461	461

续表 5

项 目	烟台市						
	合计	地级	地级直属乡	地级直属镇	县级	乡镇级	镇
合 计	**640214**	**140307**			**423092**	**76815**	**76379**
一、增值税	75101	13457			48212	13432	13427
二、营业税	145449	47669			86126	11654	11627
三、企业所得税	67237	19877			40575	6785	6778
四、企业所得税退税							
五、个人所得税	18623	4121			11575	2927	2924
六、资源税	9651				4551	5100	5100
七、固定资产投资方向调节税	3128	58			3059	11	11
八、城市维护建设税	41338	8175			28048	5115	5111
九、房产税	29728	4813			18706	6209	6209
十、印花税	8265	1209			4968	2088	2087
十一、城镇土地使用税	18425	1659			11117	5649	5649
十二、土地增值税	16209	1031			14807	371	371
十三、车船使用和牌照税	3506	266			2104	1136	1135
十四、屠宰税							
十五、筵席税							
十六、农业税	14435	13			1824	12598	12213
十七、农业特产税							
十八、牧业税							
十九、耕地占用税	13262				12108	1154	1154
二十、契税	25309	3122			21578	609	609
二十一、国有资产经营收益	53361	2080			50110	1171	1171
二十二、国有企业计划亏损补贴	-1500	-1500					
二十三、行政性收费收入	39047	18711			20170	166	166
二十四、罚没收入	27612	4950			22662		
二十五、土地和海域有偿使用收入	80	4			76		
二十六、专项收入	26822	8597			17735	490	487
二十七、其他收入	5126	1995			2981	150	150

续表 6

项　目	潍坊市						
	合计	地级	地级直属乡	地级直属镇	县级	乡镇级	镇
合　计	**525808**	**125585**			**292852**	**107371**	**103817**
一、增值税	82666	26114			38316	18236	17635
二、营业税	88855	23470			47131	18254	17665
三、企业所得税	40082	15775			21210	3097	3055
四、企业所得税退税							
五、个人所得税	16068	5218			6345	4505	4385
六、资源税	23670	3781			12082	7807	7367
七、固定资产投资方向调节税	573				247	326	190
八、城市维护建设税	39729	14939			15369	9421	8937
九、房产税	15476	4549			7381	3546	3540
十、印花税	2869	646			1449	774	763
十一、城镇土地使用税	14249	3469			7000	3780	3713
十二、土地增值税	4260	144			3241	875	873
十三、车船使用和牌照税	5418	239			1910	3269	3194
十四、屠宰税							
十五、筵席税							
十六、农业税	28023	223			4592	23208	22391
十七、农业特产税	4198				2437	1761	1732
十八、牧业税							
十九、耕地占用税	13627	924			9795	2908	2863
二十、契税	26603	6494			19539	570	570
二十一、国有资产经营收益	18588				18588		
二十二、国有企业计划亏损补贴	-2100	-2100					
二十三、行政性收费收入	26555	5966			20589		
二十四、罚没收入	39124	6821			32303		
二十五、土地和海域有偿使用收入	1				1		
二十六、专项收入	22616	7455			12376	2785	2722
二十七、其他收入	14658	1458			10951	2249	2222

续表7

项目	济宁市						
	合计	地级	地级直属乡	地级直属镇	县级	乡镇级	镇
合 计	**540556**	**173775**	**267**	**8749**	**247507**	**119274**	**106482**
一、增值税	92444	28391	25	1327	44511	19542	18575
二、营业税	69987	18196	66	1768	27469	24322	21512
三、企业所得税	61787	45985		287	10635	5167	4947
四、企业所得税退税							
五、个人所得税	15264	3891	2	146	7487	3886	3494
六、资源税	19501	1398	1		14710	3393	2071
七、固定资产投资方向调节税							
八、城市维护建设税	39704	6726	21	390	25488	7490	7207
九、房产税	12258	3182	22	137	6710	2366	2222
十、印花税	3203	879	1	68	1405	919	839
十一、城镇土地使用税	11365	3120	1	395	5992	2253	2056
十二、土地增值税	3635	1167		58	1569	899	858
十三、车船使用和牌照税	1116	76	1	3	483	557	392
十四、屠宰税							
十五、筵席税							
十六、农业税	19969	692	118	569	10	19267	15360
十七、农业特产税							
十八、牧业税							
十九、耕地占用税	27966	14076		2219	6816	7074	6491
二十、契税	16714	7924		9	3870	4920	4728
二十一、国有资产经营收益	10531	517			10014		
二十二、国有企业计划亏损补贴							
二十三、行政性收费收入	72881	24774			39835	8272	6790
二十四、罚没收入	35046	4372		1	22098	8576	8569
二十五、土地和海域有偿使用收入	152	63			89		
二十六、专项收入	21896	4732	9	172	16798	366	366
二十七、其他收入	5137	3614		1200	1518	5	5

续表 8

项目	临沂市						
	合计	地级	地级直属乡	地级直属镇	县级	乡镇级	镇
合计	**375770**	**131437**			**126590**	**117743**	**107867**
一、增值税	40340	11110			11869	17361	16737
二、营业税	60397	22868			15583	21946	20954
三、企业所得税	25725	9860			11597	4268	4012
四、企业所得税退税							
五、个人所得税	12543	3700			1771	7072	6749
六、资源税	3805	473			1611	1721	1463
七、固定资产投资方向调节税	2130	675			1455		
八、城市维护建设税	19946	6949			6299	6698	6599
九、房产税	10955	3187			3539	4229	4151
十、印花税	2119	532			626	961	838
十一、城镇土地使用税	12741	3678			3625	5438	5347
十二、土地增值税	545	197			158	190	185
十三、车船使用和牌照税	2481	233			395	1853	1550
十四、屠宰税							
十五、筵席税							
十六、农业税	33310	161			1854	31295	26395
十七、农业特产税	6198				3	6195	4819
十八、牧业税							
十九、耕地占用税	7379	608			3174	3597	3385
二十、契税	23281	19198			2505	1578	1441
二十一、国有资产经营收益	16718	12000			4710	8	4
二十二、国有企业计划亏损补贴	-1433	-1230			-203		
二十三、行政性收费收入	41942	20531			21393	18	18
二十四、罚没收入	39703	12328			27352	23	22
二十五、土地和海域有偿使用收入	5				5		
二十六、专项收入	13925	3659			6974	3292	3198
二十七、其他收入	1015	720			295		

续表 9

项目	泰安市						
	合计	地级	地级直属乡	地级直属镇	县级	乡镇级	镇
合　计	**312132**	**85672**			**132385**	**94075**	**88362**
一、增值税	43323	6489			31144	5690	5340
二、营业税	37369	19689			10717	6963	6305
三、企业所得税	14945	8725			5476	744	732
四、企业所得税退税							
五、个人所得税	6876	2315			3253	1308	1172
六、资源税	6912				1118	5794	5041
七、固定资产投资方向调节税	620				500	120	120
八、城市维护建设税	21632	4458			6078	11096	10856
九、房产税	10148	2216			3229	4703	4665
十、印花税	1778	519			655	604	571
十一、城镇土地使用税	6164	873			1810	3481	3397
十二、土地增值税	4247	176			2300	1771	1768
十三、车船使用和牌照税	2030	324			213	1493	1272
十四、屠宰税							
十五、筵席税							
十六、农业税	16981	290				16691	14130
十七、农业特产税							
十八、牧业税							
十九、耕地占用税	9830	1126			5788	2916	2895
二十、契税	18048	2364			5036	10648	10622
二十一、国有资产经营收益	13126	3590			7940	1596	1596
二十二、国有企业计划亏损补贴							
二十三、行政性收费收入	37683	15139			16636	5908	5744
二十四、罚没收入	27801	4630			19267	3904	3834
二十五、土地和海域有偿使用收入	25	9			16		
二十六、专项收入	12870	3165			8787	918	887
二十七、其他收入	19724	9575			2422	7727	7415

续表 10

项目	聊城市						
	合计	地级	地级直属乡	地级直属镇	县级	乡镇级	镇
合 计	**224328**	**73742**			**104403**	**46183**	**38886**
一、增值税	24119	7986			10234	5899	5235
二、营业税	38637	18993			12127	7517	6873
三、企业所得税	22608	10868			10559	1181	1103
四、企业所得税退税							
五、个人所得税	7324	2723			2631	1970	1721
六、资源税	585	8			3	574	406
七、固定资产投资方向调节税	823	214			584	25	25
八、城市维护建设税	11384	3072			6534	1778	1685
九、房产税	6680	1364			3788	1528	1404
十、印花税	2059	338			1013	708	583
十一、城镇土地使用税	7442	1159			4005	2278	2038
十二、土地增值税	5606	2088			2772	746	746
十三、车船使用和牌照税	4049	450			338	3261	2240
十四、屠宰税							
十五、筵席税							
十六、农业税	13304					13304	9574
十七、农业特产税							
十八、牧业税							
十九、耕地占用税	1968				900	1068	988
二十、契税	4099				428	3671	3639
二十一、国有资产经营收益	10418	145			10273		
二十二、国有企业计划亏损补贴	-1474				-1474		
二十三、行政性收费收入	38801	16459			22342		
二十四、罚没收入	18105	6128			11977		
二十五、土地和海域有偿使用收入	32	7			25		
二十六、专项收入	7248	1517			5056	675	626
二十七、其他收入	511	223			288		

续表 11

项目	菏泽市						
	合计	地级	地级直属乡	地级直属镇	县级	乡镇级	镇
合计	**172245**	**38558**			**56079**	**77608**	**63002**
一、增值税	13902	1582			5234	7086	5428
二、营业税	28131	5732			8710	13689	11844
三、企业所得税	8359	4130			2677	1552	1361
四、企业所得税退税							
五、个人所得税	4491	995			1120	2376	2064
六、资源税	3744				50	3694	2184
七、固定资产投资方向调节税	170				170		
八、城市维护建设税	6891	1654			2774	2463	2282
九、房产税	5178	1401			1861	1916	1900
十、印花税	1487	168			539	780	587
十一、城镇土地使用税	4406	525			1340	2541	2454
十二、土地增值税	853	34			295	524	431
十三、车船使用和牌照税	6746	32			252	6462	4886
十四、屠宰税							
十五、筵席税							
十六、农业税	25761					25761	20106
十七、农业特产税							
十八、牧业税							
十九、耕地占用税	2897	687			936	1274	1181
二十、契税	3063	720			1311	1032	1032
二十一、国有资产经营收益	638				529	109	109
二十二、国有企业计划亏损补贴	-516	-363			-153		
二十三、行政性收费收入	24103	10166			12616	1321	1153
二十四、罚没收入	22710	9565			9686	3459	2577
二十五、土地和海域有偿使用收入							
二十六、专项收入	7713	1453			5608	652	613
二十七、其他收入	1518	77			524	917	810

续表 12

项目	德州市						
	合计	地级	地级直属乡	地级直属镇	县级	乡镇级	镇
合 计	**243230**	**36980**			**143859**	**62391**	**50861**
一、增值税	20157	3242			11612	5303	4312
二、营业税	40418	7648			27344	5426	4323
三、企业所得税	14720	6695			6466	1559	1230
四、企业所得税退税							
五、个人所得税	5236	1082			2434	1720	1361
六、资源税	3539				724	2815	1764
七、固定资产投资方向调节税							
八、城市维护建设税	14368	3794			7477	3097	2482
九、房产税	14755	1992			7232	5531	4948
十、印花税	1477	202			790	485	303
十一、城镇土地使用税	18057	1146			9583	7328	6699
十二、土地增值税	1096				917	179	178
十三、车船使用和牌照税	6161	204			1621	4336	3188
十四、屠宰税							
十五、筵席税					-1853	1853	1524
十六、农业税	15650				2437	13213	10651
十七、农业特产税							
十八、牧业税							
十九、耕地占用税	949				60	889	881
二十、契税	3381				3058	323	311
二十一、国有资产经营收益	1082				1082		
二十二、国有企业计划亏损补贴							
二十三、行政性收费收入	56567	2102			48164	6301	5181
二十四、罚没收入	16076	5090			10476	510	470
二十五、土地和海域有偿使用收入							
二十六、专项收入	8877	3259			4095	1523	1055
二十七、其他收入	664	524			140		

续表 13

项　　目	滨州市						
	合计	地级	地级直属乡	地级直属镇	县级	乡镇级	镇
合　计	**220066**	**43286**			**104076**	**72704**	**48934**
一、增值税	44965	5684		150	21036	18245	11296
二、营业税	33619	6594		646	12534	14491	8333
三、企业所得税	21292	6488		57	11575	3229	1820
四、企业所得税退税							
五、个人所得税	6057	1802		16	2023	2232	1705
六、资源税	2338	2		2	1793	543	475
七、固定资产投资方向调节税	642				486	156	156
八、城市维护建设税	18929	4432		95	10357	4140	2931
九、房产税	4848	914		4	2229	1705	1200
十、印花税	2092	178		4	1327	587	490
十一、城镇土地使用税	6954	664		5	2701	3589	2374
十二、土地增值税	294	53		45	140	101	101
十三、车船使用和牌照税	2311	67		43	262	1982	1413
十四、屠宰税							
十五、筵席税							
十六、农业税	10010	116		116	74	9820	7403
十七、农业特产税							
十八、牧业税							
十九、耕地占用税	4727	13		13	1093	3621	2896
二十、契税	6455	1305		413	2750	2400	1537
二十一、国有资产经营收益	4874	412			4462		
二十二、国有企业计划亏损补贴							
二十三、行政性收费收入	20309	8720		2	8675	2914	2290
二十四、罚没收入	13150	2140		7	9767	1243	1169
二十五、土地和海域有偿使用收入	16				16		
二十六、专项收入	14021	3485		43	8932	1604	1334
二十七、其他收入	2163	217		3	1844	102	11

续表 14

项　　目	东营市						
	合计	地级	地级直属乡	地级直属镇	县级	乡镇级	镇
合　计	**283130**	**151210**			**103921**	**27999**	**24487**
一、增值税	26269	5019			19852	1398	1237
二、营业税	64817	29422			26092	9303	7743
三、企业所得税	21798	7493			12224	2081	2018
四、企业所得税退税							
五、个人所得税	12298	6445			4401	1452	1281
六、资源税	685				567	118	93
七、固定资产投资方向调节税							
八、城市维护建设税	61745	52249			9195	301	266
九、房产税	9004	3951			3047	2006	1973
十、印花税	3241	1054			951	1236	1162
十一、城镇土地使用税	12352	7768			2551	2033	1977
十二、土地增值税	613	147			298	168	166
十三、车船使用和牌照税	1422	677			323	422	346
十四、屠宰税							
十五、筵席税							
十六、农业税	3527				63	3464	2563
十七、农业特产税							
十八、牧业税							
十九、耕地占用税	856				834	22	22
二十、契税	8828	435			6608	1785	1528
二十一、国有资产经营收益	3458	199			3259		
二十二、国有企业计划亏损补贴	-384	-384					
二十三、行政性收费收入	19372	15779			3593		
二十四、罚没收入	7212	833			6334	45	45
二十五、土地和海域有偿使用收入	61	15			46		
二十六、专项收入	25304	19661			3486	2157	2061
二十七、其他收入	652	447			197	8	6

续表 15

项目	威海市						
	合计	地级	地级直属乡	地级直属镇	县级	乡镇级	镇
合　计	**426409**	**89866**			**249632**	**86911**	**86911**
一、增值税	23964	6322			3951	13691	13691
二、营业税	71532	14187			37913	19432	19432
三、企业所得税	30882	7870			15207	7805	7805
四、企业所得税退税							
五、个人所得税	8569	1931			4245	2393	2393
六、资源税	815	7			150	658	658
七、固定资产投资方向调节税	4761				4718	43	43
八、城市维护建设税	21530	4432			11882	5216	5216
九、房产税	21084	1921			13677	5486	5486
十、印花税	2053	465			904	684	684
十一、城镇土地使用税	14479	1428			10607	2444	2444
十二、土地增值税	10374	837			8259	1278	1278
十三、车船使用和牌照税	735	68			309	358	358
十四、屠宰税							
十五、筵席税							
十六、农业税	22307	544			4226	17537	17537
十七、农业特产税							
十八、牧业税							
十九、耕地占用税	32668	11414			12616	8638	8638
二十、契税	50434	11034			39041	359	359
二十一、国有资产经营收益	46752	17776			28976		
二十二、国有企业计划亏损补贴	-3480	-3480					
二十三、行政性收费收入	38686	6177			32509		
二十四、罚没收入	16184	3247			12937		
二十五、土地和海域有偿使用收入	238	166			72		
二十六、专项收入	11445	3245			7311	889	889
二十七、其他收入	397	275			122		

续表 16

项 目	日照市						
	合计	地级	地级直属乡	地级直属镇	县级	乡镇级	镇
合 计	**112298**	**62294**		**771**	**23551**	**26453**	**24691**
一、增值税	9869	4500		117	1563	3806	3508
二、营业税	30948	19134		324	5273	6541	6231
三、企业所得税	8953	5794			2448	711	626
四、企业所得税退税							
五、个人所得税	2739	1355			562	822	779
六、资源税	773	32			87	654	626
七、固定资产投资方向调节税							
八、城市维护建设税	6295	3602			1807	886	849
九、房产税	3750	2127			932	691	684
十、印花税	646	412			118	116	108
十一、城镇土地使用税	3790	1705			1054	1031	1009
十二、土地增值税	804	494			233	77	77
十三、车船使用和牌照税	1045	81			66	898	811
十四、屠宰税							
十五、筵席税							
十六、农业税	6376	211		211		6165	5582
十七、农业特产税	1461				30	1431	1226
十八、牧业税							
十九、耕地占用税	987	50		15	689	248	241
二十、契税	5745	2307		104	1332	2106	2104
二十一、国有资产经营收益	483	483					
二十二、国有企业计划亏损补贴							
二十三、行政性收费收入	8166	5968			2198		
二十四、罚没收入	14705	10890			3815		
二十五、土地和海域有偿使用收入							
二十六、专项收入	4006	2466			1270	270	230
二十七、其他收入	757	683			74		

续表 17

项　　目	莱芜市						
	合计	地级	地级直属乡	地级直属镇	县级	乡镇级	镇
合　计	**102950**	**76601**			**9421**	**16928**	**10678**
一、增值税	28082	21277			2007	4798	2994
二、营业税	17370	12162			1272	3936	1738
三、企业所得税	11942	10602			861	479	321
四、企业所得税退税							
五、个人所得税	2621	1747			248	626	376
六、资源税	2545	2046			35	464	386
七、固定资产投资方向调节税							
八、城市维护建设税	16336	13069			1086	2181	1645
九、房产税	2871	2236			176	459	310
十、印花税	1157	567			268	322	232
十一、城镇土地使用税	3075	2168			236	671	477
十二、土地增值税	211	155			33	23	1
十三、车船使用和牌照税	367	147			29	191	139
十四、屠宰税							
十五、筵席税							
十六、农业税	1508	48			5	1455	1141
十七、农业特产税	61					61	60
十八、牧业税							
十九、耕地占用税	705	612			61	32	32
二十、契税	1131	268			599	264	130
二十一、国有资产经营收益	824	819			5		
二十二、国有企业计划亏损补贴	-578	-578					
二十三、行政性收费收入	4460	3934			138	388	212
二十四、罚没收入	3909	2144			1369	396	303
二十五、土地和海域有偿使用收入							
二十六、专项收入	3980	2902			974	104	104
二十七、其他收入	373	276			19	78	77

2004 年山东省企业所得税收入分部门明细表

单位：万元

地　　区	合　计	国有冶金工业	国有有色金属工业	国有煤炭工业	国有电力企业	国有石油和化学工业	国有机械工业
全省合计	**860624**	**8685**	**826**	**16163**	**29539**	**1038**	**643**
青岛市	175130	1416			2698	256	192
济南市	96374	4936		623	3674	112	7
淄博市	45388	1		4612	1775	74	17
枣庄市	13499			1452	883		
烟台市	67237		569		1808	3	13
潍坊市	40082				2725		159
济宁市	61787			4503	1033		26
临沂市	25725	274		1589	1111		1
泰安市	14945	21		151	890		77
聊城市	22608				1583		
菏泽市	8359				1102		
德州市	14720				1328	285	
滨州市	21292				1004		60
东营市	21798				377	152	
威海市	30882	343	92		442		1
日照市	8953				392		
莱芜市	11942	240			1345		
省级	179903	1454	165	3233	5369	156	90

续表 1

地 区	国有汽车工业	国有核工业	国有航空工业	国有航天工业	国有电子工业	国有兵器工业	国有船舶工业
全省合计	**901**	**21**			**45**		
青岛市	52				30		
济南市					11		
淄博市							
枣庄市							
烟台市	677	17					
潍坊市							
济宁市					1		
临沂市	2						
泰安市							
聊城市							
菏泽市							
德州市							
滨州市							
东营市							
威海市							
日照市							
莱芜市							
省级	170	4			3		

续表 2

地区	国有建筑材料工业	国有烟草企业	国有纺织企业	国有铁道企业	国有交通企业	国有邮政企业	国有民航企业
全省合计	**88**	**21574**	**155**	**928**	**10497**		**873**
青岛市	69	6712	100	50	9658		870
济南市	3	3475		495	509		2
淄博市				71	1		
枣庄市		562					
烟台市	12	893	2	10	-46		
潍坊市		935	38	31	4		
济宁市		201		19	3		
临沂市		584	4		1		
泰安市		133			26		
聊城市		679		1	5		
菏泽市		917		3	77		
德州市		979			7		
滨州市		158			10		
东营市		556					
威海市		840			13		
日照市		802		57	61		
莱芜市		176		9			
省级	4	2972	11	182	168		1

续表3

地　区	国有外贸企业	国有银行	国有非银行金融企业	国有保险企业	国有文教企业	国有水产企业	国有森工企业
全省合计	**1544**	**161**	**217**	**755**	**7514**	**129**	
青岛市	820		11	131	510		
济南市	59		-2	98	4506	2	
淄博市				38	22		
枣庄市			1	14	23		
烟台市	16	129	26	53	63		
潍坊市	12			39	14		
济宁市				34	24		
临沂市			139	34	36		
泰安市				25	13		
聊城市				20	14		
菏泽市				19	2		
德州市				24	14		
滨州市	4			20	10		
东营市			1	31	8		
威海市				26	11	101	
日照市	488			12	7		
莱芜市				8	10		
省级	145	32	41	129	2227	26	

续表 4

地　　区	国有电信企业	国有农垦企业	其他国有企业	国有事业单位	集体企业	股份制企业	联营企业
全省合计	**706**		**47690**		**52810**	**371599**	**1649**
青岛市	140		11943		9933	64466	629
济南市	97		5857		3845	49456	268
淄博市	31		1511		3322	23683	122
枣庄市	16		328		758	7176	4
烟台市	49		2248		8940	29480	175
潍坊市	39		2427		1886	18065	17
济宁市	32		2512		1716	11753	2
临沂市	25		6415		1426	8442	9
泰安市	19		664		776	8557	3
聊城市	21		678		865	13338	
菏泽市	23		499		872	2096	
德州市	26		326		725	6340	11
滨州市	12		561		3257	13077	
东营市	16		1103		1921	13793	
威海市	20		2654		3151	14679	15
日照市	10		797		223	3585	
莱芜市	5		18		618	8419	189
省级	125		7149		8576	75194	205

续表 5

地　区	港澳台和外商独资企业	私营企业	其他企业	滞纳金、罚款收入小计	国有资产出售、转让收入	国有股减持收入
全省合计	**216068**	**44571**	**18065**	**5170**		
青岛市	38069	11449	14073	853		
济南市	13673	2999	688	981		
淄博市	6786	3091	8	223		
枣庄市	1713	499	15	55		
烟台市	16420	4848	559	273		
潍坊市	10147	2978	475	91		
济宁市	38290	1473	25	140		
临沂市	4306	1105	97	125		
泰安市	2274	862	343	111		
聊城市	2149	2974	4	277		
菏泽市	2122	492	81	54		
德州市	2323	2271	6	55		
滨州市	1892	669	378	180		
东营市	2611	712	388	129		
威海市	6574	1299	12	609		
日照市	2238	49	110	122		
莱芜市	696	177	5	27		
省级	63785	6624	798	865		

2004 年山东省国有资产经营收益收入分部门明细表

单位：万元

地区	合计	国有冶金工业	国有有色金属工业	国有煤炭工业	国有电力企业	国有石油和化学工业	国有机械工业
全省合计	**264645**			**1639**	**1300**		
青岛市	31420						
济南市	2658						
淄博市	31400						
枣庄市	18314			470			
烟台市	53361						
潍坊市	18588						
济宁市	10531						
临沂市	16718						
泰安市	13126			1169			
聊城市	10418				1300		
菏泽市	638						
德州市	1082						
滨州市	4874						
东营市	3458						
威海市	46752						
日照市	483						
莱芜市	824						
省级							

续表 1

地　区	国有汽车工业	国有核工业	国有航空工业	国有航天工业	国有电子工业	国有兵器工业	国有船舶工业
全省合计							
青岛市							
济南市							
淄博市							
枣庄市							
烟台市							
潍坊市							
济宁市							
临沂市							
泰安市							
聊城市							
菏泽市							
德州市							
滨州市							
东营市							
威海市							
日照市							
莱芜市							
省级							

续表 2

地　区	国有建筑材料工业	国有烟草企业	国有纺织企业	国有铁道企业	国有交通企业	国有邮政企业	国有民航企业
全省合计	**429**						
青岛市							
济南市							
淄博市							
枣庄市	417						
烟台市							
潍坊市							
济宁市	12						
临沂市							
泰安市							
聊城市							
菏泽市							
德州市							
滨州市							
东营市							
威海市							
日照市							
莱芜市							
省级							

续表 3

地　区	国有外贸企业	国有银行	国有非银行金融企业	国有保险企业	国有文教企业	国有水产企业	国有森工企业
全省合计			**8**				
青岛市							
济南市							
淄博市							
枣庄市			8				
烟台市							
潍坊市							
济宁市							
临沂市							
泰安市							
聊城市							
菏泽市							
德州市							
滨州市							
东营市							
威海市							
日照市							
莱芜市							
省级							

续表4

地　区	国有电信企业	国有农垦企业	其他国有企业	国有事业单位	集体企业	股份制企业	联营企业
全省合计			**129147**	**58**		**23122**	
青岛市							
济南市			182				
淄博市			28621				
枣庄市			13306			4079	
烟台市			20892	58			
潍坊市			10951			2819	
济宁市			10519				
临沂市			255			15400	
泰安市			5241			130	
聊城市			8425			139	
菏泽市			117				
德州市			1082				
滨州市			2000			412	
东营市			3315			143	
威海市			23616				
日照市			303				
莱芜市			322				
省级							

续表 5

地　区	港澳台和外商独资企业	私营企业	其他企业	滞纳金、罚款收入小计	国有资产出售、转让收入	国有股减持收入
全省合计					**108942**	
青岛市					31420	
济南市					2476	
淄博市					2779	
枣庄市					34	
烟台市					32411	
潍坊市					4818	
济宁市						
临沂市					1063	
泰安市					6586	
聊城市					554	
菏泽市					521	
德州市						
滨州市					2462	
东营市						
威海市					23136	
日照市					180	
莱芜市					502	
省级						

2004年山东省国有企业计划亏损补贴分部门明细表

单位：万元

地　区	合　计	国有冶金工业	国有有色金属工业	国有煤炭工业	国有电力企业	国有石油和化学工业	国有机械工业
全省合计	**-43871**			**-14402**			
青岛市	-9859						
济南市	-7335						
淄博市							
枣庄市	-810						
烟台市	-1500						
潍坊市	-2100						
济宁市							
临沂市	-1433						
泰安市							
聊城市	-1474						
菏泽市	-516						
德州市							
滨州市							
东营市	-384						
威海市	-3480						
日照市							
莱芜市	-578						
省级	-14402			-14402			

续表 1

地　　区	国有汽车工业	国有核工业	国有航空工业	国有航天工业	国有电子工业	国有兵器工业	国有船舶工业
全省合计							
青岛市							
济南市							
淄博市							
枣庄市							
烟台市							
潍坊市							
济宁市							
临沂市							
泰安市							
聊城市							
菏泽市							
德州市							
滨州市							
东营市							
威海市							
日照市							
莱芜市							
省级							

续表 2

地　区	国有建筑材料工业	国有烟草企业	国有纺织企业	国有铁道企业	国有交通企业	国有邮政企业	国有民航企业
全省合计							
青岛市							
济南市							
淄博市							
枣庄市							
烟台市							
潍坊市							
济宁市							
临沂市							
泰安市							
聊城市							
菏泽市							
德州市							
滨州市							
东营市							
威海市							
日照市							
莱芜市							
省级							

续表 3

地　　区	国有外贸企业	国有银行	国有非银行金融企业	国有保险企业	国有文教企业	国有水产企业	国有森工企业
全省合计	**-15**				**-64**		
青岛市							
济南市							
淄博市							
枣庄市							
烟台市							
潍坊市							
济宁市							
临沂市							
泰安市							
聊城市							
菏泽市	-15				-24		
德州市							
滨州市							
东营市							
威海市							
日照市							
莱芜市					-40		
省级							

续表 4

地　区	国有电信企业	国有农垦企业	其他国有企业	国有事业单位	集体企业	股份制企业	联营企业
全省合计			**-29390**				
青岛市			-9859				
济南市			-7335				
淄博市							
枣庄市			-810				
烟台市			-1500				
潍坊市			-2100				
济宁市							
临沂市			-1433				
泰安市							
聊城市			-1474				
菏泽市			-477				
德州市							
滨州市							
东营市			-384				
威海市			-3480				
日照市							
莱芜市			-538				
省级							

续表 5

地　区	港澳台和外商独资企业	私营企业	其他企业	滞纳金、罚款收入小计	国有资产出售、转让收入	国有股减持收入
全省合计						
青岛市						
济南市						
淄博市						
枣庄市						
烟台市						
潍坊市						
济宁市						
临沂市						
泰安市						
聊城市						
菏泽市						
德州市						
滨州市						
东营市						
威海市						
日照市						
莱芜市						
省级						

2004 年山东省财政基金预算收入明细表

单位：万元

地　　区	合　计	一、工业交通部门基金收入						
		小计	养路费收入	公路客货运附加费收入	民航机场管理建设费收入	下放港口以港养港收入	散装水泥专项资金收入	墙体材料专项基金收入
全省合计	**1677770**	**350861**	**342048**		**59**		**3346**	**5408**
地(市)合计	1103825	51141	43102		56		2725	5258
地(市)本级	792787	50600	42959		56		2471	5114
县级合计	311038	541	143				254	144
省内合计	**1467093**	**347856**	**342048**		**59**		**2484**	**3265**
地(市)合计	893148	48136	43102		56		1863	3115
地(市)本级	635097	47735	42959		56		1749	2971
县级合计	258051	401	143				114	144
青岛市	**210677**	**3005**					**862**	**2143**
本级	157690	2865					722	2143
县级小计	52987	140					140	
即墨市	1071							
胶州市								
胶南市	4541							
平度市	3147							
莱西市	2601							
崂山区	23922	6					6	
城阳区	2815							
黄岛区								
开发区	14716	134					134	
市南区								
市北区								
四方区	61							
李沧区	113							
保税区								
济南市	**235954**	**4405**	**2621**				**618**	**1166**
本级	222332	4345	2621				571	1153
县级小计	13622	60					47	13
历下区	7							
市中区								
天桥区								
槐荫区								
历城区	5178	43					30	13
长青区	1162							
章丘市	826							

续表 1

地　区	合　计	一、工业交通部门基金收入						
		小计	养路费收入	公路客货运附加费收入	民航机场管理建设费收入	下放港口以港养港收入	散装水泥专项资金收入	墙体材料专项基金收入
平阴县	2248	17					17	
济阳县	3533							
商河县	668							
淄博市	**45293**	**3743**	**2855**				**388**	**500**
本级	24584	3736	2855				381	500
县级小计	20709	7					7	
博山区	7							
淄川区	2988							
张店区	120	7					7	
周村区	1379							
临淄区	24							
桓台县	11385							
高青县	2308							
沂源县	2498							
枣庄市	**14358**	**1315**	**1089**				**202**	**24**
本级	11938	1234	1008				202	24
县级小计	2420	81	81					
市中区	92	81	81					
薛城区	40							
峄城区	804							
山亭区	283							
台儿庄区	1120							
滕州市	81							
烟台市	**66299**	**6557**	**6519**				**38**	
本级	34423	6557	6519				38	
县级小计	31876							
芝罘区	19							
福山区	531							
龙口市	4405							
莱阳市	73							
蓬莱市	313							
招远市	6202							
莱州市	5346							
栖霞市	7130							

续表2

地　区	合　计	一、工业交通部门基金收入						
		小计	养路费收入	公路客货运附加费收入	民航机场管理建设费收入	下放港口以港养港收入	散装水泥专项资金收入	墙体材料专项基金收入
海阳市	7194							
牟平区	11							
长岛县	482							
开发区								
莱山区	170							
潍坊市	**44907**	**9506**	**9506**					
本级	30274	9506	9506					
县级小计	14633							
潍城区	6							
坊子区								
寒亭区	19							
昌邑市	1097							
昌乐县	20							
安丘市	2297							
寿光市	15							
青州市	44							
高密市	4755							
诸城市	3493							
临朐县	2887							
奎文区								
济宁市	**33076**	**1624**	**1624**					
本级	12212	1562	1562					
县级小计	20864	62	62					
市中区	46							
任城区	2654	62	62					
兖州市	4183							
曲阜市	772							
泗水县	1888							
邹城市	1250							
微山县	4901							
鱼台县	123							
金乡县	216							
嘉祥县	4163							
汶上县	167							

续表 3

地区	合计	一、工业交通部门基金收入						
		小计	养路费收入	公路客货运附加费收入	民航机场管理建设费收入	下放港口以港养港收入	散装水泥专项资金收入	墙体材料专项基金收入
梁山县	500							
临沂市	**120085**	**205**					**205**	
本级	77977	180					180	
县级小计	42108	25					25	
郯城县	1946							
苍山县	3280							
莒南县	7381	6					6	
沂水县	8346							
蒙阴县	1747							
平邑县	2904							
费　县	8806							
沂南县	5964							
临沭县	1417							
兰山区	173	19					19	
罗庄区								
河东区	144							
泰安市	**35636**	**5289**	**4863**				**83**	**343**
本级	14359	5260	4863				76	321
县级小计	21277	29					7	22
新泰市	2976	7					7	
宁阳县	3416							
东平县	2542	7						7
肥城市	8938	15						15
泰山区	740							
郊　区	2665							
聊城市	**43217**	**3584**	**3011**				**50**	**523**
本级	30669	3522	3011				38	473
县级小计	12548	62					12	50
东昌府区	1140							
临清市	1118							
阳谷县	4032	26					12	14
莘　县	185							
茌平县	1251							
东阿县	4157							

续表 4

地　区	合　计	一、工业交通部门基金收入						
		小计	养路费收入	公路客货运附加费收入	民航机场管理建设费收入	下放港口以港养港收入	散装水泥专项资金收入	墙体材料专项基金收入
冠　县	627	36						36
高唐县	38							
菏泽市	**50106**	**1862**	**1770**				**39**	**53**
本级	34929	1861	1770				38	53
县级小计	15177	1					1	
牡丹区	1							
曹　县	495							
定陶县	126							
成武县	4100							
单　县	1878							
巨野县	2820							
郓城县	1957							
鄄城县	2031	1					1	
东明县	1769							
德州市	**18940**							
本级	96							
县级小计	18844							
德城区								
陵　县								
平原县								
夏津县	5664							
武城县								
齐河县	11823							
禹城市								
乐陵市	49							
临邑县								
宁津县	1308							
庆云县								
滨州市	**26231**	**2227**	**2178**				**49**	
本级	5840	2216	2178				38	
县级小计	20391	11					11	
惠民县	1							
阳信县	948							
无棣县	172							

续表5

地　区	合　计	一、工业交通部门基金收入						
		小计	养路费收入	公路客货运附加费收入	民航机场管理建设费收入	下放港口以港养港收入	散装水泥专项资金收入	墙体材料专项基金收入
沾化县	5							
博兴县	12842	11					11	
邹平县	6422							
滨州市	1							
东营市	**63713**	**2901**	**2466**				**32**	**403**
本级	49118	2839	2466				29	344
县级小计	14595	62					3	59
东营区								
河口区	7031	3					3	
广饶县	1197	59						59
垦利县	6000							
利津县	367							
威海市	**41127**	**4850**	**4600**		**56**		**91**	**103**
本级	33875	4850	4600		56		91	103
县级小计	7252							
环翠区	5970							
乳山市	391							
文登市	825							
荣成市	66							
日照市	**47772**	**66**					**66**	
本级	46280	65					65	
县级小计	1492	1					1	
莒　县	319							
五莲县	552							
东港区	621	1					1	
岚山区								
莱芜市	**6434**	**2**					**2**	
本级	6191	2					2	
县级小计	243							
莱城区	26							
钢城区	217							
省级	**573945**	**299720**	**298946**		**3**		**621**	**150**

续表 6

地　区	一、工业交通部门基金收入			二、文教部门基金收入					
	铁路建设附加费收入	农网还贷资金收入	能源建设基金收入	小计	农村教育附加费收入	文化事业建设费收入	地方教育附加收入	地方教育基金收入	国家电影事业发展专项资金收入
全省合计				**10756**		**5441**	**747**	**4568**	
地(市)合计				6898		1583	747	4568	
地(市)本级				5852		1583		4269	
县级合计				1046			747	299	
省内合计				**4141**		**3858**		**283**	
地(市)合计				283				283	
地(市)本级									
县级合计				283				283	
青岛市				**6615**		**1583**	**747**	**4285**	
本级				5852		1583		4269	
县级小计				763			747	16	
即墨市									
胶州市									
胶南市									
平度市				747			747		
莱西市									
崂山区									
城阳区									
黄岛区									
开发区									
市南区									
市北区									
四方区				16				16	
李沧区									
保税区									
济南市									
本级									
县级小计									
历下区									
市中区									
天桥区									
槐荫区									
历城区									
长青区									
章丘市									

续表 7

地区	一、工业交通部门基金收入			二、文教部门基金收入					
	铁路建设附加费收入	农网还贷资金收入	能源建设基金收入	小计	农村教育附加费收入	文化事业建设费收入	地方教育附加收入	地方教育基金收入	国家电影事业发展专项资金收入
平阴县									
济阳县									
商河县									
淄博市									
本级									
县级小计									
博山区									
淄川区									
张店区									
周村区									
临淄区									
桓台县									
高青县									
沂源县									
枣庄市									
本级									
县级小计									
市中区									
薛城区									
峄城区									
山亭区									
台儿庄区									
滕州市									
烟台市									
本级									
县级小计									
芝罘区									
福山区									
龙口市									
莱阳市									
蓬莱市									
招远市									
莱州市									
栖霞市									

续表 8

地区	一、工业交通部门基金收入			二、文教部门基金收入					
	铁路建设附加费收入	农网还贷资金收入	能源建设基金收入	小计	农村教育附加费收入	文化事业建设费收入	地方教育附加收入	地方教育基金收入	国家电影事业发展专项资金收入
海阳市									
牟平区									
长岛县									
开发区									
莱山区									
潍坊市									
本级									
县级小计									
潍城区									
坊子区									
寒亭区									
昌邑市									
昌乐县									
安丘市									
寿光市									
青州市									
高密市									
诸城市									
临朐县									
奎文区									
济宁市				**23**				**23**	
本级									
县级小计				23				23	
市中区									
任城区									
兖州市									
曲阜市									
泗水县									
邹城市									
微山县									
鱼台县									
金乡县									
嘉祥县									
汶上县				23				23	

续表 9

地　区	一、工业交通部门基金收入			二、文教部门基金收入					
	铁路建设附加费收入	农网还贷资金收入	能源建设基金收入	小计	农村教育附加费收入	文化事业建设费收入	地方教育附加收入	地方教育基金收入	国家电影事业发展专项资金收入
梁山县									
临沂市				**260**				**260**	
本级									
县级小计				260				260	
郯城县									
苍山县									
莒南县									
沂水县									
蒙阴县									
平邑县									
费　县									
沂南县									
临沭县				127				127	
兰山区									
罗庄区									
河东区				133				133	
泰安市									
本级									
县级小计									
新泰市									
宁阳县									
东平县									
肥城市									
泰山区									
郊　区									
聊城市									
本级									
县级小计									
东昌府区									
临清市									
阳谷县									
莘　县									
茌平县									
东阿县									

续表 10

地　区	一、工业交通部门基金收入			二、文教部门基金收入					
	铁路建设附加费收入	农网还贷资金收入	能源建设基金收入	小计	农村教育附加费收入	文化事业建设费收入	地方教育附加收入	地方教育基金收入	国家电影事业发展专项资金收入
冠　县									
高唐县									
菏泽市									
本级									
县级小计									
牡丹区									
曹　县									
定陶县									
成武县									
单　县									
巨野县									
郓城县									
鄄城县									
东明县									
德州市									
本级									
县级小计									
德城区									
陵　县									
平原县									
夏津县									
武城县									
齐河县									
禹城市									
乐陵市									
临邑县									
宁津县									
庆云县									
滨州市									
本级									
县级小计									
惠民县									
阳信县									
无棣县									

续表 11

地　区	一、工业交通部门基金收入			二、文教部门基金收入					
	铁路建设附加费收入	农网还贷资金收入	能源建设基金收入	小计	农村教育附加费收入	文化事业建设费收入	地方教育附加收入	地方教育基金收入	国家电影事业发展专项资金收入
沾化县									
博兴县									
邹平县									
滨州市									
东营市									
本级									
县级小计									
东营区									
河口区									
广饶县									
垦利县									
利津县									
威海市									
本级									
县级小计									
环翠区									
乳山市									
文登市									
荣成市									
日照市									
本级									
县级小计									
莒　县									
五莲县									
东港区									
岚山区									
莱芜市									
本级									
县级小计									
莱城区									
钢城区									
省级				**3858**		**3858**			

续表 12

地区	三、社会保险基金收入						四、农业部门基金收入	
	小计	基本养老保险基金收入	失业保险基金收入	医疗保险基金收入	工伤保险基金收入	生育保险基金收入	小计	新菜地开发基金收入
全省合计							**43884**	**15**
地(市)合计							16591	15
地(市)本级							16052	15
县级合计							539	
省内合计							**28205**	**15**
地(市)合计							912	15
地(市)本级							374	15
县级合计							538	
青岛市							**15679**	
本级							15678	
县级小计							1	
即墨市								
胶州市								
胶南市								
平度市								
莱西市								
崂山区							1	
城阳区								
黄岛区								
开发区								
市南区								
市北区								
四方区								
李沧区								
保税区								
济南市							**24**	**15**
本级							21	15
县级小计							3	
历下区								
市中区								
天桥区								
槐荫区								
历城区								
长青区								
章丘市								

续表 13

地　　区	三、社会保险基金收入						四、农业部门基金收入	
	小计	基本养老保险基金收入	失业保险基金收入	医疗保险基金收入	工伤保险基金收入	生育保险基金收入	小计	新菜地开发基金收入
平阴县							2	
济阳县								
商河县							1	
淄博市								
本级								
县级小计								
博山区								
淄川区								
张店区								
周村区								
临淄区								
桓台县								
高青县								
沂源县								
枣庄市								
本级								
县级小计								
市中区								
薛城区								
峄城区								
山亭区								
台儿庄区								
滕州市								
烟台市							**19**	
本级								
县级小计							19	
芝罘区							19	
福山区								
龙口市								
莱阳市								
蓬莱市								
招远市								
莱州市								
栖霞市								

续表 14

地区	三、社会保险基金收入						四、农业部门基金收入	
	小计	基本养老保险基金收入	失业保险基金收入	医疗保险基金收入	工伤保险基金收入	生育保险基金收入	小计	新菜地开发基金收入
海阳市								
牟平区								
长岛县								
开发区								
莱山区								
潍坊市								
本级								
县级小计								
潍城区								
坊子区								
寒亭区								
昌邑市								
昌乐县								
安丘市								
寿光市								
青州市								
高密市								
诸城市								
临朐县								
奎文区								
济宁市							**83**	
本级							1	
县级小计							82	
市中区								
任城区							62	
兖州市								
曲阜市							19	
泗水县								
邹城市								
微山县								
鱼台县								
金乡县								
嘉祥县								
汶上县								

续表 15

地区	三、社会保险基金收入						四、农业部门基金收入	
	小计	基本养老保险基金收入	失业保险基金收入	医疗保险基金收入	工伤保险基金收入	生育保险基金收入	小计	新菜地开发基金收入
梁山县								
临沂市								
本级								
县级小计								
郯城县								
苍山县								
莒南县								
沂水县								
蒙阴县								
平邑县								
费　县								
沂南县								
临沭县								
兰山区								
罗庄区								
河东区								
泰安市							**49**	
本级								
县级小计							49	
新泰市							36	
宁阳县								
东平县							13	
肥城市								
泰山区								
郊　区								
聊城市							**305**	
本级								
县级小计							305	
东昌府区								
临清市								
阳谷县								
莘　县								
茌平县							301	
东阿县								

续表 16

地区	三、社会保险基金收入						四、农业部门基金收入	
	小计	基本养老保险基金收入	失业保险基金收入	医疗保险基金收入	工伤保险基金收入	生育保险基金收入	小计	新菜地开发基金收入
冠　县							4	
高唐县								
菏泽市							**97**	
本级							39	
县级小计							58	
牡丹区								
曹　县								
定陶县								
成武县							58	
单　县								
巨野县								
郓城县								
鄄城县								
东明县								
德州市								
本级								
县级小计								
德城区								
陵　县								
平原县								
夏津县								
武城县								
齐河县								
禹城市								
乐陵市								
临邑县								
宁津县								
庆云县								
滨州市								
本级								
县级小计								
惠民县								
阳信县								
无棣县								

续表 17

地区	三、社会保险基金收入						四、农业部门基金收入	
	小计	基本养老保险基金收入	失业保险基金收入	医疗保险基金收入	工伤保险基金收入	生育保险基金收入	小计	新菜地开发基金收入
沾化县								
博兴县								
邹平县								
滨州市								
东营市							**20**	
本级							20	
县级小计								
东营区								
河口区								
广饶县								
垦利县								
利津县								
威海市								
本级								
县级小计								
环翠区								
乳山市								
文登市								
荣成市								
日照市							**315**	
本级							293	
县级小计							22	
莒　县								
五莲县							22	
东港区								
岚山区								
莱芜市								
本级								
县级小计								
莱城区								
钢城区								
省级							**27293**	

续表 18

地　区	四、农业部门基金收入						
	育林基金收入	灌溉水源灌排工程补偿费收入	地方水利建设基金收入	库区维护建设基金收入	农业发展基金收入	水资源补偿费收入	森林植被恢复费收入
全省合计	**191**	**38**	**41017**		**301**	**9**	**2313**
地(市)合计	191	38	16018		301	9	19
地(市)本级	21	38	15966			5	7
县级合计	170		52		301	4	12
省内合计	**190**	**38**	**25339**		**301**	**9**	**2313**
地(市)合计	190	38	340		301	9	19
地(市)本级	21	38	288			5	7
县级合计	169		52		301	4	12
青岛市	**1**		**15678**				
本级			15678				
县级小计	1						
即墨市							
胶州市							
胶南市							
平度市							
莱西市							
崂山区	1						
城阳区							
黄岛区							
开发区							
市南区							
市北区							
四方区							
李沧区							
保税区							
济南市							**9**
本级							6
县级小计							3
历下区							
市中区							
天桥区							
槐荫区							
历城区							
长青区							
章丘市							

续表 19

地　　区	四、农业部门基金收入						
	育林基金收入	灌溉水源灌排工程补偿费收入	地方水利建设基金收入	库区维护建设基金收入	农业发展基金收入	水资源补偿费收入	森林植被恢复费收入
平阴县							2
济阳县							
商河县							1
淄博市							
本级							
县级小计							
博山区							
淄川区							
张店区							
周村区							
临淄区							
桓台县							
高青县							
沂源县							
枣庄市							
本级							
县级小计							
市中区							
薛城区							
峄城区							
山亭区							
台儿庄区							
滕州市							
烟台市			**19**				
本级							
县级小计			19				
芝罘区			19				
福山区							
龙口市							
莱阳市							
蓬莱市							
招远市							
莱州市							
栖霞市							

续表 20

地　区	四、农业部门基金收入						
	育林基金收入	灌溉水源灌排工程补偿费收入	地方水利建设基金收入	库区维护建设基金收入	农业发展基金收入	水资源补偿费收入	森林植被恢复费收入
海阳市							
牟平区							
长岛县							
开发区							
莱山区							
潍坊市							
本级							
县级小计							
潍城区							
坊子区							
寒亭区							
昌邑市							
昌乐县							
安丘市							
寿光市							
青州市							
高密市							
诸城市							
临朐县							
奎文区							
济宁市	**74**						**9**
本级	1						
县级小计	73						9
市中区							
任城区	53						9
兖州市							
曲阜市	19						
泗水县							
邹城市							
微山县							
鱼台县							
金乡县							
嘉祥县							
汶上县							

续表 21

地　　区	四、农业部门基金收入						
	育林基金收入	灌溉水源灌排工程补偿费收入	地方水利建设基金收入	库区维护建设基金收入	农业发展基金收入	水资源补偿费收入	森林植被恢复费收入
梁山县							
临沂市							
本级							
县级小计							
郯城县							
苍山县							
莒南县							
沂水县							
蒙阴县							
平邑县							
费　县							
沂南县							
临沭县							
兰山区							
罗庄区							
河东区							
泰安市	**38**		**11**				
本级							
县级小计	38		11				
新泰市	25		11				
宁阳县							
东平县	13						
肥城市							
泰山区							
郊　区							
聊城市					**301**	**4**	
本级							
县级小计					301	4	
东昌府区							
临清市							
阳谷县							
莘　县							
茌平县					301		
东阿县							

续表22

地　　区	四、农业部门基金收入						
	育林基金收入	灌溉水源灌排工程补偿费收入	地方水利建设基金收入	库区维护建设基金收入	农业发展基金收入	水资源补偿费收入	森林植被恢复费收入
冠　县						4	
高唐县							
菏泽市	**58**	**38**					**1**
本级		38					1
县级小计	58						
牡丹区							
曹　县							
定陶县							
成武县	58						
单　县							
巨野县							
郓城县							
鄄城县							
东明县							
德州市							
本级							
县级小计							
德城区							
陵　县							
平原县							
夏津县							
武城县							
齐河县							
禹城市							
乐陵市							
临邑县							
宁津县							
庆云县							
滨州市							
本级							
县级小计							
惠民县							
阳信县							
无棣县							

续表 23

地　区	四、农业部门基金收入						
	育林基金收入	灌溉水源灌排工程补偿费收入	地方水利建设基金收入	库区维护建设基金收入	农业发展基金收入	水资源补偿费收入	森林植被恢复费收入
沾化县							
博兴县							
邹平县							
滨州市							
东营市	**20**						
本级	20						
县级小计							
东营区							
河口区							
广饶县							
垦利县							
利津县							
威海市							
本级							
县级小计							
环翠区							
乳山市							
文登市							
荣成市							
日照市			**310**			**5**	
本级			288			5	
县级小计			22				
莒　县							
五莲县			22				
东港区							
岚山区							
莱芜市							
本级							
县级小计							
莱城区							
钢城区							
省级			**24999**				**2294**

续表 24

地区	五、土地有偿使用收入			六、政府住房基金收入			七、其他部门基金收入		
	小计	国有土地使用权有偿使用收入	新增建设用地土地有偿使用费收入	小计	上缴管理费用	其他收入	小计	残疾人就业保障金收入	转让政府还贷道路收费权收入
全省合计	**1183538**	**941393**	**242145**	**2253**	**2252**	**1**	**24232**	**11637**	
地(市)合计	941393	941393		2253	2252	1	23303	10708	
地(市)本级	660831	660831		2253	2252	1	19756	7179	
县级合计	280562	280562					3547	3529	
省内合计	**1004289**	**762144**	**242145**	**2252**	**2252**		**22929**	**10334**	
地(市)合计	762144	762144		2252	2252		22000	9405	
地(市)本级	530262	530262		2252	2252		18631	6054	
县级合计	231882	231882					3369	3351	
青岛市	**179249**	**179249**		**1**		**1**	**1303**	**1303**	
本级	130569	130569		1		1	1125	1125	
县级小计	48680	48680					178	178	
即墨市									
胶州市									
胶南市	3598	3598							
平度市	1750	1750							
莱西市	2041	2041							
崂山区	23915	23915							
城阳区	2815	2815							
黄岛区									
开发区	14561	14561					20	20	
市南区									
市北区									
四方区							45	45	
李沧区							113	113	
保税区									
济南市	**216768**	**216768**		**2058**	**2058**		**2853**	**2846**	
本级	204154	204154		2058	2058		2821	2821	
县级小计	12614	12614					32	25	
历下区							7		
市中区									
天桥区									
槐荫区									
历城区	5135	5135							
长青区	643	643							
章丘市	826	826							

续表 25

地　区	五、土地有偿使用收入			六、政府住房基金收入			七、其他部门基金收入		
	小计	国有土地使用权有偿使用收入	新增建设用地土地有偿使用费收入	小计	上缴管理费用	其他收入	小计	残疾人就业保障金收入	转让政府还贷道路收费权收入
平阴县	1810	1810					25	25	
济阳县	3533	3533							
商河县	667	667							
淄博市	**29938**	**29938**					**7622**	**299**	
本级	11421	11421					7427	104	
县级小计	18517	18517					195	195	
博山区							7	7	
淄川区	2971	2971					17	17	
张店区							113	113	
周村区	1374	1374					5	5	
临淄区							24	24	
桓台县	9814	9814					1	1	
高青县	2303	2303					5	5	
沂源县	2055	2055					23	23	
枣庄市	**9715**	**9715**		**30**	**30**		**417**	**417**	
本级	7805	7805		30	30		269	269	
县级小计	1910	1910					148	148	
市中区							11	11	
薛城区							40	40	
峄城区	800	800					4	4	
山亭区							2	2	
台儿庄区	1110	1110					10	10	
滕州市							81	81	
烟台市	**52064**	**52064**					**2373**	**2373**	
本级	24542	24542					1501	1501	
县级小计	27522	27522					872	872	
芝罘区									
福山区									
龙口市	2721	2721					779	779	
莱阳市							73	73	
蓬莱市	226	226							
招远市	4842	4842							
莱州市	4766	4766							
栖霞市	7130	7130							

续表 26

地区	五、土地有偿使用收入			六、政府住房基金收入			七、其他部门基金收入		
	小计	国有土地使用权有偿使用收入	新增建设用地土地有偿使用费收入	小计	上缴管理费用	其他收入	小计	残疾人就业保障金收入	转让政府还贷道路收费权收入
海阳市	7185	7185					9	9	
牟平区							11	11	
长岛县	482	482							
开发区									
莱山区	170	170							
潍坊市	**30451**	**30451**					**221**	**221**	
本级	18568	18568					36	36	
县级小计	11883	11883					185	185	
潍城区							6	6	
坊子区									
寒亭区							19	19	
昌邑市	962	962					21	21	
昌乐县							20	20	
安丘市	2274	2274					23	23	
寿光市							15	15	
青州市	5	5					39	39	
高密市	4755	4755							
诸城市	3467	3467					26	26	
临朐县	420	420					16	16	
奎文区									
济宁市	**26338**	**26338**					**418**	**418**	
本级	9648	9648					106	106	
县级小计	16690	16690					312	312	
市中区							46	46	
任城区	2464	2464					66	66	
兖州市	4136	4136					47	47	
曲阜市	309	309					25	25	
泗水县	1875	1875					13	13	
邹城市									
微山县	3376	3376					54	54	
鱼台县	5	5					5	5	
金乡县	196	196					20	20	
嘉祥县	4017	4017					19	19	
汶上县	135	135					9	9	

续表 27

地　　区	五、土地有偿使用收入			六、政府住房基金收入			七、其他部门基金收入		
	小计	国有土地使用权有偿使用收入	新增建设用地土地有偿使用费收入	小计	上缴管理费用	其他收入	小计	残疾人就业保障金收入	转让政府还贷道路收费权收入
梁山县	177	177					8	8	
临沂市	**105749**	**105749**					**5835**	**570**	
本级	65901	65901					5438	184	
县级小计	39848	39848					397	386	
郯城县	1946	1946							
苍山县	3280	3280							
莒南县	7105	7105					36	36	
沂水县	7772	7772					84	84	
蒙阴县	1587	1587					11	11	
平邑县	2744	2744							
费　县	8531	8531							
沂南县	5689	5689					5	5	
临沭县	1194	1194					96	96	
兰山区							154	154	
罗庄区									
河东区							11		
泰安市	**25891**	**25891**		**141**	**141**		**583**	**583**	
本级	6852	6852		141	141		206	206	
县级小计	19039	19039					377	377	
新泰市	1921	1921					133	133	
宁阳县	3103	3103					86	86	
东平县	2515	2515					7	7	
肥城市	8127	8127					119	119	
泰山区	723	723					17	17	
郊　区	2650	2650					15	15	
聊城市	**36162**	**36162**					**125**	**125**	
本级	25742	25742					40	40	
县级小计	10420	10420					85	85	
东昌府区	1140	1140							
临清市	738	738					29	29	
阳谷县	3762	3762							
莘　县									
茌平县	950	950							
东阿县	3500	3500					16	16	

续表 28

地区	五、土地有偿使用收入			六、政府住房基金收入			七、其他部门基金收入		
	小计	国有土地使用权有偿使用收入	新增建设用地土地有偿使用费收入	小计	上缴管理费用	其他收入	小计	残疾人就业保障金收入	转让政府还贷道路收费权收入
冠　县	330	330					2	2	
高唐县							38	38	
菏泽市	**47497**	**47497**					**243**	**243**	
本级	32960	32960					69	69	
县级小计	14537	14537					174	174	
牡丹区							1	1	
曹　县	455	455					20	20	
定陶县	123	123					3	3	
成武县	4027	4027					15	15	
单　县	1669	1669					22	22	
巨野县	2786	2786					34	34	
郓城县	1704	1704					53	53	
鄄城县	2021	2021					9	9	
东明县	1752	1752					17	17	
德州市	**18914**	**18914**					**26**	**26**	
本级	70	70					26	26	
县级小计	18844	18844							
德城区									
陵　县									
平原县									
夏津县	5664	5664							
武城县									
齐河县	11823	11823							
禹城市									
乐陵市	49	49							
临邑县									
宁津县	1308	1308							
庆云县									
滨州市	**22604**	**22604**		**23**	**23**		**159**	**159**	
本级	2680	2680		23	23		129	129	
县级小计	19924	19924					30	30	
惠民县							1	1	
阳信县	947	947					1	1	
无棣县	82	82					15	15	

续表 29

地区	五、土地有偿使用收入			六、政府住房基金收入			七、其他部门基金收入		
	小计	国有土地使用权有偿使用收入	新增建设用地土地有偿使用费收入	小计	上缴管理费用	其他收入	小计	残疾人就业保障金收入	转让政府还贷道路收费权收入
沾化县							5	5	
博兴县	12604	12604					5	5	
邹平县	6291	6291					2	2	
滨州市							1	1	
东营市	**58799**	**58799**					**463**	**463**	
本级	45359	45359					328	328	
县级小计	13440	13440					135	135	
东营区									
河口区	6950	6950					78	78	
广饶县	655	655					5	5	
垦利县	5671	5671							
利津县	164	164					52	52	
威海市	**33444**	**33444**					**441**	**441**	
本级	27528	27528					159	159	
县级小计	5916	5916					282	282	
环翠区	5916	5916					54	54	
乳山市							65	65	
文登市							97	97	
荣成市							66	66	
日照市	**45310**	**45310**					**89**	**89**	
本级	44719	44719							
县级小计	591	591					89	89	
莒县							12	12	
五莲县							48	48	
东港区	591	591					29	29	
岚山区									
莱芜市	**2500**	**2500**					**132**	**132**	
本级	2313	2313					76	76	
县级小计	187	187					56	56	
莱城区							26	26	
钢城区	187	187					30	30	
省级	**242145**		**242145**				**929**	**929**	

续表 30

地　区	七、其他部门基金收入		八、地方财政税费附加收入					九、其他
	帮困基金收入	其他基金收入	小计	农牧业税附加收入	城镇公用事业附加收入	燃油附加费收入	其他附加收入	
全省合计		**12595**	**62246**	**419**	**61102**		**725**	
地(市)合计		12595	62246	419	61102		725	
地(市)本级		12577	37443		37443			
县级合计		18	24803	419	23659		725	
省内合计		**12595**	**57421**	**419**	**56278**		**724**	
地(市)合计		12595	57421	419	56278		724	
地(市)本级		12577	35843		35843			
县级合计		18	21578	419	20435		724	
青岛市			**4825**		**4824**		**1**	
本级			1600		1600			
县级小计			3225		3224		1	
即墨市			1071		1071			
胶州市								
胶南市			943		943			
平度市			650		650			
莱西市			560		560			
崂山区								
城阳区								
黄岛区								
开发区			1				1	
市南区								
市北区								
四方区								
李沧区								
保税区								
济南市		**7**	**9846**	**419**	**9427**			
本级			8933		8933			
县级小计		7	913	419	494			
历下区		7						
市中区								
天桥区								
槐荫区								
历城区								
长青区			519	419	100			
章丘市								

续表 31

地　区	七、其他部门基金收入		八、地方财政税费附加收入					九、其他
	帮困基金收入	其他基金收入	小计	农牧业税附加收入	城镇公用事业附加收入	燃油附加费收入	其他附加收入	
平阴县			394		394			
济阳县								
商河县								
淄博市		**7323**	**3990**		**3990**			
本级		7323	2000		2000			
县级小计			1990		1990			
博山区								
淄川区								
张店区								
周村区								
临淄区								
桓台县			1570		1570			
高青县								
沂源县			420		420			
枣庄市			**2881**		**2600**			**281**
本级			2600		2600			
县级小计			281					281
市中区								
薛城区								
峄城区								
山亭区			281					281
台儿庄区								
滕州市								
烟台市			**5286**		**5286**			
本级			1823		1823			
县级小计			3463		3463			
芝罘区								
福山区			531		531			
龙口市			905		905			
莱阳市								
蓬莱市			87		87			
招远市			1360		1360			
莱州市			580		580			
栖霞市								

续表 32

地　区	七、其他部门基金收入		八、地方财政税费附加收入					九、其他
	帮困基金收入	其他基金收入	小计	农牧业税附加收入	城镇公用事业附加收入	燃油附加费收入	其他附加收入	
海阳市								
牟平区								
长岛县								
开发区								
莱山区								
潍坊市			**4729**		**4615**		**114**	
本级			2164		2164			
县级小计			2565		2451		114	
潍城区								
坊子区								
寒亭区								
昌邑市			114				114	
昌乐县								
安丘市								
寿光市								
青州市								
高密市								
诸城市								
临朐县			2451		2451			
奎文区								
济宁市			**4590**		**4590**			
本级			895		895			
县级小计			3695		3695			
市中区								
任城区								
兖州市								
曲阜市			419		419			
泗水县								
邹城市			1250		1250			
微山县			1471		1471			
鱼台县			113		113			
金乡县								
嘉祥县			127		127			
汶上县								

续表 33

地　区	七、其他部门基金收入		八、地方财政税费附加收入					九、其他
	帮困基金收入	其他基金收入	小计	农牧业税附加收入	城镇公用事业附加收入	燃油附加费收入	其他附加收入	
梁山县			315		315			
临沂市		**5265**	**8036**		**8036**			
本级		5254	6458		6458			
县级小计		11	1578		1578			
郯城县								
苍山县								
莒南县			234		234			
沂水县			490		490			
蒙阴县			149		149			
平邑县			160		160			
费　县			275		275			
沂南县			270		270			
临沭县								
兰山区								
罗庄区								
河东区		11						
泰安市			**3683**		**3683**			
本级			1900		1900			
县级小计			1783		1783			
新泰市			879		879			
宁阳县			227		227			
东平县								
肥城市			677		677			
泰山区								
郊　区								
聊城市			**3041**		**3041**			
本级			1365		1365			
县级小计			1676		1676			
东昌府区								
临清市			351		351			
阳谷县			244		244			
莘　县			185		185			
茌平县								
东阿县			641		641			

续表 34

地　区	七、其他部门基金收入		八、地方财政税费附加收入					九、其他
	帮困基金收入	其他基金收入	小计	农牧业税附加收入	城镇公用事业附加收入	燃油附加费收入	其他附加收入	
冠　县			255		255			
高唐县								
菏泽市			**407**		**407**			
本级								
县级小计			407		407			
牡丹区								
曹　县			20		20			
定陶县								
成武县								
单　县			187		187			
巨野县								
郓城县			200		200			
鄄城县								
东明县								
德州市								
本级								
县级小计								
德城区								
陵　县								
平原县								
夏津县								
武城县								
齐河县								
禹城市								
乐陵市								
临邑县								
宁津县								
庆云县								
滨州市			**1218**		**1218**			
本级			792		792			
县级小计			426		426			
惠民县								
阳信县								
无棣县			75		75			

续表 35

地区	七、其他部门基金收入		八、地方财政税费附加收入					九、其他
	帮困基金收入	其他基金收入	小计	农牧业税附加收入	城镇公用事业附加收入	燃油附加费收入	其他附加收入	
沾化县								
博兴县			222		222			
邹平县			129		129			
滨州市								
东营市			**1530**		**1201**		**329**	
本级			572		572			
县级小计			958		629		329	
东营区								
河口区								
广饶县			478		478			
垦利县			329				329	
利津县			151		151			
威海市			**2392**		**2392**			
本级			1338		1338			
县级小计			1054		1054			
环翠区								
乳山市			326		326			
文登市			728		728			
荣成市								
日照市			**1992**		**1992**			
本级			1203		1203			
县级小计			789		789			
莒县			307		307			
五莲县			482		482			
东港区								
岚山区								
莱芜市			**3800**		**3800**			
本级			3800		3800			
县级小计								
莱城区								
钢城区								
省级								

2004年山东省财政预算支出情况

单位：万元

地　区	合　计	一、基本建设支出	二、企业挖潜改造资金	三、地质勘探费	四、科技三项费用	五、流动资金
全省合计	**11893716**	**600330**	**510142**	**27031**	**157800**	**2650**
地(市)合计	10023133	311962	438391	400	144497	2650
地(市)本级	2963713	164606	161313	120	42158	
县级合计	7059420	147356	277078	280	102339	2650
省内合计	**10247502**	**363223**	**417955**	**26911**	**126366**	**2650**
地(市)合计	8376919	74855	346204	280	113063	2650
地(市)本级	2364068	53648	124464		35858	
县级合计	6012851	21207	221740	280	77205	2650
青岛市	**1646214**	**237107**	**92187**	**120**	**31434**	
本级	599645	110958	36849	120	6300	
县级小计	1046569	126149	55338		25134	
即墨市	110601	5379	4573		447	
胶州市	96892	21633	1259		1881	
胶南市	108560	6847	4223		2845	
平度市	95828	4304	4033		1396	
莱西市	63927	2093	2392		158	
崂山区	120439	27685	7647		3725	
城阳区	117838	6945	2		4101	
黄岛区	42497	2355	873			
开发区	74034	25737	9574		6116	
市南区	59131	2956	8209		1798	
市北区	58442	3648	3857		860	
四方区	29390	658	732		725	
李沧区	51120	10399	3364		969	
保税区	17870	5510	4600		113	
济南市	**1016953**	**17787**	**29453**		**17192**	
本级	456323	17437	19043		9609	
县级小计	560630	350	10410		7583	
历下区	51389		1352		1665	
市中区	44529				749	
天桥区	46826	350	2002		1130	
槐荫区	43825		606		551	
历城区	102522		27		419	
长青区	39639		24		697	
章丘市	123208		546		1077	

续表 1

地　区	合　计	一、基本建设支出	二、企业挖潜改造资金	三、地质勘探费	四、科技三项费用	五、流动资金
平阴县	35320		888		310	
济阳县	41930		4683		915	
商河县	31442		282		70	
淄博市	**625512**	**54**	**27814**		**7200**	
本级	205881	44	17212		2291	
县级小计	419631	10	10602		4909	
博山区	42066		4920		437	
淄川区	59617		18		979	
张店区	58993		1476		892	
周村区	38743		73		503	
临淄区	84607		765		625	
桓台县	57024		110		773	
高青县	31105				483	
沂源县	47476	10	3240		217	
枣庄市	**307196**	**200**	**15647**		**2017**	
本级	64506	200	3842		699	
县级小计	242690		11805		1318	
市中区	38999		4996		280	
薛城区	36953		333		187	
峄城区	24205		189		298	
山亭区	25516		1168		190	
台儿庄区	24478		719		181	
滕州市	92539		4400		182	
烟台市	**920456**	**50**	**12455**	**280**	**14835**	
本级	183036	20	3833		3660	
县级小计	737420	30	8622	280	11175	
芝罘区	59103		704		752	
福山区	35567		20		62	
龙口市	97638		508		1743	
莱阳市	58568		288		256	
蓬莱市	72393		255		1302	
招远市	74962		931	280	1007	
莱州市	78126		390		1291	
栖霞市	40431		148		258	

续表 2

地　区	合　计	一、基本建设支出	二、企业挖潜改造资金	三、地质勘探费	四、科技三项费用	五、流动资金
海阳市	48411	15	331		584	
牟平区	45562	15	645		751	
长岛县	11740		176		141	
开发区	87502		4021		2526	
莱山区	27417		205		502	
潍坊市	**736213**	**22348**	**45198**		**12599**	
本级	144907	18458	17776		1785	
县级小计	591306	3890	27422		10814	
潍城区	25710		39		65	
坊子区	24584	1200	1616		630	
寒亭区	28160	100	2661		338	
昌邑市	47778		79		314	
昌乐县	41913		3338		388	
安丘市	49161		539		727	
寿光市	95909		10769		1374	
青州市	66827		1062		1003	
高密市	55955	1297	2804		1264	
诸城市	90700	1293	3678		3750	
临朐县	35611		385		532	
奎文区	28998		452		429	
济宁市	**732335**	**11508**	**55432**		**11533**	
本级	207042	5400	41737		5103	
县级小计	525293	6108	13695		6430	
市中区	22467		212		254	
任城区	45337		450		571	
兖州市	91645		3176		1597	
曲阜市	57673		45		495	
泗水县	22220		995		270	
邹城市	116675		4275		1302	
微山县	46492	6108	1508		350	
鱼台县	17929		32		280	
金乡县	24495		1232		211	
嘉祥县	28198		1025		582	
汶上县	27616		65		98	

续表 3

地　区	合　计	一、基本建设支出	二、企业挖潜改造资金	三、地质勘探费	四、科技三项费用	五、流动资金
梁山县	24546		680		420	
临沂市	**675203**	**80**	**16643**		**5981**	
本级	186550	50	6085		2330	
县级小计	488653	30	10558		3651	
郯城县	44760		965		510	
苍山县	41661		353		315	
莒南县	47487		92		530	
沂水县	59525		1762		533	
蒙阴县	27668		1939		107	
平邑县	39854		1332		80	
费　县	40077	12	2144		484	
沂南县	39002		442		472	
临沭县	34818		28		47	
兰山区	57574		337		97	
罗庄区	28326	8	45		224	
河东区	27901	10	1119		252	
泰安市	**514985**		**39315**		**5657**	
本级	121412		2624		1444	
县级小计	393573		36691		4213	
新泰市	121330		15550		1062	
宁阳县	37349		491		459	
东平县	38043		1501		586	
肥城市	127219		16523		1227	
泰山区	36827		2449		550	
郊　区	32805		177		329	
聊城市	**405597**	**225**	**13208**		**4593**	
本级	91784		671		735	
县级小计	313813	225	12537		3858	
东昌府区	50865	10	3084		627	
临清市	46460		1033		534	
阳谷县	30832		160		397	
莘　县	35176		110		413	
茌平县	44488	35	1634		724	
东阿县	26677		963		249	

续表 4

地　区	合　计	一、基本建设支出	二、企业挖潜改造资金	三、地质勘探费	四、科技三项费用	五、流动资金
冠　县	27547		41		183	
高唐县	51768	180	5512		731	
菏泽市	**402292**	**32**	**6282**		**4568**	
本级	58667	3	957		426	
县级小计	343625	29	5325		4142	
牡丹区	58413		409		806	
曹　县	44449		2147		577	
定陶县	26065		11		280	
成武县	27145		187		401	
单　县	39658	20	123		50	
巨野县	37382	5	442		388	
郓城县	45370		561		708	
鄄城县	30030		1418		503	
东明县	35113	4	27		429	
德州市	**402649**	**10**	**28257**		**3718**	
本级	60454		210		374	
县级小计	342195	10	28047		3344	
德城区	46184		403		219	
陵　县	25808		534		410	
平原县	33524		2175		741	
夏津县	23283				4	
武城县	28549		2012		84	
齐河县	44248		14763		40	
禹城市	31146		509		585	
乐陵市	30447		728		368	
临邑县	42083		6566		508	
宁津县	23727	10	306		331	
庆云县	13196		51		54	
滨州市	**368746**	**20531**	**14156**		**4422**	
本级	72728	10206	1985		1146	
县级小计	296018	10325	12171		3276	
惠民县	23649		325		357	
阳信县	18012		20		97	
无棣县	40151	5057	821		258	

续表 5

地　区	合　计	一、基本建设支出	二、企业挖潜改造资金	三、地质勘探费	四、科技三项费用	五、流动资金
沾化县	34852		7053		231	
博兴县	45742		2261		480	
邹平县	90337	3663	815		1532	
滨州市	43275	1605	876		321	
东营市	**354580**	**70**	**10157**		**5903**	
本级	156454	30	4974		1424	
县级小计	198126	40	5183		4479	
东营区	54551	30	1837		1489	
河口区	25270		941		560	
广饶县	60361	10	2005		1330	
垦利县	31655		350		671	
利津县	26289		50		429	
威海市	**585202**	**1160**	**29160**		**9668**	**2650**
本级	196527	1000	1696		3772	
县级小计	388675	160	27464		5896	2650
环翠区	57483		5776		1000	
乳山市	67723		3550		960	2650
文登市	124653	50	7768		1938	
荣成市	138816	110	10370		1998	
日照市	**184185**	**750**	**1165**		**1126**	
本级	76426	750	518		414	
县级小计	107759		647		712	
莒　县	33755		134		278	
五莲县	27023		418		235	
东港区	28873		75		85	
岚山区	18108		20		114	
莱芜市	**144815**	**50**	**1862**		**2051**	
本级	81371	50	1301		646	
县级小计	63444		561		1405	
莱城区	44573		21		600	
钢城区	18871		540		805	
省级	**1870583**	**288368**	**71751**	**26631**	**13303**	

续表 6

地　区	六、农业支出	七、林业支出	八、水利和气象支出	九、工业交通等部门的事业费	十、流通部门事业费	十一、文体广播事业费
全省合计	**509248**	**77199**	**144626**	**124050**	**19770**	**366895**
地(市)合计	476537	74930	130359	67416	16134	318229
地(市)本级	78789	17726	38513	37362	9108	76578
县级合计	397748	57204	91846	30054	7026	241651
省内合计	**453447**	**67824**	**135392**	**115950**	**17235**	**331585**
地(市)合计	420736	65555	121125	59316	13599	282919
地(市)本级	72759	16998	37109	30450	7500	64229
县级合计	347977	48557	84016	28866	6099	218690
青岛市	**55801**	**9375**	**9234**	**8100**	**2535**	**35310**
本级	6030	728	1404	6912	1608	12349
县级小计	49771	8647	7830	1188	927	22961
即墨市	6845	825	638	470	27	2372
胶州市	4074	565	681		250	2213
胶南市	6244	1156	968		310	2952
平度市	6421	830	932			2666
莱西市	7344	467	1536	90		2472
崂山区	6269	2150	1969	477		1732
城阳区	5151	498	851	64	340	2379
黄岛区	2717	2146	223	87		2457
开发区						
市南区						785
市北区	4123					772
四方区						719
李沧区	583	10	32			1442
保税区						
济南市	**32496**	**7296**	**16960**	**9478**	**1376**	**24064**
本级	8245	2453	9467	8015	1223	7483
县级小计	24251	4843	7493	1463	153	16581
历下区	312	33	97	136		1063
市中区	509	129	129	123		988
天桥区	813	34	130	87		1193
槐荫区	495	61	103	39		788
历城区	3318	1192	1620	115		4231
长青区	2000	441	898	122	65	1333
章丘市	8026	1576	1906	104	30	3622

续表 7

地　区	六、农业支出	七、林业支出	八、水利和气象支出	九、工业交通等部门的事业费	十、流通部门事业费	十一、文体广播事业费
平阴县	2657	593	733	170		951
济阳县	3576	546	1301	467	58	1428
商河县	2545	238	576	100		984
淄博市	**27561**	**4538**	**5424**	**6025**	**822**	**16995**
本级	4828	1663	2431	2555	489	6523
县级小计	22733	2875	2993	3470	333	10472
博山区	1248	256	257	22		1329
淄川区	2511	598	542	854		1522
张店区	2029	360	357	69	280	1215
周村区	3300	117	214	224		793
临淄区	2421	495	476	653	53	2104
桓台县	5087	173	227	1369		1552
高青县	3426	111	131	80		838
沂源县	2711	765	789	199		1119
枣庄市	**21105**	**2013**	**3185**	**3639**	**729**	**13790**
本级	2229	379	563	1411	259	2976
县级小计	18876	1634	2622	2228	470	10814
市中区	2917	315	374	271	123	1292
薛城区	3410	365	783	377		1856
峄城区	1853	115	270	183		1071
山亭区	1807	243	256	68		1268
台儿庄区	1933	178	315	106		1396
滕州市	6956	418	624	1223	347	3931
烟台市	**38070**	**6324**	**6930**	**2391**	**51**	**23890**
本级	5084	959	1147	65		5590
县级小计	32986	5365	5783	2326	51	18300
芝罘区	657	158	110	113		616
福山区	1146	322	261	200	17	600
龙口市	5340	383	666	739		2349
莱阳市	3643	555	653	5		2501
蓬莱市	4377	331	368	38		1286
招远市	5650	744	1153	389		4196
莱州市	3143	906	627	255	34	1999
栖霞市	2566	540	339	136		1347

续表 8

地　区	六、农业支出	七、林业支出	八、水利和气象支出	九、工业交通等部门的事业费	十、流通部门事业费	十一、文体广播事业费
海阳市	1958	538	491			1224
牟平区	2281	460	460			897
长岛县	683	150	363	140		482
开发区	956	83	39	288		501
莱山区	586	195	253	23		302
潍坊市	**35949**	**4319**	**8284**	**3127**	**583**	**22405**
本级	4437	285	846	2185	254	3787
县级小计	31512	4034	7438	942	329	18618
潍城区	741	93	138	10		697
坊子区	1556	174	189			745
寒亭区	1211	169	179	22		722
昌邑市	2323	128	461	195		1661
昌乐县	2876	375	639	143		1605
安丘市	2824	331	623	94		2003
寿光市	6451	364	1680	66		2370
青州市	2903	362	640	129		1961
高密市	3049	280	611	80	159	2068
诸城市	3942	689	1527	68	55	2340
临朐县	3044	937	600	135	115	1830
奎文区	592	132	151			616
济宁市	**44381**	**4938**	**8702**	**3557**	**2525**	**30791**
本级	11019	1167	1779	1749	1631	6522
县级小计	33362	3771	6923	1808	894	24269
市中区	153			191	123	677
任城区	3782	392	499	226		2391
兖州市	9548	583	326	398		2706
曲阜市	1996	455	601	199		2145
泗水县	960	252	371	123	21	1114
邹城市	5559	814	1570	237	459	5433
微山县	3904	301	576	3		1643
鱼台县	1420	155	496	176	116	1585
金乡县	1305	295	265	56		1398
嘉祥县	1327	215	334	17	47	1668
汶上县	1964	124	1111	112	128	1917

续表9

地　区	六、农业支出	七、林业支出	八、水利和气象支出	九、工业交通等部门的事业费	十、流通部门事业费	十一、文体广播事业费
梁山县	1444	185	774	70		1592
临沂市	**43889**	**6988**	**7946**	**10209**	**2224**	**29620**
本级	5470	2042	1198	3925	465	3098
县级小计	38419	4946	6748	6284	1759	26522
郯城县	3143	250	441	629		2721
苍山县	3500	318	420	119	105	2424
莒南县	4771	353	695	948	530	2268
沂水县	5431	629	949	2337	265	3444
蒙阴县	1409	419	1262	129	77	1733
平邑县	2693	803	671	279	61	2190
费　县	4329	781	649	414	141	2682
沂南县	4324	452	236	478	171	2152
临沭县	3329	319	497	277		1868
兰山区	2717	238	336	106	242	2539
罗庄区	1409	196	299	191	134	1033
河东区	1364	188	293	377	33	1468
泰安市	**22663**	**4002**	**5739**	**1231**	**740**	**15218**
本级	2264	1524	1533	550	312	2665
县级小计	20399	2478	4206	681	428	12553
新泰市	3133	1012	765	253	276	3515
宁阳县	2528	351	720	33		1827
东平县	2875	220	674	34		2172
肥城市	8502	490	1215	273	147	2245
泰山区	900	90	252	84		811
郊　区	2461	315	580	4	5	1983
聊城市	**20910**	**2848**	**7477**	**3683**	**1805**	**17952**
本级	4407	479	2932	1179	686	3624
县级小计	16503	2369	4545	2504	1119	14328
东昌府区	1986	369	664	197	168	1504
临清市	2749	218	805	701	230	1659
阳谷县	2192	231	297	192	198	2027
莘　县	1022	176	401	78		2500
茌平县	2901	542	964	1027	214	1963
东阿县	1478	123	250	8		1183

续表 10

地　区	六、农业支出	七、林业支出	八、水利和气象支出	九、工业交通等部门的事业费	十、流通部门事业费	十一、文体广播事业费
冠　县	1608	461	463	142		1905
高唐县	2567	249	701	159	309	1587
菏泽市	**20627**	**3392**	**7409**	**2632**	**273**	**21178**
本级	2170	553	1491	728	233	2365
县级小计	18457	2839	5918	1904	40	18813
牡丹区	1885	423	644	492		2631
曹　县	2378	505	859	246		2851
定陶县	2027	187	315	87	40	1530
成武县	1334	140	470	72		1211
单　县	1866	354	709	276		2706
巨野县	1520	192	301	117		2080
郓城县	3813	337	513	250		2225
鄄城县	1747	400	920	175		1852
东明县	1887	301	1187	189		1727
德州市	**27807**	**4781**	**13975**	**2599**	**652**	**15695**
本级	2898	364	1057	686	293	2217
县级小计	24909	4417	12918	1913	359	13478
德城区	4511	492	394	120		939
陵　县	2181	340	2551	36	175	871
平原县	1942	619	1567	50		992
夏津县	3826	135	264	65		848
武城县	1947	943	1609	81	21	803
齐河县	1704	174	3442	351		1484
禹城市	2087	145	333	77		1256
乐陵市	1058	603	1122	830	16	2714
临邑县	3473	354	648	154		1231
宁津县	1444	550	603	111	101	1711
庆云县	736	62	385	38	46	629
滨州市	**18388**	**2157**	**6502**	**1572**	**557**	**12102**
本级	2050	469	1527	683	557	1902
县级小计	16338	1688	4975	889		10200
惠民县	1448	100	415	50		1487
阳信县	1031	104	198	23		926
无棣县	2363	210	571	54		1294

续表 11

地　　区	六、农业支出	七、林业支出	八、水利和气象支出	九、工业交通等部门的事业费	十、流通部门事业费	十一、文体广播事业费
沾化县	1731	317	517	395		831
博兴县	4021	189	156	366		1961
邹平县	4029	569	2484	1		2185
滨州市	1715	199	634			1516
东营市	**21281**	**4645**	**10724**	**5030**	**796**	**12128**
本级	9278	2113	5506	3967	657	3748
县级小计	12003	2532	5218	1063	139	8380
东营区	1976	999	901	552		1804
河口区	1771	428	1162	101		976
广饶县	2987	711	1078	291	97	2912
垦利县	2525	291	612	75	42	1137
利津县	2744	103	1465	44		1551
威海市	**31109**	**4375**	**5054**	**2042**	**214**	**16095**
本级	4021	1326	1914	1168	214	7255
县级小计	27088	3049	3140	874		8840
环翠区	4956	574	273	188		668
乳山市	2460	484	663	92		1156
文登市	5960	1185	1260	300		2970
荣成市	13712	806	944	294		4046
日照市	**9872**	**1252**	**2903**	**842**		**6712**
本级	2570	402	1357	340		2411
县级小计	7302	850	1546	502		4301
莒　县	2550	161	498	73		1591
五莲县	1176	250	337	429		892
东港区	1957	326	422			915
岚山区	1619	113	289			903
莱芜市	**4628**	**1687**	**3911**	**1259**	**252**	**4284**
本级	1789	820	2361	1244	227	2063
县级小计	2839	867	1550	15	25	2221
莱城区	1990	677	846	1		1682
钢城区	849	190	704	14	25	539
省级	**32711**	**2269**	**14267**	**56634**	**3636**	**48666**

续表 12

地　区	十二、教育支出	十三、科学支出	十四、医疗卫生支出	十五、其他部门的事业费	十六、抚恤和社会福利救济	十七、行政事业单位离退休支出	十八、社会保障补助支出
全省合计	**2048284**	**65970**	**452199**	**596766**	**309460**	**519429**	**439691**
地(市)合计	1807012	31042	382749	401081	296683	418212	360109
地(市)本级	248467	19896	124889	159742	64860	87567	152726
县级合计	1558545	11146	257860	241339	231823	330645	207383
省内合计	**1784146**	**63422**	**410874**	**499973**	**259682**	**513714**	**355253**
地(市)合计	1542874	28494	341424	304288	246905	412497	275671
地(市)本级	197958	18676	109231	99266	45054	82947	99547
县级合计	1344916	9818	232193	205022	201851	329550	176124
青岛市	**264138**	**2548**	**41325**	**96793**	**49778**	**5715**	**84438**
本级	50509	1220	15658	60476	19806	4620	53179
县级小计	213629	1328	25667	36317	29972	1095	31259
即墨市	27146	165	5024	1657	3763	88	890
胶州市	21417	173	2970	2356	2997		1671
胶南市	29490	151	2507	4028	2725		3685
平度市	27983	135	1806	3270	3936		4125
莱西市	19491	110	1714	1548	3308		597
崂山区	15076	214	3084	5124	1450		7007
城阳区	23272	160	1769	2472	1886		1589
黄岛区	3121	184	1230	3849	1494	194	4522
开发区	9383		1001	5068			
市南区	10938	25	1097	319	2680		2295
市北区	12114		956		2836	510	819
四方区	7791	11	944	555	1191	303	1672
李沧区	6407		1565	1057	1706		2387
保税区				5014			
济南市	**136965**	**3059**	**52019**	**22319**	**22928**	**72597**	**43223**
本级	20253	2651	28535	8039	8545	27019	31073
县级小计	116712	408	23484	14280	14383	45578	12150
历下区	9426	51	2443	1103	1499	6096	978
市中区	10592	20	2035	4810	1807	6732	706
天桥区	9607	46	2417	1228	1504	4983	2202
槐荫区	7321	8	1640	1257	992	4293	3457
历城区	24832		4608	1618	1418	6494	1943
长青区	8473	52	1414	767	2085	2468	762
章丘市	27590	73	5122	649	2022	7270	888

续表 13

地　　区	十二、教育支出	十三、科学支出	十四、医疗卫生支出	十五、其他部门的事业费	十六、抚恤和社会福利救济	十七、行政事业单位离退休支出	十八、社会保障补助支出
平阴县	5640	63	1916	628	1091	2410	361
济阳县	5621	39	903	1969	1158	3139	675
商河县	7610	56	986	251	807	1693	178
淄博市	**109789**	**7088**	**28453**	**16687**	**14878**	**23250**	**20632**
本级	17093	6293	10385	6838	2043	10181	14336
县级小计	92696	795	18068	9849	12835	13069	6296
博山区	8892	13	1057	972	1442	464	1134
淄川区	15597	284	3523	1154	1711	12	1701
张店区	10522	56	2284	182	1898	3670	804
周村区	6569	11	1534	2267	1902	2911	404
临淄区	16687	231	3611	1616	1562	3294	981
桓台县	12981	85	2475	1650	824	293	258
高青县	7418	42	1301	1601	1544	2425	132
沂源县	14030	73	2283	407	1952		882
枣庄市	**55897**	**1134**	**13462**	**15549**	**7686**	**14997**	**4632**
本级	6386	334	3869	4243	833	3587	1794
县级小计	49511	800	9593	11306	6853	11410	2838
市中区	6439	66	1366	1762	1383	1168	419
薛城区	9171	311	1446	2118	1151	1631	796
峄城区	4544	51	902	985	627	1584	172
山亭区	4705	239	1093	822	778	1343	381
台儿庄区	5724	20	728	1037	602	611	306
滕州市	18928	113	4058	4582	2312	5073	764
烟台市	**155092**	**2231**	**32751**	**43440**	**31665**	**63826**	**17496**
本级	8729	1100	5475	6370	4586	4447	2588
县级小计	146363	1131	27276	37070	27079	59379	14908
芝罘区	11623	77	2578	2429	3030	3696	7713
福山区	6502	42	983	1059	1233	2695	1072
龙口市	17526	253	5056	4016	2686	6261	438
莱阳市	15879	134	1139	5726	3693	8442	391
蓬莱市	12525	12	3117	4618	2615	5512	860
招远市	16054	104	4133	5342	2390	6916	190
莱州市	20388	122	3280	4390	2737	8746	2146
栖霞市	11717	51	2347	1587	2706	4843	310

续表 14

地　　区	十二、教育支出	十三、科学支出	十四、医疗卫生支出	十五、其他部门的事业费	十六、抚恤和社会福利救济	十七、行政事业单位离退休支出	十八、社会保障补助支出
海阳市	10091	132	970	2215	3009	4762	870
牟平区	12413	46	1259	2758	1773	4724	444
长岛县	1762	73	713	353	306	385	129
开发区	5778	10	1288	1749	418	1112	239
莱山区	4105	75	413	828	483	1285	106
潍坊市	**194319**	**2023**	**21542**	**28258**	**21243**	**329**	**21138**
本级	16350	1211	3836	8307	2140	5	5097
县级小计	177969	812	17706	19951	19103	324	16041
潍城区	7119	57	858	464	1474		469
坊子区	6173	70	1055	1429	994		632
寒亭区	6778	50	1363	1421	1044		236
昌邑市	13633	11	1076	889	1470	72	522
昌乐县	12386	10	1677	626	1547		825
安丘市	17094	74	1551	979	1897	94	383
寿光市	28745	66	2294	4895	1871		690
青州市	18023	79	1658	3394	1569	124	4349
高密市	17197	79	2306	868	1882		1152
诸城市	29942	185	2306	2643	2453	21	5837
临朐县	14403	61	659	825	1584		299
奎文区	6476	70	903	1518	1318	13	647
济宁市	**141970**	**1702**	**28064**	**32418**	**20520**	**8357**	**10233**
本级	23496	636	8388	11857	5051	2587	4511
县级小计	118474	1066	19676	20561	15469	5770	5722
市中区	6742	113	602	1197	525		647
任城区	13510	178	2239	2107	708		841
兖州市	12496	136	2627	1693	2393		2200
曲阜市	9191	162	3289	934	1356		267
泗水县	5883	48	646	757	910		172
邹城市	25459	141	4948	5201	2882	883	210
微山县	10347	68	1667	2935	1729		100
鱼台县	5122	46	981	657	680		130
金乡县	8110	41	846	2856	906	360	56
嘉祥县	7737	16	461	458	1370		457
汶上县	7412	82	995	1411	930	155	154

续表 15

地　　区	十二、教育支出	十三、科学支出	十四、医疗卫生支出	十五、其他部门的事业费	十六、抚恤和社会福利救济	十七、行政事业单位离退休支出	十八、社会保障补助支出
梁山县	6465	35	375	355	1080	4372	488
临沂市	**144967**	**2072**	**25396**	**25457**	**22779**	**42962**	**22658**
本级	16262	974	6111	3992	3333	5279	17394
县级小计	128705	1098	19285	21465	19446	37683	5264
郯城县	12795	100	1244	1957	1158	2876	363
苍山县	10703	56	1701	1819	1593	2306	387
莒南县	15945	145	2780	1019	2658	5150	654
沂水县	16618	81	2428	2415	2745	4438	514
蒙阴县	6240	131	1138	1140	1266	2228	315
平邑县	10100	192	1620	680	1903	2900	749
费　县	10172	55	1169	906	1471	3424	402
沂南县	10010	55	1128	1369	2171	4285	313
临沭县	9394	79	2439	1567	1951	2677	552
兰山区	15456	85	1898	5138	1132	4506	553
罗庄区	5617	69	835	1915	666	1526	285
河东区	5655	50	905	1540	732	1367	177
泰安市	**79097**	**1444**	**19589**	**13873**	**12948**	**27114**	**75095**
本级	10414	1216	7494	7493	3286	5672	2255
县级小计	68683	228	12095	6380	9662	21442	72840
新泰市	15981	66	3414	1800	2380	5382	28147
宁阳县	10370	31	2121	559	1337	3497	540
东平县	9190	44	1461	533	1715	2235	465
肥城市	14117	38	3134	1691	1807	4567	42692
泰山区	8031	13	855	518	865	1891	439
郊　区	10994	36	1110	1279	1558	3870	557
聊城市	**81178**	**2126**	**18537**	**10475**	**11640**	**15965**	**12445**
本级	7917	1682	5025	3977	1933	162	2620
县级小计	73261	444	13512	6498	9707	15803	9825
东昌府区	12022	77	892	2555	1865	5982	1125
临清市	7647	73	2461	645	1261	3258	5483
阳谷县	9289	86	858	597	842		597
莘　县	9201	66	1676	446	822	2684	442
茌平县	12086	43	3028	364	1318	35	1207
东阿县	6138	11	954	274	859	151	336

续表 16

地　区	十二、教育支出	十三、科学支出	十四、医疗卫生支出	十五、其他部门的事业费	十六、抚恤和社会福利救济	十七、行政事业单位离退休支出	十八、社会保障补助支出
冠　县	8298	44	1384	687	1469	106	402
高唐县	8580	44	2259	930	1271	3587	233
菏泽市	**86874**	**579**	**17651**	**11958**	**16343**	**53184**	**6905**
本级	7751	225	2638	3042	1365	5321	1737
县级小计	79123	354	15013	8916	14978	47863	5168
牡丹区	11921	92	2105	2245	2216	7296	1314
曹　县	10345	14	1728	702	2106	4256	587
定陶县	6613	34	1093	759	1168	4733	565
成武县	7534	17	1726	436	1186	4416	108
单　县	8710	60	1524	734	2065	5924	869
巨野县	8914	26	1433	1190	1969	5474	436
郓城县	10123	37	2452	1200	1625	7543	814
鄄城县	6408	42	1076	493	1313	3585	204
东明县	8555	32	1876	1157	1330	4636	271
德州市	**80463**	**1753**	**18203**	**10022**	**16083**	**11108**	**9498**
本级	6661	555	3190	3333	3566	3446	1309
县级小计	73802	1198	15013	6689	12517	7662	8189
德城区	5894	47	1105	482	1313	107	482
陵　县	7281	200	1470	451	1390	782	641
平原县	7238	126	1048	732	967	216	2116
夏津县	4998	9	530	489	780	827	346
武城县	5822	344	1032	736	1047	1576	609
齐河县	6125	57	683	677	794		2260
禹城市	6425	22	1804	1102	1302	790	282
乐陵市	8054	40	1683	865	1022	60	232
临邑县	10577	243	2781	386	1722	2581	790
宁津县	7504	57	1966	411	1278	14	138
庆云县	3884	53	911	358	902	709	293
滨州市	**65728**	**567**	**12794**	**12055**	**11636**	**30676**	**6288**
本级	9098	226	2897	3355	995	5026	1807
县级小计	56630	341	9897	8700	10641	25650	4481
惠民县	5667	16	641	346	1306	3248	560
阳信县	5143	43	852	274	1190	2986	237
无棣县	5821	55	1383	1238	1231	2736	223

续表 17

地　　区	十二、教育支出	十三、科学支出	十四、医疗卫生支出	十五、其他部门的事业费	十六、抚恤和社会福利救济	十七、行政事业单位离退休支出	十八、社会保障补助支出
沾化县	5982	70	790	989	1274	3279	269
博兴县	9004	22	1025	3005	1745	4407	1593
邹平县	15609	90	3163	1525	1699	5600	694
滨州市	9404	45	2043	1323	2196	3394	905
东营市	**47453**	**1211**	**16320**	**17546**	**9626**	**6129**	**3726**
本级	9116	864	6002	9072	1624	2278	1778
县级小计	38337	347	10318	8474	8002	3851	1948
东营区	7397	90	2645	2236	2161	1621	525
河口区	3042	54	1644	1690	783	492	357
广饶县	14172	69	2771	2856	2412	467	574
垦利县	6373	65	1712	1133	1374	1271	216
利津县	7353	69	1546	559	1272		276
威海市	**94509**	**694**	**21523**	**29827**	**15344**	**27784**	**7566**
本级	26978	150	7527	10805	2297	4663	1985
县级小计	67531	544	13996	19022	13047	23121	5581
环翠区	7322	84	2237	2216	2443	1901	1333
乳山市	14871	15	3017	7479	2550	6212	599
文登市	25713	365	5552	4377	5214	7877	2588
荣成市	19625	80	3190	4950	2840	7131	1061
日照市	**39940**	**491**	**8154**	**8246**	**6652**	**8101**	**5413**
本级	6890	327	3613	4722	1624	1312	1238
县级小计	33050	164	4541	3524	5028	6789	4175
莒　县	12120	64	1476	676	2040	4692	278
五莲县	6594	60	1649	626	1046	1601	247
东港区	8229	40	796	1544	1191	101	3114
岚山区	6107		620	678	751	395	536
莱芜市	**28633**	**320**	**6966**	**6158**	**4934**	**6118**	**8723**
本级	4564	232	4246	3821	1833	1962	8025
县级小计	24069	88	2720	2337	3101	4156	698
莱城区	20333	54	2160	1101	2606	3512	658
钢城区	3736	34	560	1236	495	644	40
省级	**241272**	**34928**	**69450**	**195685**	**12777**	**101217**	**79582**

续表 18

地　区	十九、国防支出	二十、行政管理费	二十一、外交外事支出	二十二、武装警察部队支出	二十三、公检法司支出	二十四、城　市维护费	二十五、政策性补贴支出
全省合计	**11929**	**1312928**	**5573**	**10229**	**807554**	**885953**	**196740**
地(市)合计	3417	1182865	3833	6928	651156	885833	20610
地(市)本级	672	269863	2622	4627	305449	322145	4246
县级合计	2745	913002	1211	2301	345707	563688	16364
省内合计	**11658**	**1138245**	**4086**	**9077**	**682803**	**770966**	**193413**
地(市)合计	3146	1008182	2346	5776	526405	770846	17283
地(市)本级	672	232425	1345	3485	234764	300878	3178
县级合计	2474	775757	1001	2291	291641	469968	14105
青岛市	**271**	**174683**	**1487**	**1152**	**124751**	**114987**	**3327**
本级		37438	1277	1142	70685	21267	1068
县级小计	271	137245	210	10	54066	93720	2259
即墨市	187	22307			4782	8430	130
胶州市		18175			4381	3099	167
胶南市		12935			6400	7816	134
平度市		15941			4781	6160	278
莱西市		8901			3520	2398	111
崂山区	84	9381	210		7218	5829	623
城阳区		12978			6141	28669	641
黄岛区		7065			4031	2000	175
开发区		7256			2927	3069	
市南区		3100			3351	8117	
市北区		3512			1788	10771	
四方区		6018			2354	1601	
李沧区		9316			2324	5188	
保税区		360		10	68	573	
济南市		**127413**	**200**	**770**	**85112**	**142511**	**1119**
本级		50328	200	770	43784	94800	274
县级小计		77085			41328	47711	845
历下区		7690			6264	3805	
市中区		5026			4735	1387	
天桥区		7234			5438	4353	
槐荫区		8636			5329	2647	
历城区		13258			5156	11480	98
长青区		4828			2546	1363	130
章丘市		11068			6093	13333	162

续表 19

地　区	十九、国防支出	二十、行政管理费	二十一、外交外事支出	二十二、武装警察部队支出	二十三、公检法司支出	二十四、城　市维护费	二十五、政策性补贴支出
平阴县		5573			2033	2941	92
济阳县		5936			1961	5171	215
商河县		7836			1773	1231	148
淄博市	**523**	**75081**	**315**	**546**	**36507**	**58188**	**985**
本级		20299	315	120	16253	28798	216
县级小计	523	54782		426	20254	29390	769
博山区	94	6029			1911	4834	76
淄川区	95	6793			3870	3519	90
张店区	78	7075		105	2880	6365	264
周村区		4528		106	2543	2762	150
临淄区		15556		146	3855	4987	102
桓台县	94	4854			2106	2273	47
高青县	70	3711		51	1279	2809	17
沂源县	92	6236		18	1810	1841	23
枣庄市		**50836**	**93**		**25108**	**20924**	**979**
本级		8037	93		10083	3796	146
县级小计		42799			15025	17128	833
市中区		6487			2554	1473	
薛城区		5454			1399	3693	39
峄城区		5388			1402	2894	162
山亭区		4606			1261	1991	102
台儿庄区		4337			1587	792	167
滕州市		16527			6822	6285	363
烟台市	**1033**	**82476**	**884**		**52384**	**190664**	**3023**
本级		15050			17767	42454	935
县级小计	1033	67426	884		34617	148210	2088
芝罘区	112	5339			3731	8415	
福山区	101	4052			2049	9307	748
龙口市	248	10698			5041	28255	10
莱阳市		3698			2322	6139	129
蓬莱市	153	6926			2746	21410	143
招远市	191	6353			4922	7651	229
莱州市	84	6397			4368	6679	374
栖霞市	69	4475			1382	1460	10

续表 20

地　区	十九、国防支出	二十、行政管理费	二十一、外交外事支出	二十二、武装警察部队支出	二十三、公检法司支出	二十四、城市维护费	二十五、政策性补贴支出
海阳市	51	5266			2013	5624	245
牟平区		3820			1789	607	137
长岛县	24	2015			606	975	10
开发区		4461	884		1769	47879	42
莱山区		3926			1879	3809	11
潍坊市	**191**	**98275**	**50**	**661**	**33818**	**37652**	**450**
本级		17004	30	562	7908	7687	
县级小计	191	81271	20	99	25910	29965	450
潍城区	44	4360		10	1175	627	14
坊子区	93	3915		11	1256	193	33
寒亭区		3189		12	1246	139	15
昌邑市		5889			2626	2256	50
昌乐县		7449	10		2098	640	80
安丘市		8721			3701	1980	20
寿光市		10153			2718	10881	40
青州市		9022		41	2146	4800	47
高密市		7542		11	2892	1377	55
诸城市		11878			2353	4886	20
临朐县	54	4818	10	14	2173	1203	70
奎文区		4335			1526	983	6
济宁市		**91178**	**192**		**44177**	**44208**	**1493**
本级		17413	187		15841	14608	276
县级小计		73765	5		28336	29600	1217
市中区		6564			2712	20	
任城区		8466	5		2911	1322	89
兖州市		10065			3554	10125	25
曲阜市		7584			2564	1735	11
泗水县		4139			1067	1360	
邹城市		9882			5653	11115	807
微山县		7545			2682	1152	87
鱼台县		2806			1677	459	40
金乡县		3800			1815	343	
嘉祥县		5617			1372	833	27
汶上县		4047			1113	786	131

续表 21

地　　区	十九、国防支出	二十、行政管理费	二十一、外交外事支出	二十二、武装警察部队支出	二十三、公检法司支出	二十四、城　市维护费	二十五、政策性补贴支出
梁山县		3250			1216	350	
临沂市	**270**	**84553**	**92**	**1076**	**52057**	**23066**	**1737**
本级	138	14806	92	677	23051	7691	65
县级小计	132	69747		399	29006	15375	1672
郯城县		8125			2417	1351	169
苍山县		9039			2885	482	136
莒南县		2848			1771	1031	170
沂水县		7847		54	3044	903	139
蒙阴县		4069		20	1706	570	190
平邑县		6117			3047	595	184
费　县		4098			2481	375	220
沂南县	46	5192		79	2341	730	151
临沭县		4531		52	2087	260	134
兰山区	86	6763		119	3674	5845	110
罗庄区		4758			1794	2599	49
河东区		6360		75	1759	634	20
泰安市	**318**	**41753**		**197**	**23703**	**21639**	**1327**
本级		8032			14321	3843	164
县级小计	318	33721		197	9382	17796	1163
新泰市	78	9749			2333	11746	571
宁阳县	18	3717		54	2142	740	250
东平县	33	3588		143	903	394	51
肥城市	131	7565			2916	4101	236
泰山区	35	4269			400	37	10
郊　区	23	4833			688	778	45
聊城市	**585**	**65806**	**25**	**435**	**33018**	**33208**	**868**
本级	534	13336		229	19960	11660	655
县级小计	51	52470	25	206	13058	21548	213
东昌府区		8406	10		1857	3509	68
临清市		7014			2159	4678	50
阳谷县		6235			1563	448	25
莘　县		7574			1248	224	
茌平县	51	5741	10	148	1827	5289	40
东阿县		5348	5	58	951	1200	30

续表22

地　区	十九、国防支出	二十、行政管理费	二十一、外交外事支出	二十二、武装警察部队支出	二十三、公检法司支出	二十四、城　市维护费	二十五、政策性补贴支出
冠　县		5873			1438	319	
高唐县		6279			2015	5881	
菏泽市		**62350**	**7**	**234**	**27413**	**11229**	**611**
本级		8613		115	10345	2016	41
县级小计		53737	7	119	17068	9213	570
牡丹区		7986			2527	5329	60
曹　县		10424		5	2312	314	
定陶县		2867		17	1220	423	28
成武县		3157		49	1500	369	127
单　县		5835			1818	247	128
巨野县		6809	2	20	1761	629	109
郓城县		7103	5	28	2539	439	54
鄄城县		6103			1319	375	18
东明县		3453			2072	1088	46
德州市	**92**	**60561**	**20**	**714**	**22340**	**28317**	**777**
本级		6462		430	6437	5850	90
县级小计	92	54099	20	284	15903	22467	687
德城区	10	9110		5	999	9766	
陵　县		3145			726	1050	206
平原县	72	5662	20	73	2059	2518	
夏津县		6609		75	1766	578	
武城县		3649			1618	1595	50
齐河县		7248		44	1647	523	20
禹城市		4527			1568	1915	139
乐陵市		5763		42	1494	902	157
临邑县		3205			2606	2576	55
宁津县	10	3146		45	828	1004	10
庆云县		2035			592	40	50
滨州市	**8**	**44376**	**32**	**928**	**18522**	**21251**	**2988**
本级		8244	32	389	8373	768	21
县级小计	8	36132		539	10149	20483	2967
惠民县	8	4073		41	700	65	14
阳信县		2994		36	839	78	29
无棣县		3888		75	948	654	2805

续表 23

地　区	十九、国防支出	二十、行政管理费	二十一、外交外事支出	二十二、武装警察部队支出	二十三、公检法司支出	二十四、城　市维护费	二十五、政策性补贴支出
沾化县		3171			1246	2793	11
博兴县		5498		107	2104	763	62
邹平县		10783		253	2742	16090	26
滨州市		5725		27	1570	40	20
东营市		**38242**	**177**		**21391**	**38605**	**239**
本级		14310	177		12019	28418	50
县级小计		23932			9372	10187	189
东营区		5758			3239	3685	
河口区		3578			1552	635	
广饶县		7001			1997	4178	107
垦利县		3997			1303	789	62
利津县		3598			1281	900	20
威海市	**92**	**46386**	**80**		**29921**	**78816**	**200**
本级		12658	60		13426	32644	40
县级小计	92	33728	20		16495	46172	160
环翠区	92	5366			2964	11455	
乳山市		6082			2625	1550	50
文登市		9229	20		5846	9669	20
荣成市		13051			5060	23498	90
日照市	**34**	**24180**	**179**	**22**	**12493**	**4405**	**407**
本级		8375	159		8363	3187	145
县级小计	34	15805	20	22	4130	1218	262
莒　县	34	3097	5		1770	469	45
五莲县		5163			1023	629	55
东港区		3679	10		944	100	109
岚山区		3866	5	22	393	20	53
莱芜市		**14716**		**193**	**8441**	**16163**	**80**
本级		9458		193	6833	12658	60
县级小计		5258			1608	3505	20
莱城区		2826			1045	270	16
钢城区		2432			563	3235	4
省级	**8512**	**130063**	**1740**	**3301**	**156398**	**120**	**176130**

续表 24

地　区	二十六、支援不发达地区支出	二十七、海域开发建设和场地使用费支出	二十八、车辆税费支出	二十九、债务利息支出	三十、专项支出	三十一、其他支出
全省合计	**14552**	**2183**	**3132**	**2316**	**328259**	**1340828**
地(市)合计	14249	1857	3132	2316	315019	1253525
地(市)本级	3434	1121	3028	213	107329	454544
县级合计	10815	736	104	2103	207690	798981
省内合计	**12467**	**449**	**3074**	**731**	**290227**	**1184704**
地(市)合计	12164	123	3074	731	276987	1097401
地(市)本级	1644	50	2970	213	93875	392875
县级合计	10520	73	104	518	183112	704526
青岛市	**2085**	**1734**	**58**	**1585**	**38032**	**156124**
本级	1790	1071	58		13454	61669
县级小计	295	663		1585	24578	94455
即墨市		17			3352	11087
胶州市				1575	2336	3019
胶南市		165			2866	10113
平度市		50			2721	4060
莱西市				10	564	5103
崂山区	120	210			2206	10949
城阳区		181			2185	15564
黄岛区					1792	1982
开发区					942	2961
市南区					870	12591
市北区					1891	9985
四方区	175				1156	2785
李沧区					1380	2991
保税区		40			317	1265
济南市	**1336**	**30**			**43553**	**105697**
本级					16457	40620
县级小计	1336	30			27096	65077
历下区					1453	5923
市中区					1546	2506
天桥区	30				1184	861
槐荫区					1620	3982
历城区	73				5409	15213
长青区	187				1476	7508
章丘市	194				9561	22296

续表 25

地　区	二十六、支援不发达地区支出	二十七、海域开发建设和场地使用费支出	二十八、车辆税费支出	二十九、债务利息支出	三十、专项支出	三十一、其他支出
平阴县	258	30			2360	3622
济阳县	269				1327	573
商河县	325				1160	2593
淄博市	**546**		**208**		**33916**	**101487**
本级			208		14541	19926
县级小计	546				19375	81561
博山区					1367	5312
淄川区	152				1470	12622
张店区					3846	12286
周村区					1814	6018
临淄区	45				4301	20041
桓台县					3002	16791
高青县	70				1714	1852
沂源县	279				1861	6639
枣庄市	**200**		**216**		**11863**	**21295**
本级			216		3265	5266
县级小计	200				8598	16029
市中区					681	4633
薛城区					1639	794
峄城区					686	829
山亭区	195				795	2205
台儿庄区					595	3144
滕州市	5				4202	4424
烟台市	**465**		**284**		**25680**	**111786**
本级	345		284		8070	44478
县级小计	120				17610	67308
芝罘区					1667	5583
福山区					1434	1662
龙口市					2950	2472
莱阳市	40				961	1974
蓬莱市					907	2892
招远市	30				2252	3855
莱州市					1979	7791
栖霞市					712	3428

续表 26

地　　区	二十六、支援不发达地区支出	二十七、海域开发建设和场地使用费支出	二十八、车辆税费支出	二十九、债务利息支出	三十、专项支出	三十一、其他支出
海阳市					1001	7021
牟平区	50				1060	9173
长岛县					100	2154
开发区					1625	11834
莱山区					962	7469
潍坊市	**905**		**356**		**21865**	**98326**
本级	599		356		5287	18715
县级小计	306				16578	79611
潍城区					434	6822
坊子区					218	2402
寒亭区					465	6800
昌邑市					2433	11690
昌乐县	20				1145	4036
安丘市					1352	4174
寿光市					2809	7673
青州市	69				2277	11169
高密市	30				1644	7308
诸城市					2316	8518
临朐县	187				813	860
奎文区					672	8159
济宁市	**1107**	**2**	**136**	**68**	**24097**	**109046**
本级	561		136		6258	19129
县级小计	546	2		68	17839	89917
市中区					115	1620
任城区		2			2370	2278
兖州市				68	3828	24101
曲阜市	2				481	24161
泗水县	267				436	2429
邹城市	5				6000	23840
微山县	38				2802	947
鱼台县					360	711
金乡县					358	242
嘉祥县	15				458	4162
汶上县					388	4493

续表 27

地　　区	二十六、支援不发达地区支出	二十七、海域开发建设和场地使用费支出	二十八、车辆税费支出	二十九、债务利息支出	三十、专项支出	三十一、其他支出
梁山县	219				243	933
临沂市	**1757**	**20**	**308**		**13564**	**86832**
本级	10		308		2211	59493
县级小计	1747	20			11353	27339
郯城县	10				1496	2040
苍山县	240				348	2412
莒南县	158				458	2513
沂水县	243				1171	1535
蒙阴县	229				709	642
平邑县	201	20			1013	2424
费　县	235				660	2773
沂南县	263				406	1736
临沭县	165				1145	1420
兰山区	3				2970	2624
罗庄区					763	3911
河东区					214	3309
泰安市	**793**		**226**		**11543**	**89761**
本级	60		226		2378	41642
县级小计	733				9165	48119
新泰市	147				2862	11108
宁阳县	97				1156	4311
东平县	315				894	8017
肥城市	26				2857	10719
泰山区	61				1244	13023
郊　区	87				152	941
聊城市	**1116**		**108**		**8637**	**36724**
本级	66		108		1056	6151
县级小计	1050				7581	30573
东昌府区	10				1296	2582
临清市	13				1022	2767
阳谷县	7				1140	3451
莘　县	271				889	4933
茌平县					934	2363
东阿县	465				624	5019

续表 28

地　区	二十六、支援不发达地区支出	二十七、海域开发建设和场地使用费支出	二十八、车辆税费支出	二十九、债务利息支出	三十、专项支出	三十一、其他支出
冠　县	279				334	2111
高唐县	5				1342	7347
菏泽市	**1957**		**177**		**8249**	**30178**
本级			82		1029	5421
县级小计	1957		95		7220	24757
牡丹区	43		19		940	7030
曹　县	37		19		231	1806
定陶县	15		5		402	1646
成武县	365		5		344	1991
单　县	308				698	4634
巨野县	392		1		613	2559
郓城县	160		10		487	2344
鄄城县	387		1		316	1375
东明县	250		35		3189	1372
德州市	**682**		**104**	**450**	**10514**	**33454**
本级			104		2980	7942
县级小计	682			450	7534	25512
德城区					1487	8299
陵　县	20				542	806
平原县	17				547	2027
夏津县	316				395	423
武城县	6				626	2339
齐河县	4				1262	946
禹城市	10				704	5564
乐陵市					324	2370
临邑县	17				1196	414
宁津县	10			450	315	1374
庆云县	282				136	950
滨州市	**1124**		**178**	**213**	**14572**	**44423**
本级	3		178	213	3051	7527
县级小计	1121				11521	36896
惠民县	314				238	2230
阳信县	356				123	433
无棣县					557	7909

续表29

地　　区	二十六、支援不发达地区支出	二十七、海域开发建设和场地使用费支出	二十八、车辆税费支出	二十九、债务利息支出	三十、专项支出	三十一、其他支出
沾化县	207				2009	1687
博兴县	234				1351	5388
邹平县					6492	10293
滨州市	10				751	8956
东营市		**21**	**329**		**27732**	**55099**
本级			329		18927	19793
县级小计		21			8805	35306
东营区					1844	13762
河口区		15			877	4612
广饶县					3375	8961
垦利县					1606	6051
利津县		6			1103	1920
威海市	**28**	**50**	**254**		**12581**	**118020**
本级		50	254		3250	57374
县级小计	28				9331	60646
环翠区	28				2647	3960
乳山市					1132	9526
文登市					1786	24966
荣成市					3766	22194
日照市			**113**		**3877**	**36856**
本级			113		2442	25154
县级小计					1435	11702
莒　县					481	1223
五莲县					682	3911
东港区					110	5126
岚山区					162	1442
莱芜市	**148**		**77**		**4744**	**18417**
本级			68		2673	14244
县级小计	148		9		2071	4173
莱城区	130		9		1562	2474
钢城区	18				509	1699
省级	**303**	**326**			**13240**	**87303**

2004 年山东省财政一般预算支出明细表

单位：万元

项目	全省合计	省级	地(市)小计	青岛	济南
合计	**11893716**	**1870583**	**10023133**	**1646214**	**1016953**
一、基本建设支出	600330	288368	311962	237107	17787
二、企业挖潜改造资金	510142	71751	438391	92187	29453
三、地质勘探费	27031	26631	400	120	
四、科技三项费用	157800	13303	144497	31434	17192
五、流动资金	2650		2650		
六、农业支出	509248	32711	476537	55801	32496
行业管理	290622	25224	265398	30979	19638
推广与培训	96144	12055	84089	10759	8804
病虫害防治	8378	5599	2779	85	32
检疫检测	5713	113	5600	1182	202
农产品加工与营销服务	5093		5093	581	108
农业信息服务	1187		1187	225	15
农产品质量安全	1620		1620	884	31
农村公益事业	14751		14751	1999	1279
执法监管	3747	884	2863	1049	118
干部培训	3915	1008	2907	239	67
垦区公益事业					
垦区政策性社会性支出					
其他	150074	5565	144509	13976	8982
自然灾害救助	1977		1977	319	10
种子	102		102		
农机具	8		8		
肥料	7		7		
农用油	27		27		
饲料	7		7		
牲畜	238		238		
农业生产保险补贴	15		15		
其他	1573		1573	319	10
农业生产资料补贴	8499	20	8479	1711	63
良种	4188		4188	1318	
农机具	998		998	352	8
肥料	77		77		

续表 1

项　　目	全省合计	省级	地(市)小计	青岛	济南
农用油					
饲料					
其他	3236	20	3216	41	55
农业资源和环境保护	13516	1104	12412	1725	18
物种资源保护	33		33		
耕地地力保护	2351		2351	242	
草原草场保护	15		15		
渔业及水域保护	7334	1104	6230	881	
农业环境监测	114		114		18
其他	3669		3669	602	
土地管理支出	45970	4028	41942	1811	6344
地籍管理	1410		1410	215	
土地利用规划	4068		4068		3400
干部训练	9		9		
建设用地管理	1574		1574		
技术推广	457		457	146	
土地变更调查支出					
其他	38452	4028	34424	1450	2944
农业综合开发	121957	2328	119629	16357	5701
土地治理	65718	352	65366	5798	2442
多种经营	15577	100	15477	3321	665
科技示范	2359	120	2239	212	299
贷款贴息	215		215		
其他	38088	1756	36332	7026	2295
其他农业支出	26707	7	26700	2899	722
七、林业支出	77199	2269	74930	9375	7296
行业管理	43201	700	42501	3953	3400
林场、苗圃、工作站	11742		11742	1068	1276
推广与培训	7544		7544	735	233
信息管理	6		6		
森林资源核查	20		20	5	
森林公安	417		417	54	44
自然保护区和动植物保护	403	103	300	9	

续表 2

项 目	全省合计	省级	地(市)小计	青岛	济南
湿地保护	104		104		
森林资源执法监督	35		35	24	
干部培训	144		144	56	5
其他	22786	597	22189	2002	1842
森林救灾	2889		2889	717	199
森林防火	2144		2144	369	154
森林病虫害防治	745		745	348	45
天然林保护	1105		1105	1086	
森林管护	1086		1086	1086	
基本养老保险	5		5		
政策性社会性支出					
下岗职工基本生活保障					
下岗职工一次性安置					
其他	14		14		
退耕还林	2013		2013	1112	41
粮食折现挂账贴息					
退耕现金	288		288	288	
其他	1725		1725	824	41
森林生态效益	5432	177	5255	528	567
护林人员	2800		2800	283	256
其他管护	2632	177	2455	245	311
森工					
技术推广					
扭亏措施					
政策性社会性支出					
救灾					
其他					
造林	17206	490	16716	1527	2645
造林	16787	490	16297	1419	2617
种苗	372		372	108	25
抚育	47		47		3
防沙治沙	1484	282	1202		100
沙漠化防治	58	32	26		

续表 3

项目	全省合计	省级	地(市)小计	青岛	济南
治沙贷款贴息	1145	250	895		60
沙漠普查监测	4		4		
其他	277		277		40
其他林业支出	3869	620	3249	452	344
八、水利和气象支出	144626	14267	130359	9234	16960
水利行业管理	54224	4511	49713	2893	3082
推广与培训	8156		8156	444	433
业务管理	5747	1040	4707	924	944
信息管理					
研究咨询					
水政执法监督	607		607	37	78
干部培训	47		47		
其他	39667	3471	36196	1488	1627
防汛岁修抗旱	19253	5180	14073	927	2686
防汛	10264	4850	5414	597	873
抗旱	1708		1708	100	75
岁修	5976	320	5656	230	1586
特大防汛抗旱	1305	10	1295		152
水文水质水土水资源管理	11553	3541	8012	1187	394
水文测报	3596	3430	166		
水质监测	43		43		
水土保持	2183		2183	1035	70
水资源管理	5731	111	5620	152	324
水利建设	53278		53278	3666	10324
水利前期工作	93		93	12	
小型农田水利	17091		17091	2069	1775
水利设施	22162		22162	833	6899
其他	13932		13932	752	1650
气象支出	6318	1035	5283	561	474
气象机构	42		42	42	
气象探测					
气象信息传输及加工处理	20		20	20	
技术推广					

续表 4

项目	全省合计	省级	地(市)小计	青岛	济南
干部训练					
其他气象支出	6256	1035	5221	499	474
九、工业交通等部门的事业费	124050	56634	67416	8100	9478
勘察设计费	3		3		
干部训练费	80		80		60
其他工交事业费	123967	56634	67333	8100	9418
十、流通部门事业费	19770	3636	16134	2535	1376
干部训练费					
其他流通事业费	19770	3636	16134	2535	1376
十一、文体广播事业费	366895	48666	318229	35310	24064
文化事业费	57502	8461	49041	9375	4160
艺术表演团体经费	13129	3011	10118	2575	1158
艺术表演场所经费	296		296		72
图书馆经费	9194	2665	6529	1221	622
群众文化经费	9330	249	9081	1739	676
干部训练费	114		114	91	
其他文化事业费	25439	2536	22903	3749	1632
出版事业费	1661	426	1235	268	135
出版经费	560		560	94	135
其他出版事业费	1101	426	675	174	
文物事业费	8511	1826	6685	1167	551
博物馆经费	4687	741	3946	874	242
文物事业机构经费	1565	378	1187	158	149
文物保护费	368		368	8	25
干部训练费					
其他文物事业费	1891	707	1184	127	135
体育事业费	42585	15864	26721	4217	2016
体育竞赛费	1803	110	1693	550	
优秀运动队经费	13410	12886	524	444	
业余训练费	7884	130	7754	1414	572
体育场馆补助费	3987	914	3073	1003	214
其他体育事业费	15501	1824	13677	806	1230
档案事业费	7238	491	6747	1717	668

续表 5

项　　目	全省合计	省级	地(市)小计	青岛	济南
档案馆经费	5111	491	4620	1546	482
干部训练费					
其他档案事业费	2127		2127	171	186
地震事业费	4791	2680	2111	419	107
地震机构经费	4458	2680	1778	336	104
地震监测预报经费					
地震台站经费	2		2		
群测群防费	60		60		
其他地震事业费	271		271	83	3
海洋事业费	460	460			
海洋公益服务管理费					
海洋调查监测预报费					
极地考察经费					
其他海洋事业费	460	460			
通讯事业费					
广播电影电视事业费	35687	5060	30627	1127	4634
广播电台经费	5597	1437	4160	68	
电视台经费	7587	1805	5782	168	878
县广播站经费	1063		1063	107	
其他广播电影电视事业费	21440	1818	19622	784	3756
计划生育事业费	170106	6430	163676	13283	9497
手术减免经费	7513		7513	800	489
避孕药具经费	3404	2667	737	393	12
基层计划生育专职干部经费	35646		35646	3323	1919
独生子女父母奖励费	11458		11458	1039	458
宣传经费	2069	342	1727	96	56
服务站经费	22010		22010	1067	1177
流动人口计划生育管理费	686		686	178	27
干部训练费	576	222	354	19	53
其他计划生育事业费	86744	3199	83545	6368	5306
党政群干部训练事业费	34838	6933	27905	3440	2128
党校事业费	25231	1841	23390	3251	1703
政府机关干部训练事业费	4900	1481	3419	170	137

续表 6

项目	全省合计	省级	地(市)小计	青岛	济南
公检法部门干部训练事业费	1615	1145	470		
党派团体干部训练事业费	3092	2466	626	19	288
其他文体广播事业费	3516	35	3481	297	168
十二、教育支出	2048284	241272	1807012	264138	136965
普通教育	1758590	207599	1550991	222235	110503
学前教育	9871	93	9778	2950	1019
小学教育	679378	1384	677994	106412	48578
初中教育	560719	727	559992	77496	36864
高中教育	240601	3044	237557	26280	21414
高等教育	233094	201902	31192	4191	
其他	34927	449	34478	4906	2628
职业教育	187623	22474	165149	26678	14334
初等职业教育	764		764		10
中专教育	66739	6552	60187	8663	7329
技校教育	20038	6431	13607	533	977
职业高中教育	48847		48847	14389	4949
高等职业教育	45677	9369	36308	3067	739
其他	5558	122	5436	26	330
成人教育	5471	69	5402	936	408
成人初等教育					
成人中等教育	3940		3940	846	128
成人高等教育	726	69	657	30	49
广播电视教育	450		450		65
其他	355		355	60	166
广播电视教育	5470	1156	4314	2342	823
广播电视学校	4666	746	3920	2342	439
教育电视台	794	410	384		384
其他	10		10		
留学教育					
出国留学教育					
来华留学教育					
其他					
特殊教育	13742	727	13015	2093	1302

续表 7

项　　目	全省合计	省级	地(市)小计	青岛	济南
特殊学校教育	13448	727	12721	2093	1302
工读学校教育					
其他	294		294		
教师进修及干部教育	14995	1906	13089	1179	1567
教师进修	13412	1906	11506	1179	1567
干部教育	60		60		
其他	1523		1523		
其他	62393	7341	55052	8675	8028
十三、科学支出	65970	34928	31042	2548	3059
自然科学	50505	28840	21665	1293	2260
基础研究	544		544		352
社会公益和农业研究	21410	15309	6101	149	1510
高技术研究	30		30		
技术开发	5163	4088	1075		231
科技条件专项	301	260	41		
国际合作与交流	152	150	2		
转制科研机构	548	548			
科研管理机构	12147	5848	6299	110	56
研究生院					
自然科学基金	1017	1000	17		
其他	9193	1637	7556	1034	111
社会科学	6913	4251	2662	563	220
社会科学研究管理机构	3209	2677	532		
社会科学研究	1486	624	862	468	220
社科基金					
国际合作与交流					
研究生院					
其他	2218	950	1268	95	
科学技术普及	6060	1783	4277	486	515
学术活动	190	100	90	20	
科学普及活动	2640	602	2038	215	281
科技馆站	999	540	459	104	69
其他	2231	541	1690	147	165

续表 8

项目	全省合计	省级	地(市)小计	青岛	济南
其他	2492	54	2438	206	64
十四、医疗卫生支出	452199	69450	382749	41325	52019
卫生	265964	35200	230764	34008	33345
医院	102581	21080	81501	11809	20358
城市社区卫生服务中心	155		155		54
乡镇卫生院	40961		40961	3227	2760
防治防疫	55152	10131	45021	7810	4492
妇幼保健	7811	573	7238	893	528
干部培训	1425	387	1038	88	38
农民医疗	13717		13717	4725	1184
处理医疗欠费	4		4		
其他	44158	3029	41129	5456	3931
中医	16838	2702	14136	2108	1899
医院	15680	2225	13455	2096	1857
干部培训	395	159	236		
处理医疗欠费					
其他	763	318	445	12	42
食品和药品监督管理	17970	14976	2994	787	545
食品、药品及医疗器械抽检	2101	1600	501	400	71
食品、药品检验	3459	1981	1478	387	474
干部培训					
其他	12410	11395	1015		
行政事业单位医疗	151427	16572	134855	4422	16230
行政单位医疗	63064	4852	58212	1039	13267
事业单位医疗	69889	11720	58169	2710	2681
公务员医疗	4116		4116	50	
其他	14358		14358	623	282
十五、其他部门的事业费	596766	195685	401081	96793	22319
税务事业费	95902	17477	78425	23165	
统计经费	14309	2764	11545	1001	836
统计业务费	2340	348	1992	364	112
抽样调查队经费	1736	704	1032	2	40
干部训练费					

续表 9

项目	全省合计	省级	地(市)小计	青岛	济南
普查专项经费	3215	1410	1805	194	28
统计事业费	7018	302	6716	441	656
财政事业费	48522	6365	42157	4825	4209
审计经费	9680	1442	8238	874	312
审计机构经费	4214	123	4091	206	39
审计业务费	3323	1319	2004	402	134
干部训练费	50		50		
审计专项经费	55		55		
其他审计经费	2038		2038	266	139
工商管理经费	173345	149746	23599	23063	
基层工商管理机构经费	1454		1454	1434	
工商管理业务费	171891	149746	22145	21629	
国有资产管理事业费	1037		1037		64
旅游事业费	17604	8443	9161	1093	223
对外宣传费	305		305		
干部培训费					
其他旅游事业费	17299	8443	8856	1093	223
华侨事业费	11		11		
接待安置费					
归侨生活困难补助费					
华侨农场事业费					
其他华侨事业费	11		11		
劳动保障事业费	9764	462	9302	1841	311
劳动监察费	633	30	603	216	
社会保险事业费	518	75	443	209	
干部训练费	38	34	4		
其他劳动保障事业费	8575	323	8252	1416	311
海关事业费	770		770	20	
监察纪检经费	2137	150	1987	1	13
监察纪检业务费	153	150	3		
干部训练费					
大要案专项经费					
监察纪检事业费	1984		1984	1	13

续表 10

项目	全省合计	省级	地(市)小计	青岛	济南
农业综合开发事业费	995		995	20	280
行政机关事业费	94231	4326	89905	16632	2450
党派团体事业补助费	11143	3878	7265	2242	156
其他部门事业费	117316	632	116684	22016	13465
十六、抚恤和社会福利救济	309460	12777	296683	49778	22928
抚恤	114031	5880	108151	9743	4466
牺牲病故抚恤	14393	5	14388	1388	376
伤残抚恤	29574	87	29487	2357	926
烈军属、复员退伍军人生活补助	48885		48885	5359	2529
优抚事业单位	21179	5788	15391	639	635
安置	61475	3252	58223	18084	8509
退伍军人安置	11726	3172	8554	3172	719
军队移交地方安置的离退休人员	40583		40583	12591	6167
军队离退休干部管理机构	9166	80	9086	2321	1623
城市居民最低生活保障	40290		40290	6393	2190
农村及其他社会救济	21279		21279	3162	963
农村社会救济	13002		13002	1824	570
精简退职老弱残职工救济	1807		1807	87	73
流浪乞讨人员求助机构	586		586	230	
其他	5884		5884	1021	320
社会福利	10026	280	9746	2343	1542
殡葬	928		928	180	76
假肢	282	280	2		
社会福利事业单位	8816		8816	2163	1466
其他民政	36484	2639	33845	7350	2749
干部培训	79		79		8
老龄机构	742		742	174	1
拥军优属慰问	2929	310	2619	612	134
民间组织管理	186	40	146	13	16
行政区划和地名管理	322	87	235	26	26
其他民政事业	32226	2202	30024	6525	2564
残疾人事业	7644	726	6918	1709	701
康复	464	19	445	192	16

续表 11

项　　目	全省合计	省级	地(市)小计	青岛	济南
就业培训	65		65	41	2
事业单位	4950	381	4569	889	522
体育	459	326	133	20	
其他	1706		1706	567	161
自然灾害生活救助	18231		18231	994	1808
一般自然灾害救济	7814		7814	713	1349
特大自然灾害救济	9089		9089	281	374
特大自然灾害灾后重建	1328		1328		85
十七、行政事业单位离退休支出	519429	101217	418212	5715	72597
行政单位离退休	112728	14973	97755	1056	17118
公检法司机关离退休	28247	2142	26105		6729
事业单位离退休	359350	80498	278852	4658	48266
农业等事业单位离退休	34987	7711	27276		2378
教育事业单位离退休	203235	32067	171168		28575
科学事业单位离退休	11833	9652	2181		663
其他事业单位离退休	109295	31068	78227	4658	16650
离退休人员管理机构	7699		7699	1	484
行政单位离退休人员管理机构	1078		1078	1	
公检法司机关离退休人员管理机构					
事业单位离退休人员管理机构	2287		2287		484
其他	4334		4334		
其他	11405	3604	7801		
十八、社会保障补助支出	439691	79582	360109	84438	43223
社会保险基金补助	101567	52800	48767	23381	2134
基本养老保险基金	29707		29707	13273	1310
失业保险基金	1696		1696		478
基本医疗保险基金	2709		2709	103	270
其他社会保险基金	67455	52800	14655	10005	76
就业补助	49135	6471	42664	18542	3182
劳动力市场建设	4921		4921		323
再就业培训补贴	3940		3940	72	132
职业介绍补贴	1428	122	1306	535	66
社会保险补贴	2829		2829		18

续表 12

项　　目	全省合计	省级	地(市)小计	青岛	济南
岗位补贴	1777		1777	70	1147
小额担保贷款贴息					
小额贷款担保基金	660		660		
其他	33580	6349	27231	17865	1496
国有企业下岗职工补助	24147	600	23547	9742	
下岗职工基本生活补助	23358	600	22758	9420	
代缴下岗职工社会保险	446		446	99	
下岗职工经济补偿金补助	343		343	223	
企业关闭破产补助	156243	16124	140119	14561	6697
国有企业关闭破产补助	142237	16124	126113	14561	6662
其他	14006		14006		35
社会保险经办机构	30905	1620	29285	4921	3551
其他	77694	1967	75727	13291	27659
十九、国防支出	11929	8512	3417	271	
民兵事业费	10977	7962	3015	271	
动员预编经费	952	550	402		
二十、行政管理费	1312928	130063	1182865	174683	127413
人大经费	48991	5430	43561	5637	3988
政府机关经费	950678	97889	852789	125422	100920
政协经费	34180	3623	30557	4120	2694
共产党机关经费	253437	19062	234375	35320	16869
民主党派机关经费	6199	1166	5033	1049	896
社会团体机关经费	19443	2893	16550	3135	2046
二十一、外交外事支出	5573	1740	3833	1487	200
地方外事费	4914	1520	3394	1487	200
地方出国费	2125	881	1244	210	150
地方招待费	454	392	62		50
其他地方外事费	2335	247	2088	1277	
对外宣传经费	659	220	439		
电视节目经费	60	60			
电影节目经费					
广播节目经费					
租台经费					

续表 13

项　　目	全省合计	省级	地(市)小计	青岛	济南
非贸易文字宣传品经费	60	60			
其他对外宣传经费	539	100	439		
二十二、武装警察部队支出	10229	3301	6928	1152	770
内卫部队经费	2817	1164	1653	400	266
边防部队经费	971	210	761	696	
消防部队经费	5718	1469	4249	56	464
警卫部队经费	638	458	180		40
黄金部队经费					
森林部队经费					
水电部队经费					
交通部队经费					
其他	85		85		
二十三、公检法司支出	807554	156398	651156	124751	85112
公安支出	499446	78108	421338	70498	53247
公安机关经费	391363	5032	386331	66494	51772
公安业务费	28293	14481	13812	1684	209
公安特别业务费	1888	1213	675	589	
居民身份证经费	1156	32	1124		304
拘押收教场所经费	4023	100	3923	573	670
边防检查经费	308		308	128	
其他经费	72415	57250	15165	1030	292
国家安全支出	14797	11789	3008	2830	
国家安全机关经费	14669	11789	2880	2830	
国家安全业务费	40		40		
看守所经费	49		49		
其他经费	39		39		
检察院支出	79219	5295	73924	9945	7492
检察院机关经费	70828	1530	69298	9459	6761
检察院业务费	5660	2015	3645	486	681
其他经费	2731	1750	981		50
法院支出	124482	20177	104305	23127	16487
法院机关经费	90750	4678	86072	14815	12191
法院业务费	15336	3066	12270	5300	2314

续表 14

项　　目	全省合计	省级	地(市)小计	青岛	济南
其他经费	18396	12433	5963	3012	1982
司法支出	26275	1386	24889	4806	3598
司法机关经费	21965	572	21393	4029	2801
司法业务费	674	377	297		88
其他经费	3636	437	3199	777	709
监狱支出	51213	33261	17952	11644	2873
监狱警察经费	37242	23129	14113	8850	2163
罪犯改造经费	8022	5968	2054	1591	463
狱政设施维修经费	1203	1029	174	134	40
技术装备费	1341	511	830	479	16
其他经费	3405	2624	781	590	191
劳教支出	12122	6382	5740	1901	1415
劳教警察经费	10103	5287	4816	1408	1415
劳动教养人员教育经费	1348	604	744	459	
所政设施维修经费	258	188	70		
技术装备经费	206	112	94	34	
其他经费	207	191	16		
缉私警察支出					
二十四、城市维护费	885953	120	885833	114987	142511
二十五、政策性补贴支出	196740	176130	20610	3327	1119
国家粮油差价补贴	1620		1620	500	79
粮食风险基金	175965	175430	535	507	
国家储备粮油利息费用补贴	196		196		
粮食财务挂账利息补贴	4768		4768	700	448
国家储备粮油差价补贴	14		14		
地方粮油价外补贴	163		163	153	
国家储备棉花利息费用补贴					
国家储备糖利息费用补贴					
副食品风险基金					
地方煤炭风险基金	47		47		47
市镇居民肉食价格补贴					
国家储备肉利息费用补贴					
平抑市价蔬菜价差补贴	10		10		

续表 15

项　　目	全省合计	省级	地(市)小计	青岛	济南
农业生产资料价差补贴					
化肥价差补贴					
农药价差补贴					
农业用电价差补贴					
农业用塑料薄膜价差补贴					
其他农业生产资料价差补贴					
银行政策性亏损补贴					
棉花差价补贴					
地方粮食企业新增挂账消化款	307		307	278	
粮食老挂账消化款	197		197		
储备粮移库费用补贴					
处理陈化粮补贴					
食品企业亏损挂账消化款					
供销社老挂账消化款					
处理供销社新增挂账消化款	380	380			
其他政策性补贴	13073	320	12753	1189	545
学生课本价格补贴					
报刊新闻纸价格补贴					
行政事业单位粮食价格补助款	130		130	130	
其他政策性补贴	12943	320	12623	1059	545
二十六、支援不发达地区支出	14552	303	14249	2085	1336
财政扶贫资金	14512	303	14209	2085	1336
基础设施建设资金	1170		1170		270
生产发展资金	5303		5303		448
科技推广及培训资金	55		55		4
社会发展资金	236		236		
项目管理费	263		263		147
扶贫贷款贴息支出	61		61		38
“三西”农业建设专项补助资金					
其他财政扶贫资金	7424	303	7121	2085	429
边境建设事业补助费					
民族工作经费	40		40		
二十七、海域开发建设和场地使用费支出	2183	326	1857	1734	30

续表 16

项　　目	全省合计	省级	地(市)小计	青岛	济南
海域开发建设支出	1924	326	1598	1527	
港澳台和外商投资企业场地使用费支出	259		259	207	30
二十八、车辆税费支出	3132		3132	58	
交通专项资金					
老旧汽车更新补助	3132		3132	58	
征管人员经费					
二十九、债务利息支出	2316		2316	1585	
国内债务付息	2103		2103	1585	
国外债务付息	213		213		
三十、专项支出	328259	13240	315019	38032	43553
排污费支出	69077	8400	60677	7867	10772
城市水资源费支出	28063		28063	1497	1550
教育费附加支出	201737		201737	28038	27058
矿产资源补偿费支出	17218	3530	13688	218	967
探矿权采矿权使用费及价款支出	4935	1310	3625	412	805
内河航道养护费支出					
公路运输管理费支出	7210		7210		2401
水路运输管理费支出	19		19		
三峡库区移民专项支出					
三十一、其他支出	1340828	87303	1253525	156124	105697
兵役征集费	1349		1349	361	192
支前费					
人民防空经费	6299	700	5599		20
防空地下室易地建设费支出	3180		3180		
其他	3119	700	2419		20
补助村民委员会支出	65618		65618	9387	761
国家赔偿费用支出	17		17		
引进人才专项费用	453		453	453	
专家经费					
出国培训经费					
驻外机构经费					
引进人才事业费	360		360	360	
择优资助经费					

续表 17

项　　目	全省合计	省级	地(市)小计	青岛	济南
其他费用	93		93	93	
住房改革支出	73223		73223	30344	745
住房公积金	41870		41870	9909	745
提租补贴	3828		3828	3768	
购房补贴	27525		27525	16667	
宣传文化发展专项资金	28095	24470	3625	1614	98
文化企业发展专项资金	803	30	773	180	
宣传部门使用的专项资金	4483	3245	1238	81	98
出版企业发展专项资金	115	100	15		
其他企业发展专项资金	22694	21095	1599	1353	
出口退税欠款贴息支出	3536		3536	3536	
政府特殊津贴					
抗震加固补助经费	197		197		125
债券发行费用支出					
内债发行费用					
简易建筑费	39		39		
中小企业发展专项资金	9518	195	9323	2198	650
科技型中小企业技术创新基金	975		975		
其他	8543	195	8348	2198	650
其他支出	1152484	61938	1090546	108231	103106
军队供应站经费	817		817		123
交通战备费	10		10	10	
其他杂项支出	1151657	61938	1089719	108221	102983
预留调资应补未补数					

续表 18

项目	淄博	枣庄	烟台	潍坊	济宁
合 计	**625512**	**307196**	**920456**	**736213**	**732335**
一、基本建设支出	54	200	50	22348	11508
二、企业挖潜改造资金	27814	15647	12455	45198	55432
三、地质勘探费			280		
四、科技三项费用	7200	2017	14835	12599	11533
五、流动资金					
六、农业支出	27561	21105	38070	35949	44381
行业管理	12451	11928	24312	20750	21859
推广与培训	3874	1873	11002	7896	7954
病虫害防治	39	241	499		324
检疫检测	609	185	87	1065	452
农产品加工与营销服务	159	243	92		1401
农业信息服务	42	97	103	38	30
农产品质量安全	54	28	26	29	151
农村公益事业	43	844	1549	618	1439
执法监管	78	5	191	647	256
干部培训	63	83	186	66	1316
垦区公益事业					
垦区政策性社会性支出					
其他	7490	8329	10577	10391	8536
自然灾害救助	17	23	52	227	848
种子	10	7			8
农机具	5	2			
肥料					
农用油					8
饲料					
牲畜		2	50	75	
农业生产保险补贴					1
其他	2	12	2	152	831
农业生产资料补贴	290	251	274	315	679
良种	165	174	34	45	513
农机具	65	71	80	17	35
肥料		3			

续表 19

项　　　目	淄博	枣庄	烟台	潍坊	济宁
农用油					
饲料					
其他	60	3	160	253	131
农业资源和环境保护	7	16	2043	340	259
物种资源保护					3
耕地地力保护		5		24	
草原草场保护					5
渔业及水域保护			881	167	56
农业环境监测	7	5	37		10
其他		6	1125	149	185
土地管理支出	2461	1523	2198	1571	5027
地籍管理				95	166
土地利用规划		19	128	4	
干部训练					7
建设用地管理				139	
技术推广		4		13	62
土地变更调查支出					
其他	2461	1500	2070	1320	4792
农业综合开发	11750	6120	8608	8611	10970
土地治理	1990	3586	2826	6706	6819
多种经营	1485	615	1082	541	1029
科技示范		341	791	259	263
贷款贴息			178		32
其他	8275	1578	3731	1105	2827
其他农业支出	585	1244	583	4135	4739
七、林业支出	4538	2013	6324	4319	4938
行业管理	2589	1388	2848	2833	2598
林场、苗圃、工作站	1864	259	249	747	451
推广与培训	152	270	711	1119	1050
信息管理		2			
森林资源核查			10		5
森林公安			12		5
自然保护区和动植物保护			18		15

续表 20

项　　目	淄博	枣庄	烟台	潍坊	济宁
湿地保护		100			
森林资源执法监督			9		2
干部培训		7			
其他	573	750	1839	967	1070
森林救灾	312	149	132	180	184
森林防火	274	113	132	140	106
森林病虫害防治	38	36		40	78
天然林保护			5		
森林管护					
基本养老保险			5		
政策性社会性支出					
下岗职工基本生活保障					
下岗职工一次性安置					
其他					
退耕还林	221		330		1
粮食折现挂账贴息					
退耕现金					
其他	221		330		1
森林生态效益	528	27	1042	244	44
护林人员	374		638	179	38
其他管护	154	27	404	65	6
森工					
技术推广					
扭亏措施					
政策性社会性支出					
救灾					
其他					
造林	727	354	1928	960	1279
造林	690	340	1898	898	1243
种苗	10	9	30	50	36
抚育	27	5		12	
防沙治沙	94			80	40
沙漠化防治					

续表21

项　　目	淄博	枣庄	烟台	潍坊	济宁
治沙贷款贴息	94			80	40
沙漠普查监测					
其他					
其他林业支出	67	95	39	22	792
八、水利和气象支出	5424	3185	6930	8284	8702
水利行业管理	2085	1773	3158	3778	4949
推广与培训	467	236	1125	793	971
业务管理	96	108	26	335	837
信息管理					
研究咨询					
水政执法监督	3	5	15	23	110
干部培训					
其他	1519	1424	1992	2627	3031
防汛岁修抗旱	1889	554	768	602	1311
防汛	209	199	318	324	246
抗旱	50	121	77	156	493
岁修	1610	184	343	87	495
特大防汛抗旱	20	50	30	35	77
水文水质水土水资源管理	75	44	128	3	304
水文测报					
水质监测					
水土保持	33	16	52		189
水资源管理	42	28	76	3	115
水利建设	1202	614	2581	3627	1825
水利前期工作				10	10
小型农田水利	249	252	296	1318	1026
水利设施	428	169	1638	1331	326
其他	525	193	647	968	463
气象支出	173	200	295	274	313
气象机构					
气象探测					
气象信息传输及加工处理					
技术推广					

续表 22

项目	淄博	枣庄	烟台	潍坊	济宁
干部训练					
其他气象支出	173	200	295	274	313
九、工业交通等部门的事业费	6025	3639	2391	3127	3557
勘察设计费				3	
干部训练费			20		
其他工交事业费	6025	3639	2371	3124	3557
十、流通部门事业费	822	729	51	583	2525
干部训练费					
其他流通事业费	822	729	51	583	2525
十一、文体广播事业费	16995	13790	23890	22405	30791
文化事业费	3206	1683	4437	3196	4177
艺术表演团体经费	696	237	1058	610	629
艺术表演场所经费		29	21		55
图书馆经费	506	282	861	463	516
群众文化经费	688	267	720	654	803
干部训练费					
其他文化事业费	1316	868	1777	1469	2174
出版事业费	112	41	35	132	284
出版经费			35	132	118
其他出版事业费	112	41			166
文物事业费	877	166	557	468	1041
博物馆经费	639	110	497	319	244
文物事业机构经费	68	36	22	70	228
文物保护费	24	20			184
干部训练费					
其他文物事业费	146		38	79	385
体育事业费	2285	1100	4782	1758	2131
体育竞赛费	460	102	68	8	
优秀运动队经费					
业余训练费	413	75	3903	231	33
体育场馆补助费	89	25	364	58	
其他体育事业费	1323	898	447	1461	2098
档案事业费	489	223	513	616	277

续表 23

项　　目	淄博	枣庄	烟台	潍坊	济宁
档案馆经费	408	108	513	421	100
干部训练费					
其他档案事业费	81	115		195	177
地震事业费	93	83	171	409	209
地震机构经费	93	77	138	330	207
地震监测预报经费					
地震台站经费					
群测群防费			30	1	
其他地震事业费		6	3	78	2
海洋事业费					
海洋公益服务管理费					
海洋调查监测预报费					
极地考察经费					
其他海洋事业费					
通讯事业费					
广播电影电视事业费	1536	1417	1134	1373	3126
广播电台经费	235	263	483	454	406
电视台经费	354	662	406	304	50
县广播站经费	87		19	37	95
其他广播电影电视事业费	860	492	226	578	2575
计划生育事业费	6343	7804	9360	12859	16549
手术减免经费	303	450	447	804	714
避孕药具经费		31		8	36
基层计划生育专职干部经费	1472	1946	2442	4895	2638
独生子女父母奖励费	165	205	525	624	1143
宣传经费	110	20	352	52	173
服务站经费	568	1031	1674	1630	638
流动人口计划生育管理费	22	52	50	20	19
干部训练费					10
其他计划生育事业费	3703	4069	3870	4826	11178
党政群干部训练事业费	1992	973	2675	1585	2274
党校事业费	1434	842	2270	1566	2251
政府机关干部训练事业费	548	36	328	2	9

续表 24

项目	淄博	枣庄	烟台	潍坊	济宁
公检法部门干部训练事业费			56		
党派团体干部训练事业费	10	95	21	17	14
其他文体广播事业费	62	300	226	9	723
十二、教育支出	109789	55897	155092	194319	141970
普通教育	91740	50442	132907	174058	118197
学前教育	568	494	430	646	301
小学教育	36169	25911	51087	69468	53841
初中教育	37675	14785	60068	68312	39183
高中教育	14705	6367	21069	30834	18136
高等教育		1747		3045	2030
其他	2623	1138	253	1753	4706
职业教育	12638	3687	14166	13155	13380
初等职业教育					145
中专教育	5978	2695	3932	5247	7028
技校教育	297	155	239	1373	1044
职业高中教育	2542	202	7975	5886	1882
高等职业教育	3674	518	2020	551	3281
其他	147	117		98	
成人教育	89	29	497	1926	665
成人初等教育					
成人中等教育	89		234	1219	665
成人高等教育		10		568	
广播电视教育		19	263	94	
其他				45	
广播电视教育	86	23			92
广播电视学校	86	23			82
教育电视台					
其他					10
留学教育					
出国留学教育					
来华留学教育					
其他					
特殊教育	1042	309	1248	1362	956

续表 25

项　　目	淄博	枣庄	烟台	潍坊	济宁
特殊学校教育	1042	305	1248	1362	956
工读学校教育					
其他		4			
教师进修及干部教育	1319	229	2013	300	893
教师进修	958	178	2013	290	893
干部教育				10	
其他	361	51			
其他	2875	1178	4261	3518	7787
十三、科学支出	7088	1134	2231	2023	1702
自然科学	6779	701	875	1468	579
基础研究	86				
社会公益和农业研究	760		328	504	90
高技术研究					
技术开发	421				
科技条件专项				20	
国际合作与交流					2
转制科研机构					
科研管理机构	4591	230	126	70	67
研究生院					
自然科学基金			10	7	
其他	921	471	411	867	420
社会科学		36	645	224	130
社会科学研究管理机构		36	23	144	
社会科学研究			35		74
社科基金					
国际合作与交流					
研究生院					
其他			587	80	56
科学技术普及	309	228	387	276	346
学术活动			19	20	3
科学普及活动	181		87	82	277
科技馆站	68	20	78		
其他	60	208	203	174	66

续表 26

项 目	淄博	枣庄	烟台	潍坊	济宁
其他		169	324	55	647
十四、医疗卫生支出	28453	13462	32751	21542	28064
卫生	16186	7763	13488	13525	17568
医院	6084	2853	2215	3358	4830
城市社区卫生服务中心		2			
乡镇卫生院	3005	1446	3214	3208	2850
防治防疫	3073	2030	3956	2642	5039
妇幼保健	489	228	538	462	759
干部培训	32		34	3	351
农民医疗	444	175	790	549	127
处理医疗欠费		4			
其他	3059	1025	2741	3303	3612
中医	825	726	743	485	1281
医院	818	726	636	485	1047
干部培训					234
处理医疗欠费					
其他	7		107		
食品和药品监督管理	228	110	101	171	110
食品、药品及医疗器械抽检					
食品、药品检验	103	80	99	9	17
干部培训					
其他	125	30	2	162	93
行政事业单位医疗	11214	4863	18419	7361	9105
行政单位医疗	4207	2317	8641	3622	2258
事业单位医疗	5621	1270	9077	2373	2994
公务员医疗	780	683		169	239
其他	606	593	701	1197	3614
十五、其他部门的事业费	16687	15549	43440	28258	32418
税务事业费	4053	7260	936	2083	9124
统计经费	604	370	1157	567	1126
统计业务费	39	10	116	88	14
抽样调查队经费	82	27	377	8	7
干部训练费					

续表 27

项　　目	淄博	枣庄	烟台	潍坊	济宁
普查专项经费	223	89	204	67	74
统计事业费	260	244	460	404	1031
财政事业费	1913	1817	3083	1863	5759
审计经费	385	289	634	195	1018
审计机构经费	228	279	43	86	888
审计业务费	115	10	363	109	16
干部训练费					
审计专项经费			50		
其他审计经费	42		178		114
工商管理经费		61		336	85
基层工商管理机构经费					
工商管理业务费		61		336	85
国有资产管理事业费		29	53	84	291
旅游事业费	346	350	1810	313	1129
对外宣传费	200		100		
干部培训费					
其他旅游事业费	146	350	1710	313	1129
华侨事业费			7	2	2
接待安置费					
归侨生活困难补助费					
华侨农场事业费					
其他华侨事业费			7	2	2
劳动保障事业费	1083	465	507	386	1145
劳动监察费		21	162	25	
社会保险事业费					165
干部训练费					
其他劳动保障事业费	1083	444	345	361	980
海关事业费					
监察纪检经费	275	52	88	10	1318
监察纪检业务费					
干部训练费					
大要案专项经费					
监察纪检事业费	275	52	88	10	1318

续表 28

项　　目	淄博	枣庄	烟台	潍坊	济宁
农业综合开发事业费	32	10	80	118	23
行政机关事业费	4643	916	17201	13262	2317
党派团体事业补助费	774	802	110	1095	81
其他部门事业费	2579	3128	17774	7944	9000
十六、抚恤和社会福利救济	14878	7686	31665	21243	20520
抚恤	3611	2438	13252	10771	5996
牺牲病故抚恤	499	207	1921	1238	820
伤残抚恤	1076	867	3528	2642	1498
烈军属、复员退伍军人生活补助	1781	1250	4134	5375	2341
优抚事业单位	255	114	3669	1516	1337
安置	2317	816	10270	3499	1163
退伍军人安置	135	81	1476	814	147
军队移交地方安置的离退休人员	1942	586	7983	1933	808
军队离退休干部管理机构	240	149	811	752	208
城市居民最低生活保障	4108	2379	1793	2534	3934
农村及其他社会救济	1241	351	1992	1337	1248
农村社会救济	780	213	1654	955	728
精简退职老弱残职工救济	123	93	191	220	106
流浪乞讨人员求助机构		33		11	132
其他	338	12	147	151	282
社会福利	711	318	555	471	841
殡葬	38	46	17	23	
假肢			2		
社会福利事业单位	673	272	536	448	841
其他民政	2201	671	2486	1467	4856
干部培训	7	6	23	6	
老龄机构	239		117	13	41
拥军优属慰问	120	22	341	278	144
民间组织管理	51		24	8	2
行政区划和地名管理	39	6	62	15	1
其他民政事业	1745	637	1919	1147	4668
残疾人事业	213	274	511	387	576
康复	5	27		1	34

续表 29

项　　目	淄博	枣庄	烟台	潍坊	济宁
就业培训			12		
事业单位	179	158	465	121	371
体育		10			1
其他	29	79	34	265	170
自然灾害生活救助	476	439	806	777	1906
一般自然灾害救济	102	85	150	492	805
特大自然灾害救济	336	288	592	285	844
特大自然灾害灾后重建	38	66	64		257
十七、行政事业单位离退休支出	23250	14997	63826	329	8357
行政单位离退休	6221	5731	9220	223	1934
公检法司机关离退休	1948	1089	5437		278
事业单位离退休	14138	7675	47981	11	4155
农业等事业单位离退休	1445	892	4299		555
教育事业单位离退休	6279	4797	35726		2710
科学事业单位离退休	131	99	164		26
其他事业单位离退休	6283	1887	7792	11	864
离退休人员管理机构	611	410	542	95	
行政单位离退休人员管理机构	152	36	211	95	
公检法司机关离退休人员管理机构					
事业单位离退休人员管理机构	425	3	295		
其他	34	371	36		
其他	332	92	646		1990
十八、社会保障补助支出	20632	4632	17496	21138	10233
社会保险基金补助	1194	196	4533	580	1786
基本养老保险基金	989		4196	263	1679
失业保险基金	120	146		145	3
基本医疗保险基金	85	50	20	19	4
其他社会保险基金			317	153	100
就业补助	2293	1179	1638	2463	1977
劳动力市场建设	613	177	251	650	357
再就业培训补贴	82	124	373	499	60
职业介绍补贴	40		117	101	22
社会保险补贴	440	406	218	515	236

续表 30

项目	淄博	枣庄	烟台	潍坊	济宁
岗位补贴	32		58	55	55
小额担保贷款贴息					
小额贷款担保基金					510
其他	1086	472	621	643	737
国有企业下岗职工补助	1723	1744	1837	111	1074
下岗职工基本生活补助	1723	1744	1686	111	1074
代缴下岗职工社会保险			151		
下岗职工经济补偿金补助					
企业关闭破产补助	11402		1492	5450	15
国有企业关闭破产补助	1988		1492	1408	15
其他	9414			4042	
社会保险经办机构	2432	871	2010	3279	1178
其他	1588	642	5986	9255	4203
十九、国防支出	523		1033	191	
民兵事业费	523		925	191	
动员预编经费			108		
二十、行政管理费	75081	50836	82476	98275	91178
人大经费	3198	1866	3669	3054	3292
政府机关经费	53932	35701	56211	69823	67546
政协经费	2118	1139	2406	2506	2433
共产党机关经费	14402	11467	18324	21230	16958
民主党派机关经费	472	257	355	299	166
社会团体机关经费	959	406	1511	1363	783
二十一、外交外事支出	315	93	884	50	192
地方外事费	315	93	445	50	192
地方出国费	315	35	285		
地方招待费		12			
其他地方外事费		46	160	50	192
对外宣传经费			439		
电视节目经费					
电影节目经费					
广播节目经费					
租台经费					

续表 31

项 目	淄博	枣庄	烟台	潍坊	济宁
非贸易文字宣传品经费					
其他对外宣传经费				439	
二十二、武装警察部队支出	546			661	
内卫部队经费	59			250	
边防部队经费				10	
消防部队经费	487			401	
警卫部队经费					
黄金部队经费					
森林部队经费					
水电部队经费					
交通部队经费					
其他					
二十三、公检法司支出	36507	25108	52384	33818	44177
公安支出	23937	15910	35461	21808	31220
公安机关经费	22504	15186	34292	20617	21976
公安业务费	569	699	87	734	1012
公安特别业务费				83	
居民身份证经费			381		
拘押收教场所经费	226		246	288	313
边防检查经费			120		
其他经费	638	25	335	86	7919
国家安全支出	16	26			
国家安全机关经费		26			
国家安全业务费					
看守所经费					
其他经费	16				
检察院支出	4288	3905	4936	4583	5426
检察院机关经费	4135	3898	4380	4214	4990
检察院业务费	149	7	556	346	10
其他经费	4			23	426
法院支出	5889	3416	8052	5401	5491
法院机关经费	4945	3412	7182	4956	4966
法院业务费	941	4	600	437	11

续表 32

项　　目	淄博	枣庄	烟台	潍坊	济宁
其他经费	3		270	8	514
司法支出	1551	1074	1631	1513	1422
司法机关经费	1197	1019	1552	1246	1239
司法业务费	10	5	13	31	32
其他经费	344	50	66	236	151
监狱支出		310	2304		
监狱警察经费		310	1969		
罪犯改造经费					
狱政设施维修经费					
技术装备费			335		
其他经费					
劳教支出	826	467		513	618
劳教警察经费	570	467		443	513
劳动教养人员教育经费	191			44	50
所政设施维修经费	30			10	30
技术装备经费	35				25
其他经费				16	
缉私警察支出					
二十四、城市维护费	58188	20924	190664	37652	44208
二十五、政策性补贴支出	985	979	3023	450	1493
国家粮油差价补贴	104	50	30	160	79
粮食风险基金	8				
国家储备粮油利息费用补贴				50	7
粮食财务挂账利息补贴	474	638	590	50	177
国家储备粮油差价补贴					
地方粮油价外补贴					
国家储备棉花利息费用补贴					
国家储备糖利息费用补贴					
副食品风险基金					
地方煤炭风险基金					
市镇居民肉食价格补贴					
国家储备肉利息费用补贴					
平抑市价蔬菜价差补贴					

续表 33

项　　　目	淄博	枣庄	烟台	潍坊	济宁
农业生产资料价差补贴					
化肥价差补贴					
农药价差补贴					
农业用电价差补贴					
农业用塑料薄膜价差补贴					
其他农业生产资料价差补贴					
银行政策性亏损补贴					
棉花差价补贴					
地方粮食企业新增挂账消化款					
粮食老挂账消化款					
储备粮移库费用补贴					
处理陈化粮补贴					
食品企业亏损挂账消化款					
供销社老挂账消化款					
处理供销社新增挂账消化款					
其他政策性补贴	399	291	2403	190	1230
学生课本价格补贴					
报刊新闻纸价格补贴					
行政事业单位粮食价格补助款					
其他政策性补贴	399	291	2403	190	1230
二十六、支援不发达地区支出	546	200	465	905	1107
财政扶贫资金	546	200	465	889	1107
基础设施建设资金	30	133			20
生产发展资金	415	29		326	1045
科技推广及培训资金	16	15			
社会发展资金					2
项目管理费					
扶贫贷款贴息支出					
“三西”农业建设专项补助资金					
其他财政扶贫资金	85	23	465	563	40
边境建设事业补助费					
民族工作经费				16	
二十七、海域开发建设和场地使用费支出					2

续表 34

项　　目	淄博	枣庄	烟台	潍坊	济宁
海域开发建设支出					
港澳台和外商投资企业场地使用费支出					2
二十八、车辆税费支出	208	216	284	356	136
交通专项资金					
老旧汽车更新补助	208	216	284	356	136
征管人员经费					
二十九、债务利息支出					68
国内债务付息					68
国外债务付息					
三十、专项支出	33916	11863	25680	21865	24097
排污费支出	5311	1997	4272	4218	3347
城市水资源费支出	9308	2145	915	2880	4121
教育费附加支出	18048	6223	15193	13896	15548
矿产资源补偿费支出	711	599	1651	640	1081
探矿权采矿权使用费及价款支出		566	200	231	
内河航道养护费支出					
公路运输管理费支出	538	333	3430		
水路运输管理费支出			19		
三峡库区移民专项支出					
三十一、其他支出	101487	21295	111786	98326	109046
兵役征集费	13	37	137	58	28
支前费					
人民防空经费	639	850	258	51	486
防空地下室易地建设费支出	464	800	63		352
其他	175	50	195	51	134
补助村民委员会支出	438	1321	2182	7265	2884
国家赔偿费用支出		16	1		
引进人才专项费用					
专家经费					
出国培训经费					
驻外机构经费					
引进人才事业费					
择优资助经费					

续表 35

项　　目	淄博	枣庄	烟台	潍坊	济宁
其他费用					
住房改革支出	3580	953	894	4136	3579
住房公积金	3548	935	317	3596	3369
提租补贴			60		
购房补贴	32	18	517	540	210
宣传文化发展专项资金	10	60	185	170	30
文化企业发展专项资金		30	120	95	
宣传部门使用的专项资金	10	30		20	30
出版企业发展专项资金					
其他企业发展专项资金			65	55	
出口退税欠款贴息支出					
政府特殊津贴					
抗震加固补助经费				24	
债券发行费用支出					
内债发行费用					
简易建筑费					4
中小企业发展专项资金	2	693	47	1459	808
科技型中小企业技术创新基金				42	
其他	2	693	47	1417	808
其他支出	96805	17365	108082	85163	101227
军队供应站经费	154	17	80	28	164
交通战备费					
其他杂项支出	96651	17348	108002	85135	101063
预留调资应补未补数					

续表 36

项　　目	临沂	泰安	聊城	菏泽	德州
合　计	**675203**	**514985**	**405597**	**402292**	**402649**
一、基本建设支出	80		225	32	10
二、企业挖潜改造资金	16643	39315	13208	6282	28257
三、地质勘探费					
四、科技三项费用	5981	5657	4593	4568	3718
五、流动资金					
六、农业支出	43889	22663	20910	20627	27807
行业管理	29571	10782	13168	10748	14781
推广与培训	4761	4942	2118	3526	4645
病虫害防治	256	32	89	111	210
检疫检测	284	75	454	50	399
农产品加工与营销服务		58	177	253	
农业信息服务	3	31	31	20	281
农产品质量安全	20	26	69	22	4
农村公益事业	4419	84	686	322	579
执法监管	95		19	24	126
干部培训	11	21	90	367	105
垦区公益事业					
垦区政策性社会性支出					
其他	19722	5513	9435	6053	8432
自然灾害救助		14	15	46	255
种子					70
农机具				1	
肥料			2	5	
农用油				19	
饲料					
牲畜				2	51
农业生产保险补贴					
其他		14	13	19	134
农业生产资料补贴	150	359	475	1058	1632
良种	115	330		1043	2
农机具	6	29		15	147
肥料					74

续表 37

项　　　目	临沂	泰安	聊城	菏泽	德州
农用油					
饲料					
其他	29		475		1409
农业资源和环境保护		1205	8	33	74
物种资源保护					
耕地地力保护		1025			15
草原草场保护					
渔业及水域保护		75		33	3
农业环境监测			4		14
其他		105	4		42
土地管理支出	4137	2332	2913	3976	1364
地籍管理		72		367	
土地利用规划				244	260
干部训练					2
建设用地管理		703		488	244
技术推广	77	58		85	
土地变更调查支出					
其他	4060	1499	2913	2792	858
农业综合开发	9277	7736	3661	4136	4563
土地治理	6214	6224	2048	3800	3255
多种经营	361	967	103	336	504
科技示范	6	23	10		2
贷款贴息	3				
其他	2693	522	1500		802
其他农业支出	754	235	670	630	5138
七、林业支出	6988	4002	2848	3392	4781
行业管理	5164	2831	2055	3043	3537
林场、苗圃、工作站	2358	1746	76	229	78
推广与培训	288	224	218	905	650
信息管理					1
森林资源核查					
森林公安	209			52	27
自然保护区和动植物保护				34	1

续表 38

项　　目	临沂	泰安	聊城	菏泽	德州
湿地保护					
森林资源执法监督					
干部培训		7	2	2	61
其他	2309	854	1759	1821	2719
森林救灾	410	152			
森林防火	410	86			
森林病虫害防治		66			
天然林保护	4				
森林管护					
基本养老保险					
政策性社会性支出					
下岗职工基本生活保障					
下岗职工一次性安置					
其他	4				
退耕还林					
粮食折现挂账贴息					
退耕现金					
其他					
森林生态效益	688	391			
护林人员	288	209			
其他管护	400	182			
森工					
技术推广					
扭亏措施					
政策性社会性支出					
救灾					
其他					
造林	560	484	440	240	484
造林	560	475	438	228	443
种苗		9	2	12	41
抚育					
防沙治沙	10	115	141	13	147
沙漠化防治		26			

续表 39

项　　目	临沂	泰安	聊城	菏泽	德州
治沙贷款贴息		59	112	10	146
沙漠普查监测			4		
其他	10	30	25	3	1
其他林业支出	152	29	212	96	613
八、水利和气象支出	7946	5739	7477	7409	13975
水利行业管理	5482	2244	3561	3444	5101
推广与培训	282	819	146	945	240
业务管理		92	1		748
信息管理					
研究咨询					
水政执法监督	9		80	56	80
干部培训			9		15
其他	5191	1333	3325	2443	4018
防汛岁修抗旱	461	954	448	1250	706
防汛	284	681	108	630	399
抗旱	74	90	231	40	112
岁修	35	46	84	180	70
特大防汛抗旱	68	137	25	400	125
水文水质水土水资源管理	312	689	693	42	245
水文测报	15	2			
水质监测		23			
水土保持	290	97	64		115
水资源管理	7	567	629	42	130
水利建设	1580	1627	2125	2464	7715
水利前期工作	10	44			7
小型农田水利	423	332	1208	1314	3113
水利设施	758	557	269	464	1088
其他	389	694	648	686	3507
气象支出	111	225	650	209	208
气象机构					
气象探测					
气象信息传输及加工处理					
技术推广					

续表 40

项目	临沂	泰安	聊城	菏泽	德州
干部训练					
其他气象支出	111	225	650	209	208
九、工业交通等部门的事业费	10209	1231	3683	2632	2599
勘察设计费					
干部训练费					
其他工交事业费	10209	1231	3683	2632	2599
十、流通部门事业费	2224	740	1805	273	652
干部训练费					
其他流通事业费	2224	740	1805	273	652
十一、文体广播事业费	29620	15218	17952	21178	15695
文化事业费	2553	1635	2778	1954	3156
艺术表演团体经费	284	114	872	108	693
艺术表演场所经费	4	1	33	13	68
图书馆经费	316	239	294	133	235
群众文化经费	557	700	382	192	365
干部训练费				13	2
其他文化事业费	1392	581	1197	1495	1793
出版事业费	87	5	82		8
出版经费					
其他出版事业费	87	5	82		8
文物事业费	382	103	153	275	64
博物馆经费	269	31	49	123	
文物事业机构经费	65	25	82	58	19
文物保护费	23	39	10	10	25
干部训练费					
其他文物事业费	25	8	12	84	20
体育事业费	1033	902	921	510	859
体育竞赛费	180	268			27
优秀运动队经费					
业余训练费	22	453	10	37	273
体育场馆补助费	50	82	47		
其他体育事业费	781	99	864	473	559
档案事业费	453	259	170	234	177

续表 41

项　　目	临沂	泰安	聊城	菏泽	德州
档案馆经费	193	259	39	54	39
干部训练费					
其他档案事业费	260		131	180	138
地震事业费	178	44	68	44	42
地震机构经费	106	44	67	39	42
地震监测预报经费					
地震台站经费	2				
群测群防费	20			5	
其他地震事业费	50		1		
海洋事业费					
海洋公益服务管理费					
海洋调查监测预报费					
极地考察经费					
其他海洋事业费					
通讯事业费					
广播电影电视事业费	1619	705	1657	1703	2618
广播电台经费	81	137	317	273	619
电视台经费	281	127	150	131	705
县广播站经费	35		7	176	142
其他广播电影电视事业费	1222	441	1183	1123	1152
计划生育事业费	21735	10326	10690	15266	7553
手术减免经费	555	698	234	1154	69
避孕药具经费	50	50	10	53	3
基层计划生育专职干部经费	5940	2060	1570	3505	1106
独生子女父母奖励费	1126	1675	1543	1252	565
宣传经费	148	68	146	185	54
服务站经费	2318	1878	1547	1784	3027
流动人口计划生育管理费	65	61	20	64	5
干部训练费	18	128	20	52	12
其他计划生育事业费	11515	3708	5600	7217	2712
党政群干部训练事业费	1497	1238	1388	996	895
党校事业费	1383	788	1342	632	864
政府机关干部训练事业费		162	46	297	

续表 42

项　　目	临沂	泰安	聊城	菏泽	德州
公检法部门干部训练事业费	114	157		67	
党派团体干部训练事业费		131			31
其他文体广播事业费	83	1	45	196	323
十二、教育支出	144967	79097	81178	86874	80463
普通教育	128993	72488	71352	78411	69611
学前教育	553	217	493	50	429
小学教育	55362	30586	35527	40357	30837
初中教育	41908	25224	22724	24274	20591
高中教育	20911	10925	10443	9964	10624
高等教育	5213	2938		3134	5094
其他	5046	2598	2165	632	2036
职业教育	10196	4931	5289	5248	4790
初等职业教育	180	400			
中专教育	4545	2115	776	2763	951
技校教育	1171	1214	1371	873	645
职业高中教育	1949	209	1262	1612	770
高等职业教育		877	1675		449
其他	2351	116	205		1975
成人教育				12	75
成人初等教育					
成人中等教育				12	66
成人高等教育					
广播电视教育					9
其他					
广播电视教育	279				179
广播电视学校	279				179
教育电视台					
其他					
留学教育					
出国留学教育					
来华留学教育					
其他					
特殊教育	1174	485	512	459	303

续表 43

项　　目	临沂	泰安	聊城	菏泽	德州
特殊学校教育	1021	415	453	459	295
工读学校教育					
其他	153	70	59		8
教师进修及干部教育	1220	412	1029	486	1462
教师进修	690	412	908	486	1222
干部教育					50
其他	530		121		190
其他	3105	781	2996	2258	4043
十三、科学支出	2072	1444	2126	579	1753
自然科学	1392	1169	1998	536	1103
基础研究					
社会公益和农业研究	587	969	509		405
高技术研究				30	
技术开发	262	45	94		
科技条件专项	21				
国际合作与交流					
转制科研机构					
科研管理机构	49		446		225
研究生院					
自然科学基金					
其他	473	155	949	506	473
社会科学	304	39	36		189
社会科学研究管理机构	161		36		
社会科学研究	54				
社科基金					
国际合作与交流					
研究生院					
其他	89	39			189
科学技术普及	331	186	86	35	147
学术活动					22
科学普及活动	169	129	18	35	
科技馆站	17	50	8		19
其他	145	7	60		106

续表 44

项　　目	临沂	泰安	聊城	菏泽	德州
其他	45	50	6	8	314
十四、医疗卫生支出	25396	19589	18537	17651	18203
卫生	12940	8945	12358	9165	13770
医院	3300	3765	3910	2348	4253
城市社区卫生服务中心				6	
乡镇卫生院	2721	1931	2951	2534	3935
防治防疫	3491	1526	1565	2069	959
妇幼保健	228	301	603	617	562
干部培训	69	25	89	121	103
农民医疗	458	372	218	153	657
处理医疗欠费					
其他	2673	1025	3022	1317	3301
中医	622	683	794	476	966
医院	614	681	794	474	966
干部培训				2	
处理医疗欠费					
其他	8	2			
食品和药品监督管理	65	2	210	107	67
食品、药品及医疗器械抽检					
食品、药品检验	17		34		2
干部培训					
其他	48	2	176	107	65
行政事业单位医疗	11769	9959	5175	7903	3400
行政单位医疗	3860	4334	2762	2258	1646
事业单位医疗	7294	5250	1581	5645	970
公务员医疗	353	5	190		52
其他	262	370	642		732
十五、其他部门的事业费	25457	13873	10475	11958	10022
税务事业费	8045	1666	4362	3364	1678
统计经费	1782	366	272	362	442
统计业务费	639	75	28	110	139
抽样调查队经费	10	44	35	20	
干部训练费					

续表 45

项　　目	临沂	泰安	聊城	菏泽	德州
普查专项经费	88	77	137	111	203
统计事业费	1045	170	72	121	100
财政事业费	5437	1690	1352	1925	842
审计经费	1196	57	78	924	308
审计机构经费	814			104	206
审计业务费	6	52	5	373	53
干部训练费			50		
审计专项经费		5			
其他审计经费	376		23	447	49
工商管理经费		34			
基层工商管理机构经费					
工商管理业务费		34			
国有资产管理事业费		19		30	21
旅游事业费	492	476	316	289	40
对外宣传费			5		
干部培训费					
其他旅游事业费	492	476	311	289	40
华侨事业费					
接待安置费					
归侨生活困难补助费					
华侨农场事业费					
其他华侨事业费					
劳动保障事业费	1402	296	54	257	436
劳动监察费			14		
社会保险事业费			1		
干部训练费					
其他劳动保障事业费	1402	296	39	257	436
海关事业费					
监察纪检经费	65			135	24
监察纪检业务费					
干部训练费					
大要案专项经费					
监察纪检事业费	65			135	24

续表 46

项　　　　目	临沂	泰安	聊城	菏泽	德州
农业综合开发事业费	5	21	23	28	30
行政机关事业费	1110	5065	1272	2022	2396
党派团体事业补助费	286	545	71	202	71
其他部门事业费	5637	3638	2675	2420	3734
十六、抚恤和社会福利救济	22779	12948	11640	16343	16083
抚恤	11639	4873	5156	7171	9511
牺牲病故抚恤	1272	677	543	1051	1169
伤残抚恤	3646	1210	903	2195	2737
烈军属、复员退伍军人生活补助	5998	2078	2081	3413	4056
优抚事业单位	723	908	1629	512	1549
安置	1330	2155	785	940	1589
退伍军人安置	56	470		138	5
军队移交地方安置的离退休人员	1146	1265	703	768	1104
军队离退休干部管理机构	128	420	82	34	480
城市居民最低生活保障	3610	1964	2217	2414	2119
农村及其他社会救济	1224	784	660	1074	576
农村社会救济	927	536	415	928	311
精简退职老弱残职工救济	167	112	121	39	243
流浪乞讨人员求助机构	50	42			
其他	80	136	82	107	22
社会福利	262	684	269	287	284
殡葬	72	33	60	114	217
假肢					
社会福利事业单位	190	651	209	173	67
其他民政	2596	1276	1174	1381	691
干部培训	15	3		8	
老龄机构				15	12
拥军优属慰问	195	239	230	54	15
民间组织管理	8	7	10	4	1
行政区划和地名管理	12	6		8	5
其他民政事业	2366	1021	934	1292	658
残疾人事业	510	210	130	279	108
康复	62	4	22	5	

续表 47

项　　　目	临沂	泰安	聊城	菏泽	德州
就业培训				2	
事业单位	306	189	101	262	87
体育	102				
其他	40	17	7	10	21
自然灾害生活救助	1608	1002	1249	2797	1205
一般自然灾害救济	446	712	698	973	229
特大自然灾害救济	1016	230	543	1583	943
特大自然灾害灾后重建	146	60	8	241	33
十七、行政事业单位离退休支出	42962	27114	15965	53184	11108
行政单位离退休	9607	7137	4290	12467	3709
公检法司机关离退休	2290	2381	505	1505	498
事业单位离退休	30763	17427	10998	38856	3415
农业等事业单位离退休	4151	1787	984	4821	836
教育事业单位离退休	17075	10351	6487	26012	1651
科学事业单位离退休	399	177	27	128	68
其他事业单位离退休	9138	5112	3500	7895	860
离退休人员管理机构	202	169	172	356	3486
行政单位离退休人员管理机构	84	84		97	25
公检法司机关离退休人员管理机构					
事业单位离退休人员管理机构	118	85	24	259	
其他			148		3461
其他	100				
十八、社会保障补助支出	22658	75095	12445	6905	9498
社会保险基金补助	340	132	341	327	5554
基本养老保险基金	130	14	199	220	4701
失业保险基金	210	61	74	30	44
基本医疗保险基金		17			803
其他社会保险基金		40	68	77	6
就业补助	1523	1988	980	1454	643
劳动力市场建设	298	350	150	493	153
再就业培训补贴	513	292	223	765	257
职业介绍补贴	257	28	29	50	27
社会保险补贴	219	100	304	54	17

续表 48

项　　目	临沂	泰安	聊城	菏泽	德州
岗位补贴	73	40	89		18
小额担保贷款贴息					
小额贷款担保基金			20	30	
其他	163	1178	165	62	171
国有企业下岗职工补助	1132	2037	118	1188	818
下岗职工基本生活补助	1102	1899	90	1188	818
代缴下岗职工社会保险	30	138	28		
下岗职工经济补偿金补助					
企业关闭破产补助	16099	69240	7553	40	150
国有企业关闭破产补助	16099	69240	7538	40	150
其他			15		
社会保险经办机构	1537	933	2467	1123	467
其他	2027	765	986	2773	1866
十九、国防支出	270	318	585		92
民兵事业费	270	318	291		92
动员预编经费			294		
二十、行政管理费	84553	41753	65806	62350	60561
人大经费	3246	1915	2239	2347	1880
政府机关经费	58296	28890	46264	47417	46216
政协经费	1885	1345	1533	1691	1243
共产党机关经费	19876	8604	14899	9938	10641
民主党派机关经费	349	194	68	106	111
社会团体机关经费	901	805	803	851	470
二十一、外交外事支出	92		25	7	20
地方外事费	92		25	7	20
地方出国费	40				
地方招待费					
其他地方外事费	52		25	7	20
对外宣传经费					
电视节目经费					
电影节目经费					
广播节目经费					
租台经费					

续表 49

项 目	临沂	泰安	聊城	菏泽	德州
非贸易文字宣传品经费					
其他对外宣传经费					
二十二、武装警察部队支出	1076	197	435	234	714
内卫部队经费		10	229	80	138
边防部队经费					
消防部队经费	1076	187	140	154	465
警卫部队经费			8		111
黄金部队经费					
森林部队经费					
水电部队经费					
交通部队经费					
其他			58		
二十三、公检法司支出	52057	23703	33018	27413	22340
公安支出	31375	17466	24749	18578	15501
公安机关经费	29245	15410	23914	16377	13381
公安业务费	217	1494	573	1756	1511
公安特别业务费				3	
居民身份证经费		220	10	27	20
拘押收教场所经费	388	171	169	162	106
边防检查经费					
其他经费	1525	171	83	253	483
国家安全支出			89		10
国家安全机关经费					10
国家安全业务费			40		
看守所经费			49		
其他经费					
检察院支出	10685	2133	3888	3819	2830
检察院机关经费	10455	1966	3449	3462	2830
检察院业务费	230	147	95	357	
其他经费		20	344		
法院支出	8296	3380	3233	3702	2988
法院机关经费	7768	2869	2945	3176	2988
法院业务费	528	496	288	526	

续表 50

项　　目	临沂	泰安	聊城	菏泽	德州
其他经费		15			
司法支出	1701	724	1059	1314	1011
司法机关经费	1588	685	973	1042	1011
司法业务费	62	8		36	
其他经费	51	31	86	236	
监狱支出					
监狱警察经费					
罪犯改造经费					
狱政设施维修经费					
技术装备费					
其他经费					
劳教支出					
劳教警察经费					
劳动教养人员教育经费					
所政设施维修经费					
技术装备经费					
其他经费					
缉私警察支出					
二十四、城市维护费	23066	21639	33208	11229	28317
二十五、政策性补贴支出	1737	1327	868	611	777
国家粮油差价补贴	140	80		148	100
粮食风险基金					20
国家储备粮油利息费用补贴	139				
粮食财务挂账利息补贴	860	16			422
国家储备粮油差价补贴					
地方粮油价外补贴					
国家储备棉花利息费用补贴					
国家储备糖利息费用补贴					
副食品风险基金					
地方煤炭风险基金					
市镇居民肉食价格补贴					
国家储备肉利息费用补贴					
平抑市价蔬菜价差补贴					10

续表 51

项目	临沂	泰安	聊城	菏泽	德州
农业生产资料价差补贴					
化肥价差补贴					
农药价差补贴					
农业用电价差补贴					
农业用塑料薄膜价差补贴					
其他农业生产资料价差补贴					
银行政策性亏损补贴					
棉花差价补贴					
地方粮食企业新增挂账消化款	29				
粮食老挂账消化款		197			
储备粮移库费用补贴					
处理陈化粮补贴					
食品企业亏损挂账消化款					
供销社老挂账消化款					
处理供销社新增挂账消化款					
其他政策性补贴	569	1034	868	463	225
学生课本价格补贴					
报刊新闻纸价格补贴					
行政事业单位粮食价格补助款					
其他政策性补贴	569	1034	868	463	225
二十六、支援不发达地区支出	1757	793	1116	1957	682
财政扶贫资金	1757	785	1110	1957	672
基础设施建设资金	58	127	12	390	
生产发展资金	661	510	3	1567	299
科技推广及培训资金	10	10			
社会发展资金	201	33			
项目管理费		10	103		
扶贫贷款贴息支出	23				
“三西”农业建设专项补助资金					
其他财政扶贫资金	804	95	992		373
边境建设事业补助费					
民族工作经费		8	6		10
二十七、海域开发建设和场地使用费支出	20				

续表 52

项　　目	临沂	泰安	聊城	菏泽	德州
海域开发建设支出					
港澳台和外商投资企业场地使用费支出	20				
二十八、车辆税费支出	308	226	108	177	104
交通专项资金					
老旧汽车更新补助	308	226	108	177	104
征管人员经费					
二十九、债务利息支出					450
国内债务付息					450
国外债务付息					
三十、专项支出	13564	11543	8637	8249	10514
排污费支出	4660	2126	2559	2498	1674
城市水资源费支出	386	1550	489	1548	923
教育费附加支出	7281	7230	5056	3070	7164
矿产资源补偿费支出	763	587	533	862	573
探矿权采矿权使用费及价款支出	474	50		7	180
内河航道养护费支出					
公路运输管理费支出				264	
水路运输管理费支出					
三峡库区移民专项支出					
三十一、其他支出	86832	89761	36724	30178	33454
兵役征集费	58	24	20	85	72
支前费					
人民防空经费	89			744	103
防空地下室易地建设费支出	89			744	18
其他					85
补助村民委员会支出	5169	4323	4463	11797	6866
国家赔偿费用支出					
引进人才专项费用					
专家经费					
出国培训经费					
驻外机构经费					
引进人才事业费					
择优资助经费					

续表 53

项　　目	临沂	泰安	聊城	菏泽	德州
其他费用					
住房改革支出	3790	976	342	3497	490
住房公积金	3304	692	342	3451	430
提租补贴					
购房补贴	486	284		46	60
宣传文化发展专项资金	75	122	30	152	30
文化企业发展专项资金	20	30		133	
宣传部门使用的专项资金	55	92	30	19	30
出版企业发展专项资金					
其他企业发展专项资金					
出口退税欠款贴息支出					
政府特殊津贴					
抗震加固补助经费	25			18	
债券发行费用支出					
内债发行费用					
简易建筑费					
中小企业发展专项资金	1100	467	457		
科技型中小企业技术创新基金	472				
其他	628	467	457		
其他支出	76526	83849	31412	13885	25893
军队供应站经费	30	51	73		57
交通战备费					
其他杂项支出	76496	83798	31339	13885	25836
预留调资应补未补数					

续表 54

项目	滨州	东营	威海	日照	莱芜
合　计	**368746**	**354580**	**585202**	**184185**	**144815**
一、基本建设支出	20531	70	1160	750	50
二、企业挖潜改造资金	14156	10157	29160	1165	1862
三、地质勘探费					
四、科技三项费用	4422	5903	9668	1126	2051
五、流动资金			2650		
六、农业支出	18388	21281	31109	9872	4628
行业管理	10976	11876	12887	5683	3009
推广与培训	2515	1373	5093	1861	1093
病虫害防治	199	253	88	239	82
检疫检测	88	189	143	39	97
农产品加工与营销服务	87	1934			
农业信息服务	25	101	60	73	12
农产品质量安全	26	148	84	2	16
农村公益事业	599	8	50	187	46
执法监管	28	7	169	17	34
干部培训	134	117	10	5	27
垦区公益事业					
垦区政策性社会性支出					
其他	7275	7746	7190	3260	1602
自然灾害救助	1	13	132	5	
种子			7		
农机具					
肥料					
农用油					
饲料			7		
牲畜	1		57		
农业生产保险补贴			14		
其他		13	47	5	
农业生产资料补贴	427	534	105	31	125
良种		434	15		
农机具	45	2	70	31	25
肥料					

续表 55

项　　目	滨州	东营	威海	日照	莱芜
农用油					
饲料					
其他	382	98	20		100
农业资源和环境保护	94	1604	4055	913	18
物种资源保护			30		
耕地地力保护		1000	40		
草原草场保护			10		
渔业及水域保护	92	353	2779	910	
农业环境监测		9	10		
其他	2	242	1186	3	18
土地管理支出	1821	1351	1327	1354	432
地籍管理	70	413		12	
土地利用规划		13			
干部训练					
建设用地管理					
技术推广	9			3	
土地变更调查支出					
其他	1742	925	1327	1339	432
农业综合开发	3143	4835	11998	1434	729
土地治理	1273	3751	7373	1134	127
多种经营		9	4321	115	23
科技示范		15	20		
贷款贴息					
其他	1870	1060	284	185	579
其他农业支出	1926	1068	605	452	315
七、林业支出	2157	4645	4375	1252	1687
行业管理	1419	1487	1817	869	670
林场、苗圃、工作站	62	118	806	71	284
推广与培训	163	174	119	341	192
信息管理				3	
森林资源核查					
森林公安					14
自然保护区和动植物保护		194			29

续表 56

项　　目	滨州	东营	威海	日照	莱芜
湿地保护					4
森林资源执法监督					
干部培训	4				
其他	1190	1001	892	454	147
森林救灾	100	115	103	76	60
森林防火	50	110	64	76	60
森林病虫害防治	50	5	39		
天然林保护			10		
森林管护					
基本养老保险					
政策性社会性支出					
下岗职工基本生活保障					
下岗职工一次性安置					
其他			10		
退耕还林			308		
粮食折现挂账贴息					
退耕现金					
其他			308		
森林生态效益		195	629	107	265
护林人员			450	7	
其他管护		195	179	100	265
森工					
技术推广					
扭亏措施					
政策性社会性支出					
救灾					
其他					
造林	422	2391	1453	180	642
造林	392	2391	1443	180	642
种苗	30		10		
抚育					
防沙治沙	174	168	50	20	50
沙漠化防治					

续表 57

项　　目	滨州	东营	威海	日照	莱芜
治沙贷款贴息	174		50	20	50
沙漠普查监测					
其他		168			
其他林业支出	42	289	5		
八、水利和气象支出	6502	10724	5054	2903	3911
水利行业管理	2492	1711	2042	999	919
推广与培训	244	178	183	135	515
业务管理	475	40	81		
信息管理					
研究咨询					
水政执法监督		26	77	8	
干部培训	23				
其他	1750	1467	1701	856	404
防汛岁修抗旱	466	329	494	117	111
防汛	90	129	219	77	31
抗旱	42		20	20	7
岁修	294	200	180		32
特大防汛抗旱	40		75	20	41
水文水质水土水资源管理	36	3345	232	171	112
水文测报			149		
水质监测				20	
水土保持		110			112
水资源管理	36	3235	83	151	
水利建设	3279	4645	1907	1409	2688
水利前期工作					
小型农田水利	1016	1780	418	143	359
水利设施	1237	2845	471	1022	1827
其他	1026	20	1018	244	502
气象支出	229	694	379	207	81
气象机构					
气象探测					
气象信息传输及加工处理					
技术推广					

续表 58

项目	滨州	东营	威海	日照	莱芜
干部训练					
其他气象支出	229	694	379	207	81
九、工业交通等部门的事业费	1572	5030	2042	842	1259
勘察设计费					
干部训练费					
其他工交事业费	1572	5030	2042	842	1259
十、流通部门事业费	557	796	214		252
干部训练费					
其他流通事业费	557	796	214		252
十一、文体广播事业费	12102	12128	16095	6712	4284
文化事业费	1387	2085	1919	762	578
艺术表演团体经费	366	301	322		95
艺术表演场所经费					
图书馆经费	172	141	367	85	76
群众文化经费	200	265	505	215	153
干部训练费	8				
其他文化事业费	641	1378	725	462	254
出版事业费	46				
出版经费	46				
其他出版事业费					
文物事业费	143	188	375	143	32
博物馆经费		172	246	131	
文物事业机构经费	68	10	97		32
文物保护费					
干部训练费					
其他文物事业费	75	6	32	12	
体育事业费	934	263	2112	415	483
体育竞赛费			30		
优秀运动队经费			50		30
业余训练费			154	156	8
体育场馆补助费			1141		
其他体育事业费	934	263	737	259	445
档案事业费	188	241	361	119	42

续表 59

项　　目	滨州	东营	威海	日照	莱芜
档案馆经费	127		239	50	42
干部训练费					
其他档案事业费	61	241	122	69	
地震事业费	28	33	117	61	5
地震机构经费	28		117	45	5
地震监测预报经费					
地震台站经费					
群测群防费				4	
其他地震事业费		33		12	
海洋事业费					
海洋公益服务管理费					
海洋调查监测预报费					
极地考察经费					
其他海洋事业费					
通讯事业费					
广播电影电视事业费	717	1613	4225	710	713
广播电台经费		612	78	79	55
电视台经费	24	375	1060		107
县广播站经费	62	270		26	
其他广播电影电视事业费	631	356	3087	605	551
计划生育事业费	7482	5941	2953	3979	2056
手术减免经费	249	43	239	205	60
避孕药具经费	58		2		31
基层计划生育专职干部经费	1287	234	608	699	2
独生子女父母奖励费	433	86	99	87	433
宣传经费	16		156	95	
服务站经费	463	1361	127	378	1342
流动人口计划生育管理费	11	55	2	20	15
干部训练费	17		25		
其他计划生育事业费	4948	4162	1695	2495	173
党政群干部训练事业费	818	1075	4033	523	375
党校事业费	628	1075	2503	483	375
政府机关干部训练事业费	114		1530	40	

续表 60

项目	滨州	东营	威海	日照	莱芜
公检法部门干部训练事业费	76				
党派团体干部训练事业费					
其他文体广播事业费	359	689			
十二、教育支出	65728	47453	94509	39940	28633
普通教育	58591	38902	71700	35263	25598
学前教育	400	1126	6	96	
小学教育	25713	14797	26016	15033	12300
初中教育	19808	16681	30530	14816	9053
高中教育	8225	5342	14284	3897	4137
高等教育	2948			852	
其他	1497	956	864	569	108
职业教育	5422	6258	19412	2814	2751
初等职业教育			29		
中专教育	2046	1222	2493	1406	998
技校教育	1445	829	960	172	309
职业高中教育	476	1041	2373	1236	94
高等职业教育	1400	3150	13557		1350
其他	55	16			
成人教育	448		156	161	
成人初等教育					
成人中等教育	448		72	161	
成人高等教育					
广播电视教育					
其他			84		
广播电视教育			188	302	
广播电视学校			188	302	
教育电视台					
其他					
留学教育					
出国留学教育					
来华留学教育					
其他					
特殊教育	578	306	494	274	118

续表61

项目	滨州	东营	威海	日照	莱芜
特殊学校教育	578	306	494	274	118
工读学校教育					
其他					
教师进修及干部教育	86	8	705	181	
教师进修	86		443	181	
干部教育					
其他		8	262		
其他	603	1979	1854	945	166
十三、科学支出	567	1211	694	491	320
自然科学	279	529	150	264	290
基础研究	106				
社会公益和农业研究		180	39	71	
高技术研究					
技术开发		17		5	
科技条件专项					
国际合作与交流					
转制科研机构					
科研管理机构				127	202
研究生院					
自然科学基金					
其他	173	332	111	61	88
社会科学	18	118		140	
社会科学研究管理机构	14	118			
社会科学研究				11	
社科基金					
国际合作与交流					
研究生院					
其他	4			129	
科学技术普及	200	193	461	61	30
学术活动	6				
科学普及活动	105	15	390	24	30
科技馆站	6		20		
其他	83	178	51	37	

续表 62

项　　目	滨州	东营	威海	日照	莱芜
其他	70	371	83	26	
十四、医疗卫生支出	12794	16320	21523	8154	6966
卫生	7116	10917	10852	4632	4186
医院	2146	3279	4444	860	1689
城市社区卫生服务中心			93		
乡镇卫生院	1564	1899	2175	810	731
防治防疫	1540	1741	1274	959	855
妇幼保健	305	471	85	58	111
干部培训		30	55		
农民医疗	529	1932	433	803	168
处理医疗欠费					
其他	1032	1565	2293	1142	632
中医	390	170	1295	336	337
医院	390	170	1295	69	337
干部培训					
处理医疗欠费					
其他				267	
食品和药品监督管理	150	152	173	16	
食品、药品及医疗器械抽检	30				
食品、药品检验	89	32	135		
干部培训					
其他	31	120	38	16	
行政事业单位医疗	5138	5081	9203	3170	2443
行政单位医疗	1964	1162	2350	1681	844
事业单位医疗	880	1289	6552	864	1118
公务员医疗	152	542	126	542	233
其他	2142	2088	175	83	248
十五、其他部门的事业费	12055	17546	29827	8246	6158
税务事业费	5357	3475	11	2770	1076
统计经费	229	981	789	412	249
统计业务费	56	21	52	124	5
抽样调查队经费		344	29	7	
干部训练费					

续表 63

项　　目	滨州	东营	威海	日照	莱芜
普查专项经费			160	100	50
统计事业费	173	616	548	181	194
财政事业费	1389	1723	1938	1118	1274
审计经费	503	296	933	102	134
审计机构经费	85	210	804	59	40
审计业务费	73	70	129		94
干部训练费					
审计专项经费					
其他审计经费	345	16		43	
工商管理经费				20	
基层工商管理机构经费				20	
工商管理业务费					
国有资产管理事业费	59		387		
旅游事业费	531	62	958	599	134
对外宣传费					
干部培训费					
其他旅游事业费	531	62	958	599	134
华侨事业费					
接待安置费					
归侨生活困难补助费					
华侨农场事业费					
其他华侨事业费					
劳动保障事业费	101	264	313	259	182
劳动监察费		31	134		
社会保险事业费	68				
干部训练费		4			
其他劳动保障事业费	33	229	179	259	182
海关事业费					750
监察纪检经费			3	3	
监察纪检业务费				3	
干部训练费					
大要案专项经费					
监察纪检事业费			3		

续表 64

项　目	滨州	东营	威海	日照	莱芜
农业综合开发事业费	13	237	70	5	
行政机关事业费	1883	4800	11491	1455	990
党派团体事业补助费	251	203	187	144	45
其他部门事业费	1739	5505	12747	1359	1324
十六、抚恤和社会福利救济	11636	9626	15344	6652	4934
抚恤	5458	3033	5994	2734	2305
牺牲病故抚恤	1101	342	919	367	498
伤残抚恤	1312	695	2593	702	600
烈军属、复员退伍军人生活补助	2549	1351	2036	1520	1034
优抚事业单位	496	645	446	145	173
安置	1532	537	3577	677	443
退伍军人安置	91	220	859	112	59
军队移交地方安置的离退休人员	1352	275	1248	358	354
军队离退休干部管理机构	89	42	1470	207	30
城市居民最低生活保障	1828	1009	401	510	887
农村及其他社会救济	451	2215	2699	1038	264
农村社会救济	261	1470	722	497	211
精简退职老弱残职工救济	40	52	70	31	39
流浪乞讨人员求助机构		78			10
其他	150	615	1907	510	4
社会福利	251	183	631	77	37
殡葬	29	19		2	2
假肢					
社会福利事业单位	222	164	631	75	35
其他民政	565	1449	1385	1023	525
干部培训	2		1		
老龄机构		113	15	2	
拥军优属慰问	59	89	25	34	28
民间组织管理	1		1		
行政区划和地名管理	9	1	12		7
其他民政事业	494	1246	1331	987	490
残疾人事业	104	468	459	187	92
康复	58		14	5	

续表 65

项　　目	滨州	东营	威海	日照	莱芜
就业培训		5	3		
事业单位	13	427	249	138	92
体育					
其他	33	36	193	44	
自然灾害生活救助	1447	732	198	406	381
一般自然灾害救济	222	560	54	189	35
特大自然灾害救济	912	160	144	213	345
特大自然灾害灾后重建	313	12		4	1
十七、行政事业单位离退休支出	30676	6129	27784	8101	6118
行政单位离退休	8448	1913	4123	2481	2077
公检法司机关离退休	1086	153	1513	319	374
事业单位离退休	18431	3158	20609	4815	3496
农业等事业单位离退休	2318	543	1667	278	322
教育事业单位离退休	11285	1455	13261	3329	2175
科学事业单位离退休	107	126	31	16	19
其他事业单位离退休	4721	1034	5650	1192	980
离退休人员管理机构	362	125	366	318	
行政单位离退休人员管理机构	115	10	119	49	
公检法司机关离退休人员管理机构					
事业单位离退休人员管理机构	64	73	231	226	
其他	183	42	16	43	
其他	2349	780	1173	168	171
十八、社会保障补助支出	6288	3726	7566	5413	8723
社会保险基金补助	2043	386	2319	3414	107
基本养老保险基金	1	69		2556	107
失业保险基金	35	40	310		
基本医疗保险基金	247	30	209	852	
其他社会保险基金	1760	247	1800	6	
就业补助	1686	1456	538	732	390
劳动力市场建设	220	339	189	148	210
再就业培训补贴	38	185	51	210	64
职业介绍补贴		5		15	14
社会保险补贴	62	192			48

续表66

项目	滨州	东营	威海	日照	莱芜
岗位补贴	13	118			9
小额担保贷款贴息					
小额贷款担保基金		100			
其他	1353	517	298	359	45
国有企业下岗职工补助	1159			30	834
下岗职工基本生活补助	1039			30	834
代缴下岗职工社会保险					
下岗职工经济补偿金补助	120				
企业关闭破产补助	520		378		6522
国有企业关闭破产补助	20		378		6522
其他	500				
社会保险经办机构	599	1349	1701	672	195
其他	281	535	2630	565	675
十九、国防支出	8		92	34	
民兵事业费	8		92	34	
动员预编经费					
二十、行政管理费	44376	38242	46386	24180	14716
人大经费	1483	2111	1900	1093	643
政府机关经费	33413	23636	32554	16385	10163
政协经费	940	2026	1173	742	563
共产党机关经费	8057	9665	9527	5683	2915
民主党派机关经费	104	185	334	11	77
社会团体机关经费	379	619	898	266	355
二十一、外交外事支出	32	177	80	179	
地方外事费	32	177	80	179	
地方出国费	32	177			
地方招待费					
其他地方外事费			80	179	
对外宣传经费					
电视节目经费					
电影节目经费					
广播节目经费					
租台经费					

续表 67

项　　目	滨州	东营	威海	日照	莱芜
非贸易文字宣传品经费					
其他对外宣传经费					
二十二、武装警察部队支出	928			22	193
内卫部队经费	141				80
边防部队经费	55				
消防部队经费	684			22	113
警卫部队经费	21				
黄金部队经费					
森林部队经费					
水电部队经费					
交通部队经费					
其他	27				
二十三、公检法司支出	18522	21391	29921	12493	8441
公安支出	13235	14885	19441	8236	5791
公安机关经费	12299	14306	17145	7361	4052
公安业务费	606	7	318	597	1739
公安特别业务费					
居民身份证经费	12	150			
拘押收教场所经费	130	190	220	71	
边防检查经费		60			
其他经费	188	172	1758	207	
国家安全支出			26	11	
国家安全机关经费			3	11	
国家安全业务费					
看守所经费					
其他经费			23		
检察院支出	2242	1988	3111	1625	1028
检察院机关经费	2160	1988	2913	1210	1028
检察院业务费	72		198	311	
其他经费	10			104	
法院支出	2304	3541	5747	2100	1151
法院机关经费	2048	3531	5463	1666	1151
法院业务费	246		284	295	

续表 68

项　　目	滨州	东营	威海	日照	莱芜
其他经费	10	10		139	
司法支出	741	977	791	505	471
司法机关经费	664	946	734	401	266
司法业务费	1	10			1
其他经费	76	21	57	104	204
监狱支出			805	16	
监狱警察经费			805	16	
罪犯改造经费					
狱政设施维修经费					
技术装备费					
其他经费					
劳教支出					
劳教警察经费					
劳动教养人员教育经费					
所政设施维修经费					
技术装备经费					
其他经费					
缉私警察支出					
二十四、城市维护费	21251	38605	78816	4405	16163
二十五、政策性补贴支出	2988	239	200	407	80
国家粮油差价补贴	104			46	
粮食风险基金					
国家储备粮油利息费用补贴					
粮食财务挂账利息补贴	59	77		257	
国家储备粮油差价补贴	14				
地方粮油价外补贴	10				
国家储备棉花利息费用补贴					
国家储备糖利息费用补贴					
副食品风险基金					
地方煤炭风险基金					
市镇居民肉食价格补贴					
国家储备肉利息费用补贴					
平抑市价蔬菜价差补贴					

续表 69

项　　目	滨州	东营	威海	日照	莱芜
农业生产资料价差补贴					
化肥价差补贴					
农药价差补贴					
农业用电价差补贴					
农业用塑料薄膜价差补贴					
其他农业生产资料价差补贴					
银行政策性亏损补贴					
棉花差价补贴					
地方粮食企业新增挂账消化款					
粮食老挂账消化款					
储备粮移库费用补贴					
处理陈化粮补贴					
食品企业亏损挂账消化款					
供销社老挂账消化款					
处理供销社新增挂账消化款					
其他政策性补贴	2801	162	200	104	80
学生课本价格补贴					
报刊新闻纸价格补贴					
行政事业单位粮食价格补助款					
其他政策性补贴	2801	162	200	104	80
二十六、支援不发达地区支出	1124		28		148
财政扶贫资金	1124		28		148
基础设施建设资金					130
生产发展资金					
科技推广及培训资金					
社会发展资金					
项目管理费	3				
扶贫贷款贴息支出					
“三西”农业建设专项补助资金					
其他财政扶贫资金	1121		28		18
边境建设事业补助费					
民族工作经费					
二十七、海域开发建设和场地使用费支出		21	50		

续表 70

项目	滨州	东营	威海	日照	莱芜
海域开发建设支出		21	50		
港澳台和外商投资企业场地使用费支出					
二十八、车辆税费支出	178	329	254	113	77
交通专项资金					
老旧汽车更新补助	178	329	254	113	77
征管人员经费					
二十九、债务利息支出	213				
国内债务付息					
国外债务付息	213				
三十、专项支出	14572	27732	12581	3877	4744
排污费支出	2252	2875	2113	1371	765
城市水资源费支出			714	22	15
教育费附加支出	11237	22787	8878	2015	3015
矿产资源补偿费支出	639	2070	676	469	649
探矿权采矿权使用费及价款支出	200		200		300
内河航道养护费支出					
公路运输管理费支出	244				
水路运输管理费支出					
三峡库区移民专项支出					
三十一、其他支出	44423	55099	118020	36856	18417
兵役征集费	48	7	19		190
支前费					
人民防空经费		1700		650	9
防空地下室易地建设费支出				650	
其他		1700			9
补助村民委员会支出	3368	1307	678	2181	1228
国家赔偿费用支出					
引进人才专项费用					
专家经费					
出国培训经费					
驻外机构经费					
引进人才事业费					
择优资助经费					

续表 71

项目	滨州	东营	威海	日照	莱芜
其他费用					
住房改革支出	1477	3395	13803	1210	12
住房公积金	1477	3178	5355	1210	12
提租补贴					
购房补贴		217	8448		
宣传文化发展专项资金	151	40	703	105	50
文化企业发展专项资金	50	15		70	30
宣传部门使用的专项资金	30		688	25	
出版企业发展专项资金			15		
其他企业发展专项资金	71	25		10	20
出口退税欠款贴息支出					
政府特殊津贴					
抗震加固补助经费	5				
债券发行费用支出					
内债发行费用					
简易建筑费		35			
中小企业发展专项资金	1008	84	350		
科技型中小企业技术创新基金	27	84	350		
其他	981				
其他支出	38366	48531	102467	32710	16928
军队供应站经费					40
交通战备费					
其他杂项支出	38366	48531	102467	32710	16888
预留调资应补未补数					

2004年山东省财政支出分级情况

单位：万元

项目	全省							
	合计	省级	地级	地级直属乡	地级直属镇	县级	乡镇级	镇
合计	**11893716**	**1870583**	**2963713**	**985**	**13913**	**4973475**	**2085945**	**1855043**
一、基本建设支出	600330	288368	164606			105300	42056	40813
二、企业挖潜改造资金	510142	71751	161313		2363	218780	58298	52331
三、地质勘探费	27031	26631	120			280		
四、科技三项费用	157800	13303	42158			89305	13034	11511
五、流动资金	2650					2650		
六、支援农村生产支出	509248	32711	78789	80	473	261844	135904	123935
七、农业综合开发支出	77199	2269	17726	9	250	40235	16969	14551
八、农林水利气象等部门的事业费	144626	14267	38513	11	132	59394	32452	27359
九、工业交通等部门的事业费	124050	56634	37362		10	29822	232	212
十、流通部门事业费	19770	3636	9108			7026		
十一、文体广播事业费	366895	48666	76578	80	647	141125	100526	87560
十二、教育事业费	2048284	241272	248467	427	4403	825054	733491	649319
十三、科学事业费	65970	34928	19896			10567	579	513
十四、卫生经费	452199	69450	124889	43	429	205219	52641	46218
十五、税务等部门的事业费	596766	195685	159742	21	231	197670	43669	39747
十六、抚恤和社会福利救济费	309460	12777	64860	71	392	152808	79015	70544
十七、行政事业单位离退休经费	519429	101217	87567		191	203056	127589	111200
十八、社会保障补助支出	439691	79582	152726	60	851	197792	9591	9274
十九、国防支出	11929	8512	672			2745		
二十、行政管理费	1312928	130063	269863	157	2903	558666	354336	310536
二十一、外交外事支出	5573	1740	2622			1177	34	34
二十二、武装警察部队支出	10229	3301	4627			2301		
二十三、公检法司支出	807554	156398	305449	22	89	338800	6907	6309
二十四、城市维护费	885953	120	322145		30	488951	74737	71040
二十五、政策性补贴支出	196740	176130	4246		2	16059	305	264
二十六、支援不发达地区支出	14552	303	3434			10036	779	681
二十七、海域开发建设和场地使用费支出	2183	326	1121			506	230	230
二十八、车辆税费支出	3132		3028			95	9	9
二十九、债务利息支出	2316		213			1848	255	
三十、专项支出	328259	13240	107329		178	184897	22793	19511
三十一、其他支出	1340828	87303	454544	4	339	619467	179514	161342

续表 1

项目	青岛市						
	合计	地级	地级直属乡	地级直属镇	县级	乡镇级	镇
合计	**1646214**	**599645**			**753527**	**293042**	**293042**
一、基本建设支出	237107	110958			86773	39376	39376
二、企业挖潜改造资金	92187	36849			46390	8948	8948
三、地质勘探费	120	120					
四、科技三项费用	31434	6300			21521	3613	3613
五、流动资金							
六、支援农村生产支出	55801	6030			30954	18817	18817
七、农业综合开发支出	9375	728			5078	3569	3569
八、农林水利气象等部门的事业费	9234	1404			3441	4389	4389
九、工业交通等部门的事业费	8100	6912			1188		
十、流通部门事业费	2535	1608			927		
十一、文体广播事业费	35310	12349			13625	9336	9336
十二、教育事业费	264138	50509			133874	79755	79755
十三、科学事业费	2548	1220			1322	6	6
十四、卫生经费	41325	15658			21767	3900	3900
十五、税务等部门的事业费	96793	60476			27778	8539	8539
十六、抚恤和社会福利救济费	49778	19806			19872	10100	10100
十七、行政事业单位离退休经费	5715	4620			865	230	230
十八、社会保障补助支出	84438	53179			27794	3465	3465
十九、国防支出	271				271		
二十、行政管理费	174683	37438			80619	56626	56626
二十一、外交外事支出	1487	1277			210		
二十二、武装警察部队支出	1152	1142			10		
二十三、公检法司支出	124751	70685			52614	1452	1452
二十四、城市维护费	114987	21267			77588	16132	16132
二十五、政策性补贴支出	3327	1068			2259		
二十六、支援不发达地区支出	2085	1790			295		
二十七、海域开发建设和场地使用费支出	1734	1071			433	230	230
二十八、车辆税费支出	58	58					
二十九、债务利息支出	1585				1585		
三十、专项支出	38032	13454			20284	4294	4294
三十一、其他支出	156124	61669			74190	20265	20265

续表 2

项目	济南市						
	合计	地级	地级直属乡	地级直属镇	县级	乡镇级	镇
合计	**1016953**	**456323**			**435760**	**124870**	**106519**
一、基本建设支出	17787	17437			350		
二、企业挖潜改造资金	29453	19043			6826	3584	3457
三、地质勘探费							
四、科技三项费用	17192	9609			7385	198	160
五、流动资金							
六、支援农村生产支出	32496	8245			17761	6490	5660
七、农业综合开发支出	7296	2453			3828	1015	817
八、农林水利气象等部门的事业费	16960	9467			5579	1914	1667
九、工业交通等部门的事业费	9478	8015			1455	8	8
十、流通部门事业费	1376	1223			153		
十一、文体广播事业费	24064	7483			12071	4510	3979
十二、教育事业费	136965	20253			76089	40623	33545
十三、科学事业费	3059	2651			408		
十四、卫生经费	52019	28535			19194	4290	3972
十五、税务等部门的事业费	22319	8039			11687	2593	2370
十六、抚恤和社会福利救济费	22928	8545			11171	3212	2681
十七、行政事业单位离退休经费	72597	27019			32435	13143	11306
十八、社会保障补助支出	43223	31073			12093	57	44
十九、国防支出							
二十、行政管理费	127413	50328			56476	20609	17043
二十一、外交外事支出	200	200					
二十二、武装警察部队支出	770	770					
二十三、公检法司支出	85112	43784			41249	79	79
二十四、城市维护费	142511	94800			39317	8394	7414
二十五、政策性补贴支出	1119	274			808	37	28
二十六、支援不发达地区支出	1336				1239	97	97
二十七、海域开发建设和场地使用费支出	30				30		
二十八、车辆税费支出							
二十九、债务利息支出							
三十、专项支出	43553	16457			24519	2577	2361
三十一、其他支出	105697	40620			53637	11440	9831

续表 3

项　　目	淄博市						
	合计	地级	地级直属乡	地级直属镇	县级	乡镇级	镇
合计	**625512**	**205881**			**321929**	**97702**	**91279**
一、基本建设支出	54	44			10		
二、企业挖潜改造资金	27814	17212			9832	770	770
三、地质勘探费							
四、科技三项费用	7200	2291			4131	778	778
五、流动资金							
六、支援农村生产支出	27561	4828			14257	8476	7937
七、农业综合开发支出	4538	1663			2429	446	399
八、农林水利气象等部门的事业费	5424	2431			2161	832	771
九、工业交通等部门的事业费	6025	2555			3470		
十、流通部门事业费	822	489			333		
十一、文体广播事业费	16995	6523			7541	2931	2780
十二、教育事业费	109789	17093			59720	32976	29928
十三、科学事业费	7088	6293			795		
十四、卫生经费	28453	10385			13562	4506	4100
十五、税务等部门的事业费	16687	6838			8221	1628	1524
十六、抚恤和社会福利救济费	14878	2043			9855	2980	2696
十七、行政事业单位离退休经费	23250	10181			11966	1103	1098
十八、社会保障补助支出	20632	14336			5533	763	763
十九、国防支出	523				523		
二十、行政管理费	75081	20299			33920	20862	19626
二十一、外交外事支出	315	315					
二十二、武装警察部队支出	546	120			426		
二十三、公检法司支出	36507	16253			20050	204	194
二十四、城市维护费	58188	28798			24996	4394	4372
二十五、政策性补贴支出	985	216			757	12	12
二十六、支援不发达地区支出	546				546		
二十七、海域开发建设和场地使用费支出							
二十八、车辆税费支出	208	208					
二十九、债务利息支出							
三十、专项支出	33916	14541			17916	1459	1334
三十一、其他支出	101487	19926			68979	12582	12197

续表 4

项目	枣庄市						
	合计	地级	地级直属乡	地级直属镇	县级	乡镇级	镇
合计	**307196**	**64506**			**155489**	**87201**	**80561**
一、基本建设支出	200	200					
二、企业挖潜改造资金	15647	3842			5826	5979	4503
三、地质勘探费							
四、科技三项费用	2017	699			1177	141	116
五、流动资金							
六、支援农村生产支出	21105	2229			11074	7802	7461
七、农业综合开发支出	2013	379			1054	580	411
八、农林水利气象等部门的事业费	3185	563			1937	685	525
九、工业交通等部门的事业费	3639	1411			2225	3	3
十、流通部门事业费	729	259			470		
十一、文体广播事业费	13790	2976			6673	4141	3969
十二、教育事业费	55897	6386			21616	27895	26502
十三、科学事业费	1134	334			542	258	257
十四、卫生经费	13462	3869			8240	1353	1321
十五、税务等部门的事业费	15549	4243			8866	2440	2236
十六、抚恤和社会福利救济费	7686	833			5151	1702	1638
十七、行政事业单位离退休经费	14997	3587			7158	4252	4059
十八、社会保障补助支出	4632	1794			2785	53	53
十九、国防支出							
二十、行政管理费	50836	8037			24851	17948	16878
二十一、外交外事支出	93	93					
二十二、武装警察部队支出							
二十三、公检法司支出	25108	10083			14555	470	457
二十四、城市维护费	20924	3796			12236	4892	4592
二十五、政策性补贴支出	979	146			833		
二十六、支援不发达地区支出	200				195	5	5
二十七、海域开发建设和场地使用费支出							
二十八、车辆税费支出	216	216					
二十九、债务利息支出							
三十、专项支出	11863	3265			7845	753	744
三十一、其他支出	21295	5266			10180	5849	4831

续表 5

项目	烟台市						
	合计	地级	地级直属乡	地级直属镇	县级	乡镇级	镇
合计	**920456**	**183036**			**606494**	**130926**	**130340**
一、基本建设支出	50	20			30		
二、企业挖潜改造资金	12455	3833			8544	78	78
三、地质勘探费	280				280		
四、科技三项费用	14835	3660			11159	16	16
五、流动资金							
六、支援农村生产支出	38070	5084			27301	5685	5668
七、农业综合开发支出	6324	959			4870	495	489
八、农林水利气象等部门的事业费	6930	1147			4937	846	843
九、工业交通等部门的事业费	2391	65			2326		
十、流通部门事业费	51				51		
十一、文体广播事业费	23890	5590			13897	4403	4375
十二、教育事业费	155092	8729			86580	59783	59585
十三、科学事业费	2231	1100			1098	33	33
十四、卫生经费	32751	5475			23053	4223	4140
十五、税务等部门的事业费	43440	6370			34870	2200	2160
十六、抚恤和社会福利救济费	31665	4586			17162	9917	9917
十七、行政事业单位离退休经费	63826	4447			40134	19245	19245
十八、社会保障补助支出	17496	2588			14889	19	19
十九、国防支出	1033				1033		
二十、行政管理费	82476	15050			53669	13757	13546
二十一、外交外事支出	884				850	34	34
二十二、武装警察部队支出							
二十三、公检法司支出	52384	17767			34468	149	149
二十四、城市维护费	190664	42454			144242	3968	3968
二十五、政策性补贴支出	3023	935			2088		
二十六、支援不发达地区支出	465	345			120		
二十七、海域开发建设和场地使用费支出							
二十八、车辆税费支出	284	284					
二十九、债务利息支出							
三十、专项支出	25680	8070			16926	684	684
三十一、其他支出	111786	44478			61917	5391	5391

续表 6

项目	潍坊市						
	合计	地级	地级直属乡	地级直属镇	县级	乡镇级	镇
合计	**736213**	**144907**			**447793**	**143513**	**137674**
一、基本建设支出	22348	18458			2864	1026	1026
二、企业挖潜改造资金	45198	17776			24693	2729	2655
三、地质勘探费							
四、科技三项费用	12599	1785			10306	508	508
五、流动资金							
六、支援农村生产支出	35949	4437			20161	11351	11114
七、农业综合开发支出	4319	285			2997	1037	999
八、农林水利气象等部门的事业费	8284	846			5515	1923	1763
九、工业交通等部门的事业费	3127	2185			939	3	3
十、流通部门事业费	583	254			329		
十一、文体广播事业费	22405	3787			9905	8713	8379
十二、教育事业费	194319	16350			119141	58828	56303
十三、科学事业费	2023	1211			812		
十四、卫生经费	21542	3836			14900	2806	2674
十五、税务等部门的事业费	28258	8307			15861	4090	3930
十六、抚恤和社会福利救济费	21243	2140			13405	5698	5437
十七、行政事业单位离退休经费	329	5			253	71	70
十八、社会保障补助支出	21138	5097			15868	173	169
十九、国防支出	191				191		
二十、行政管理费	98275	17004			55806	25465	24219
二十一、外交外事支出	50	30			20		
二十二、武装警察部队支出	661	562			99		
二十三、公检法司支出	33818	7908			25823	87	87
二十四、城市维护费	37652	7687			23945	6020	5932
二十五、政策性补贴支出	450				439	11	10
二十六、支援不发达地区支出	905	599			305	1	1
二十七、海域开发建设和场地使用费支出							
二十八、车辆税费支出	356	356					
二十九、债务利息支出							
三十、专项支出	21865	5287			14820	1758	1699
三十一、其他支出	98326	18715			68396	11215	10696

续表 7

项　　目	济宁市						
	合计	地级	地级直属乡	地级直属镇	县级	乡镇级	镇
合计	**732335**	**207042**	**985**	**9968**	**340780**	**184513**	**158170**
一、基本建设支出	11508	5400			6008	100	
二、企业挖潜改造资金	55432	41737		2302	9975	3720	3332
三、地质勘探费							
四、科技三项费用	11533	5103			4396	2034	1941
五、流动资金							
六、支援农村生产支出	44381	11019	80	177	20252	13110	11796
七、农业综合开发支出	4938	1167	9	206	2422	1349	1224
八、农林水利气象等部门的事业费	8702	1779	11	72	4301	2622	2173
九、工业交通等部门的事业费	3557	1749			1806	2	2
十、流通部门事业费	2525	1631			894		
十一、文体广播事业费	30791	6522	80	424	14562	9707	8328
十二、教育事业费	141970	23496	427	3340	44622	73852	62630
十三、科学事业费	1702	636			1055	11	9
十四、卫生经费	28064	8388	43	286	16388	3288	2931
十五、税务等部门的事业费	32418	11857	21	13	15604	4957	4179
十六、抚恤和社会福利救济费	20520	5051	71	206	10707	4762	3902
十七、行政事业单位离退休经费	8357	2587		93	3294	2476	1929
十八、社会保障补助支出	10233	4511	60	737	5567	155	155
十九、国防支出							
二十、行政管理费	91178	17413	157	1934	41962	31803	25695
二十一、外交外事支出	192	187			5		
二十二、武装警察部队支出							
二十三、公检法司支出	44177	15841	22	77	27791	545	447
二十四、城市维护费	44208	14608			23991	5609	5599
二十五、政策性补贴支出	1493	276			1217		
二十六、支援不发达地区支出	1107	561			526	20	20
二十七、海域开发建设和场地使用费支出	2				2		
二十八、车辆税费支出	136	136					
二十九、债务利息支出	68				68		
三十、专项支出	24097	6258		97	17839		
三十一、其他支出	109046	19129	4	4	65526	24391	21878

续表 8

项目	临沂市						
	合计	地级	地级直属乡	地级直属镇	县级	乡镇级	镇
合计	**675203**	**186550**			**282594**	**206059**	**181216**
一、基本建设支出	80	50			30		
二、企业挖潜改造资金	16643	6085			5942	4616	4374
三、地质勘探费							
四、科技三项费用	5981	2330			2913	738	632
五、流动资金							
六、支援农村生产支出	43889	5470			28399	10020	8928
七、农业综合开发支出	6988	2042			3922	1024	856
八、农林水利气象等部门的事业费	7946	1198			5272	1476	1301
九、工业交通等部门的事业费	10209	3925			6282	2	2
十、流通部门事业费	2224	465			1759		
十一、文体广播事业费	29620	3098			12098	14424	12658
十二、教育事业费	144967	16262			46752	81953	71472
十三、科学事业费	2072	974			1098		
十四、卫生经费	25396	6111			14785	4500	3949
十五、税务等部门的事业费	25457	3992			16746	4719	4077
十六、抚恤和社会福利救济费	22779	3333			11210	8236	7426
十七、行政事业单位离退休经费	42962	5279			15779	21904	19537
十八、社会保障补助支出	22658	17394			4844	420	395
十九、国防支出	270	138			132		
二十、行政管理费	84553	14806			34130	35617	30183
二十一、外交外事支出	92	92					
二十二、武装警察部队支出	1076	677			399		
二十三、公检法司支出	52057	23051			28504	502	444
二十四、城市维护费	23066	7691			9585	5790	5774
二十五、政策性补贴支出	1737	65			1637	35	35
二十六、支援不发达地区支出	1757	10			1743	4	4
二十七、海域开发建设和场地使用费支出	20				20		
二十八、车辆税费支出	308	308					
二十九、债务利息支出							
三十、专项支出	13564	2211			9813	1540	1492
三十一、其他支出	86832	59493			18800	8539	7677

续表 9

项　　目	泰安市						
	合计	地级	地级直属乡	地级直属镇	县级	乡镇级	镇
合计	**514985**	**121412**			**253700**	**139873**	**127718**
一、基本建设支出							
二、企业挖潜改造资金	39315	2624			22320	14371	13744
三、地质勘探费							
四、科技三项费用	5657	1444			3195	1018	903
五、流动资金							
六、支援农村生产支出	22663	2264			11631	8768	7929
七、农业综合开发支出	4002	1524			1752	726	603
八、农林水利气象等部门的事业费	5739	1533			2680	1526	1213
九、工业交通等部门的事业费	1231	550			681		
十、流通部门事业费	740	312			428		
十一、文体广播事业费	15218	2665			4776	7777	6793
十二、教育事业费	79097	10414			26595	42088	38663
十三、科学事业费	1444	1216			228		
十四、卫生经费	19589	7494			8495	3600	3199
十五、税务等部门的事业费	13873	7493			4755	1625	1463
十六、抚恤和社会福利救济费	12948	3286			5417	4245	3633
十七、行政事业单位离退休经费	27114	5672			10612	10830	9645
十八、社会保障补助支出	75095	2255			72828	12	12
十九、国防支出	318				318		
二十、行政管理费	41753	8032			17277	16444	14734
二十一、外交外事支出							
二十二、武装警察部队支出	197				197		
二十三、公检法司支出	23703	14321			9360	22	22
二十四、城市维护费	21639	3843			14169	3627	3627
二十五、政策性补贴支出	1327	164			1137	26	12
二十六、支援不发达地区支出	793	60			649	84	84
二十七、海域开发建设和场地使用费支出							
二十八、车辆税费支出	226	226					
二十九、债务利息支出							
三十、专项支出	11543	2378			8077	1088	1047
三十一、其他支出	89761	41642			26123	21996	20392

续表 10

项目	聊城市						
	合计	地级	地级直属乡	地级直属镇	县级	乡镇级	镇
合计	405597	91784			211419	102394	77825
一、基本建设支出	225				225		
二、企业挖潜改造资金	13208	671			12537		
三、地质勘探费							
四、科技三项费用	4593	735			3659	199	174
五、流动资金							
六、支援农村生产支出	20910	4407			11720	4783	3969
七、农业综合开发支出	2848	479			1394	975	758
八、农林水利气象等部门的事业费	7477	2932			2624	1921	1528
九、工业交通等部门的事业费	3683	1179			2504		
十、流通部门事业费	1805	686			1119		
十一、文体广播事业费	17952	3624			7427	6901	4994
十二、教育事业费	81178	7917			32857	40404	30426
十三、科学事业费	2126	1682			444		
十四、卫生经费	18537	5025			9931	3581	2383
十五、税务等部门的事业费	10475	3977			5131	1367	1130
十六、抚恤和社会福利救济费	11640	1933			6597	3110	2348
十七、行政事业单位离退休经费	15965	162			9782	6021	5018
十八、社会保障补助支出	12445	2620			9614	211	160
十九、国防支出	585	534			51		
二十、行政管理费	65806	13336			28754	23716	18071
二十一、外交外事支出	25				25		
二十二、武装警察部队支出	435	229			206		
二十三、公检法司支出	33018	19960			12900	158	138
二十四、城市维护费	33208	11660			20207	1341	1230
二十五、政策性补贴支出	868	655			213		
二十六、支援不发达地区支出	1116	66			978	72	63
二十七、海域开发建设和场地使用费支出							
二十八、车辆税费支出	108	108					
二十九、债务利息支出							
三十、专项支出	8637	1056			6534	1047	689
三十一、其他支出	36724	6151			23986	6587	4746

续表 11

项　　目	菏泽市						
	合计	地级	地级直属乡	地级直属镇	县级	乡镇级	镇
合计	**402292**	**58667**			**167970**	**175655**	**140755**
一、基本建设支出	32	3			29		
二、企业挖潜改造资金	6282	957			1559	3766	2736
三、地质勘探费							
四、科技三项费用	4568	426			1709	2433	1588
五、流动资金							
六、支援农村生产支出	20627	2170			11810	6647	5069
七、农业综合开发支出	3392	553			1290	1549	1083
八、农林水利气象等部门的事业费	7409	1491			2546	3372	2519
九、工业交通等部门的事业费	2632	728			1690	214	194
十、流通部门事业费	273	233			40		
十一、文体广播事业费	21178	2365			8330	10483	8421
十二、教育事业费	86874	7751			23420	55703	45147
十三、科学事业费	579	225			331	23	2
十四、卫生经费	17651	2638			10636	4377	3511
十五、税务等部门的事业费	11958	3042			7167	1749	1433
十六、抚恤和社会福利救济费	16343	1365			9128	5850	4501
十七、行政事业单位离退休经费	53184	5321			19948	27915	22330
十八、社会保障补助支出	6905	1737			4952	216	170
十九、国防支出							
二十、行政管理费	62350	8613			23644	30093	24442
二十一、外交外事支出	7				7		
二十二、武装警察部队支出	234	115			119		
二十三、公检法司支出	27413	10345			15419	1649	1437
二十四、城市维护费	11229	2016			8128	1085	1082
二十五、政策性补贴支出	611	41			481	89	73
二十六、支援不发达地区支出	1957				1573	384	295
二十七、海域开发建设和场地使用费支出							
二十八、车辆税费支出	177	82			95		
二十九、债务利息支出							
三十、专项支出	8249	1029			6701	519	493
三十一、其他支出	30178	5421			7218	17539	14229

续表 12

项目	德州市						
	合计	地级	地级直属乡	地级直属镇	县级	乡镇级	镇
合计	**402649**	**60454**			**230031**	**112164**	**89929**
一、基本建设支出	10				10		
二、企业挖潜改造资金	28257	210			20008	8039	6179
三、地质勘探费							
四、科技三项费用	3718	374			3324	20	
五、流动资金							
六、支援农村生产支出	27807	2898			13208	11701	9897
七、农业综合开发支出	4781	364			2597	1820	1359
八、农林水利气象等部门的事业费	13975	1057			6744	6174	4576
九、工业交通等部门的事业费	2599	686			1913		
十、流通部门事业费	652	293			359		
十一、文体广播事业费	15695	2217			9232	4246	3438
十二、教育事业费	80463	6661			30516	43286	34822
十三、科学事业费	1753	555			983	215	175
十四、卫生经费	18203	3190			11168	3845	3254
十五、税务等部门的事业费	10022	3333			5561	1128	928
十六、抚恤和社会福利救济费	16083	3566			8549	3968	3170
十七、行政事业单位离退休经费	11108	3446			6075	1587	1264
十八、社会保障补助支出	9498	1309			7490	699	569
十九、国防支出	92				92		
二十、行政管理费	60561	6462			35790	18309	14905
二十一、外交外事支出	20				20		
二十二、武装警察部队支出	714	430			284		
二十三、公检法司支出	22340	6437			15585	318	243
二十四、城市维护费	28317	5850			21772	695	385
二十五、政策性补贴支出	777	90			687		
二十六、支援不发达地区支出	682				665	17	17
二十七、海域开发建设和场地使用费支出							
二十八、车辆税费支出	104	104					
二十九、债务利息支出	450				195	255	
三十、专项支出	10514	2980			6434	1100	511
三十一、其他支出	33454	7942			20770	4742	4237

续表 13

项目	滨州市						
	合计	地级	地级直属乡	地级直属镇	县级	乡镇级	镇
合计	**368746**	**72728**			**193959**	**102059**	**74781**
一、基本建设支出	20531	10206			8781	1544	401
二、企业挖潜改造资金	14156	1985		46	11798	373	331
三、地质勘探费							
四、科技三项费用	4422	1146			2507	769	646
五、流动资金							
六、支援农村生产支出	18388	2050		143	10824	5514	4527
七、农业综合开发支出	2157	469		35	991	697	537
八、农林水利气象等部门的事业费	6502	1527		16	2847	2128	1848
九、工业交通等部门的事业费	1572	683		10	889		
十、流通部门事业费	557	557					
十一、文体广播事业费	12102	1902		81	5190	5010	3840
十二、教育事业费	65728	9098		1063	18612	38018	29402
十三、科学事业费	567	226			323	18	16
十四、卫生经费	12794	2897		118	7162	2735	2016
十五、税务等部门的事业费	12055	3355		144	7138	1562	1434
十六、抚恤和社会福利救济费	11636	995		136	8709	1932	1303
十七、行政事业单位离退休经费	30676	5026		98	17725	7925	5116
十八、社会保障补助支出	6288	1807			4372	109	70
十九、国防支出	8				8		
二十、行政管理费	44376	8244		587	17233	18899	13445
二十一、外交外事支出	32	32					
二十二、武装警察部队支出	928	389			539		
二十三、公检法司支出	18522	8373		12	9243	906	854
二十四、城市维护费	21251	768		30	16571	3912	2249
二十五、政策性补贴支出	2988	21		2	2967		
二十六、支援不发达地区支出	1124	3			1121		
二十七、海域开发建设和场地使用费支出							
二十八、车辆税费支出	178	178					
二十九、债务利息支出	213	213					
三十、专项支出	14572	3051		81	9740	1781	761
三十一、其他支出	44423	7527		155	28669	8227	5985

续表 14

项目	东营市						
	合计	地级	地级直属乡	地级直属镇	县级	乡镇级	镇
合计	**354580**	**156454**			**141342**	**56784**	**45545**
一、基本建设支出	70	30			30	10	10
二、企业挖潜改造资金	10157	4974			5174	9	9
三、地质勘探费							
四、科技三项费用	5903	1424			4379	100	63
五、流动资金							
六、支援农村生产支出	21281	9278			7975	4028	3292
七、农业综合开发支出	4645	2113			1709	823	743
八、农林水利气象等部门的事业费	10724	5506			4448	770	625
九、工业交通等部门的事业费	5030	3967			1063		
十、流通部门事业费	796	657			139		
十一、文体广播事业费	12128	3748			5272	3108	2236
十二、教育事业费	47453	9116			18274	20063	15811
十三、科学事业费	1211	864			347		
十四、卫生经费	16320	6002			8190	2128	1724
十五、税务等部门的事业费	17546	9072			6853	1621	1089
十六、抚恤和社会福利救济费	9626	1624			5136	2866	2233
十七、行政事业单位离退休经费	6129	2278			3417	434	418
十八、社会保障补助支出	3726	1778			1862	86	83
十九、国防支出							
二十、行政管理费	38242	14310			15624	8308	6391
二十一、外交外事支出	177	177					
二十二、武装警察部队支出							
二十三、公检法司支出	21391	12019			9112	260	233
二十四、城市维护费	38605	28418			9752	435	385
二十五、政策性补贴支出	239	50			189		
二十六、支援不发达地区支出							
二十七、海域开发建设和场地使用费支出	21				21		
二十八、车辆税费支出	329	329					
二十九、债务利息支出							
三十、专项支出	27732	18927			5790	3015	2476
三十一、其他支出	55099	19793			26586	8720	7724

续表 15

项目	威海市						
	合计	地级	地级直属乡	地级直属镇	县级	乡镇级	镇
合计	**585202**	**196527**			**324683**	**63992**	**63992**
一、基本建设支出	1160	1000			160		
二、企业挖潜改造资金	29160	1696			26291	1173	1173
三、地质勘探费							
四、科技三项费用	9668	3772			5643	253	253
五、流动资金	2650				2650		
六、支援农村生产支出	31109	4021			19374	7714	7714
七、农业综合开发支出	4375	1326			2750	299	299
八、农林水利气象等部门的事业费	5054	1914			2638	502	502
九、工业交通等部门的事业费	2042	1168			874		
十、流通部门事业费	214	214					
十一、文体广播事业费	16095	7255			7443	1397	1397
十二、教育事业费	94509	26978			54164	13367	13367
十三、科学事业费	694	150			529	15	15
十四、卫生经费	21523	7527			12248	1748	1748
十五、税务等部门的事业费	29827	10805			16669	2353	2353
十六、抚恤和社会福利救济费	15344	2297			7176	5871	5871
十七、行政事业单位离退休经费	27784	4663			17243	5878	5878
十八、社会保障补助支出	7566	1985			5371	210	210
十九、国防支出	92				92		
二十、行政管理费	46386	12658			25445	8283	8283
二十一、外交外事支出	80	60			20		
二十二、武装警察部队支出							
二十三、公检法司支出	29921	13426			16425	70	70
二十四、城市维护费	78816	32644			38352	7820	7820
二十五、政策性补贴支出	200	40			100	60	60
二十六、支援不发达地区支出	28				28		
二十七、海域开发建设和场地使用费支出	50	50					
二十八、车辆税费支出	254	254					
二十九、债务利息支出							
三十、专项支出	12581	3250			9098	233	233
三十一、其他支出	118020	57374			53900	6746	6746

续表 16

项　　目	日照市						
	合计	地级	地级直属乡	地级直属镇	县级	乡镇级	镇
合计	**184185**	**76426**		**1188**	**59602**	**48157**	**44017**
一、基本建设支出	750	750					
二、企业挖潜改造资金	1165	518		15	526	121	40
三、地质勘探费							
四、科技三项费用	1126	414			689	23	23
五、流动资金							
六、支援农村生产支出	9872	2570		153	4455	2847	2692
七、农业综合开发支出	1252	402		9	555	295	265
八、农林水利气象等部门的事业费	2903	1357		44	1019	527	493
九、工业交通等部门的事业费	842	340			502		
十、流通部门事业费							
十一、文体广播事业费	6712	2411		142	2094	2207	1987
十二、教育事业费	39940	6890			11566	21484	19578
十三、科学事业费	491	327			164		
十四、卫生经费	8154	3613		25	3631	910	817
十五、税务等部门的事业费	8246	4722		74	3025	499	460
十六、抚恤和社会福利救济费	6652	1624		50	2922	2106	1969
十七、行政事业单位离退休经费	8101	1312			2646	4143	3755
十八、社会保障补助支出	5413	1238		114	1312	2863	2857
十九、国防支出	34				34		
二十、行政管理费	24180	8375		382	9850	5955	5355
二十一、外交外事支出	179	159			20		
二十二、武装警察部队支出	22				22		
二十三、公检法司支出	12493	8363			4095	35	2
二十四、城市维护费	4405	3187			1098	120	105
二十五、政策性补贴支出	407	145			247	15	15
二十六、支援不发达地区支出							
二十七、海域开发建设和场地使用费支出							
二十八、车辆税费支出	113	113					
二十九、债务利息支出							
三十、专项支出	3877	2442			1314	121	121
三十一、其他支出	36856	25154		180	7816	3886	3483

续表 17

项　　目	莱芜市						
	合计	地级	地级直属乡	地级直属镇	县级	乡镇级	镇
合计	**144815**	**81371**			**46403**	**17041**	**11680**
一、基本建设支出	50	50					
二、企业挖潜改造资金	1862	1301			539	22	2
三、地质勘探费							
四、科技三项费用	2051	646			1212	193	97
五、流动资金							
六、支援农村生产支出	4628	1789			688	2151	1465
七、农业综合开发支出	1687	820			597	270	140
八、农林水利气象等部门的事业费	3911	2361			705	845	623
九、工业交通等部门的事业费	1259	1244			15		
十、流通部门事业费	252	227			25		
十一、文体广播事业费	4284	2063			989	1232	650
十二、教育事业费	28633	4564			20656	3413	2383
十三、科学事业费	320	232			88		
十四、卫生经费	6966	4246			1869	851	579
十五、税务等部门的事业费	6158	3821			1738	599	442
十六、抚恤和社会福利救济费	4934	1833			641	2460	1719
十七、行政事业单位离退休经费	6118	1962			3724	432	302
十八、社会保障补助支出	8723	8025			618	80	80
十九、国防支出							
二十、行政管理费	14716	9458			3616	1642	1094
二十一、外交外事支出							
二十二、武装警察部队支出	193	193					
二十三、公检法司支出	8441	6833			1607	1	1
二十四、城市维护费	16163	12658			3002	503	374
二十五、政策性补贴支出	80	60				20	19
二十六、支援不发达地区支出	148				53	95	95
二十七、海域开发建设和场地使用费支出							
二十八、车辆税费支出	77	68				9	9
二十九、债务利息支出							
三十、专项支出	4744	2673			1247	824	572
三十一、其他支出	18417	14244			2774	1399	1034

2004年山东省财政行政事业费支出明细表

单位：万元

地 区	财政拨款数	实际支出数	人员支出			
			小 计	基本工资	津贴	奖金
全省合计	**10622794**	**17099705**	**4412667**	**2147891**	**1084813**	**280349**
地(市)合计	9125633	13244650	3879333	1919831	925928	208217
地(市)本级	2595585	4364145	947886	364657	237481	102964
县级合计	6530048	8880505	2931447	1555174	688447	105253
省内合计	**9337308**	**15092150**	**3759360**	**1938979**	**901819**	**197894**
地(市)合计	7840147	11237095	3226026	1710919	742934	125762
地(市)本级	2150098	3533915	703888	298640	171619	57870
县级合计	5690049	7703180	2522138	1412279	571315	67892
青岛市	**1285486**	**2007555**	**653307**	**208912**	**182994**	**82455**
本级	445487	830230	243998	66017	65862	45094
县级小计	839999	1177325	409309	142895	117132	37361
即墨市	100202	150961	48071	21993	16243	2953
胶州市	72119	128185	47281	19235	13724	3442
胶南市	94645	170708	56640	18918	16230	4781
平度市	86095	125871	57740	24130	14758	624
莱西市	59284	86716	37690	15007	10832	1114
崂山区	81382	83838	23695	5098	7465	3242
城阳区	106790	128653	37672	10827	10605	5459
黄岛区	39269	48460	10666	2369	2923	2867
开发区	32607	45327	20966	5430	6270	4954
市南区	46168	41794	14552	4644	3584	1856
市北区	50077	66306	22968	6958	6160	1617
四方区	27275	35334	13688	3876	3499	1793
李沧区	36388	46239	14202	3985	4721	1622
保税区	7647	7516	1927	317	121	
济南市	**952521**	**1475542**	**343878**	**150190**	**95029**	**20803**
本级	410234	703557	119399	43511	30735	14625
县级小计	542287	771985	224479	106679	64294	6178
历下区	48372	72852	21984	8590	6875	867
市中区	43780	66452	17928	9000	7517	554
天桥区	43344	62234	21762	8661	5991	824
槐荫区	42668	53961	17483	7838	5157	271
历城区	102076	124359	35561	16055	11276	1269
长青区	38918	56190	19696	12966	4112	265
章丘市	121585	169266	44684	19423	13930	924

续表 1

地 区	财政拨款数	实际支出数	人员支出			
			小 计	基本工资	津贴	奖金
平阴县	34122	47885	15483	8477	3844	160
济阳县	36332	55276	15982	7877	3049	629
商河县	31090	45622	14149	7932	2584	410
淄博市	**590444**	**891329**	**237902**	**102724**	**69061**	**11204**
本级	186334	298247	64723	23562	19552	5459
县级小计	404110	593082	173179	79162	49509	5745
博山区	36709	54865	17903	8055	4446	165
淄川区	58620	79036	26283	12548	6707	549
张店区	56625	83208	23129	10030	7525	467
周村区	38167	55642	18909	7571	4222	444
临淄区	83217	113264	29881	11790	11222	1906
桓台县	56141	85405	21662	9349	6566	1297
高青县	30622	41984	12888	7968	3053	847
沂源县	44009	67750	23498	12386	6015	
枣庄市	**289332**	**418523**	**154495**	**82342**	**32923**	**4397**
本级	59765	103297	32749	15513	6866	919
县级小计	229567	315226	121746	66829	26057	3478
市中区	33723	46501	17174	9067	4286	515
薛城区	36433	48059	21317	12616	5094	499
峄城区	23718	31194	12857	6909	2962	431
山亭区	24158	30614	10810	6505	2133	132
台儿庄区	23578	27845	10713	6248	2586	263
滕州市	87957	131697	48879	25563	8935	1514
烟台市	**893116**	**1211656**	**363437**	**153007**	**89268**	**15159**
本级	175523	274882	51236	20022	14917	4093
县级小计	717593	936774	312201	132985	74351	11066
芝罘区	57647	78134	23674	9577	5951	964
福山区	35485	45310	13489	5837	3577	173
龙口市	95387	122782	37086	14072	7558	1803
莱阳市	58024	84710	35964	15704	9010	894
蓬莱市	70836	90681	26661	10806	6588	808
招远市	73024	96557	34445	14662	10226	882
莱州市	76445	120161	47135	18879	8322	3071
栖霞市	40025	60436	26507	13127	6483	440

续表 2

地区	财政拨款数	实际支出数	人员支出			
			小计	基本工资	津贴	奖金
海阳市	47481	66116	26911	12257	5721	525
牟平区	44151	60656	25781	12540	6958	318
长岛县	11423	13848	4809	2397	1333	1
开发区	80955	88092	10612	3566	2948	432
莱山区	26710	28683	7352	2689	1561	1129
潍坊市	**656068**	**1032436**	**360051**	**184429**	**71051**	**9704**
本级	106888	235053	58415	24231	11432	5245
县级小计	549180	797383	301636	160198	59619	4459
潍城区	25606	34336	14120	7155	2991	7
坊子区	21138	27771	11899	6029	2609	200
寒亭区	25061	32575	13652	6910	2466	20
昌邑市	47385	62572	23899	12444	4287	270
昌乐县	38187	54962	22739	12989	3884	313
安丘市	47895	80015	33340	17958	4785	307
寿光市	83766	105084	42370	21744	9044	1099
青州市	64762	111142	35684	17663	7311	687
高密市	50590	83059	33002	16011	6800	368
诸城市	81979	119412	40477	21484	8492	155
临朐县	34694	56919	27567	15902	4846	709
奎文区	28117	38067	13399	6181	3259	593
济宁市	**653862**	**1001528**	**283128**	**157294**	**51434**	**9708**
本级	154802	263498	53957	23401	11644	3788
县级小计	499060	738030	229171	133893	39790	5920
市中区	22001	38763	13515	6602	2782	454
任城区	44316	61502	22338	12489	5188	834
兖州市	86872	110452	25410	12668	5523	593
曲阜市	57133	78871	20372	12176	4174	792
泗水县	20955	34041	14134	6644	4224	471
邹城市	111098	147480	40234	19693	8434	1569
微山县	38526	55498	19122	10849	3539	602
鱼台县	17617	29328	11523	7463	840	184
金乡县	23052	43825	17625	13474	824	90
嘉祥县	26591	44616	16919	10084	2481	188
汶上县	27453	43532	15116	11060	825	81

续表 3

地　区	财政拨款数	实际支出数	人员支出			
			小　计	基本工资	津贴	奖金
梁山县	23446	41827	13115	9850	952	66
临沂市	**652499**	**950183**	**300721**	**190848**	**63790**	**4283**
本级	178085	309711	53297	24242	9676	1991
县级小计	474414	640472	247424	166606	54114	2292
郯城县	43285	59701	25129	17164	5095	726
苍山县	40993	59113	21973	15528	4088	6
莒南县	46865	63660	36413	17704	11255	
沂水县	57230	70580	32709	21564	4301	303
蒙阴县	25622	38412	23053	12434	2895	202
平邑县	38442	51502	22203	15603	4130	128
费　县	37437	58638	21512	14160	4876	234
沂南县	38088	52723	24782	15988	1820	461
临沭县	34743	49503	20023	11835	5261	439
兰山区	57140	71318	22373	12834	5960	14
罗庄区	28049	32417.4	9186	5837	2444	7
河东区	26520	29539	8243	5829	2118	145
泰安市	**470013**	**642500**	**173716**	**96251**	**41525**	**7015**
本级	117344	196750	52873	20939	12151	4714
县级小计	352669	445750	120843	75312	29374	2301
新泰市	104718	131866	29872	17144	7659	1318
宁阳县	36399	47329	19133	14220	4731	20
东平县	35956	46272	15126	9209	5083	25
肥城市	109469	128858	25381	15075	5344	663
泰山区	33828	39981	9874	6032	2825	205
郊　区	32299	51444	21457	13632	3732	70
聊城市	**387571**	**561182**	**167432**	**109358**	**34909**	**6518**
本级	90378	156169	34226	17740	7754	4061
县级小计	297193	405013	133206	91618	27155	2457
东昌府区	47144	62423	21399	13861	5740	152
临清市	44893	59409	15780	10848	3650	360
阳谷县	30275	43455	15528	11648	2781	231
莘　县	34653	47629	18495	14492	3196	207
茌平县	42095	54491	16254	9829	4172	105
东阿县	25465	35693	9957	7795	1184	234

续表 4

地区	财政拨款数	实际支出数	人员支出			
			小计	基本工资	津贴	奖金
冠县	27323	43407	17243	13897	2414	310
高唐县	45345	58506.02	18588	9248	4018	858
菏泽市	**391410**	**511080**	**176515**	**124644**	**38087**	**4060**
本级	57281	89547	24765	13508	6654	1501
县级小计	334129	421533	151750	111136	31433	2559
牡丹区	57198	71028	22995	16656	4149	170
曹县	41725	48592	19313	13163	4891	298
定陶县	25774	32380	12877	8852	2971	807
成武县	26557	31008	11953	10368	1370	
单县	39465	55723	18508	12356	4733	814
巨野县	36547	49434	16561	12443	2691	39
郓城县	44101	56254	21002	14509	5417	226
鄄城县	28109	35434	13156	10914	1915	100
东明县	34653	41680	15385	11875	3296	105
德州市	**370664**	**422539**	**135605**	**94527**	**29131**	**2550**
本级	59870	76521	18629	10832	5374	264
县级小计	310794	346018	116976	83695	23757	2286
德城区	45562	57307	11338	7620	2396	73
陵县	24864	29656	11557	6808	4628	83
平原县	30608	37038	8845	6333	2037	
夏津县	23279	29816	7958	6206	860	257
武城县	26453	32275	7244	5116	1575	160
齐河县	29445	46336	12961	8669	2653	303
禹城市	30052	42982	10688	7157	2026	723
乐陵市	29351	32395	11741	6608	4332	195
临邑县	35009	36788	12312	9252	1226	1834
宁津县	23080	23672	12194	9004	3009	
庆云县	13091	16095	6065	4722	1167	67
滨州市	**329637**	**467069**	**126432**	**80001**	**28926**	**5149**
本级	59391	104356	23976	11960	5738	2235
县级小计	270246	362713	102456	68041	23188	2914
惠民县	22967	32670	11078	8781	1921	53
阳信县	17895	24149	9988	6760	2349	578
无棣县	34015	44078	11106	8518	2125	14

续表 5

地　区	财政拨款数	实际支出数	人员支出			
			小　计	基本工资	津贴	奖金
沾化县	27568	35503	12512	8659	2696	36
博兴县	43001	55667	17071	9882	3269	764
邹平县	84327	115681	24674	14112	6481	719
滨州市	40473	54728	17582	11534	4501	129
东营市	**338450**	**444245**	**108566**	**44959**	**30808**	**7590**
本级	150026	190422	29309	10628	7567	2471
县级小计	188424	253823	79257	34331	23241	5119
东营区	51195	62975	16883	7428	5947	1373
河口区	23769	33214	9181	3769	3161	874
广饶县	57016	76183	25417	10205	6379	1501
垦利县	30634	43386	12558	5980	3949	824
利津县	25810	38065	15218	6949	3805	547
威海市	**542564**	**749124**	**163419**	**68955**	**41574**	**15534**
本级	190059	263997	42091	16380	11590	4165
县级小计	352505	485127	121328	52575	29984	11369
环翠区	50707	72822	15974	5578	4760	1924
乳山市	60563	94110	27523	13485	7270	2093
文登市	114897	152952	42098	16289	7705	3937
荣成市	126338	164226	35726	17193	10243	3416
日照市	**181144**	**315849**	**82497**	**53194**	**17509**	**2124**
本级	74744	155618	21638	12141	4948	1098
县级小计	106400	160231	60859	41053	12561	1026
莒　县	33343	52892	22698	15883	4575	150
五莲县	26370	42717	14649	11275	1708	191
东港区	28713	41107	13744	8653	3839	365
岚山区	17974	23019	9744	5315	2474	310
莱芜市	**140852**	**182690**	**58569**	**31934**	**13394**	**1443**
本级	79374	112290	22605	10030	5021	1241
县级小计	61478	70400	35964	21904	8373	202
莱城区	43952	49194	29198	18358	6316	2
钢城区	17526	20561	6764	3541	2066	200
省级	**1497161**	**3855055**	**533334**	**228060**	**158885**	**72132**

续表 6

地区	人员支出		公用支出			
	社会保障缴费	其他	小计	办公费	印刷费	水电费
全省合计	**633069**	**266545**	**10924399**	**510603**	**79244**	**235774**
地(市)合计	601194	224163	7894395	475472	66089	185059
地(市)本级	153131	89653	3007899	80199	22119	68405
县级合计	448063	134510	4886496	395273	43970	116654
省内合计	**500052**	**220616**	**9748047**	**445306**	**72139**	**210284**
地(市)合计	468177	178234	6718043	410175	58984	159569
地(市)本级	104166	71593	2499739	61925	19284	55253
县级合计	364011	106641	4218304	348250	39700	104316
青岛市	**133017**	**45929**	**1176352**	**65297**	**7105**	**25490**
本级	48965	18060	508160	18274	2835	13152
县级小计	84052	27869	668192	47023	4270	12338
即墨市	3654	3228	87394	8261	623	1754
胶州市	7460	3420	73625	5711	281	1637
胶南市	14472	2239	101521	4872	981	1965
平度市	16364	1864	58702	6185	187	1521
莱西市	9456	1281	46411	1748	686	1221
崂山区	2617	5273	51895	1734	231	655
城阳区	7726	3055	82444	3146	552	1054
黄岛区	1543	964	32722	1060	308	387
开发区	2699	1613	21673	1329	166	787
市南区	3934	534	19501	1475	41	270
市北区	6760	1473	32368	1515	77	443
四方区	3011	1509	14896	612	18	289
李沧区	2955	919	29159	5199	85	288
保税区	64	1425	5449	114	10	2
济南市	**55602**	**22254**	**930310**	**39512**	**5415**	**17333**
本级	18922	11606	493830	7021	1769	7936
县级小计	36680	10648	436480	32491	3646	9397
历下区	3969	1683	36843	2826	422	755
市中区	610	247	32736	3474	200	736
天桥区	5414	872	27610	2058	106	699
槐荫区	3525	692	26358	2731	46	557
历城区	5075	1886	73130	6668	615	1476
长青区	2303	50	28982	1597	226	878
章丘市	7685	2722	104530	6372	1373	2090

续表 7

地　区	人员支出		公用支出			
	社会保障缴费	其他	小计	办公费	印刷费	水电费
平阴县	2592	410	25932	1505	230	698
济阳县	3609	818	33942	2443	269	694
商河县	1954	1269	28267	2839	158	828
淄博市	**38989**	**15924**	**545578**	**29588**	**3572**	**11248**
本级	11053	5097	199380	5284	1032	4395
县级小计	27936	10827	346198	24304	2540	6853
博山区	4379	858	28621	2076	125	523
淄川区	5031	1448	43523	4323	247	1048
张店区	3480	1627	48907	3506	269	1135
周村区	5432	1240	30035	2142	397	611
临淄区	2543	2420	71359	5620	574	1297
桓台县	2873	1577	54672	7521	283	901
高青县	620	400	23599	2146	253	504
沂源县	3785	1312	38815	2254	386	681
枣庄市	**24741**	**10092**	**236875**	**24076**	**2440**	**6574**
本级	6029	3422	61887	1859	456	2295
县级小计	18712	6670	174988	22217	1984	4279
市中区	2309	997	25688	3651	376	665
薛城区	1966	1142	22932	1673	266	799
峄城区	2127	428	17222	2037	307	429
山亭区	1751	289	18277	864	159	290
台儿庄区	814	802	15565	1404	226	339
滕州市	9748	3119	75981	12960	659	1751
烟台市	**87562**	**18441**	**728295**	**25779**	**4548**	**13510**
本级	8924	3280	199907	3450	1408	3492
县级小计	78638	15161	528388	22329	3140	10018
芝罘区	4986	2196	35735	974	116	1302
福山区	2464	1438	26788	699	192	513
龙口市	10526	3127	75951	3045	512	1136
莱阳市	9190	1166	42420	3173	451	1017
蓬莱市	7775	684	55415	1840	160	634
招远市	8604	71	51056	4462	351	926
莱州市	15088	1775	63133	2213	450	2335
栖霞市	5617	840	27149	2465	283	659

续表 8

地区	人员支出		公用支出			
	社会保障缴费	其他	小计	办公费	印刷费	水电费
海阳市	6710	1698	33291	1663	186	609
牟平区	5613	352	28590	1461	290	429
长岛县	964	114	8081	288	14	101
开发区	1723	1943	73323	728	726	374
莱山区	718	1255	18398	574	69	273
潍坊市	**75015**	**19852**	**614025**	**46165**	**6160**	**19702**
本级	11346	6161	163464	6253	1779	5471
县级小计	63669	13691	450561	39912	4381	14231
潍城区	3468	499	17474	1633	296	987
坊子区	2908	153	13762	2057	67	452
寒亭区	3852	404	17813	2323	122	359
昌邑市	5828	1070	35764	1904	727	793
昌乐县	4972	581	29621	1282	231	962
安丘市	7993	2297	44160	2976	1048	1985
寿光市	9323	1160	89351	8517	643	2918
青州市	6553	3470	70386	3440	416	1779
高密市	7603	2220	48525	3326	185	1107
诸城市	8804	1542	73363	9490	348	1834
临朐县	5230	880	27459	2353	332	1060
奎文区	2502	864	21359	839	75	409
济宁市	**45456**	**19236**	**588234**	**42676**	**4914**	**14544**
本级	11128	3996	177731	7351	1465	4392
县级小计	34328	15240	410503	35325	3449	10152
市中区	2611	1066	18840	1873	144	666
任城区	3142	685	24489	4240	173	586
兖州市	4304	2322	71009	1988	241	1115
曲阜市	2450	780	50264	4959	254	1269
泗水县	2499	296	15664	3494	204	574
邹城市	6442	4096	90448	3805	570	1780
微山县	3560	572	29087	4114	489	763
鱼台县	1972	1064	13276	1551	220	437
金乡县	2266	971	21298	1579	286	741
嘉祥县	3209	957	22420	1610	371	660
汶上县	1926	1224	23318	1985	407	757

续表9

地　区	人员支出		公用支出			
	社会保障缴费	其他	小计	办公费	印刷费	水电费
梁山县	811	1436	22326	1944	264	848
临沂市	**25503**	**16297**	**566094**	**45662**	**8518**	**15213**
本级	5477	11911	241883	4670	3078	5119
县级小计	20026	4386	324211	40992	5440	10094
郯城县	1951	193	30449	5766	417	1272
苍山县	2351		30965	6543	368	1117
莒南县	7444	10	23164	2016	335	622
沂水县	6541		33908	3719	371	1001
蒙阴县	7522		14600	2260	134	527
平邑县	2312	30	23644	3323	550	898
费　县	904	1338	31819	3560	247	999
沂南县	5945	568	23978	1755	259	987
临沭县	2160	328	25070	2728	640	918
兰山区	1832	1733	39235	1709	247	800
罗庄区	877	21	20079.2	2100	350	420
河东区	96	55	18778	2622	433	629
泰安市	**18935**	**9990**	**363362**	**26420**	**5399**	**12008**
本级	8885	6184	120473	3679	1833	4397
县级小计	10050	3806	242889	22741	3566	7611
新泰市	1936	1815	88044	5596	593	2284
宁阳县	162		18479	1136	203	543
东平县	495	314	25292	1627	460	761
肥城市	3533	766	65909	7115	687	2697
泰山区	449	363	24065	2979	1257	516
郊　区	3475	548	21100	4288	366	810
聊城市	**11310**	**5337**	**316190**	**21031**	**3758**	**9416**
本级	2604	2067	106808	2977	1049	3785
县级小计	8706	3270	209382	18054	2709	5631
东昌府区	1125	521	29711	3417	446	867
临清市	258	664	30334	3401	327	810
阳谷县	444	424	21247	2067	287	692
莘　县	135	465	22183	1432	567	928
茌平县	1680	468	27522	1378	286	586
东阿县	586	158	21386	1275	236	534

续表 10

地区	人员支出		公用支出			
	社会保障缴费	其他	小计	办公费	印刷费	水电费
冠　县	333	289	19873	2111	282	626
高唐县	4183	281	37126.02	2973	278	588
菏泽市	**5141**	**4583**	**245679**	**23676**	**4790**	**8061**
本级	1771	1331	53529	2594	859	2132
县级小计	3370	3252	192150	21082	3931	5929
牡丹区	814	1206	36383	2428	509	774
曹　县	437	524	21077	2332	307	590
定陶县	143	104	12651	946	278	445
成武县	214	1	12316	1567	323	479
单　县	268	337	26877	2128	490	764
巨野县	931	457	23845	2755	488	719
郓城县	537	313	23709	4037	810	1119
鄄城县	26	201	16358	2199	393	531
东明县		109	18934	2690	333	508
德州市	**5433**	**3964**	**225317**	**21436**	**1410**	**3527**
本级	1280	879	48587	1440	105	563
县级小计	4153	3085	176730	19996	1305	2964
德城区	374	875	40908	3365	137	629
陵　县		38	13348	401	90	194
平原县		475	23286	1440	117	525
夏津县	398	237	18261	1484	61	387
武城县	118	275	20006	1515	251	541
齐河县	810	526	28343	2653	142	662
禹城市	486	296	28398	1818	252	475
乐陵市	491	115	14941	403	96	377
临邑县			21895	8448		972
宁津县	181		6350	804	53	122
庆云县	29	80	5050	517	81	217
滨州市	**4703**	**7653**	**283994**	**25150**	**2005**	**9579**
本级	1780	2263	69271	1984	494	3230
县级小计	2923	5390	214723	23166	1511	6349
惠民县	130	193	16796	2431	161	516
阳信县	300	1	10618	2094	64	373
无棣县	94	355	29075	1573	262	824

续表 11

地　区	人员支出		公用支出			
	社会保障缴费	其他	小计	办公费	印刷费	水电费
沾化县	190	931	18279	1214	82	466
博兴县	422	2734	32435	4099	218	1243
邹平县	1606	1756	77016	5546	234	1883
滨州市	227	1191	29745	2271	127	1070
东营市	**11909**	**13300**	**300236**	**15874**	**3543**	**6497**
本级	2817	5826	150968	4447	1842	1891
县级小计	9092	7474	149268	11427	1701	4606
东营区	563	1572	40286	4456	562	1134
河口区	745	632	19904	1348	282	349
广饶县	3706	3626	43935	2456	371	1228
垦利县	1210	595	25145	1916	325	1024
利津县	2868	1049	19998	1251	161	871
威海市	**27014**	**10342**	**498184**	**16157**	**3401**	**7837**
本级	5946	4010	204311	4146	948	2185
县级小计	21068	6332	293873	12011	2453	5652
环翠区	2614	1098	47635	1886	146	1201
乳山市	3514	1161	51149	3101	724	891
文登市	13061	1106	86448	2510	366	1063
荣成市	1890	2984	107871	3870	1060	2426
日照市	**5721**	**3949**	**200505**	**9092**	**1657**	**4476**
本级	1497	1954	124803	2901	694	2233
县级小计	4224	1995	75702	6191	963	2243
莒　县	1464	626	20398	1116	303	639
五莲县	971	504	21692	1800	162	746
东港区	319	568	21192	1626	190	575
岚山区	1468	177	10872	1239	288	266
莱芜市	**9960**	**1838**	**112059**	**3397**	**945**	**2510**
本级	4707	1606	82907	1869	473	1737
县级小计	5253	232	29152	1528	472	773
莱城区	4351	173	16025	693	343	496
钢城区	898	59	12482	833	127	280
省级	**31875**	**42382**	**3030004**	**35131**	**13155**	**50715**

续表 12

地　区	公用支出						
	邮电费	取暖费	交通费	差旅费	会议费	培训费	招待费
全省合计	**98707**	**161741**	**281769**	**162224**	**175703**	**95943**	**143904**
地(市)合计	81821	123105	238926	129266	149722	81521	126738
地(市)本级	32369	49119	80630	47156	52965	27931	41004
县级合计	49452	73986	158296	82110	96757	53590	85734
省内合计	**85863**	**145810**	**249742**	**142240**	**158823**	**85161**	**124657**
地(市)合计	68977	107174	206899	109282	132842	70739	107491
地(市)本级	25859	40866	67435	39027	47187	23015	33863
县级合计	43118	66308	139464	70255	85655	47724	73628
青岛市	**12844**	**15931**	**32027**	**19984**	**16880**	**10782**	**19247**
本级	6510	8253	13195	8129	5778	4916	7141
县级小计	6334	7678	18832	11855	11102	5866	12106
即墨市	642	969	2357	3363	3942	743	1994
胶州市	775	1204	2391	1423	1221	839	2302
胶南市	933	1415	2756	1356	1355	1276	1578
平度市	619	972	2166	564	295	261	972
莱西市	467	513	1338	458	500	315	517
崂山区	467	515	1464	536	943	345	844
城阳区	695	565	1780	1312	612	524	1150
黄岛区	331	235	971	582	548	255	583
开发区	229	551	793	355	356	235	536
市南区	215	131	391	274	85	277	149
市北区	375	361	658	675	307	224	460
四方区	214	65	382	161	40	186	358
李沧区	256	180	803	472	347	294	483
保税区	91	17	169	306	550	62	162
济南市	**6970**	**14112**	**21642**	**8920**	**12592**	**8168**	**11040**
本级	2929	7303	8018	3864	5900	3178	3421
县级小计	4041	6809	13624	5056	6692	4990	7619
历下区	350	646	1421	646	495	469	559
市中区	319	472	1361	324	519	364	498
天桥区	579	570	1483	466	502	365	703
槐荫区	339	338	1086	242	486	326	768
历城区	575	960	2312	893	1252	1017	1189
长青区	200	381	761	274	493	245	578
章丘市	709	2131	2238	1020	1489	1370	1447

续表 13

地　区	公用支出						
	邮电费	取暖费	交通费	差旅费	会议费	培训费	招待费
平阴县	326	478	753	440	623	314	594
济阳县	262	493	1280	341	582	305	515
商河县	387	379	965	411	250	213	783
淄博市	**5441**	**9602**	**16105**	**9594**	**9960**	**7036**	**9777**
本级	2213	3341	4710	3481	4448	2735	2405
县级小计	3228	6261	11395	6113	5512	4301	7372
博山区	281	316	726	542	507	324	453
淄川区	638	676	2582	832	861	838	1055
张店区	504	952	1713	744	961	669	1133
周村区	275	432	903	535	402	172	466
临淄区	534	1220	2250	1524	1303	928	2045
桓台县	341	1192	1265	555	565	395	1115
高青县	237	685	646	187	362	218	241
沂源县	323	503	966	431	156	467	646
枣庄市	**3258**	**2867**	**9102**	**5738**	**7185**	**3413**	**5265**
本级	998	1076	2220	1912	1531	674	1769
县级小计	2260	1791	6882	3826	5654	2739	3496
市中区	319	333	1165	735	933	647	480
薛城区	381	266	781	469	520	256	295
峄城区	315	174	995	349	624	297	519
山亭区	261	153	690	401	376	204	343
台儿庄区	204	168	578	308	253	273	164
滕州市	825	688	2810	1633	2995	1113	1721
烟台市	**7059**	**11933**	**20740**	**12150**	**11977**	**5567**	**7253**
本级	2356	3620	5471	3093	3315	1396	1854
县级小计	4703	8313	15269	9057	8662	4171	5399
芝罘区	453	2423	1204	494	393	245	256
福山区	186	255	762	476	401	426	210
龙口市	553	887	1500	1031	1719	737	1038
莱阳市	421	750	1345	703	1287	669	206
蓬莱市	393	408	1220	745	776	143	278
招远市	577	1048	2810	2069	1164	487	549
莱州市	561	703	1932	1204	573	476	521
栖霞市	249	435	980	491	479	205	638

续表 14

地　区	公用支出						
	邮电费	取暖费	交通费	差旅费	会议费	培训费	招待费
海阳市	366	227	1145	519	795	199	688
牟平区	226	410	881	438	269	222	398
长岛县	159	61	213	264	156	40	27
开发区	374	246	1127	475	298	1244	342
莱山区	224	270	590	319	264	67	326
潍坊市	**6769**	**16072**	**21228**	**8932**	**12519**	**5892**	**8454**
本级	2167	5813	6554	3595	4538	1716	2403
县级小计	4602	10259	14674	5337	7981	4176	6051
潍城区	291	639	626	161	247	266	252
坊子区	114	452	449	170	165	510	314
寒亭区	145	349	498	133	95	126	220
昌邑市	218	419	816	308	249	209	275
昌乐县	415	1072	1380	576	583	239	355
安丘市	646	1727	1878	523	825	323	662
寿光市	787	2166	2183	775	1982	721	1208
青州市	486	797	1961	884	953	520	1155
高密市	359	603	1195	624	537	243	395
诸城市	600	971	2379	623	1440	288	426
临朐县	442	980	1419	751	984	724	545
奎文区	244	186	644	127	202	128	446
济宁市	**5902**	**6953**	**16865**	**9603**	**15052**	**6026**	**13396**
本级	1762	2546	4990	2697	4194	1571	3288
县级小计	4140	4407	11875	6906	10858	4455	10108
市中区	344	303	264	368	555	218	453
任城区	273	341	748	583	1111	516	1069
兖州市	554	372	1385	1004	1303	238	1367
曲阜市	419	601	1061	648	2193	366	552
泗水县	253	310	706	356	446	338	279
邹城市	619	861	2418	1109	1696	691	1994
微山县	349	245	1006	782	975	376	1215
鱼台县	203	89	706	416	425	284	941
金乡县	227	373	599	305	326	285	314
嘉祥县	291	241	857	398	636	287	562
汶上县	389	269	1309	443	589	331	862

续表 15

地　区	公用支出						
	邮电费	取暖费	交通费	差旅费	会议费	培训费	招待费
梁山县	211	397	840	387	706	520	517
临沂市	**5457**	**8931**	**19319**	**8672**	**12327**	**5511**	**10841**
本级	1594	3351	5569	2749	3468	1477	2712
县级小计	3863	5580	13750	5923	8859	4034	8129
郯城县	434	900	1983	943	1300	655	695
苍山县	400	325	1562	530	834	335	355
莒南县	139	401	656	278	243	178	47
沂水县	377	566	1201	372	860	542	1073
蒙阴县	166	571	426	247	710	171	549
平邑县	433	416	1483	632	486	331	1051
费　县	384	446	1519	430	1011	359	950
沂南县	279	547	971	539	341	151	810
临沭县	397	384	1155	652	1187	491	837
兰山区	308	386	836	448	1215	307	555
罗庄区	314	256	1069.2	402.6	510	197	939
河东区	244	382	828	493	555	320	667
泰安市	**4299**	**6887**	**11833**	**5946**	**6475**	**5489**	**6275**
本级	1936	2900	3999	2092	2898	2687	2760
县级小计	2363	3987	7834	3854	3577	2802	3515
新泰市	654	1386	2082	1021	1265	641	766
宁阳县	317	376	855	336	317	519	530
东平县	416	430	1079	762	333	225	584
肥城市	475	998	2177	941	841	581	626
泰山区	247	360	721	238	264	275	265
郊　区	254	437	920	556	557	561	744
聊城市	**3717**	**4540**	**11427**	**5544**	**7970**	**5953**	**7856**
本级	1376	1650	4177	1747	2596	1480	2545
县级小计	2341	2890	7250	3797	5374	4473	5311
东昌府区	448	349	1119	811	1280	303	1193
临清市	433	648	1313	660	282	241	782
阳谷县	283	155	862	344	458	621	745
莘　县	220	546	998	388	607	560	609
茌平县	148	93	384	261	60	1377	228
东阿县	210	492	574	278	337	290	487

续表 16

地 区	公用支出						
	邮电费	取暖费	交通费	差旅费	会议费	培训费	招待费
冠 县	399	430	1188	458	1764	828	747
高唐县	200	177	812	597	586	253	520
菏泽市	**3694**	**3280**	**12613**	**8654**	**6315**	**3432**	**5552**
本级	950	1057	3576	2111	1703	828	1090
县级小计	2744	2223	9037	6543	4612	2604	4462
牡丹区	295	292	1950	820	468	341	863
曹 县	213	84	669	638	634	284	530
定陶县	119	196	688	407	293	141	341
成武县	124	352	637	429	362	239	169
单 县	288	312	643	769	535	367	575
巨野县	345	127	1681	859	714	436	672
郓城县	390	488	1353	1056	918	448	395
鄄城县	198	201	817	629	431	171	685
东明县	772	171	599	936	257	177	232
德州市	**2120**	**2906**	**6159**	**3182**	**5398**	**2980**	**3338**
本级	375	465	1104	409	1249	207	255
县级小计	1745	2441	5055	2773	4149	2773	3083
德城区	256	343	649	384	347	186	577
陵 县	77	177	147	107	46	111	38
平原县	191	594	685	180	278	131	510
夏津县	162	296	659	281	208	131	336
武城县	229	366	741	555	395	252	487
齐河县	278	310	800	249	1959	310	953
禹城市	248	389	616	788	515	160	389
乐陵市	164	437	552	202	238	59	79
临邑县		275	184	10	753		
宁津县	165	318	227	125	63	138	222
庆云县	116	159	223	135	29	132	32
滨州市	**3184**	**7250**	**8324**	**3847**	**6429**	**2772**	**5651**
本级	1430	3511	2635	1399	2368	710	1938
县级小计	1754	3739	5689	2448	4061	2062	3713
惠民县	174	314	683	300	348	616	370
阳信县	114	192	329	176	125	136	237
无棣县	289	639	822	330	286	194	874

续表 17

地　区	公用支出						
	邮电费	取暖费	交通费	差旅费	会议费	培训费	招待费
沾化县	167	325	500	124	115	99	312
博兴县	351	703	891	900	713	297	584
邹平县	478	894	1731	507	1301	524	865
滨州市	221	761	800	246	276	270	550
东营市	**3588**	**4312**	**11049**	**5382**	**5068**	**3337**	**7009**
本级	2060	665	5257	3406	3382	1367	3503
县级小计	1528	3647	5792	1976	1686	1970	3506
东营区	400	675	1552	578	554	647	1266
河口区	252	177	1383	426	168	335	1158
广饶县	332	1109	1306	419	376	328	418
垦利县	280	860	794	331	404	404	342
利津县	264	826	757	222	184	256	322
威海市	**5339**	**5173**	**15648**	**8912**	**12289**	**5950**	**1324**
本级	1922	1579	4574	3131	3352	2001	438
县级小计	3417	3594	11074	5781	8937	3949	886
环翠区	492	493	1621	1011	1401	229	186
乳山市	437	286	1872	529	383	183	332
文登市	588	881	2541	1304	1475	1646	121
荣成市	1679	1726	4610	2713	5555	1677	354
日照市	**1783**	**2252**	**5790**	**3233**	**2562**	**1371**	**4203**
本级	1011	1216	2795	1967	1454	671	2143
县级小计	772	1036	2995	1266	1108	700	2060
莒　县	229	174	934	280	123	107	365
五莲县	238	343	1011	325	423	146	618
东港区	185	324	708	413	302	271	538
岚山区	118	139	320	245	256	176	515
莱芜市	**1067**	**1347**	**2499**	**1738**	**1000**	**480**	**1609**
本级	780	773	1786	1374	791	317	1339
县级小计	287	574	713	364	209	163	270
莱城区	137	250	219	158	115	95	22
钢城区	151	327	494	210	96	70	247
省级	**16886**	**38636**	**42843**	**32958**	**25981**	**14422**	**17166**

续表 18

地　区	公用支出						
	福利费	劳务费	就业补助费	租赁费	物业管理费	维修费	专用材料费
全省合计	**66782**	**115989**	**34040**	**49227**	**49650**	**1033849**	**2083018**
地(市)合计	55741	94572	33766	31542	37556	911654	1197451
地(市)本级	17235	46384	20030	18225	17051	320254	534281
县级合计	38506	48188	13736	13317	20505	591400	663170
省内合计	**55025**	**94980**	**16880**	**42043**	**44161**	**936061**	**1881325**
地(市)合计	43984	73563	16606	24358	32067	813866	995758
地(市)本级	11454	30975	5267	13600	14000	292700	425034
县级合计	32530	42588	11339	10758	18067	521166	570724
青岛市	**11757**	**21009**	**17160**	**7184**	**5489**	**97788**	**201693**
本级	5781	15409	14763	4625	3051	27554	109247
县级小计	5976	5600	2397	2559	2438	70234	92446
即墨市	539	469	81	274	56	9694	12932
胶州市	378	542	775	311	472	14000	6890
胶南市	577	1893	68	456	333	22549	21464
平度市	117	100		15	7	5754	9512
莱西市	946	789	1042	187	1	1964	18911
崂山区	643	106		455	319	1344	758
城阳区	811	301		461	961	2015	4326
黄岛区	515	192	50	52	28	2779	4150
开发区	486	100		111	124	1790	3761
市南区	40	44		20	86	1857	399
市北区	530	776	10	186	32	1313	5941
四方区	128	119		45	33	1972	1000
李沧区	174	158		66	10	1409	1595
保税区	1	7		12		1	
济南市	**5137**	**11574**	**2556**	**3750**	**4600**	**82363**	**167457**
本级	1547	4309	96	1987	2516	34822	81661
县级小计	3590	7265	2460	1763	2084	47541	85796
历下区	446	804	93	611	571	5875	2493
市中区	518	635	489	111	41	3229	5893
天桥区	195	376	430	193	55	5013	4392
槐荫区	401	794	1023	68	769	3017	2026
历城区	555	1080	262	239	218	12951	28185
长青区	256	65	31	121	30	3242	2830
章丘市	611	2517	56	75	98	4280	29284

续表 19

地区	公用支出						
	福利费	劳务费	就业补助费	租赁费	物业管理费	维修费	专用材料费
平阴县	164	109	27	188	56	3619	5456
济阳县	260	701	50	125	170	4480	2630
商河县	184	183		17	78	1846	2616
淄博市	**4398**	**6211**	**1047**	**2652**	**993**	**53945**	**101016**
本级	806	1466	802	942	550	18357	37620
县级小计	3592	4745	245	1710	443	35588	63396
博山区	341	216		39	2	1745	4941
淄川区	453	2370	1	105	35	7618	7056
张店区	746	579	14	144	29	3729	4215
周村区	158	109		61	82	1863	3226
临淄区	579	747	7	1037	254	7377	6661
桓台县	731	458	204	256	13	5359	15756
高青县	145	31		2	8	1242	2093
沂源县	277	241		62	19	7786	17888
枣庄市	**2105**	**3598**	**1091**	**322**	**237**	**13872**	**41391**
本级	278	827	496	112	94	3160	11873
县级小计	1827	2771	595	210	143	10712	29518
市中区	259	1525	58	40	7	1254	6984
薛城区	147	296	188	8	5	1603	1557
峄城区	406	152	48	41		1075	1801
山亭区	135	59	71		1	994	702
台儿庄区	158	101	62	80	45	860	3973
滕州市	724	654	164	45	84	4580	13496
烟台市	**3948**	**6339**	**2048**	**1722**	**3101**	**99058**	**113842**
本级	659	1809	453	558	448	9357	52317
县级小计	3289	4530	1595	1164	2653	89701	61525
芝罘区	133	138	24	94	4	9074	3191
福山区	214	2027	70	49	15	9059	2284
龙口市	699	199	65	75	74	4883	9350
莱阳市	207	341	150	278	54	9170	7475
蓬莱市	184	583	98	149	5	21795	6543
招远市	341	785		90	33	11678	10446
莱州市	335	220	180	176	100	11184	12183
栖霞市	228	88	137	75	93	5409	5016

续表 20

地　区	公用支出						
	福利费	劳务费	就业补助费	租赁费	物业管理费	维修费	专用材料费
海阳市	365	119		29	25	2458	5302
牟平区	97	48	105	10	35	4448	4460
长岛县	12		52	3		180	753
开发区	550	190	95	179	2162	3532	1742
莱山区	29	2	48	90	174	245	72
潍坊市	**4700**	**7062**	**1823**	**1463**	**2391**	**90374**	**96304**
本级	1484	2228	191	498	1279	24444	35958
县级小计	3216	4834	1632	965	1112	65930	60346
潍城区	225	194	80	91	71	1177	1619
坊子区	49	92		30	40	1022	2613
寒亭区	133	60	48	3	5	2488	1086
昌邑市	181	192	220	34	33	14902	4602
昌乐县	253	409	287	46	202	2720	5358
安丘市	378	468	93	104	39	4828	9791
寿光市	702	539		267	286	5878	9525
青州市	506	379	113	150	376	5352	5759
高密市	502	218	110	11	56	9556	5495
诸城市	159	1908	465	108	163	15341	16617
临朐县	338	644	110	134	22	2975	6496
奎文区	202	53	10	22	16	1389	2439
济宁市	**3326**	**7099**	**777**	**1314**	**1620**	**50208**	**68002**
本级	757	3610	73	547	1203	10698	22159
县级小计	2569	3489	704	767	417	39510	45843
市中区	103	166	9	45	10	1044	2360
任城区	167	190	60	42	13	1008	609
兖州市	222	251	132	135	109	2805	10711
曲阜市	299	999	1	187	88	11703	4862
泗水县	85	56	39	8		1866	2130
邹城市	800	735		109	50	7550	4938
微山县	183	427	100	31	18	2614	2830
鱼台县	130	66	28	2	22	1190	1390
金乡县	179	278	15	34	15	3544	6449
嘉祥县	127	40	261	33	40	2515	2542
汶上县	90	313	68	103		1747	2965

续表21

地区	公用支出						
	福利费	劳务费	就业补助费	租赁费	物业管理费	维修费	专用材料费
梁山县	161	99	6	35	50	1858	4212
临沂市	**4425**	**3860**	**1737**	**4204**	**1616**	**96677**	**84351**
本级	757	2134	317	3562	1303	55873	38787
县级小计	3668	1726	1420	642	313	40804	45564
郯城县	333	219	238	156	30	3455	4300
苍山县	442	745	84	56	68	3487	6500
莒南县	169	44	81	17	2	3918	6038
沂水县	117	170	149	44	108	2021	5644
蒙阴县	79	46	52	55	27	963	2814
平邑县	114	165	439	31	41	7964	2741
费　县	289	256	67	97	5	5148	5205
沂南县	401	144	2	23	3	3204	3347
临沭县	207	419	88	68	20	2713	4647
兰山区	1156	111		34	138	2869	2169
罗庄区	116.4	61	42	45	37	1155	715
河东区	293	256	35	61	17	637	1152
泰安市	**1893**	**13349**	**28222**	**3876**	**15332**	**67568**	**61339**
本级	530	7705	520	2260	3707	19576	30133
县级小计	1363	5644	27702	1616	11625	47992	31206
新泰市	337	972	27077	178	1426	19254	9412
宁阳县	152	374	29	816	2452	1993	2558
东平县	216	146	59	30	175	2838	3379
肥城市	268	2832	90	428	2266	18746	11227
泰山区	195	696	198	11	3882	3555	1953
郊　区	195	624	249	153	1424	1606	2677
聊城市	**2590**	**5720**	**830**	**1610**	**891**	**78437**	**64414**
本级	567	926	166	453	342	26820	28896
县级小计	2023	4794	664	1157	549	51617	35518
东昌府区	375	601	191	205	75	8900	3376
临清市	156	447	184	49	103	10414	4696
阳谷县	793	1315	93	441	87	990	3595
莘　县	222	632		99	122	2860	6693
茌平县	158	555	90	51	7	11769	5478
东阿县	83	247		111	69	8247	3663

续表22

地区	公用支出						
	福利费	劳务费	就业补助费	租赁费	物业管理费	维修费	专用材料费
冠县	171	378	106	84	17	2894	3227
高唐县	65	619.02		117	69	5543	4790
菏泽市	**2083**	**2514**	**1067**	**738**	**305**	**23739**	**32651**
本级	404	1211	275	192	114	6972	9593
县级小计	1679	1303	792	546	191	16767	23058
牡丹区	221	196	143	180	37	3794	3203
曹县	428	171	165	90	7	1630	979
定陶县	116	105	52	15		1547	1572
成武县	167	52		73		1219	1683
单县	211	101	195	29	36	1520	5522
巨野县	161	94	134	40	61	2782	3692
郓城县	173	108	73	73		2159	2927
鄄城县	98	468	30	35	50	1506	1943
东明县	104	8		11		610	1537
德州市	**830**	**339**	**290**	**371**	**1426**	**31253**	**3675**
本级	143	37	17	43	38	16909	101
县级小计	687	302	273	328	1388	14344	3574
德城区	137	666		65	20	1521	2783
陵县	233	23	29			4231	1351
平原县	87	44	21	12		1821	1560
夏津县	173	49	49	105	4	1079	1664
武城县	113	76	84	131	597	3277	1600
齐河县	416	231		13	81	2525	1991
禹城市	279	105	105	23	55	1354	3046
乐陵市	59	114		22	724	4664	3311
临邑县						40	38
宁津县	17	15	16			540	6
庆云县	41		31	1		2070	828
滨州市	**2421**	**3413**	**857**	**717**	**733**	**20852**	**31264**
本级	263	652	186	205	511	5008	12736
县级小计	2158	2761	671	512	222	15844	18528
惠民县	192	245	327	59	3	775	1217
阳信县	1241	115	131	4	6	1206	1336
无棣县	102	139	102	23	27	1449	3072

续表 23

地 区	公用支出						
	福利费	劳务费	就业补助费	租赁费	物业管理费	维修费	专用材料费
沾化县	71	47	2	18	4	1843	977
博兴县	312	430		18	116	1686	2370
邹平县	431	1578	58	234	48	6693	8061
滨州市	186	233	49	57	18	2224	1563
东营市	**2361**	**3795**	**716**	**939**	**934**	**36198**	**20239**
本级	812	1168	219	580	267	24912	7705
县级小计	1549	2627	497	359	667	11286	12534
东营区	624	1162	165	174	396	1701	1740
河口区	84	507	104	82	82	2407	1635
广饶县	202	268	57	54	46	3270	4408
垦利县	386	568	25	34	82	2655	2296
利津县	253	122	146	15	61	1253	2455
威海市	**4158**	**2982**	**1684**	**2535**	**2573**	**60620**	**88725**
本级	1226	309	855	1127	1127	23622	30541
县级小计	2932	2673	829	1408	1446	36998	58184
环翠区	295	472	3	58	15	3871	5403
乳山市	179	196	105	27	162	2857	11581
文登市	1027	720	107	237	274	15654	12854
荣成市	1363	972	575	1057	981	13739	27867
日照市	**1566**	**3039**	**685**	**589**	**641**	**11027**	**25571**
本级	888	2470	586	487	383	4064	14275
县级小计	678	569	99	102	258	6963	11296
莒 县	197	156	1	60	142	2041	5311
五莲县	159	91	8	1	36	2604	2940
东港区	193	199	70	31	69	1574	2254
岚山区	127	116		7	4	621	817
莱芜市	**415**	**154**	**15**	**81**	**130**	**10745**	**13924**
本级	333	114	15	47	118	8106	10679
县级小计	82	40		34	12	2639	3245
莱城区	55	39		8	1	1664	1729
钢城区	32			27	11	974	1185
省级	**11041**	**21417**	**274**	**17685**	**12094**	**122195**	**885567**

续表 24

地　区	公用支出					对个人和家庭的补助支出	
	办公设备购置费	专用设备购置费	交通工具购置费	图书资料购置费	其他	小计	离休费
全省合计	**229866**	**455694**	**138188**	**38308**	**4684176**	**1762639**	**139043**
地(市)合计	196408	341387	110393	25417	3200789	1470922	111364
地(市)本级	60627	147325	43046	7762	1273782	408360	27094
县级合计	135781	194062	67347	17655	1927007	1062562	84270
省内合计	**203499**	**401864**	**120758**	**35700**	**4195726**	**1584743**	**127371**
地(市)合计	170041	287557	92963	22809	2712339	1293026	99692
地(市)本级	50223	117909	33548	6545	1084770	330288	20683
县级合计	119818	169648	59415	16264	1627569	962738	79009
青岛市	**26367**	**53830**	**17430**	**2608**	**488450**	**177896**	**11672**
本级	10404	29416	9498	1217	189012	78072	6411
县级小计	15963	24414	7932	1391	299438	99824	5261
即墨市	1380	1673	1144	128	34376	15496	1633
胶州市	1559	1968	1019	163	27764	7279	621
胶南市	2759	8611	1352	500	22472	12547	327
平度市	1277	1504	353	120	26201	9429	365
莱西市	970	2767	505	43	10523	2615	4
崂山区	1602	780	568	58	37528	8248	233
城阳区	1427	2104	140	130	58378	8537	69
黄岛区	841	721	940	82	17112	5072	63
开发区	923	457	35	46	8503	2688	13
市南区	313	405	177	5	12847	7741	518
市北区	726	1211	340	66	16142	10970	619
四方区	779	211	123	14	8147	6750	325
李沧区	1322	1822	631	37	13528	2878	469
保税区	63	5	99	1	3777	140	
济南市	**22922**	**52611**	**12574**	**2998**	**416064**	**201354**	**12569**
本级	6403	18977	3800	670	285703	90328	5923
县级小计	16519	33634	8774	2328	130361	111026	6646
历下区	931	1707	1122	243	13358	14025	836
市中区	855	1558	497	103	10540	15788	1132
天桥区	934	576	727	31	7157	12862	1041
槐荫区	3592	996	1707	39	5007	10120	518
历城区	2752	3237	904	153	5637	15668	684
长青区	647	282	418	43	15384	7512	435
章丘市	5017	23069	2039	1505	15740	20052	1053

续表 25

地区	公用支出					对个人和家庭的补助支出	
	办公设备购置费	专用设备购置费	交通工具购置费	图书资料购置费	其他	小计	离休费
平阴县	402	545	285	80	9040	6470	346
济阳县	1151	1293	646	108	15144	5352	333
商河县	242	424	429	21	15014	3206	270
淄博市	**29060**	**28671**	**9183**	**1340**	**195139**	**107849**	**6480**
本级	7161	12565	2557	654	81856	34144	1548
县级小计	21899	16106	6626	686	113283	73705	4932
博山区	926	685	1343	49	12461	8341	916
淄川区	1194	2559	888	237	7907	9230	94
张店区	1169	1281	1052	114	24249	11172	1025
周村区	864	1125	761	15	15436	6698	306
临淄区	4141	2678	835	67	29681	12024	712
桓台县	11154	5554	752	139	163	9071	337
高青县	1007	1241	330	29	11992	5497	579
沂源县	1076	757	490	37	3369	5437	49
枣庄市	**6433**	**7623**	**5195**	**810**	**84280**	**27153**	**320**
本级	1322	1725	1441	291	25478	8661	12
县级小计	5111	5898	3754	519	58802	18492	308
市中区	610	451	670	25	4501	3639	
薛城区	565	904	377	173	11403	3810	130
峄城区	684	1049	426	48	5446	1115	12
山亭区	421	161	540	41	11411	1527	
台儿庄区	790	1170	344	110	3955	1567	65
滕州市	2049	2250	1272	117	23391	6837	104
烟台市	**16615**	**23870**	**8588**	**1143**	**327505**	**119924**	**6056**
本级	4527	7986	1734	435	90169	23739	869
县级小计	12088	15884	6854	708	237336	96185	5187
芝罘区	579	995	209	14	13420	18725	1533
福山区	422	948	549	24	7007	5033	320
龙口市	2443	3205	717	147	41936	9745	719
莱阳市	1279	1316	700	81	11347	6326	159
蓬莱市	674	1991	578	40	16178	8605	585
招远市	992	1123	769	41	10315	11056	198
莱州市	1133	2783	1051	69	22751	9893	445
栖霞市	686	774	170	14	7575	6780	382

续表 26

地区	公用支出					对个人和家庭的补助支出	
	办公设备购置费	专用设备购置费	交通工具购置费	图书资料购置费	其他	小计	离休费
海阳市	744	1133	334	115	16270	5914	418
牟平区	1898	851	442	58	11114	6285	402
长岛县	42	159	95	2	5460	958	56
开发区	782	1868	215	69	56005	4157	36
莱山区	300	411	572	1	13478	2933	130
潍坊市	**14980**	**26739**	**7835**	**1824**	**206637**	**58360**	**602**
本级	5816	7685	2795	805	39992	13174	3
县级小计	9164	19054	5040	1019	166645	45186	599
潍城区	331	800	150	96	7242	2742	
坊子区	263	1270	73	12	3548	2110	
寒亭区	462	665	270	20	8203	1110	
昌邑市	1672	842	114	15	7039	2909	60
昌乐县	622	1169	658	143	10659	2602	
安丘市	836	1271	602	70	13087	2515	64
寿光市	1514	1417	488	421	46414	9347	
青州市	734	1587	744	56	42239	5072	96
高密市	611	2095	498	173	20626	1532	
诸城市	2047	6589	1261	97	10209	5572	12
临朐县	609	1418	595	281	4247	1893	57
奎文区	379	622	122	16	12789	3309	315
济宁市	**17205**	**21082**	**8483**	**2965**	**270222**	**130166**	**13119**
本级	3673	8088	3627	374	88666	31810	2758
县级小计	13532	12994	4856	2591	181556	98356	10361
市中区	979	792	144	65	7935	6408	509
任城区	924	533	513	66	10724	14675	3141
兖州市	616	813	665	47	44936	14033	1060
曲阜市	2579	1931	260	100	14933	8235	771
泗水县	451	952	250	128	2739	4243	579
邹城市	4604	2487	851	195	52586	16798	920
微山县	625	608	441	220	10676	7289	514
鱼台县	444	504	326	106	3796	4529	447
金乡县	933	2275	311	108	2122	4902	603
嘉祥县	474	692	221	85	9477	5277	638
汶上县	499	567	612	174	8839	5098	644

续表 27

地　区	公用支出					对个人和家庭的补助支出	
	办公设备购置费	专用设备购置费	交通工具购置费	图书资料购置费	其他	小计	离休费
梁山县	380	761	261	619	7250	6386	638
临沂市	**10501**	**19315**	**8583**	**2247**	**188127**	**83368**	**7723**
本级	3178	9135	2676	1082	89292	14531	1351
县级小计	7323	10180	5907	1165	98835	68837	6372
郯城县	466	1219	618	41	5009	4123	600
苍山县	501	733	695	76	5209	6175	274
莒南县	341	1051	200	162	6226	4083	5
沂水县	570	1059	356	28	13560	3963	96
蒙阴县	374	450	259	36	3684	759	
平邑县	882	894	454	177	139	5655	586
费　县	648	703	558	73	8865	5307	543
沂南县	387	1169	679	195	7785	3963	
临沭县	943	998	614	125	4839	4410	506
兰山区	1314	556	530	90	23457	9710	543
罗庄区	552	509	427	76	9786	3152.2	202
河东区	462	367	467	52	7806	2518	123
泰安市	**7437**	**18323**	**6006**	**708**	**48278**	**105422**	**5404**
本级	2692	7946	3378	333	12512	23404	1971
县级小计	4745	10377	2628	375	35766	82018	3433
新泰市	1214	2153	884	71	8778	13950	1095
宁阳县	863	1700	252	109	2049	9717	580
东平县	739	3392	483	70	7088	5854	218
肥城市	882	2122	718	73	9119	37568	499
泰山区	653	467	128	35	5170	6042	494
郊　区	394	543	163	17	3562	8887	547
聊城市	**6243**	**17228**	**5124**	**2318**	**49573**	**77560**	**6824**
本级	1840	5817	2164	736	14699	15135	1819
县级小计	4403	11411	2960	1582	34874	62425	5005
东昌府区	492	853	530	62	3818	11313	1122
临清市	531	788	277	82	3710	13295	744
阳谷县	768	3616	221	444	2370	6680	777
莘　县	485	1256	163	437	2359	6951	788
茌平县	332	775	406	91	3009	10715	598
东阿县	643	1575	207	210	1618	4350	465

续表 28

地区	公用支出					对个人和家庭的补助支出	
	办公设备购置费	专用设备购置费	交通工具购置费	图书资料购置费	其他	小计	离休费
冠县	447	1104	468	92	2052	6291	511
高唐县	705	1444	688	164	15938	2792	
菏泽市	**6818**	**6729**	**3657**	**874**	**84437**	**88886**	**8959**
本级	1661	2444	1188	81	12494	11253	1231
县级小计	5157	4285	2469	793	71943	77633	7728
牡丹区	1680	721	541	78	16849	11650	1183
曹县	621	131	219	48	10307	8202	651
定陶县	414	611	148	45	4172	6852	850
成武县	251	84	76	21	4009	6739	409
单县	611	479	204	142	10956	10338	1170
巨野县	534	853	341	144	6213	9028	1023
郓城县	411	387	401	33	5950	11543	1140
鄄城县	252	390	195	191	4945	5920	789
东明县	383	629	344	91	8542	7361	513
德州市	**2672**	**8995**	**1440**	**1471**	**120099**	**61617**	**6049**
本级	236	1650	175	23	23043	9305	898
县级小计	2436	7345	1265	1448	97056	52312	5151
德城区	355	624	397	35	27432	5061	755
陵县	213	192	20	102	5566	4751	493
平原县	330	289	114	17	14340	4907	363
夏津县	406	2604	387	138	7598	3597	375
武城县	831	1303	316	159	6187	5025	520
齐河县	743	3072	154	160	10641	5032	671
禹城市	1297	2347	161	493	13483	3896	283
乐陵市	40	125	16	5	3254	5713	429
临邑县	177	8		287	10703	2581	320
宁津县	106	50	8	23	3332	5128	313
庆云县	56	307	13	51	11	4980	628
滨州市	**6422**	**14726**	**5220**	**1384**	**121794**	**56643**	**5806**
本级	1188	5517	1811	221	21274	11109	950
县级小计	5234	9209	3409	1163	100520	45534	4856
惠民县	1145	2404	469	925	3122	4796	651
阳信县	249	957	348	14	1171	3543	525
无棣县	544	876	660	54	15934	3897	784

续表 29

地区	公用支出					对个人和家庭的补助支出	
	办公设备购置费	专用设备购置费	交通工具购置费	图书资料购置费	其他	小计	离休费
沾化县	248	536	142	44	10943	4712	415
博兴县	772	534	539	62	15597	6161	960
邹平县	1535	3182	972	33	40228	13991	547
滨州市	753	1045	354	106	16565	7401	853
东营市	**5891**	**11992**	**3176**	**1140**	**147196**	**35443**	**902**
本级	1895	6635	1071	135	77749	10145	49
县级小计	3996	5357	2105	1005	69447	25298	853
东营区	967	1533	567	558	18875	5806	244
河口区	372	509	337	38	7869	4129	45
广饶县	1283	1629	453	215	23707	6831	167
垦利县	546	728	332	131	10682	5683	364
利津县	828	958	416	63	8314	2849	33
威海市	**12017**	**23024**	**4016**	**1241**	**212579**	**87521**	**7008**
本级	3034	4784	978	385	112047	17595	772
县级小计	8983	18240	3038	856	100532	69926	6236
环翠区	842	1392	243	28	26347	9213	854
乳山市	591	822	477	18	25396	15438	1451
文登市	2046	7888	1654	429	31063	24406	2052
荣成市	2960	7586	589	370	24142	20629	1877
日照市	**5787**	**7408**	**3772**	**388**	**103613**	**32847**	**2504**
本级	3674	5030	2758	247	72856	9177	386
县级小计	2113	2378	1014	141	30757	23670	2118
莒县	500	642	240	46	6792	9796	1250
五莲县	613	919	310	44	8155	6376	585
东港区	728	604	341	37	9960	6171	243
岚山区	199	176	127	12	5104	2403	61
莱芜市	**2371**	**12616**	**1716**	**137**	**53163**	**12062**	**163**
本级	1923	11925	1395	73	36940	6778	143
县级小计	448	691	321	64	16223	5284	20
莱城区	49	61	32	27	9832	3971	20
钢城区	400	281	288	36	6413	1315	
省级	**33458**	**114307**	**27795**	**12891**	**1483387**	**291717**	**27679**

续表 30

地区	对个人和家庭的补助支出						
	退休费	退职（役）费	抚恤和生活补助	医疗费	住房补贴	助学金	其他
全省合计	**590764**	**9512**	**245165**	**161509**	**451181**	**59767**	**105698**
地（市）合计	494712	8733	239780	135943	368459	13946	97985
地（市）本级	86767	1710	63995	45197	140119	9772	33706
县级合计	407945	7023	175785	90746	228340	4174	64279
省内合计	**548049**	**8746**	**229505**	**156630**	**371522**	**57362**	**85558**
地（市）合计	451997	7967	224120	131064	288800	11541	77845
地（市）本级	68275	1653	63047	43419	99094	8389	25728
县级合计	383722	6314	161073	87645	189706	3152	52117
青岛市	**42715**	**766**	**15660**	**4879**	**79659**	**2405**	**20140**
本级	18492	57	948	1778	41025	1383	7978
县级小计	24223	709	14712	3101	38634	1022	12162
即墨市	7970	252	887	2072	1644	7	1031
胶州市	2724	58	355	127	1311	269	1814
胶南市	375	118	1338	384	8834	246	925
平度市	50	143	7368	25	668	11	799
莱西市	260	21	1146	558	295		331
崂山区	2028	8	98	30	3908	187	1756
城阳区	621	59	240	207	5803	190	1348
黄岛区	347	13	77	32	3859	1	680
开发区	320	14	21	12	2103		205
市南区	2177	3	52	41	2738	88	2124
市北区	3622	9	2446	3	4074	6	191
四方区	1601	2	404	32	2246	12	2128
李沧区	1276	1	40	2	1036		54
保税区	1		17	6	108	4	4
济南市	**64198**	**751**	**50733**	**26512**	**37398**	**677**	**8516**
本级	17284	636	33157	12113	17097	600	3518
县级小计	46914	115	17576	14399	20301	77	4998
历下区	5950	3	1346	2294	3236	1	359
市中区	7034		2207	1488	3292	8	627
天桥区	5829	3	1054	1470	2906		559
槐荫区	3684	4	1615	774	2428	2	1095
历城区	6599	23	3620	2940	1506	21	275
长青区	3928		1658	703	309	30	449
章丘市	6928	32	2609	2543	5995	5	887

续表 31

地　区	对个人和家庭的补助支出						
	退休费	退职(役)费	抚恤和生活补助	医疗费	住房补贴	助学金	其他
平阴县	3320	17	1233	1035	415	6	98
济阳县	2484	30	1143	615	217	5	525
商河县	1163		1107	543			123
淄博市	**33373**	**405**	**24475**	**12445**	**24045**	**670**	**5956**
本级	5827	224	11047	4263	7236	494	3505
县级小计	27546	181	13428	8182	16809	176	2451
博山区	4047	22	1288	384	1415	27	242
淄川区	166	4	3390	1597	3578	18	383
张店区	3446	67	1540	1334	3405	3	352
周村区	2628	6	1458	566	1572	7	155
临淄区	4658	15	1484	2109	2589	34	423
桓台县	3173	8	846	2260	1868	11	568
高青县	2950	25	1120	353	248	4	218
沂源县	53	35	1989	667	2411	76	157
枣庄市	**1080**	**68**	**8268**	**3939**	**8984**	**657**	**3837**
本级	238	6	793	1286	3880	408	2038
县级小计	842	62	7475	2653	5104	249	1799
市中区			1432	768	1064	30	345
薛城区	172	1	1450	647	749	70	591
峄城区	12	7	620	167	247	2	48
山亭区			835	164	150		378
台儿庄区	625	1	501	270	49	22	34
滕州市	34	50	2545	633	2846	125	500
烟台市	**12875**	**528**	**20388**	**19958**	**38849**	**1619**	**19651**
本级	3445	78	539	6348	7506	1216	3738
县级小计	9430	450	19849	13610	31343	403	15913
芝罘区	1807	12	1980	2997	2758	54	7584
福山区	557	23	961	756	1115	48	1253
龙口市	1773	79	1737	557	4144	1	735
莱阳市	34	25	2422	694	1656	12	1324
蓬莱市	465	76	1667	1486	2898	107	1321
招远市	120	48	2439	2377	5672	38	164
莱州市	327	1	2361	267	5305	40	1147
栖霞市	343	65	2074	2012	914	17	973

续表32

地区	对个人和家庭的补助支出						
	退休费	退职（役）费	抚恤和生活补助	医疗费	住房补贴	助学金	其他
海阳市	209	107	2348	776	1794	17	245
牟平区	489		1195	962	2416	70	751
长岛县	136	6	115	11	569		65
开发区	826	4	418	596	1889	1	387
莱山区	976	9	413	393	822		190
潍坊市	**953**	**794**	**6372**	**9545**	**33523**	**858**	**5713**
本级	81	28	574	1538	9579	539	832
县级小计	872	766	5798	8007	23944	319	4881
潍城区	8	484	639	33	1517	9	52
坊子区		1	217	5	1887		
寒亭区		7	187	2	635	5	274
昌邑市	177	96	293	533	1478	22	250
昌乐县		47	277	147	1870	8	253
安丘市	98	24	1032	31	532	22	712
寿光市		122	524	705	6879	17	1100
青州市	176	31	1209	354	1696	46	1464
高密市		6	629	127	559	118	93
诸城市	101	3	1110	487	3817	33	9
临朐县	38		365	253	930	29	221
奎文区	328		189	429	1971		77
济宁市	**50516**	**369**	**18790**	**10547**	**27325**	**1213**	**8287**
本级	8384	82	4838	3693	9236	893	1926
县级小计	42132	287	13952	6854	18089	320	6361
市中区	2560		290	47	2483	3	516
任城区	6425	17	660	1020	2824	40	548
兖州市	4419	14	2813	1371	3173	33	1150
曲阜市	3312	21	813	1374	1723	32	189
泗水县	2169	9	966	236	167	6	111
邹城市	6374	21	2226	596	5984	92	585
微山县	3037	121	1716	595	1078		228
鱼台县	2548	8	708	199	180		439
金乡县	2789	38	797	402	204		69
嘉祥县	2462	14	1219	377	16	37	514
汶上县	2704	17	812	495	200	36	190

续表 33

地区	对个人和家庭的补助支出						
	退休费	退职(役)费	抚恤和生活补助	医疗费	住房补贴	助学金	其他
梁山县	3831	4	1278	60		18	557
临沂市	**38255**	**3**	**8951**	**3677**	**19526**	**1308**	**3925**
本级	2991	3	372	229	7531	951	1103
县级小计	35264		8579	3448	11995	357	2822
郯城县	2276		536	32	610	2	67
苍山县	1973		2351	738	809	30	
莒南县	1	11	2724	137	896	47	262
沂水县	25		448	65	2625	152	552
蒙阴县			241	217	267	34	
平邑县	2314		902	1079	737	9	28
费　县	2856		233	598	694	80	303
沂南县			2173	87	311		1392
临沭县	2200	5	714	63	885	17	20
兰山区	3963		975	160	2907	50	1112
罗庄区	1324		752.2		874		
河东区	1244		138	18	673	57	265
泰安市	**29760**	**543**	**40078**	**12497**	**13288**	**271**	**3581**
本级	6365	24	2964	4307	6913	265	595
县级小计	23395	519	37114	8190	6375	6	2986
新泰市	5210	16	2766	1882	1830		1151
宁阳县	4893	31	1607	1567	561	4	474
东平县	2027		2004	1041	564		
肥城市	4116		28669	1786	1714	2	782
泰山区	2890		869	682	868		239
郊　区	4259	472	1199	1232	838		340
聊城市	**31996**	**267**	**11118**	**7725**	**8779**	**263**	**10588**
本级	4932	82	444	1166	4800	57	1835
县级小计	27064	185	10674	6559	3979	206	8753
东昌府区	5016	4	2551	289	1708	66	557
临清市	3880	2	1344	1460	459	3	5403
阳谷县	3833	72	997	404	225	29	343
莘　县	3686	1	1310	363	268	40	495
茌平县	4969	25	2521	1592	651		359
东阿县	2271	52	829	391	192	9	141

续表 34

地　区	对个人和家庭的补助支出						
	退休费	退职（役）费	抚恤和生活补助	医疗费	住房补贴	助学金	其他
冠　县	3409	29	1260	447	274	59	302
高唐县			841	1575	202		174
菏泽市	**45092**	**379**	**15873**	**9221**	**4326**	**783**	**4253**
本级	4143	140	1305	1813	1356	556	709
县级小计	40949	239	14568	7408	2970	227	3544
牡丹区	6331	20	1984	968	411	3	750
曹　县	3683	5	2325	724	112	124	578
定陶县	3894		1231	307	152		418
成武县	4047	61	1109	723	350		40
单　县	5164	16	1931	849	161	10	1037
巨野县	4417	65	1869	885	427	80	262
郓城县	6473	2	1585	1574	574	10	185
鄄城县	2721	49	1346	496	465		54
东明县	4219	21	1188	882	318		220
德州市	**27639**	**219**	**15719**	**5158**	**1134**	**329**	**5370**
本级	3091	7	1854	1430	1091	247	248
县级小计	24548	212	13865	3728	43	82	5122
德城区	2181	4	1579	399	23		120
陵　县	2462	5	1490	10			291
平原县	2234	33	1567	688	2		20
夏津县	1940	7	792	414		1	68
武城县	2487	37	1109	27		7	838
齐河县	2921		830	391	5	20	194
禹城市	1518	170	1209	609	11	5	91
乐陵市	2474		1153	122	2		1533
临邑县	2261						
宁津县	2678		1040	460		30	607
庆云县	2090	20	1868	200		18	156
滨州市	**23694**	**210**	**3645**	**6192**	**12507**	**840**	**3749**
本级	3316	23	445	1349	3539	703	784
县级小计	20378	187	3200	4843	8968	137	2965
惠民县	2420	36	1376	207			106
阳信县	2477	15	333	48	138	7	
无棣县	2199	9	259	59	484	5	98

续表35

地　区	对个人和家庭的补助支出						
	退休费	退职(役)费	抚恤和生活补助	医疗费	住房补贴	助学金	其他
沾化县	2554	34	189	244	1083	122	71
博兴县	3007	1	1514	96	130		453
邹平县	4307	71	721	1762	5938	4	641
滨州市	3541	21	547	293	1051		1095
东营市	**6322**	**374**	**8713**	**3653**	**11115**	**444**	**3920**
本级	2133	124	1753	318	3294	313	2161
县级小计	4189	250	6960	3335	7821	131	1759
东营区	1478	78	1531	774	1457	20	224
河口区	449	22	792	808	1495	25	493
广饶县	196	112	1958	1006	2713	36	643
垦利县	2042	2	1568	287	1194	4	222
利津县	24	36	1111	460	962	46	177
威海市	**27327**	**328**	**11308**	**4176**	**31398**	**648**	**5328**
本级	4444	145	1048	622	8714	246	1604
县级小计	22883	183	10260	3554	22684	402	3724
环翠区	3087	15	1127	693	2957	2	478
乳山市	5678	32	1836	12	5625	27	777
文登市	7149	99	4725	1751	7545	37	1048
荣成市	6969	42	2560	938	6497	335	1411
日照市	**10076**	**111**	**4163**	**3559**	**7362**	**852**	**4220**
本级	1560	44	425	1493	3453	749	1067
县级小计	8516	67	3738	2066	3909	103	3153
莒　县	3960	34	1722	1141	1341	14	334
五莲县	2611	42	817	790	1102	32	397
东港区	2071	21	1003	432	954	57	1390
岚山区	329	2	491	8	512		1000
莱芜市	**52**	**48**	**1519**	**2493**	**7031**	**159**	**597**
本级	41	7	1489	1451	3430	152	65
县级小计	11	41	30	1042	3601	7	532
莱城区	11	1	9	842	2613	8	467
钢城区		40	22	201	988		64
省级	**96052**	**779**	**5385**	**25566**	**82722**	**45821**	**7713**

2004 年山东省财政基金预算支出明细表

单位：万元

地区	合计	一、工业交通部门基金支出									
		小计	养路费支出	公路客货运附加费支出	民航机场管理建设费支出	下放港口以港养港支出	散装水泥专项资金支出	墙体材料专项基金支出	铁路建设附加费支出	农网还贷资金支出	能源建设基金支出
全省合计	**1641559**	**352887**	**345659**		**56**		**1806**	**5366**			
地(市)合计	1164467	48705	42167		56		1416	5066			
地(市)本级	709634	46902	40642		56		1330	4874			
县级合计	454833	1803	1525				86	192			
省内合计	**1391156**	**350471**	**345659**		**56**		**1592**	**3164**			
地(市)合计	914064	46289	42167		56		1202	2864			
地(市)本级	562311	44486	40642		56		1116	2672			
县级合计	351753	1803	1525				86	192			
青岛市	**250403**	**2416**					**214**	**2202**			
本级	147323	2416					214	2202			
县级小计	103080										
即墨市	6744										
胶州市	2822										
胶南市	9998										
平度市	6737										
莱西市	8260										
崂山区	24466										
城阳区	10790										
黄岛区	7										
开发区	14568										
市南区	8724										
市北区	4380										
四方区	368										
李沧区	5215										
保税区	1										
济南市	**169426**	**4094**	**2614**				**395**	**1085**			
本级	148929	4044	2614				358	1072			
县级小计	20497	50					37	13			
历下区	359										
市中区	303										
天桥区	1859										
槐荫区	1732										
历城区	7097	43					30	13			
长青区	1416										
章丘市	1599										

续表 1

地区	合计	一、工业交通部门基金支出									
		小计	养路费支出	公路客货运附加费支出	民航机场管理建设费支出	下放港口以港养港支出	散装水泥专项资金支出	墙体材料专项基金支出	铁路建设附加费支出	农网还贷资金支出	能源建设基金支出
平阴县	1607	7					7				
济阳县	3639										
商河县	886										
淄博市	**59596**	**3474**	**2855**				**266**	**353**			
本级	35761	3474	2855				266	353			
县级小计	23835										
博山区	127										
淄川区	4110										
张店区	731										
周村区	1501										
临淄区	496										
桓台县	11525										
高青县	2643										
沂源县	2702										
枣庄市	**17048**	**1378**	**1089**				**183**	**106**			
本级	13328	1297	1008				183	106			
县级小计	3720	81	81								
市中区	139	81	81								
薛城区	153										
峄城区	922										
山亭区	307										
台儿庄区	1178										
滕州市	1021										
烟台市	**80052**	**6232**	**6192**				**40**				
本级	35740	6232	6192				40				
县级小计	44312										
芝罘区	88										
福山区	583										
龙口市	4822										
莱阳市	2501										
蓬莱市	1132										
招远市	7355										
莱州市	5510										
栖霞市	8584										

续表2

地　区	合计	一、工业交通部门基金支出									
		小计	养路费支出	公路客货运附加费支出	民航机场管理建设费支出	下放港口以港养港支出	散装水泥专项资金支出	墙体材料专项基金支出	铁路建设附加费支出	农网还贷资金支出	能源建设基金支出
海阳市	9235										
牟平区	3638										
长岛县	531										
开发区	293										
莱山区	40										
潍坊市	**66813**	**9500**	**9500**								
本级	37085	9500	9500								
县级小计	29728										
潍城区	373										
坊子区	621										
寒亭区	931										
昌邑市	2015										
昌乐县	536										
安丘市	4640										
寿光市	2574										
青州市	1542										
高密市	5768										
诸城市	6024										
临朐县	3339										
奎文区	1365										
济宁市	**41790**	**1562**	**1562**								
本级	17254	1562	1562								
县级小计	24536										
市中区	60										
任城区	4491										
兖州市	2638										
曲阜市	982										
泗水县	1570										
邹城市	991										
微山县	4938										
鱼台县	113										
金乡县	75										
嘉祥县	5897										
汶上县	2240										

续表3

地区	合计	一、工业交通部门基金支出									
		小计	养路费支出	公路客货运附加费支出	民航机场管理建设费支出	下放港口以港养港支出	散装水泥专项资金支出	墙体材料专项基金支出	铁路建设附加费支出	农网还贷资金支出	能源建设基金支出
梁山县	541										
临沂市	**120857**	**25**					**25**				
本级	75430										
县级小计	45427	25					25				
郯城县	2273										
苍山县	3479										
莒南县	8045	6					6				
沂水县	8786										
蒙阴县	1976										
平邑县	3147										
费　县	9164										
沂南县	6132										
临沭县	1827										
兰山区	195	19					19				
罗庄区	131										
河东区	272										
泰安市	**33688**	**5442**	**4962**				**58**	**422**			
本级	11475	5420	4962				58	400			
县级小计	22213	22						22			
新泰市	1250										
宁阳县	4109										
东平县	2775	7						7			
肥城市	9771	15						15			
泰山区	1303										
郊　区	3005										
聊城市	**45451**	**3553**	**2995**				**42**	**516**			
本级	31589	3498	2995				30	473			
县级小计	13862	55					12	43			
东昌府区	1527										
临清市	2028										
阳谷县	4742	26					12	14			
莘　县	423										
茌平县	1223										
东阿县	2884										

续表 4

地区	合计	一、工业交通部门基金支出									
		小计	养路费支出	公路客货运附加费支出	民航机场管理建设费支出	下放港口以港养港支出	散装水泥专项资金支出	墙体材料专项基金支出	铁路建设附加费支出	农网还贷资金支出	能源建设基金支出
冠县	898	29						29			
高唐县	137										
菏泽市	**50953**	**1617**	**1600**				**17**				
本级	29582	1616	1600				16				
县级小计	21371	1					1				
牡丹区	4506										
曹县	924										
定陶县	147										
成武县	4269										
单县	2252										
巨野县	2890										
郓城县	1835										
鄄城县	2319	1					1				
东明县	2229										
德州市	**29954**										
本级	1215										
县级小计	28739										
德城区	827										
陵县	203										
平原县	214										
夏津县	6737										
武城县	2349										
齐河县	12860										
禹城市	2869										
乐陵市	483										
临邑县	19										
宁津县	1320										
庆云县	858										
滨州市	**32097**	**2175**	**2123**				**52**				
本级	9119	2168	2123				45				
县级小计	22978	7					7				
惠民县	722										
阳信县	940										
无棣县	537										

续表5

地区	合计	一、工业交通部门基金支出							铁路建设附加费支出	农网还贷资金支出	能源建设基金支出
		小计	养路费支出	公路客货运附加费支出	民航机场管理建设费支出	下放港口以港养港支出	散装水泥专项资金支出	墙体材料专项基金支出			
沾化县	138										
博兴县	13417	7					7				
邹平县	7005										
滨州市	219										
东营市	**59592**	**2389**	**2075**				**32**	**282**			
本级	33657	828	631				29	168			
县级小计	25935	1561	1444				3	114			
东营区	3122	199	199								
河口区	7710	255	247				3	5			
广饶县	5523	681	602					79			
垦利县	8289	228	203					25			
利津县	1291	198	193					5			
威海市	**49327**	**4811**	**4600**		**56**		**55**	**100**			
本级	37236	4811	4600		56		55	100			
县级小计	12091										
环翠区	6369										
乳山市	1830										
文登市	3357										
荣成市	535										
日照市	**47029**	**35**					**35**				
本级	37718	34					34				
县级小计	9311	1					1				
莒　县	683										
五莲县	1026										
东港区	4442	1					1				
岚山区	3160										
莱芜市	**10391**	**2**					**2**				
本级	7193	2					2				
县级小计	3198										
莱城区	1329										
钢城区	1869										
省级	**477092**	**304182**	**303492**				**390**	**300**			

续表 6

地区	二、商贸部门基金支出			三、文教部门基金支出					
	小计	外贸发展基金支出	国家茧丝绸发展风险基金支出	小计	农村教育附加费支出	文化事业建设费支出	地方教育附加支出	地方教育基金支出	国家电影事业发展专项资金支出
全省合计	**26514**	**26514**		**11183**	**128**	**5572**	**747**	**4717**	**19**
地(市)合计	20691	20691		9687	128	4095	747	4717	
地(市)本级	11382	11382		6412	74	2960		3378	
县级合计	9309	9309		3275	54	1135	747	1339	
省内合计	**23662**	**23662**		**4427**	**128**	**3997**		**283**	**19**
地(市)合计	17839	17839		2931	128	2520		283	
地(市)本级	8949	8949		1901	74	1827			
县级合计	8890	8890		1030	54	693		283	
青岛市	**2852**	**2852**		**6756**		**1575**	**747**	**4434**	
本级	2433	2433		4511		1133		3378	
县级小计	419	419		2245		442	747	1056	
即墨市	30	30		70		70			
胶州市				4		4			
胶南市	30	30		16		16			
平度市				768		21	747		
莱西市				15		15			
崂山区	296	296		154		154			
城阳区	63	63		21		21			
黄岛区									
开发区									
市南区				325		27		298	
市北区				312		43		269	
四方区				275		27		248	
李沧区				284		43		241	
保税区				1		1			
济南市	**768**	**768**		**1100**	**74**	**1026**			
本级	468	468		967	74	893			
县级小计	300	300		133		133			
历下区	40	40		16		16			
市中区	3	3		12		12			
天桥区	4	4		12		12			
槐荫区	20	20		12		12			
历城区	34	34		16		16			
长青区	11	11		16		16			
章丘市	58	58		15		15			

续表7

地　区	二、商贸部门基金支出			三、文教部门基金支出					
	小计	外贸发展基金支　出	国家茧丝绸发展风险基金支出	小计	农村教育附加费支出	文化事业建设费支出	地方教育附加支　出	地方教育基金支　出	国家电影事业发展专项资金支　出
平阴县	89	89		11		11			
济阳县	12	12		11		11			
商河县	29	29		12		12			
淄博市	**1572**	**1572**		**123**		**123**			
本级	1407	1407		16		16			
县级小计	165	165		107		107			
博山区				10		10			
淄川区				15		15			
张店区	24	24		25		25			
周村区				31		31			
临淄区	31	31		6		6			
桓台县	110	110		10		10			
高青县				5		5			
沂源县				5		5			
枣庄市	**434**	**434**		**97**		**97**			
本级	257	257		27		27			
县级小计	177	177		70		70			
市中区									
薛城区	35	35							
峄城区	22	22		70		70			
山亭区									
台儿庄区									
滕州市	120	120							
烟台市	**2760**	**2760**		**540**	**30**	**510**			
本级	545	545		334		334			
县级小计	2215	2215		206	30	176			
芝罘区	22	22		47		47			
福山区	52	52							
龙口市	195	195							
莱阳市	242	242		2		2			
蓬莱市	101	101		20		20			
招远市	277	277		2		2			
莱州市	429	429							
栖霞市	46	46		32	30	2			

续表 8

地　区	二、商贸部门基金支出			三、文教部门基金支出					
	小计	外贸发展基金支　出	国家茧丝绸发展风险基金支出	小计	农村教育附加费支出	文化事业建设费支出	地方教育附加支　出	地方教育基金支　出	国家电影事业发展专项资金支　出
海阳市	343	343		40		40			
牟平区	142	142		47		47			
长岛县	34	34		15		15			
开发区	292	292		1		1			
莱山区	40	40							
潍坊市	**2844**	**2844**		**20**		**20**			
本级	1022	1022		20		20			
县级小计	1822	1822							
潍城区	38	38							
坊子区	49	49							
寒亭区	14	14							
昌邑市	159	159							
昌乐县	104	104							
安丘市	258	258							
寿光市	256	256							
青州市	129	129							
高密市	234	234							
诸城市	466	466							
临朐县	45	45							
奎文区	60	60							
济宁市	**882**	**882**		**100**		**77**		**23**	
本级	691	691		77		77			
县级小计	191	191		23				23	
市中区	60	60							
任城区									
兖州市	124	124							
曲阜市									
泗水县									
邹城市									
微山县									
鱼台县									
金乡县	5	5							
嘉祥县	2	2							
汶上县				23				23	

续表 9

地区	二、商贸部门基金支出			三、文教部门基金支出					
	小计	外贸发展基金支出	国家茧丝绸发展风险基金支出	小计	农村教育附加费支出	文化事业建设费支出	地方教育附加支出	地方教育基金支出	国家电影事业发展专项资金支出
梁山县									
临沂市	**1468**	**1468**		**357**		**97**		**260**	
本级	482	482		97		97			
县级小计	986	986		260				260	
郯城县	16	16							
苍山县	30	30							
莒南县	114	114							
沂水县	50	50							
蒙阴县	33	33							
平邑县	20	20							
费县	83	83							
沂南县	96	96							
临沭县	263	263		127				127	
兰山区	22	22							
罗庄区	131	131							
河东区	128	128		133				133	
泰安市	**641**	**641**		**78**		**78**			
本级	295	295		35		35			
县级小计	346	346		43		43			
新泰市	100	100		7		7			
宁阳县									
东平县	11	11		3		3			
肥城市	29	29		10		10			
泰山区	206	206		15		15			
郊区				8		8			
聊城市	**647**	**647**		**32**		**32**			
本级	165	165		7		7			
县级小计	482	482		25		25			
东昌府区	48	48							
临清市	113	113							
阳谷县	127	127		11		11			
莘县	20	20							
茌平县	46	46							
东阿县	17	17		2		2			

续表10

地区	二、商贸部门基金支出			三、文教部门基金支出					
	小计	外贸发展基金支出	国家茧丝绸发展风险基金支出	小计	农村教育附加费支出	文化事业建设费支出	地方教育附加支出	地方教育基金支出	国家电影事业发展专项资金支出
冠县	16	16							
高唐县	95	95		12		12			
菏泽市	**414**	**414**		**51**	**22**	**29**			
本级	195	195		15		15			
县级小计	219	219		36	22	14			
牡丹区	2	2		2		2			
曹县	112	112							
定陶县	28	28		2		2			
成武县	3	3		22	22				
单县	1	1		7		7			
巨野县	11	11		3		3			
郓城县	15	15							
鄄城县	27	27							
东明县	20	20							
德州市	**601**	**601**		**96**		**96**			
本级	309	309		96		96			
县级小计	292	292							
德城区	92	92							
陵县	2	2							
平原县	9	9							
夏津县	5	5							
武城县	6	6							
齐河县	7	7							
禹城市	43	43							
乐陵市	106	106							
临邑县	9	9							
宁津县	12	12							
庆云县	1	1							
滨州市	**886**	**886**		**18**		**18**			
本级	179	179		18		18			
县级小计	707	707							
惠民县	48	48							
阳信县	78	78							
无棣县	16	16							

续表11

地区	二、商贸部门基金支出			三、文教部门基金支出					
	小计	外贸发展基金支出	国家茧丝绸发展风险基金支出	小计	农村教育附加费支出	文化事业建设费支出	地方教育附加支出	地方教育基金支出	国家电影事业发展专项资金支出
沾化县	11	11							
博兴县	7	7							
邹平县	442	442							
滨州市	105	105							
东营市	**736**	**736**		**134**	**2**	**132**			
本级	208	208		132		132			
县级小计	528	528		2	2				
东营区	70	70							
河口区	5	5							
广饶县	216	216							
垦利县	227	227							
利津县	10	10		2	2				
威海市	**1872**	**1872**		**40**		**40**			
本级	1744	1744		30		30			
县级小计	128	128		10		10			
环翠区									
乳山市	29	29							
文登市	29	29		10		10			
荣成市	70	70							
日照市	**834**	**834**		**25**		**25**			
本级	723	723		10		10			
县级小计	111	111		15		15			
莒县				15		15			
五莲县	70	70							
东港区	16	16							
岚山区	25	25							
莱芜市	**490**	**490**		**120**		**120**			
本级	259	259		20		20			
县级小计	231	231		100		100			
莱城区	223	223		100		100			
钢城区	8	8							
省级	**5823**	**5823**		**1496**		**1477**			**19**

续表 12

地区	四、社会保险基金支出						五、农业部门基金支出			
	小计	基本养老保险基金支出	失业保险基金支出	医疗保险基金支出	工伤保险基金支出	生育保险基金支出	小计	新菜地开发基金支出	育林基金支出	灌溉水源灌排工程补偿费支出
全省合计							**53871**		**81**	
地(市)合计							28871		81	
地(市)本级							16848		10	
县级合计							12023		71	
省内合计							**43110**		**81**	
地(市)合计							18110		81	
地(市)本级							10929		10	
县级合计							7181		71	
青岛市							**10761**			
本级							5919			
县级小计							4842			
即墨市							424			
胶州市							620			
胶南市							250			
平度市							993			
莱西市							1132			
崂山区							90			
城阳区							1333			
黄岛区										
开发区										
市南区										
市北区										
四方区										
李沧区										
保税区										
济南市							**9996**			
本级							6849			
县级小计							3147			
历下区							296			
市中区							288			
天桥区							331			
槐荫区							411			
历城区							523			
长青区							167			
章丘市							640			

续表 13

地区	四、社会保险基金支出						五、农业部门基金支出			
	小计	基本养老保险基金支出	失业保险基金支出	医疗保险基金支出	工伤保险基金支出	生育保险基金支出	小计	新菜地开发基金支出	育林基金支出	灌溉水源灌排工程补偿费支出
平阴县							263			
济阳县							90			
商河县							138			
淄博市							**100**			
本级										
县级小计							100			
博山区										
淄川区							100			
张店区										
周村区										
临淄区										
桓台县										
高青县										
沂源县										
枣庄市										
本级										
县级小计										
市中区										
薛城区										
峄城区										
山亭区										
台儿庄区										
滕州市										
烟台市							**279**			
本级										
县级小计							279			
芝罘区							19			
福山区										
龙口市										
莱阳市							100			
蓬莱市							100			
招远市										
莱州市										
栖霞市										

续表 14

地区	四、社会保险基金支出						五、农业部门基金支出			
	小计	基本养老保险基金支出	失业保险基金支出	医疗保险基金支出	工伤保险基金支出	生育保险基金支出	小计	新菜地开发基金支出	育林基金支出	灌溉水源灌排工程补偿费支出
海阳市										
牟平区							60			
长岛县										
开发区										
莱山区										
潍坊市							**430**			
本级										
县级小计							430			
潍城区										
坊子区										
寒亭区										
昌邑市										
昌乐县										
安丘市										
寿光市										
青州市							100			
高密市							80			
诸城市							170			
临朐县							80			
奎文区										
济宁市							**176**			
本级										
县级小计							176			
市中区										
任城区										
兖州市										
曲阜市										
泗水县										
邹城市										
微山县										
鱼台县										
金乡县										
嘉祥县							76			
汶上县							100			

续表 15

地　区	四、社会保险基金支出						五、农业部门基金支出			
	小计	基本养老保险基金支出	失业保险基金支出	医疗保险基金支出	工伤保险基金支出	生育保险基金支出	小计	新菜地开发基金支出	育林基金支出	灌溉水源灌排工程补偿费支出
梁山县										
临沂市										
本级										
县级小计										
郯城县										
苍山县										
莒南县										
沂水县										
蒙阴县										
平邑县										
费　县										
沂南县										
临沭县										
兰山区										
罗庄区										
河东区										
泰安市							**353**		**13**	
本级							240			
县级小计							113		13	
新泰市										
宁阳县							100			
东平县							13		13	
肥城市										
泰山区										
郊　区										
聊城市							**1322**			
本级							477			
县级小计							845			
东昌府区										
临清市							680			
阳谷县										
莘　县							113			
茌平县							52			
东阿县										

续表 16

地区	四、社会保险基金支出						五、农业部门基金支出			
	小计	基本养老保险基金支出	失业保险基金支出	医疗保险基金支出	工伤保险基金支出	生育保险基金支出	小计	新菜地开发基金支出	育林基金支出	灌溉水源灌排工程补偿费支出
冠县										
高唐县										
菏泽市							**143**		**58**	
本级							70			
县级小计							73		58	
牡丹区							15			
曹县										
定陶县										
成武县							58		58	
单县										
巨野县										
郓城县										
鄄城县										
东明县										
德州市							**2264**			
本级							800			
县级小计							1464			
德城区							730			
陵县							171			
平原县							82			
夏津县										
武城县							170			
齐河县							15			
禹城市							216			
乐陵市							60			
临邑县										
宁津县										
庆云县							20			
滨州市							**70**			
本级							70			
县级小计										
惠民县										
阳信县										
无棣县										

续表17

地区	四、社会保险基金支出						五、农业部门基金支出			
	小计	基本养老保险基金支出	失业保险基金支出	医疗保险基金支出	工伤保险基金支出	生育保险基金支出	小计	新菜地开发基金支出	育林基金支出	灌溉水源灌排工程补偿费支出
沾化县										
博兴县										
邹平县										
滨州市										
东营市							**10**		**10**	
本级							10		10	
县级小计										
东营区										
河口区										
广饶县										
垦利县										
利津县										
威海市										
本级										
县级小计										
环翠区										
乳山市										
文登市										
荣成市										
日照市							**1267**			
本级							813			
县级小计							454			
莒　县							106			
五莲县							106			
东港区							180			
岚山区							62			
莱芜市							**1700**			
本级							1600			
县级小计							100			
莱城区										
钢城区							100			
省级							**25000**			

续表 18

地区	五、农业部门基金支出					六、土地有偿使用支出				
	地方水利建设基金支出	库区维护建设基金支出	农业发展基金支出	水资源补偿费支出	森林植被恢复费支出	小计	城市土地开发建设支出	耕地开发专项支出	农业土地开发支出	其他支出
全省合计	**53731**		**52**	**5**	**2**	**1119675**	**778563**	**315909**	**25203**	
地(市)合计	28731		52	5	2	980139	778563	176373	25203	
地(市)本级	16833			5		580661	519062	52109	9490	
县级合计	11898		52		2	399478	259501	124264	15713	
省内合计	**42970**		**52**	**5**	**2**	**900769**	**593111**	**284677**	**22981**	
地(市)合计	17970		52	5	2	761233	593111	145141	22981	
地(市)本级	10914			5		450520	389613	51417	9490	
县级合计	7056		52		2	310713	203498	93724	13491	
青岛市	**10761**					**218906**	**185452**	**31232**	**2222**	
本级	5919					130141	129449	692		
县级小计	4842					88765	56003	30540	2222	
即墨市	424					5251		5251		
胶州市	620					2198		1695	503	
胶南市	250					8742	3598	4677	467	
平度市	993					4323	1750	1321	1252	
莱西市	1132					3269		3269		
崂山区	90					23915	23915			
城阳区	1333					9363	4615	4748		
黄岛区										
开发区						14561	14561			
市南区						8365	7264	1101		
市北区						4007		4007		
四方区										
李沧区						4771	300	4471		
保税区										
济南市	**9994**				**2**	**140166**	**129320**	**6517**	**4329**	
本级	6849					124063	118472	3785	1806	
县级小计	3145				2	16103	10848	2732	2523	
历下区	296									
市中区	288									
天桥区	331					1512	1512			
槐荫区	411					1289	1289			
历城区	523					6481	2982	2472	1027	
长青区	167					703	514	60	129	
章丘市	640					886	661	60	165	

续表 19

地区	五、农业部门基金支出					六、土地有偿使用支出				
	地方水利建设基金支出	库区维护建设基金支出	农业发展基金支出	水资源补偿费支出	森林植被恢复费支出	小计	城市土地开发建设支出	耕地开发专项支出	农业土地开发支出	其他支出
平阴县	262				1	999	577	60	362	
济阳县	90					3526	2779	40	707	
商河县	137				1	707	534	40	133	
淄博市	**100**					**45994**	**31710**	**14284**		
本级						24576	13433	11143		
县级小计	100					21418	18277	3141		
博山区						117		117		
淄川区	100					3978	3978			
张店区						673	673			
周村区						1470	1374	96		
临淄区						459	459			
桓台县						9834	9539	295		
高青县						2633		2633		
沂源县						2254	2254			
枣庄市						**11862**	**8448**	**2096**	**1318**	
本级						8818	6239	1980	599	
县级小计						3044	2209	116	719	
市中区						47		10	37	
薛城区						78		13	65	
峄城区						826	800	8	18	
山亭区						24			24	
台儿庄区						1168	582	11	575	
滕州市						901	827	74		
烟台市	**279**					**64344**	**51689**	**12655**		
本级						25950	24100	1850		
县级小计	279					38394	27589	10805		
芝罘区	19									
福山区										
龙口市						3770	2721	1049		
莱阳市	100					2084		2084		
蓬莱市	100					911	107	804		
招远市						5716	4842	874		
莱州市						4991	4443	548		
栖霞市						8483	7809	674		

续表 20

地区	五、农业部门基金支出					六、土地有偿使用支出				
	地方水利建设基金支出	库区维护建设基金支出	农业发展基金支出	水资源补偿费支出	森林植被恢复费支出	小计	城市土地开发建设支出	耕地开发专项支出	农业土地开发支出	其他支出
海阳市						8579	7185	1394		
牟平区	60					3378		3378		
长岛县						482	482			
开发区										
莱山区										
潍坊市	**430**					**48575**	**29369**	**19206**		
本级						23765	18572	5193		
县级小计	430					24810	10797	14013		
潍城区						329		329		
坊子区						572		572		
寒亭区						898		898		
昌邑市						1790	653	1137		
昌乐县						412		412		
安丘市						4359	2274	2085		
寿光市						2318		2318		
青州市	100					1274	5	1269		
高密市	80					5454	4755	699		
诸城市	170					5362	3120	2242		
临朐县	80					747		747		
奎文区						1305		1305		
济宁市	**176**					**35928**	**15937**	**19991**		
本级						14924	2496	12428		
县级小计	176					21004	13441	7563		
市中区										
任城区						4491	2464	2027		
兖州市						2514	2514			
曲阜市						673	30	643		
泗水县						1570	1570			
邹城市						443		443		
微山县						3244	3207	37		
鱼台县										
金乡县						70	55	15		
嘉祥县	76					5673	3085	2588		
汶上县	100					2108	339	1769		

续表21

地　区	五、农业部门基金支出					六、土地有偿使用支出				
	地方水利建设基金支出	库区维护建设基金支出	农业发展基金支出	水资源补偿费支出	森林植被恢复费支出	小计	城市土地开发建设支出	耕地开发专项支出	农业土地开发支出	其他支出
梁山县						218	177	41		
临沂市						**108780**	**101109**	**4391**	**3280**	
本级						66524	64456	2068		
县级小计						42256	36653	2323	3280	
郯城县						2257	1946	311		
苍山县						3449		169	3280	
莒南县						7730	7190	540		
沂水县						8162	7772	390		
蒙阴县						1783	1587	196		
平邑县						2967	2744	223		
费　县						8806	8531	275		
沂南县						5761	5689	72		
临沭县						1341	1194	147		
兰山区										
罗庄区										
河东区										
泰安市	**340**					**25366**	**21199**	**3915**	**252**	
本级	240					5324	3579	1745		
县级小计	100					20042	17620	2170	252	
新泰市						781		781		
宁阳县	100					3529	3380	149		
东平县						2734	2515	219		
肥城市						8921	8009	794	118	
泰山区						1082	855	227		
郊　区						2995	2861		134	
聊城市	**1270**		**52**			**37214**	**33698**	**3176**	**340**	
本级	477					26201	24303	1898		
县级小计	793		52			11013	9395	1278	340	
东昌府区						1479	1083	185	211	
临清市	680					844	844			
阳谷县						4463	3915	419	129	
莘　县	113					106		106		
茌平县			52			1115	847	268		
东阿县						2359	2309	50		

续表 22

地区	五、农业部门基金支出					六、土地有偿使用支出				
	地方水利建设基金支出	库区维护建设基金支出	农业发展基金支出	水资源补偿费支出	森林植被恢复费支出	小计	城市土地开发建设支出	耕地开发专项支出	农业土地开发支出	其他支出
冠县						617	397	220		
高唐县						30		30		
菏泽市	**85**					**48274**	**37888**	**1285**	**9101**	
本级	70					27618	20746	86	6786	
县级小计	15					20656	17142	1199	2315	
牡丹区	15					4487	4487			
曹县						782	539	175	68	
定陶县						117	76	16	25	
成武县						4134	3457	107	570	
单县						2066	1926	140		
巨野县						2876	2044	275	557	
郓城县						1767	1363	63	341	
鄄城县						2282	1617	261	404	
东明县						2145	1633	162	350	
德州市	**2264**					**26862**	**18029**	**7520**	**1313**	
本级	800					10		10		
县级小计	1464					26852	18029	7510	1313	
德城区	730					5			5	
陵县	171					30		30		
平原县	82					123		123		
夏津县						6732	5142	1590		
武城县	170					2173		2173		
齐河县	15					12838	12838			
禹城市	216					2610		2610		
乐陵市	60					186	49	137		
临邑县						10		10		
宁津县						1308			1308	
庆云县	20					837		837		
滨州市	**70**					**27541**	**5684**	**20599**	**1258**	
本级	70					5803	2679	3124		
县级小计						21738	3005	17475	1258	
惠民县						674		674		
阳信县						861	861			
无棣县						335	285	50		

续表 23

地 区	五、农业部门基金支出					六、土地有偿使用支出				
	地方水利建设基金支出	库区维护建设基金支出	农业发展基金支出	水资源补偿费支出	森林植被恢复费支出	小计	城市土地开发建设支出	耕地开发专项支出	农业土地开发支出	其他支出
沾化县						122		122		
博兴县						13312	1859	11453		
邹平县						6434		5176	1258	
滨州市										
东营市						**53329**	**44459**	**8870**		
本级						30479	30164	315		
县级小计						22850	14295	8555		
东营区						2853		2853		
河口区						7434	7383	51		
广饶县						4143	655	3488		
垦利县						7505	5671	1834		
利津县						915	586	329		
威海市						**39360**	**30381**	**7307**	**1672**	
本级						28623	26666	1658	299	
县级小计						10737	3715	5649	1373	
环翠区						6369	3715	1281	1373	
乳山市						1410		1410		
文登市						2493		2493		
荣成市						465		465		
日照市	**1262**			**5**		**42803**	**32381**	**10304**	**118**	
本级	808			5		34935	31908	3027		
县级小计	454					7868	473	7277	118	
莒 县	106					243		243		
五莲县	106					336		336		
东港区	180					4216	473	3625	118	
岚山区	62					3073		3073		
莱芜市	**1700**					**4825**	**1800**	**3025**		
本级	1600					2907	1800	1107		
县级小计	100					1918		1918		
莱城区						980		980		
钢城区	100					938		938		
省级	**25000**					**139536**		**139536**		

续表 24

地区	七、政府住房基金支出					八、其他部门基金支出			
	小计	住房补贴支出	廉租住房支出	管理费用支出	其他支出	小计	旅游发展基金支出	援外合资合作基金支出	对外工程保函基金支出
全省合计	**2208**	**98**		**2110**		**15938**			
地(市)合计	2208	98		2110		14883			
地(市)本级	2208	98		2110		13065			
县级合计						1818			
省内合计	**2208**	**98**		**2110**		**15082**			
地(市)合计	2208	98		2110		14027			
地(市)本级	2208	98		2110		12633			
县级合计						1394			
青岛市						**856**			
本级						432			
县级小计						424			
即墨市						10			
胶州市									
胶南市						17			
平度市						3			
莱西市						12			
崂山区						11			
城阳区						10			
黄岛区						7			
开发区						6			
市南区						34			
市北区						61			
四方区						93			
李沧区						160			
保税区									
济南市	**2057**			**2057**		**2316**			
本级	2057			2057		2291			
县级小计						25			
历下区						7			
市中区									
天桥区									
槐荫区									
历城区									
长青区									
章丘市									

续表25

地区	七、政府住房基金支出					八、其他部门基金支出			
	小计	住房补贴支出	廉租住房支出	管理费用支出	其他支出	小计	旅游发展基金支出	援外合资合作基金支出	对外工程保函基金支出
平阴县						18			
济阳县									
商河县									
淄博市						**6343**			
本级						6288			
县级小计						55			
博山区									
淄川区						17			
张店区						9			
周村区									
临淄区									
桓台县						1			
高青县						5			
沂源县						23			
枣庄市	**30**			**30**		**278**			
本级	30			30		211			
县级小计						67			
市中区						11			
薛城区						40			
峄城区						4			
山亭区						2			
台儿庄区						10			
滕州市									
烟台市						**84**			
本级									
县级小计						84			
芝罘区									
福山区									
龙口市									
莱阳市						73			
蓬莱市									
招远市									
莱州市									
栖霞市									

续表 26

地　区	七、政府住房基金支出					八、其他部门基金支出			
	小计	住房补贴支出	廉租住房支出	管理费用支出	其他支出	小计	旅游发展基金支出	援外合资合作基金支出	对外工程保函基金支出
海阳市									
牟平区						11			
长岛县									
开发区									
莱山区									
潍坊市						**149**			
本级									
县级小计						149			
潍城区						6			
坊子区									
寒亭区						19			
昌邑市									
昌乐县						20			
安丘市						23			
寿光市									
青州市						39			
高密市									
诸城市						26			
临朐县						16			
奎文区									
济宁市						**36**			
本级									
县级小计						36			
市中区									
任城区									
兖州市									
曲阜市									
泗水县									
邹城市									
微山县									
鱼台县									
金乡县									
嘉祥县						19			
汶上县						9			

续表 27

地　区	七、政府住房基金支出					八、其他部门基金支出			
	小计	住房补贴支出	廉租住房支出	管理费用支出	其他支出	小计	旅游发展基金支出	援外合资合作基金支出	对外工程保函基金支出
梁山县						8			
临沂市						**3882**			
本级						3521			
县级小计						361			
郯城县									
苍山县									
莒南县									
沂水县						84			
蒙阴县						11			
平邑县									
费　县									
沂南县						5			
临沭县						96			
兰山区						154			
罗庄区									
河东区						11			
泰安市	**98**	**98**				**189**			
本级	98	98				63			
县级小计						126			
新泰市									
宁阳县									
东平县						7			
肥城市						119			
泰山区									
郊　区									
聊城市						**113**			
本级						105			
县级小计						8			
东昌府区									
临清市									
阳谷县									
莘　县									
茌平县									
东阿县						8			

续表 28

地　区	七、政府住房基金支出					八、其他部门基金支出			
	小计	住房补贴支出	廉租住房支出	管理费用支出	其他支出	小计	旅游发展基金支出	援外合资合作基金支出	对外工程保函基金支出
冠　县									
高唐县									
菏泽市						**162**			
本级						68			
县级小计						94			
牡丹区									
曹　县						10			
定陶县									
成武县						5			
单　县									
巨野县									
郓城县						53			
鄄城县						9			
东明县						17			
德州市									
本级									
县级小计									
德城区									
陵　县									
平原县									
夏津县									
武城县									
齐河县									
禹城市									
乐陵市									
临邑县									
宁津县									
庆云县									
滨州市	**23**			**23**		**80**			
本级	23			23		38			
县级小计						42			
惠民县									
阳信县						1			
无棣县						36			

续表 29

地　区	七、政府住房基金支出					八、其他部门基金支出			
	小计	住房补贴支出	廉租住房支出	管理费用支出	其他支出	小计	旅游发展基金支出	援外合资合作基金支出	对外工程保函基金支出
沾化县						5			
博兴县									
邹平县									
滨州市									
东营市						**70**			
本级									
县级小计						70			
东营区									
河口区						10			
广饶县						5			
垦利县									
利津县						55			
威海市						**190**			
本级						28			
县级小计						162			
环翠区									
乳山市						65			
文登市						97			
荣成市									
日照市						**89**			
本级									
县级小计						89			
莒　县						12			
五莲县						48			
东港区						29			
岚山区									
莱芜市						**46**			
本级						20			
县级小计						26			
莱城区						26			
钢城区									
省级						**1055**			

续表 30

地区	八、其他部门基金支出				九、地方财政税费附加支出					十、其他
	残疾人就业保障金支出	转让政府还贷道路收费权收支	帮困基金支出	其他基金支出	小计	农牧业税附加支出	城镇公用事业附加支出	燃油附加费支出	其他附加支出	
全省合计	**5393**			**10545**	**58983**	**957**	**56769**		**1257**	**300**
地(市)合计	4984			9899	58983	957	56769		1257	300
地(市)本级	3184			9881	32156		31576		580	
县级合计	1800			18	26827	957	25193		677	300
省内合计	**4537**			**10545**	**51127**	**957**	**48914**		**1256**	**300**
地(市)合计	4128			9899	51127	957	48914		1256	300
地(市)本级	2752			9881	30685		30105		580	
县级合计	1376			18	20442	957	18809		676	300
青岛市	**856**				**7856**		**7855**		**1**	
本级	432				1471		1471			
县级小计	424				6385		6384		1	
即墨市	10				959		959			
胶州市										
胶南市	17				943		943			
平度市	3				650		650			
莱西市	12				3832		3832			
崂山区	11									
城阳区	10									
黄岛区	7									
开发区	6				1				1	
市南区	34									
市北区	61									
四方区	93									
李沧区	160									
保税区										
济南市	**2309**			**7**	**8929**	**419**	**8510**			
本级	2291				8190		8190			
县级小计	18			7	739	419	320			
历下区				7						
市中区										
天桥区										
槐荫区										
历城区										
长青区					519	419	100			
章丘市										

续表 31

地区	八、其他部门基金支出				九、地方财政税费附加支出					十、其他
	残疾人就业保障金支出	转让政府还贷道路收费权	帮困基金支出	其他基金支出	小计	农牧业税附加支出	城镇公用事业附加支出	燃油附加费支出	其他附加支出	
平阴县	18				220		220			
济阳县										
商河县										
淄博市	**92**			**6251**	**1990**		**1990**			
本级	37			6251						
县级小计	55				1990		1990			
博山区										
淄川区	17									
张店区	9									
周村区										
临淄区										
桓台县	1				1570		1570			
高青县	5									
沂源县	23				420		420			
枣庄市	**169**			**109**	**2969**		**2108**		**861**	
本级	102			109	2688		2108		580	
县级小计	67				281				281	
市中区	11									
薛城区	40									
峄城区	4									
山亭区	2				281				281	
台儿庄区	10									
滕州市										
烟台市	**84**				**5813**	**228**	**5585**			
本级					2679		2679			
县级小计	84				3134	228	2906			
芝罘区										
福山区					531		531			
龙口市					857		857			
莱阳市	73									
蓬莱市										
招远市					1360		1360			
莱州市					90		90			
栖霞市					23		23			

续表 32

地区	八、其他部门基金支出				九、地方财政税费附加支出					十、其他
	残疾人就业保障金支出	转让政府还贷道路收费权支出	帮困基金支出	其他基金支出	小计	农牧业税附加支出	城镇公用事业附加支出	燃油附加费支出	其他附加支出	
海阳市					273	228	45			
牟平区	11									
长岛县										
开发区										
莱山区										
潍坊市	**149**				**5295**		**5229**		**66**	
本级					2778		2778			
县级小计	149				2517		2451		66	
潍城区	6									
坊子区										
寒亭区	19									
昌邑市					66				66	
昌乐县	20									
安丘市	23									
寿光市										
青州市	39									
高密市										
诸城市	26									
临朐县	16				2451		2451			
奎文区										
济宁市	**36**				**2806**		**2806**			**300**
本级										
县级小计	36				2806		2806			300
市中区										
任城区										
兖州市										
曲阜市					309		309			
泗水县										
邹城市					248		248			300
微山县					1694		1694			
鱼台县					113		113			
金乡县										
嘉祥县	19				127		127			
汶上县	9									

续表 33

地区	八、其他部门基金支出				九、地方财政税费附加支出					十、其他
	残疾人就业保障金支出	转让政府还贷道路收费权支出	帮困基金支出	其他基金支出	小计	农牧业税附加支出	城镇公用事业附加支出	燃油附加费支出	其他附加支出	
梁山县	8				315		315			
临沂市	**350**			**3532**	**6345**	**24**	**6321**			
本级				3521	4806		4806			
县级小计	350			11	1539	24	1515			
郯城县										
苍山县										
莒南县					195	24	171			
沂水县	84				490		490			
蒙阴县	11				149		149			
平邑县					160		160			
费县					275		275			
沂南县	5				270		270			
临沭县	96									
兰山区	154									
罗庄区										
河东区				11						
泰安市	**189**				**1521**	**4**	**1517**			
本级	63									
县级小计	126				1521	4	1517			
新泰市					362	2	360			
宁阳县					480		480			
东平县	7									
肥城市	119				677		677			
泰山区										
郊区					2	2				
聊城市	**113**				**2570**	**5**	**2565**			
本级	105				1136		1136			
县级小计	8				1434	5	1429			
东昌府区										
临清市					391		391			
阳谷县					115		115			
莘县					184		184			
茌平县					10	5	5			
东阿县	8				498		498			

续表 34

地区	八、其他部门基金支出				九、地方财政税费附加支出					十、其他
	残疾人就业保障金支出	转让政府还贷道路收费权支出	帮困基金支出	其他基金支出	小计	农牧业税附加支出	城镇公用事业附加支出	燃油附加费支出	其他附加支出	
冠县					236		236			
高唐县										
菏泽市	**162**				**292**	**94**	**198**			
本级	68									
县级小计	94				292	94	198			
牡丹区										
曹县	10				20		20			
定陶县										
成武县	5				47	47				
单县					178		178			
巨野县										
郓城县	53									
鄄城县	9									
东明县	17				47	47				
德州市					**131**	**131**				
本级										
县级小计					131	131				
德城区										
陵县										
平原县										
夏津县										
武城县										
齐河县										
禹城市										
乐陵市					131	131				
临邑县										
宁津县										
庆云县										
滨州市	**80**				**1304**	**46**	**1258**			
本级	38				820		820			
县级小计	42				484	46	438			
惠民县										
阳信县	1									
无棣县	36				150	46	104			

续表35

地区	八、其他部门基金支出				九、地方财政税费附加支出					十、其他
	残疾人就业保障金支出	转让政府还贷道路收费权支出	帮困基金支出	其他基金支出	小计	农牧业税附加支出	城镇公用事业附加支出	燃油附加费支出	其他附加支出	
沾化县	5									
博兴县					91		91			
邹平县					129		129			
滨州市					114		114			
东营市	**70**				**2924**	**6**	**2589**		**329**	
本级					2000		2000			
县级小计	70				924	6	589		329	
东营区										
河口区	10				6	6				
广饶县	5				478		478			
垦利县					329				329	
利津县	55				111		111			
威海市	**190**				**3054**		**3054**			
本级	28				2000		2000			
县级小计	162				1054		1054			
环翠区										
乳山市	65				326		326			
文登市	97				728		728			
荣成市										
日照市	**89**				**1976**		**1976**			
本级					1203		1203			
县级小计	89				773		773			
莒县	12				307		307			
五莲县	48				466		466			
东港区	29									
岚山区										
莱芜市	**46**				**3208**		**3208**			
本级	20				2385		2385			
县级小计	26				823		823			
莱城区	26									
钢城区					823		823			
省级	**409**			**646**						

2004年山东省各地财政收支平衡情况

单位：万元

地区	资金来源		资金运用		滚存结余	其中：净结余
	总计	其中：本年收入	总计	其中：本年支出		
全省合计	**13920866**	**8283306**	**12457272**	**11893716**	**1463594**	**41405**
地(市)合计	12031917	7082069	11023974	10023133	1007943	39925
地(市)本级	3982831	2465526	3297537	2963713	685294	17023
县级合计	8049086	4616543	7726437	7059420	322649	22902
省内合计	**11694924**	**6978170**	**10517296**	**10247502**	**1177628**	**31063**
地(市)合计	9805975	5776933	9083998	8376919	721977	29583
地(市)本级	2917575	1918542	2478516	2364068	439059	11909
县级合计	6888400	3858391	6605482	6012851	282918	17674
青岛市	**2225942**	**1305136**	**1939976**	**1646214**	**285966**	**10342**
本级	1065256	546984	819021	599645	246235	5114
县级小计	1160686	758152	1120955	1046569	39731	5228
即墨市	124211	74167	119542	110601	4669	32
胶州市	107985	66280	106212	96892	1773	1661
胶南市	135770	79577	117065	108560	18705	1275
平度市	105295	61500	103782	95828	1513	313
莱西市	70325	38757	69053	63927	1272	71
崂山区	129694	87057	127050	120439	2644	100
城阳区	125029	54443	121854	117838	3175	31
黄岛区	44286	40775	43428	42497	858	136
开发区	80920	37602	77720	74034	3200	187
市南区	64205	77182	63836	59131	369	369
市北区	64210	60198	63446	58442	764	764
四方区	34145	28457	33558	29390	587	87
李沧区	56047	40074	55863	51120	184	184
保税区	18564	12083	18546	17870	18	18
济南市	**1260734**	**890364**	**1202526**	**1016953**	**58208**	**2208**
本级	636495	459750	592891	456323	43604	580
县级小计	624239	430614	609635	560630	14604	1628
历下区	58010	71140	57491	51389	519	149
市中区	47929	60359	47829	44529	100	100
天桥区	55157	38107	54753	46826	404	404
槐荫区	51143	31005	49665	43825	1478	114
历城区	115420	73606	114062	102522	1358	475
长青区	44284	19769	41309	39639	2975	87
章丘市	133142	85143	131801	123208	1341	296

续表 1

地区	资金来源		资金运用		滚存结余	其中：净结余
	总计	其中：本年收入	总计	其中：本年支出		
平阴县	38671	16256	37392	35320	1279	3
济阳县	47790	20213	42710	41930	5080	
商河县	32693	15016	32623	31442	70	
淄博市	**780812**	**500365**	**700690**	**625512**	**80122**	**6781**
本级	225192	177176	176719	205881	48473	3272
县级小计	555620	323189	523971	419631	31649	3509
博山区	71437	33017	61048	42066	10389	
淄川区	79438	43093	77668	59617	1770	1214
张店区	98807	60533	91098	58993	7709	583
周村区	56663	30486	53400	38743	3263	
临淄区	103746	72216	98622	84607	5124	1276
桓台县	65533	40209	62217	57024	3316	358
高青县	31509	18028	31479	31105	30	30
沂源县	48487	25607	48439	47476	48	48
枣庄市	**336594**	**207068**	**314648**	**307196**	**21946**	**1101**
本级	73241	52303	60580	64506	12661	316
县级小计	263353	154765	254068	242690	9285	785
市中区	42252	27555	41696	38999	556	115
薛城区	40225	25063	39736	36953	489	59
峄城区	25194	11562	24809	24205	385	35
山亭区	27000	10790	25823	25516	1177	151
台儿庄区	25486	14709	25200	24478	286	64
滕州市	103196	65086	96804	92539	6392	361
烟台市	**1105076**	**640214**	**1041530**	**920456**	**63546**	**2479**
本级	254600	140307	227159	183036	27441	928
县级小计	850476	499907	814371	737420	36105	1551
芝罘区	68596	42217	64927	59103	3669	88
福山区	44285	24128	39764	35567	4521	228
龙口市	114514	80158	111003	97638	3511	98
莱阳市	68627	40017	66532	58568	2095	187
蓬莱市	80854	50006	78805	72393	2049	159
招远市	85404	51080	82896	74962	2508	226
莱州市	102096	57000	94114	78126	7982	129
栖霞市	45651	16507	44455	40431	1196	138

续表 2

地　区	资金来源		资金运用		滚存结余	其中：净结余
	总计	其中：本年收入	总计	其中：本年支出		
海阳市	51084	30500	50163	48411	921	57
牟平区	51343	24836	49996	45562	1347	30
长岛县	12817	2885	12604	11740	213	70
开发区	90257	57565	88768	87502	1489	108
莱山区	34948	23008	30344	27417	4604	33
潍坊市	**884025**	**525808**	**839993**	**736213**	**44032**	**4166**
本级	219650	125585	180544	144907	39106	1691
县级小计	664375	400223	659449	591306	4926	2475
潍城区	27223	15850	26923	25710	300	300
坊子区	26802	15306	26730	24584	72	72
寒亭区	29826	19559	29784	28160	42	27
昌邑市	58279	35669	55733	47778	2546	458
昌乐县	45334	26663	45148	41913	186	168
安丘市	58483	30016	58263	49161	220	220
寿光市	107356	73018	107356	95909		
青州市	72722	41060	72097	66827	625	625
高密市	63934	37655	63627	55955	307	293
诸城市	102004	65168	101800	90700	204	204
临朐县	38169	17258	37774	35611	395	98
奎文区	34243	23001	34214	28998	29	10
济宁市	**871964**	**540556**	**764779**	**732335**	**107185**	**3628**
本级	276912	173775	210476	207042	66436	1266
县级小计	595052	366781	554303	525293	40749	2362
市中区	25710	15602	22854	22467	2856	113
任城区	47201	32032	46343	45337	858	29
兖州市	100909	69465	96662	91645	4247	458
曲阜市	68053	44276	60114	57673	7939	431
泗水县	25928	10066	23544	22220	2384	131
邹城市	134990	100016	124999	116675	9991	837
微山县	47979	34237	47662	46492	317	236
鱼台县	21589	9268	19536	17929	2053	30
金乡县	28458	13025	26351	24495	2107	
嘉祥县	31474	14673	29794	28198	1680	30
汶上县	33355	12586	29302	27616	4053	67

续表 3

地　区	资金来源		资金运用		滚存结余	其中：净结余
	总计	其中：本年收入	总计	其中：本年支出		
梁山县	29406	11535	27142	24546	2264	
临沂市	**726887**	**375770**	**697617**	**675203**	**29270**	**1415**
本级	208304	131437	182540	186550	25764	1211
县级小计	518583	244333	515077	488653	3506	204
郯城县	47837	25053	47485	44760	352	48
苍山县	44632	15625	43908	41661	724	3
莒南县	50886	20006	49600	47487	1286	
沂水县	62332	32588	61960	59525	372	10
蒙阴县	29279	10129	29211	27668	68	
平邑县	41530	19626	41371	39854	159	9
费　县	41896	17326	41746	40077	150	
沂南县	40980	16169	40830	39002	150	
临沭县	36350	16846	36145	34818	205	94
兰山区	63285	44008	63275	57574	10	10
罗庄区	30669	16571	30649	28326	20	20
河东区	28907	10386	28897	27901	10	10
泰安市	**565971**	**312132**	**532357**	**514985**	**33614**	**1758**
本级	115497	85672	104212	121412	11285	958
县级小计	450474	226460	428145	393573	22329	800
新泰市	136862	73106	128229	121330	8633	200
宁阳县	45473	20996	40796	37349	4677	32
东平县	42851	17861	40596	38043	2255	149
肥城市	134821	58568	133980	127219	841	356
泰山区	44510	31711	43862	36827	648	25
郊　区	45957	24218	40682	32805	5275	38
聊城市	**468517**	**224328**	**417498**	**405597**	**51019**	**1762**
本级	93239	73742	86161	91784	7078	250
县级小计	375278	150586	331337	313813	43941	1512
东昌府区	61054	29461	56887	50865	4167	77
临清市	56124	25215	49539	46460	6585	400
阳谷县	36543	12305	32226	30832	4317	275
莘　县	42404	11600	36126	35176	6278	41
茌平县	53304	18233	46154	44488	7150	158
东阿县	29904	11545	27872	26677	2032	254

续表 4

地　区	资金来源		资金运用		滚存结余	其中：净结余
	总计	其中：本年收入	总计	其中：本年支出		
冠　县	35234	10032	28791	27547	6443	17
高唐县	60711	32195	53742	51768	6969	290
菏泽市	**474253**	**172245**	**416846**	**402292**	**57407**	**210**
本级	83473	38558	60579	58667	22894	15
县级小计	390780	133687	356267	343625	34513	195
牡丹区	65436	23636	59739	58413	5697	56
曹　县	50898	14713	46297	44449	4601	80
定陶县	30960	9179	26829	26065	4131	4
成武县	31597	10188	28195	27145	3402	5
单　县	45514	14341	41127	39658	4387	10
巨野县	40924	13783	38484	37382	2440	23
郓城县	48838	21399	46982	45370	1856	1
鄄城县	36377	9596	31230	30030	5147	
东明县	40236	16852	37384	35113	2852	16
德州市	**494915**	**243230**	**422266**	**402649**	**72649**	**475**
本级	109219	36980	50169	60454	59050	50
县级小计	385696	206250	372097	342195	13599	425
德城区	52484	31148	49894	46184	2590	93
陵　县	28470	12268	27356	25808	1114	19
平原县	36265	17880	36085	33524	180	20
夏津县	27205	10811	25578	23283	1627	30
武城县	31995	18427	31001	28549	994	
齐河县	50603	30821	49629	44248	974	129
禹城市	35462	19523	35183	31146	279	98
乐陵市	33445	17886	32798	30447	647	24
临邑县	48616	30797	45651	42083	2965	11
宁津县	26154	12058	24952	23727	1202	
庆云县	14997	4631	13970	13196	1027	1
滨州市	**419003**	**220066**	**381237**	**368746**	**37766**	**667**
本级	90290	43286	65706	72728	24584	75
县级小计	328713	176780	315531	296018	13182	592
惠民县	27775	6534	26398	23649	1377	110
阳信县	22189	4021	19977	18012	2212	
无棣县	44363	23963	41872	40151	2491	265

续表 5

地　区	资金来源		资金运用		滚存结余	其中：净结余
	总计	其中：本年收入	总计	其中：本年支出		
沾化县	36729	23792	36724	34852	5	
博兴县	51755	32861	48386	45742	3369	28
邹平县	96015	59105	95299	90337	716	81
滨州市	49887	26504	46875	43275	3012	108
东营市	**396123**	**283130**	**371639**	**354580**	**24484**	**1067**
本级	181297	151210	158986	156454	22311	651
县级小计	214826	131920	212653	198126	2173	416
东营区	63065	45678	62636	54551	429	51
河口区	28671	19769	27782	25270	889	130
广饶县	63194	36419	62753	60361	441	184
垦利县	32563	20008	32294	31655	269	28
利津县	27333	10046	27188	26289	145	23
威海市	**655652**	**426409**	**631389**	**585202**	**24263**	**1108**
本级	164055	89866	150573	196527	13482	318
县级小计	491597	336543	480816	388675	10781	790
环翠区	101306	75165	96540	57483	4766	161
乳山市	79180	55242	77378	67723	1802	158
文登市	141768	100118	141386	124653	382	128
荣成市	169343	106018	165512	138816	3831	343
日照市	**201783**	**112298**	**194727**	**184185**	**7056**	**338**
本级	87078	62294	80824	76426	6254	125
县级小计	114705	50004	113903	107759	802	213
莒　县	36642	14562	36138	33755	504	143
五莲县	28678	12207	28555	27023	123	33
东港区	30723	15492	30629	28873	94	34
岚山区	18662	7743	18581	18108	81	3
莱芜市	**163666**	**102950**	**154256**	**144815**	**9410**	**420**
本级	99033	76601	90397	81371	8636	203
县级小计	64633	26349	63859	63444	774	217
莱城区	45155	15853	44803	44573	352	178
钢城区	19478	10496	19056	18871	422	39
省级	**1888949**	**1201237**	**1433298**	**1870583**	**455651**	**1480**

2004年山东省各地人均财政收入情况

单位：万元

地区	财政总收入	上划中央两税	按财政总收入排序	地方财政收入	按地方财政收入排序	人均地方财政收入（元/人）	按人均地方财政收入排序
全省	**13709852**	**5426546**		**8283306**		**907**	
青岛市	**2029459**	**724323**	**1**	**1305136**	**1**	**1785**	**1**
即墨市	90793	16626	24	74167	10	685	38
胶州市	75147	8867	32	66280	17	862	26
胶南市	119994	40417	16	79577	7	985	17
平度市	81625	20125	29	61500	20	457	70
莱西市	42667	3910	61	38757	42	538	57
崂山区	107272	20215	21	87057	4	4185	1
城阳区	81000	26557	30	54443	29	1173	13
黄岛区	47550	6775	56	40775	38	1456	5
开发区	53050	15448	54	37602	45		
市南区	160334	83152	4	77182	8	1578	3
市北区	280423	220225	2	60198	23	1273	9
四方区	68888	40431	38	28457	63	741	34
李沧区	147642	107568	7	40074	40	1387	6
保税区	20471	8388	108	12083	121		
济南市	**1482465**	**592101**	**2**	**890364**	**2**	**1509**	**4**
历下区	92783	21643	23	71140	15	1198	12
市中区	89739	29380	25	60359	22	1091	16
天桥区	55774	17667	52	38107	43	775	31
槐荫区	59395	28390	48	31005	56	878	24
历城区	144822	71216	9	73606	11	829	29
长青区	28047	8278	92	19769	84	368	86
章丘市	124920	39777	13	85143	5	859	27
平阴县	28850	12594	88	16256	101	447	75
济阳县	30494	10281	82	20213	81	381	84
商河县	18762	3746	116	15016	109	251	101
淄博市	**1016364**	**515999**	**4**	**500365**	**6**	**1206**	**5**
博山区	71548	38531	36	33017	49	704	35
淄川区	84171	41078	28	43093	35	640	44
张店区	156726	96193	5	60533	21	870	25
周村区	58575	28089	49	30486	60	971	18
临淄区	286447	214231	1	72216	14	1216	10
桓台县	74169	33960	34	40209	39	824	30
高青县	29204	11176	86	18028	91	499	64
沂源县	54160	28553	53	25607	67	461	69
枣庄市	**364599**	**157531**	**13**	**207068**	**14**	**567**	**12**
市中区	35370	7815	76	27555	64	557	52
薛城区	37287	12224	73	25063	69	537	58
峄城区	16088	4526	127	11562	124	319	89
山亭区	13604	2814	137	10790	128	232	104

续表 1

地　区	财政总收入	上划中央两税	按财政总收入排序	地方财政收入	按地方财政收入排序	人均地方财政收入(元/人)	按人均地方财政收入排序
台儿庄区	19246	4537	113	14709	111	511	61
滕州市	132760	67674	11	65086	19	414	80
烟台市	**1074121**	**433907**	**3**	**640214**	**3**	**990**	**6**
芝罘区	59448	17231	47	42217	36	617	48
福山区	39975	15847	66	24128	73	619	46
龙口市	144343	64185	10	80158	6	1276	7
莱阳市	62405	22388	43	40017	41	456	71
蓬莱市	75049	25043	33	50006	31	1121	15
招远市	73380	22300	35	51080	30	902	22
莱州市	87014	30014	26	57000	27	664	41
栖霞市	25517	9010	98	16507	100	260	99
海阳市	47099	16599	59	30500	59	456	73
牟平区	47467	22631	57	24836	71	525	60
长岛县	3662	777	143	2885	143	656	43
开发区	146754	89189	8	57565	26		
莱山区	35802	12794	75	23008	77	1198	11
潍坊市	**955313**	**429505**	**5**	**525808**	**5**	**628**	**9**
潍城区	23950	8100	100	15850	104	428	78
坊子区	23235	7929	103	15306	108	638	45
寒亭区	30444	10885	83	19559	87	554	53
昌邑市	56884	21215	51	35669	47	526	59
昌乐县	43000	16337	60	26663	65	448	74
安丘市	51024	21008	55	30016	61	286	93
寿光市	114985	41967	18	73018	13	684	39
青州市	66003	24943	41	41060	37	456	72
高密市	62430	24775	42	37655	44	439	77
诸城市	103133	37965	22	65168	18	614	49
临朐县	28987	11729	87	17258	96	203	112
奎文区	37215	14214	74	23001	78	661	42
济宁市	**933618**	**393062**	**6**	**540556**	**4**	**674**	**8**
市中区	21826	6224	106	15602	106	371	85
任城区	86388	54356	27	32032	53	499	65
兖州市	122268	52803	14	69465	16	1148	14
曲阜市	60059	15783	46	44276	33	695	36
泗水县	19070	9004	115	10066	133	169	124
邹城市	221518	121502	3	100016	3	893	23
微山县	68835	34598	39	34237	48	493	68
鱼台县	14882	5614	132	9268	137	205	111
金乡县	18132	5107	122	13025	116	214	110
嘉祥县	19801	5128	111	14673	112	185	119

续表 2

地　　区	财政总收　入	上划中央两税	按财政总收入排序	地方财政收入	按地方财政收入排序	人均地方财政收入（元/人）	按人均地方财政收入排序
汶上县	19153	6567	114	12586	117	171	122
梁山县	15817	4282	128	11535	126	161	128
临沂市	**572778**	**197008**	**9**	**375770**	**8**	**370**	**16**
郯城县	38808	13755	70	25053	70	256	100
苍山县	21299	5674	107	15625	105	132	133
莒南县	30094	10088	85	20006	83	202	113
沂水县	47280	14692	58	32588	51	294	91
蒙阴县	22467	12338	104	10129	132	191	116
平邑县	26296	6670	95	19626	86	199	114
费　县	24565	7239	99	17326	95	188	118
沂南县	21881	5712	105	16169	102	178	120
临沭县	26239	9393	96	16846	98	267	96
兰山区	70963	26955	37	44008	34	497	66
罗庄区	31598	15027	81	16571	99	388	82
河东区	13704	3318	136	10386	130	172	121
泰安市	**457574**	**145442**	**10**	**312132**	**9**	**568**	**11**
新泰市	114492	41386	19	73106	12	540	55
宁阳县	32750	11754	79	20996	80	260	98
东平县	27078	9217	93	17861	94	231	105
肥城市	110139	51571	20	58568	25	607	50
泰山区	42510	10799	62	31711	54	504	63
郊　区	30148	5930	84	24218	72	250	102
聊城市	**388081**	**163753**	**12**	**224328**	**12**	**396**	**15**
东昌府区	41011	11550	65	29461	62	291	92
临清市	38979	13764	69	25215	68	347	87
阳谷县	18705	6400	118	12305	118	163	126
莘　县	17007	5407	125	11600	123	120	137
茌平县	33984	15751	77	18233	90	318	90
东阿县	17120	5575	124	11545	125	275	95
冠　县	14857	4825	133	10032	135	136	132
高唐县	37851	5656	71	32195	52	678	40
菏泽市	**261758**	**89513**	**15**	**172245**	**15**	**196**	**17**
牡丹区	37578	13942	72	23636	76	171	123
曹　县	25836	11123	97	14713	110	103	139
定陶县	13881	4702	135	9179	138	150	130
成武县	15329	5141	131	10188	131	161	127
单　县	20132	5791	109	14341	114	122	135
巨野县	17839	4056	123	13783	115	146	131
郓城县	28081	6682	91	21399	79	195	115
鄄城县	16783	7187	126	9596	136	121	136

续表 3

地　区	财政总收　入	上划中央两税	按财政总收入排序	地方财政收入	按地方财政收入排序	人均地方财政收入（元/人）	按人均地方财政收入排序
东明县	28751	11899	89	16852	97	225	107
德州市	**319438**	**76208**	**14**	**243230**	**11**	**443**	**13**
德城区	41806	10658	63	31148	55	540	56
陵　县	15704	3436	129	12268	119	219	109
平原县	23816	5936	101	17880	93	396	81
夏津县	15469	4658	130	10811	127	221	108
武城县	19814	1387	110	18427	89	495	67
齐河县	39674	8853	67	30821	57	505	62
禹城市	23282	3759	102	19523	88	386	83
乐陵市	18742	856	117	17886	92	276	94
临邑县	39242	8445	68	30797	58	590	51
宁津县	14703	2645	134	12058	122	263	97
庆云县	6304	1673	142	4631	141	155	129
滨州市	**412904**	**192838**	**11**	**220066**	**13**	**597**	**10**
惠民县	9811	3277	139	6534	140	105	138
阳信县	7690	3669	140	4021	142	92	140
无棣县	32638	8675	80	23963	74	548	54
沾化县	62373	38581	44	23792	75	618	47
博兴县	60162	27301	45	32861	50	693	37
邹平县	119918	60813	17	59105	24	834	28
滨州市	41300	14796	64	26504	66	426	79
东营市	**868579**	**585449**	**7**	**283130**	**10**	**1583**	**3**
东营区	78261	32583	31	45678	32	765	32
河口区	26504	6735	94	19769	85	964	19
广饶县	57885	21466	50	36419	46	757	33
垦利县	33359	13351	78	20008	82	935	21
利津县	12088	2042	138	10046	134	344	88
威海市	**603406**	**176997**	**8**	**426409**	**7**	**1717**	**2**
环翠区	121947	46782	15	75165	9	1276	8
乳山市	66466	11224	40	55242	28	951	20
文登市	130397	30279	12	100118	2	1550	4
荣成市	150364	44346	6	106018	1	1587	2
日照市	**179764**	**67466**	**17**	**112298**	**16**	**417**	**14**
莒　县	19769	5207	112	14562	113	132	134
五莲县	18373	6166	121	12207	120	240	103
东港区	18702	3210	119	15492	107	230	106
岚山区	7494	−249	141	7743	139	189	117
莱芜市	**201369**	**98419**	**16**	**102950**	**17**	**872**	**7**
莱城区	28233	12380	90	15853	103	168	125
钢城区	18602	8106	120	10496	129	443	76

2004年山东省各地人均财政支出情况

单位：万元

地　区	地方财政支出	按地方财政支出排序	人均地方财政支出(元/人)	按人均地方财政支出排序
全省	**11893716**		**1302**	
青岛市	**1646214**	**1**	**2251**	**2**
即墨市	110601	9	1022	32
胶州市	96892	13	1260	18
胶南市	108560	10	1344	14
平度市	95828	15	712	74
莱西市	63927	28	887	48
崂山区	120439	6	5790	1
城阳区	117838	7	2540	3
黄岛区	42497	69	1518	9
开发区	74034	24		
市南区	59131	32	1209	25
市北区	58442	36	1236	22
四方区	29390	106	765	68
李沧区	51120	46	1769	6
保税区	17870	141		
济南市	**1016953**	**2**	**1723**	**4**
历下区	51389	45	865	50
市中区	44529	63	805	59
天桥区	46826	53	952	37
槐荫区	43825	67	1242	21
历城区	102522	11	1155	28
长青区	39639	80	738	71
章丘市	123208	4	1243	20
平阴县	35320	91	970	34
济阳县	41930	72	790	64
商河县	31442	100	526	97
淄博市	**625512**	**7**	**1507**	**5**
博山区	42066	71	897	46
淄川区	59617	30	886	49
张店区	58993	34	848	56
周村区	38743	83	1234	23
临淄区	84607	21	1424	13
桓台县	57024	41	1169	26
高青县	31105	102	862	52
沂源县	47476	52	855	53
枣庄市	**307196**	**15**	**841**	**12**
市中区	38999	82	788	65
薛城区	36953	87	791	63
峄城区	24205	131	669	81
山亭区	25516	125	548	93

续表 1

地　区	地方财政支出	按地方财政支出排序	人均地方财政支出(元/人)	按人均地方财政支出排序
台儿庄区	24478	130	850	55
滕州市	92539	16	588	90
烟台市	**920456**	**3**	**1424**	**6**
芝罘区	59103	33	864	51
福山区	35567	90	912	40
龙口市	97638	12	1555	8
莱阳市	58568	35	668	82
蓬莱市	72393	25	1623	7
招远市	74962	23	1324	15
莱州市	78126	22	909	41
栖霞市	40431	75	636	87
海阳市	48411	49	724	73
牟平区	45562	58	963	36
长岛县	11740	143	2668	2
开发区	87502	20		
莱山区	27417	117	1428	12
潍坊市	**736213**	**4**	**879**	**11**
潍城区	25710	124	695	79
坊子区	24584	127	1024	31
寒亭区	28160	112	798	61
昌邑市	47778	50	705	76
昌乐县	41913	73	704	77
安丘市	49161	48	469	107
寿光市	95909	14	898	45
青州市	66827	27	743	69
高密市	55955	42	653	84
诸城市	90700	18	855	54
临朐县	35611	89	418	120
奎文区	28998	107	833	57
济宁市	**732335**	**5**	**913**	**10**
市中区	22467	135	535	95
任城区	45337	60	706	75
兖州市	91645	17	1515	10
曲阜市	57673	38	905	42
泗水县	22220	136	372	132
邹城市	116675	8	1042	30
微山县	46492	54	669	80
鱼台县	17929	140	396	127
金乡县	24495	129	402	125
嘉祥县	28198	111	356	134

续表 2

地　区	地方财政支出	按地方财政支出排序	人均地方财政支出(元/人)	按人均地方财政支出排序
汶上县	27616	115	376	130
梁山县	24546	128	342	136
临沂市	**675203**	**6**	**665**	**16**
郯城县	44760	61	458	111
苍山县	41661	74	353	135
莒南县	47487	51	479	102
沂水县	59525	31	537	94
蒙阴县	27668	114	522	98
平邑县	39854	78	403	124
费　县	40077	77	435	114
沂南县	39002	81	430	115
临沭县	34818	95	552	92
兰山区	57574	39	651	85
罗庄区	28326	110	663	83
河东区	27901	113	462	109
泰安市	**514985**	**9**	**936**	**9**
新泰市	121330	5	896	47
宁阳县	37349	86	462	108
东平县	38043	84	492	101
肥城市	127219	2	1318	16
泰山区	36827	88	585	91
郊　区	32805	98	338	138
聊城市	**405597**	**10**	**716**	**14**
东昌府区	50865	47	503	100
临清市	46460	55	640	86
阳谷县	30832	103	408	123
莘　县	35176	92	364	133
茌平县	44488	64	776	66
东阿县	26677	120	635	88
冠　县	27547	116	372	131
高唐县	51768	44	1090	29
菏泽市	**402292**	**12**	**457**	**17**
牡丹区	58413	37	422	119
曹　县	44449	65	311	139
定陶县	26065	122	425	118
成武县	27145	118	429	116
单　县	39658	79	339	137
巨野县	37382	85	397	126
郓城县	45370	59	414	121
鄄城县	30030	105	380	128

续表3

地　区	地方财政支出	按地方财政支出排序	人均地方财政支出(元/人)	按人均地方财政支出排序
东明县	35113	93	469	106
德州市	**402649**	**11**	**733**	**13**
德城区	46184	56	800	60
陵　县	25808	123	462	110
平原县	33524	97	742	70
夏津县	23283	134	476	103
武城县	28549	109	767	67
齐河县	44248	66	725	72
禹城市	31146	101	616	89
乐陵市	30447	104	470	105
临邑县	42083	70	806	58
宁津县	23727	132	517	99
庆云县	13196	142	441	113
滨州市	**368746**	**13**	**1000**	**8**
惠民县	23649	133	378	129
阳信县	18012	139	412	122
无棣县	40151	76	919	38
沾化县	34852	94	905	43
博兴县	45742	57	965	35
邹平县	90337	19	1274	17
滨州市	43275	68	696	78
东营市	**354580**	**14**	**1982**	**3**
东营区	54551	43	914	39
河口区	25270	126	1233	24
广饶县	60361	29	1255	19
垦利县	31655	99	1479	11
利津县	26289	121	900	44
威海市	**585202**	**8**	**2356**	**1**
环翠区	57483	40	976	33
乳山市	67723	26	1166	27
文登市	124653	3	1930	5
荣成市	138816	1	2078	4
日照市	**184185**	**16**	**684**	**15**
莒　县	33755	96	307	140
五莲县	27023	119	531	96
东港区	28873	108	428	117
岚山区	18108	138	442	112
莱芜市	**144815**	**17**	**1227**	**7**
莱城区	44573	62	473	104
钢城区	18871	137	796	62

2004年山东省各部门基本数字

地区	年末机构数(个)			年末人数(人)			
	合计	行政部门	事业部门	合计	在职人员	离退休人员	其他人员
全省合计	**45829**	**10903**	**34926**	**3154912**	**2523689**	**612192**	**19031**
地(市)合计	43665	10484	33181	2851761	2284983	548441	18337
地(市)本级	4957	1386	3571	442260	354573	81766	5921
县级合计	38708	9098	29610	2409501	1930410	466675	12416
省内合计	**41762**	**10028**	**31734**	**2894122**	**2321048**	**556673**	**16401**
地(市)合计	39598	9609	29989	2590971	2082342	492922	15707
地(市)本级	4410	1260	3150	368018	297741	65620	4657
县级合计	35188	8349	26839	2222953	1784601	427302	11050
青岛市	**4067**	**875**	**3192**	**260790**	**202641**	**55519**	**2630**
本级	547	126	421	74242	56832	16146	1264
县级小计	3520	749	2771	186548	145809	39373	1366
即墨市	587	126	461	27187	21902	5234	51
胶州市	355	88	267	22264	17818	4261	185
胶南市	510	82	428	26742	20845	5332	565
平度市	636	43	593	32498	25370	7128	
莱西市	334	58	276	21399	17007	3976	416
崂山区	198	68	130	6273	5253	870	150
城阳区	221	43	178	13272	11333	1932	7
黄岛区	109	31	78	3680	3010	551	119
开发区	118	31	87	5279	4516	762	1
市南区	84	19	65	6981	4453	2528	
市北区	120	55	65	9144	5642	3502	
四方区	118	50	68	5787	3996	1762	29
李沧区	128	54	74	5833	4279	1544	10
保税区	2	1	1	209	206	3	
济南市	**3205**	**786**	**2419**	**206558**	**161460**	**43210**	**1888**
本级	517	149	368	52277	40483	10855	939
县级小计	2688	637	2051	154281	120977	32355	949
历下区	127	32	95	12712	8949	3714	49
市中区	227	96	131	13429	9406	3789	234
天桥区	155	27	128	11115	7972	3099	44
槐荫区	145	42	103	12225	9120	3049	56
历城区	152	39	113	19937	15827	4110	
长青区	499	137	362	16469	13659	2810	
章丘市	641	94	547	26607	21808	4482	317

续表 1

地　区	年末机构数(个)			年末人数(人)			
	合计	行政部门	事业部门	合计	在职人员	离退休人员	其他人员
平阴县	345	106	239	13187	10381	2696	110
济阳县	194	28	166	13661	11322	2237	102
商河县	203	36	167	14939	12533	2369	37
淄博市	**2224**	**570**	**1654**	**131995**	**106379**	**25482**	**134**
本级	318	90	228	28371	23724	4638	9
县级小计	1906	480	1426	103624	82655	20844	125
博山区	176	63	113	13545	10960	2570	15
淄川区	340	56	284	16768	13304	3459	5
张店区	139	38	101	13412	10457	2955	
周村区	182	52	130	9445	7421	2024	
临淄区	369	96	273	13429	10935	2410	84
桓台县	153	47	106	12241	9648	2572	21
高青县	276	73	203	9498	7427	2071	
沂源县	273	55	218	15286	12503	2783	
枣庄市	**2121**	**504**	**1617**	**121024**	**103867**	**16685**	**472**
本级	239	67	172	20243	15622	4588	33
县级小计	1882	437	1445	100781	88245	12097	439
市中区	229	47	182	12240	11112	1128	
薛城区	300	48	252	16725	14900	1386	439
峄城区	278	87	191	11767	10816	951	
山亭区	367	97	270	12234	10824	1410	
台儿庄区	246	60	186	9472	8391	1081	
滕州市	462	98	364	38343	32202	6141	
烟台市	**3552**	**809**	**2743**	**216190**	**166082**	**48684**	**1424**
本级	293	79	214	29422	23268	5279	875
县级小计	3259	730	2529	186768	142814	43405	549
芝罘区	196	37	159	14497	9911	4276	310
福山区	225	61	164	8276	6080	2145	51
龙口市	522	97	425	19059	14673	4375	11
莱阳市	252	51	201	20583	16784	3793	6
蓬莱市	108	19	89	15361	11486	3875	
招远市	241	56	185	19135	15128	4007	
莱州市	133	35	98	23551	18038	5513	
栖霞市	452	85	367	20708	16462	4092	154

续表 2

地　区	年末机构数(个)			年末人数(人)			
	合计	行政部门	事业部门	合计	在职人员	离退休人员	其他人员
海阳市	536	99	437	18675	14243	4432	
牟平区	187	28	159	16406	12867	3537	2
长岛县	93	34	59	2997	2377	620	
开发区	114	31	83	4258	3679	579	
莱山区	166	63	103	3262	2807	455	
潍坊市	**4094**	**867**	**3227**	**248724**	**198347**	**49086**	**1291**
本级	282	57	225	27911	22658	4733	520
县级小计	3812	810	3002	220813	175689	44353	771
潍城区	158	24	134	9894	7674	2220	
坊子区	75	11	64	7861	6293	1568	
寒亭区	250	49	201	9694	7054	2640	
昌邑市	471	88	383	17699	13370	4329	
昌乐县	358	77	281	18953	15226	3727	
安丘市	508	122	386	27055	21084	5459	512
寿光市	379	85	294	25211	20587	4552	72
青州市	353	69	284	23657	18857	4715	85
高密市	444	61	383	23493	18660	4833	
诸城市	452	106	346	26831	21540	5291	
临朐县	186	47	139	23118	19060	3956	102
奎文区	180	71	109	7347	6284	1063	
济宁市	**3255**	**863**	**2392**	**226158**	**185313**	**39271**	**1574**
本级	386	77	309	28588	22589	5728	271
县级小计	2869	786	2083	197570	162724	33543	1303
市中区	99	19	80	8901	7037	1864	
任城区	321	135	186	15237	12948	2261	28
兖州市	249	62	187	17389	14147	3044	198
曲阜市	257	44	213	15444	12383	2732	329
泗水县	227	49	178	15447	12854	2593	
邹城市	547	123	424	25291	21695	3457	139
微山县	178	59	119	15539	13346	2193	
鱼台县	292	116	176	11417	9076	2341	
金乡县	115	27	88	18059	15082	2977	
嘉祥县	293	63	230	18091	15026	2992	73
汶上县	167	53	114	18444	15073	3371	

续表3

地 区	年末机构数(个)			年末人数(人)			
	合计	行政部门	事业部门	合计	在职人员	离退休人员	其他人员
梁山县	124	36	88	18311	14057	3718	536
临沂市	**3235**	**766**	**2469**	**286856**	**239929**	**46451**	**476**
本级	266	81	185	27116	23235	3661	220
县级小计	2969	685	2284	259740	216694	42790	256
郯城县	452	105	347	25237	21283	3815	139
苍山县	160	61	99	27636	23525	4111	
莒南县	368	76	292	28899	22702	6197	
沂水县	169	38	131	32869	27974	4895	
蒙阴县	334	87	247	19770	15293	4477	
平邑县	134	31	103	25216	22118	3093	5
费 县	176	38	138	23978	19909	4069	
沂南县	451	88	363	25144	20930	4103	111
临沭县	179	47	132	16785	14544	2241	
兰山区	298	50	248	18290	14721	3569	
罗庄区	168	39	129	7579	6422	1157	
河东区	80	25	55	8337	7273	1063	1
泰安市	**1835**	**339**	**1496**	**153030**	**122736**	**29530**	**764**
本级	293	82	211	26439	21442	4255	742
县级小计	1542	257	1285	126591	101294	25275	22
新泰市	168	6	162	27529	22269	5260	
宁阳县	340	6	334	23966	19751	4215	
东平县	301	28	273	21910	17023	4887	
肥城市	175	21	154	23202	18529	4656	17
泰山区	154	28	126	8009	5909	2098	2
郊 区	315	80	235	21975	17813	4159	3
聊城市	**1439**	**385**	**1054**	**170374**	**132413**	**34682**	**3279**
本级	196	56	140	21410	17111	3777	522
县级小计	1243	329	914	148964	115302	30905	2757
东昌府区	136	34	102	21658	15873	4371	1414
临清市	150	34	116	17524	13553	3971	
阳谷县	173	33	140	22298	17378	4761	159
莘 县	181	69	112	23495	19472	3999	24
茌平县	167	39	128	18463	12757	4823	883
东阿县	127	35	92	12877	9708	2929	240

续表 4

地　区	年末机构数(个)			年末人数(人)			
	合计	行政部门	事业部门	合计	在职人员	离退休人员	其他人员
冠　县	167	48	119	19252	15876	3376	
高唐县	143	37	106	13397	10685	2675	37
菏泽市	**5194**	**1252**	**3942**	**267983**	**213320**	**54641**	**22**
本级	233	58	175	17842	14672	3157	13
县级小计	4961	1194	3767	250141	198648	51484	9
牡丹区	790	150	640	35169	28475	6694	
曹　县	1288	277	1011	33641	27392	6243	6
定陶县	260	57	203	22483	17294	5189	
成武县	381	75	306	22199	17220	4979	
单　县	582	115	467	30363	24197	6166	
巨野县	471	139	332	28739	22335	6404	
郓城县	498	180	318	33490	26024	7466	
鄄城县	186	95	91	21168	17491	3677	
东明县	505	106	399	22889	18220	4666	3
德州市	**3256**	**756**	**2500**	**185532**	**147722**	**35251**	**2559**
本级	176	44	132	17279	13729	3432	118
县级小计	3080	712	2368	168253	133993	31819	2441
德城区	297	91	206	14967	12170	2400	397
陵　县				17095	14022	3073	
平原县	203	51	152	13711	11024	2687	
夏津县	306	65	241	13854	11320	2415	119
武城县	173	64	109	12489	8821	3429	239
齐河县	143	30	113	16988	13432	3148	408
禹城市	281	107	174	16533	12469	2786	1278
乐陵市	387	149	238	18952	15513	3439	
临邑县	196	89	107	14741	12625	2116	
宁津县	269	64	205	18486	14989	3497	
庆云县	265	59	206	10437	7625	2812	
滨州市	**1667**	**546**	**1121**	**123296**	**97550**	**25387**	**359**
本级	203	71	132	16885	13218	3620	47
县级小计	1464	475	989	106411	84332	21767	312
惠民县	375	112	263	15578	12443	2975	160
阳信县	103	32	71	13778	10520	3188	70
无棣县	205	64	141	14109	11722	2380	7

续表 5

地　区	年末机构数(个)			年末人数(人)			
	合计	行政部门	事业部门	合计	在职人员	离退休人员	其他人员
沾化县	250	91	159	13739	11212	2515	12
博兴县	198	62	136	13976	11117	2859	
邹平县	132	54	78	18664	14282	4382	
滨州市	222	74	148	16567	13454	2999	114
东营市	**756**	**226**	**530**	**55236**	**47647**	**6968**	**621**
本级	182	58	124	10856	10056	800	
县级小计	574	168	406	44380	37591	6168	621
东营区				7823	7053	770	
河口区	92	38	54	4623	4170	453	
广饶县	261	63	198	14098	11248	2231	619
垦利县	124	30	94	8182	6943	1237	2
利津县	97	37	60	9654	8177	1477	
威海市	**1993**	**522**	**1471**	**86922**	**65932**	**20427**	**563**
本级	341	110	231	17422	13559	3793	70
县级小计	1652	412	1240	69500	52373	16634	493
环翠区	235	66	169	7948	5820	2108	20
乳山市	449	105	344	18213	13733	4372	108
文登市	536	134	402	20530	15171	5035	324
荣成市	332	7	325	22809	17649	5119	41
日照市	**1050**	**279**	**771**	**70795**	**58807**	**11739**	**249**
本级	265	105	160	13299	11509	1543	247
县级小计	785	174	611	57496	47298	10196	2
莒　县	247	64	183	22931	18775	4156	
五莲县	209	32	177	15132	12389	2741	2
东港区	172	47	125	12189	9938	2251	
岚山区	198	62	136	7244	6200	1044	
莱芜市	**620**	**140**	**480**	**40298**	**34778**	**5489**	**31**
本级	220	76	144	12658	10866	1761	31
县级小计	400	64	336	27640	23912	3728	
莱城区	287	38	249	23300	19971	3329	
钢城区	113	26	87	4340	3941	399	
省级	**2164**	**419**	**1745**	**303151**	**238706**	**63751**	**694**

续表 6

地　区	其中：						年末学生人数
	财政补助开支的年末人数			财政预算拨款开支人数			
	在职人员	离退休人员	其他人员	在职人员	离退休人员	其他人员	
全省合计	**1922063**	**523864**	**11949**	**486279**	**48089**	**2810**	**13979894**
地(市)合计	1759540	477556	11341	437061	37799	2786	13059873
地(市)本级	234532	69740	2258	91603	7010	1021	959009
县级合计	1525008	407816	9083	345458	30789	1765	12100864
省内合计	**1772957**	**500094**	**10888**	**445393**	**39842**	**2386**	**13061931**
地(市)合计	1610434	453786	10280	396175	29552	2362	12141910
地(市)本级	196991	59332	2131	77067	3565	950	816480
县级合计	1413443	394454	8149	319108	25987	1412	11325430
青岛市	**149106**	**23770**	**1061**	**40886**	**8247**	**424**	**917963**
本级	37541	10408	127	14536	3445	71	142529
县级小计	111565	13362	934	26350	4802	353	775434
即墨市	18678	4193	2	3223	996	49	118226
胶州市	12904	2588	23	4055	1512	162	94225
胶南市	16371		353	3071		60	99541
平度市	20728			2185			155503
莱西市	13028		416	2742			91021
崂山区	3535	743		1616	126	120	27308
城阳区	8169	1160	7	2085	422		65439
黄岛区	2089	409	73	867	136		8659
开发区	3096	565		1190	169		28978
市南区	3339	733		1091	422		27143
市北区	4242	572		1400	589		20574
四方区	2600	1010		1258	319	12	19540
李沧区	2797	1137		1350	360	10	20272
保税区	169	3		37			
济南市	**114884**	**41109**	**894**	**40625**		**469**	**693322**
本级	25930	10753	661	13490		167	78569
县级小计	88954	30356	233	27135		302	614753
历下区	4600	3115	4	3651			42597
市中区	5552	2884	68	2326		103	47864
天桥区	5340	3099	8	2627		36	37024
槐荫区	6257	3001		2674		51	28232
历城区	11281	3916		3873			91384
长青区	10175	2636		2409			68092
章丘市	18271	4440	114	3351			130205

续表 7

地　区	其中：						年末学生人数
	财政补助开支的年末人数			财政预算拨款开支人数			
	在职人员	离退休人员	其他人员	在职人员	离退休人员	其他人员	
平阴县	8217	2693	36	2100		74	51615
济阳县	9313	2237		1853		38	66621
商河县	9948	2335	3	2271			51119
淄博市	**80596**	**24517**	**105**	**21276**	**803**	**29**	**554409**
本级	16107	3841	7	5067	745	2	78677
县级小计	64489	20676	98	16209	58	27	475732
博山区	8828	2570	14	1890		1	47098
淄川区	10588	3457		2433	2	5	70110
张店区	7605	2866		2676			49775
周村区	5334	2024		1999			37776
临淄区	9116	2410	79	1802		5	67508
桓台县	7010	2495	5	1636	56	16	
高青县	5989	2071		1438			45243
沂源县	10019	2783		2335			77466
枣庄市	**78443**	**16538**	**450**	**23189**	**121**	**19**	**596309**
本级	9431	4496	23	5726	66	7	40737
县级小计	69012	12042	427	17463	55	12	555572
市中区	8000	1128		2883			57543
薛城区	12718	1379	427	2182	7	12	84670
峄城区	7832	951		2984			50530
山亭区	7747	1410		2683			72430
台儿庄区	6604	1033		1752	48		43627
滕州市	26111	6141		4979			246772
烟台市	**118957**	**45533**	**783**	**27416**		**246**	**901440**
本级	11526	4588	383	5412		184	55373
县级小计	107431	40945	400	22004		62	846067
芝罘区	6425	4226	310	1952			72366
福山区	4262	2145	3	1256			26336
龙口市	11644	4375	11	2057			81276
莱阳市	11950	3793	6	1998			113640
蓬莱市	9388	3847		1998			39369
招远市	11233	4007		2197			77956
莱州市	12688	5283		2544			121658
栖霞市	11823	3774	68	1991		62	67520

续表 8

地区	其中：						年末学生人数
	财政补助开支的年末人数			财政预算拨款开支人数			
	在职人员	离退休人员	其他人员	在职人员	离退休人员	其他人员	
海阳市	11649	4423		1839			81058
牟平区	10432	3444	2	1790			63722
长岛县	1542	620		629			6948
开发区	2406	553		935			20324
莱山区	1989	455		818			18667
潍坊市	**162617**	**48364**	**529**	**29388**	**27**	**509**	**1301973**
本级	16509	4641	130	5004		382	97891
县级小计	146108	43723	399	24384	27	127	1204082
潍城区	6028	2218		1514			43426
坊子区	4985	1568		1214			31620
寒亭区	5800	2640		1249			40656
昌邑市	11009	4329		2242			94469
昌乐县	11576	3727		2379			86032
安丘市	17984	5432	399	2518	27	53	169783
寿光市	17216	4552		2590			164494
青州市	16162	4595		2249		74	127668
高密市	15665	4550		2387			127819
诸城市	18957	5095		2317			173302
临朐县	16322	3956		2188			111983
奎文区	4404	1061		1537			32830
济宁市	**140439**	**31153**	**755**	**37039**	**7279**	**246**	**1096634**
本级	16562	4742	40	4203	669	116	86419
县级小计	123877	26411	715	32836	6610	130	1010215
市中区	4698	1351		2179	513		34135
任城区	9244	1660		3150	547	28	54960
兖州市	10546	2164	129	2825	778	69	65882
曲阜市	9879	1993	136	2132	644		77346
泗水县	9597	1950		2585	614		64949
邹城市	17102	2449	4	3494	884		124282
微山县	9827	1497		3110	696		105437
鱼台县	7507	1866		1527	475		70736
金乡县	11822	2312		3119	664		88137
嘉祥县	10684	2987	64	3702		9	122431
汶上县	11704	2644		3238	658		113472

续表 9

地　区	其中:						年末学生人数
	财政补助开支的年末人数			财政预算拨款开支人数			
	在职人员	离退休人员	其他人员	在职人员	离退休人员	其他人员	
梁山县	11267	3538	382	1775	137	24	88448
临沂市	**200359**	**46407**	**402**	**36399**		**25**	**1415344**
本级	17354	3625	168	4768	36	8	10562
县级小计	183005	42782	234	31631	-36	17	1404782
郯城县	18524	3800	139	2754			144105
苍山县	19423	4111		4102			142586
莒南县	19871	6168		2464			160429
沂水县	24160	4895		3814			166615
蒙阴县	12258	4477		3035			70199
平邑县	16756	3093		4634			123447
费　县	17146	4069		2539			124664
沂南县	17836	4103	94	2827		17	113509
临沭县	12545	1609		1949	632		96468
兰山区	13068	3569		1481			134925
罗庄区	5385	1157		869			60045
河东区	6033	775	1	1163	288		67790
泰安市	**99989**	**28353**		**18588**	**994**	**2**	**474813**
本级	14228	4166		5817	57		60472
县级小计	85761	24187		12771	937	2	414341
新泰市	19245	4971		2606	234		4809
宁阳县	17196	4215		2525			92522
东平县	14169	4800		2136			87953
肥城市	15449	4647		2387			97476
泰山区	4769	1395		1131	703	2	41081
郊　区	14933	4159		1986			90500
聊城市	**100414**	**29506**	**2991**	**29161**	**4958**	**194**	**796654**
本级	11203	2745	502	5070	1009		24754
县级小计	89211	26761	2489	24091	3949	194	771900
东昌府区	12577	4354	1414	3296	17		115998
临清市	10656	3895		2494			83437
阳谷县	12607	3460	111	3649	1194	8	82199
莘　县	15092	3396	10	4300	591		162388
茌平县	10449	3987	682	2249	836	183	88077
东阿县	7364	2369	237	2344	560	3	58307

续表 10

地区	其中：						年末学生人数
	财政补助开支的年末人数			财政预算拨款开支人数			
	在职人员	离退休人员	其他人员	在职人员	离退休人员	其他人员	
冠　县	12824	2625		3052	751		97910
高唐县	7642	2675	35	2707			48888
菏泽市	**161741**	**54405**	**11**	**42567**	**73**	**9**	**1444215**
本级	9222	3014	11	3518	46		49390
县级小计	152519	51391		39049	27	9	1394825
牡丹区	22320	6694		4829			215557
曹　县	22365	6177		4580		6	257888
定陶县	13876	5189		2915			118927
成武县	13608	4979		3003			104445
单　县	17689	6166		5798			163227
巨野县	14737	6404		5159			143814
郓城县	20968	7466		4220			155054
鄄城县	13401	3677		4090			119175
东明县	13555	4639		4455	27	3	116738
德州市	**112994**	**27225**	**2141**	**32575**	**7945**	**375**	**681109**
本级	8501	3121	56	4372	262	57	54214
县级小计	104493	24104	2085	28203	7683	318	626895
德城区	8752	1931	325	3154	469	45	43728
陵　县	10856	2577		3166	496		
平原县	9037	2456		1987	231		
夏津县	7716	1964	106	3515	451	13	58468
武城县	5451	1602	239	3175	1827		54901
齐河县	10930	2535	241	2424	613	156	61887
禹城市	9974	1646	1187	2451	1140	91	51452
乐陵市	11266	2309		4179	1115		99826
临邑县	9850	1464		2319	652		65483
宁津县	11981	2964		3008	533		111763
庆云县	6054	1330		1451	1482		51980
滨州市	**74757**	**20545**	**186**	**20540**	**3903**	**136**	**520773**
本级	8814	3131	36	2818	35		43490
县级小计	65943	17414	150	17722	3868	136	477283
惠民县	8790	2010	40	3400	965	120	72185
阳信县	7820	1986		2642	1202		57195
无棣县	9153	2380		2372			56400

续表 11

地区	其中: 财政补助开支的年末人数			财政预算拨款开支人数			年末学生人数
	在职人员	离退休人员	其他人员	在职人员	离退休人员	其他人员	
沾化县	9270	1914	12	1828	585		59460
博兴县	8916	2859		1936			48618
邹平县	11484	4382		2763			101613
滨州市	10605	1812	98	2686	1187	16	63960
东营市	**35965**	**5837**	**554**	**10651**	**1130**	**67**	**206805**
本级	7011	480		2838	320		31232
县级小计	28954	5357	554	7813	810	67	175573
东营区	4684	770		2024			29354
河口区	2807	453		1124			15603
广饶县	9498	1667	552	1713	563	67	54633
垦利县	5564	990	2	1305	247		38727
利津县	6401	1477		1647			37256
威海市	**52620**	**19483**	**354**	**11731**	**1**	**19**	**355854**
本级	9950	2705		3180	300	1	55062
县级小计	42670	16778	354	8551	-299	18	300792
环翠区	4431	1614	7	1303	339		
乳山市	11193	4372		2005			69732
文登市	12515	5028	306	2491	7	18	87242
荣成市	14531	5119	41	2752			106573
日照市	**47983**	**9356**	**116**	**9171**	**2284**	**26**	**391162**
本级	7268	1523	114	3053	20	26	36065
县级小计	40715	7833	2	6118	2264		355097
莒县	16079	3036		2614	1117		147483
五莲县	10697	2012	2	1677	729		67345
东港区	8387	2159		1179			75894
岚山区	5552	1044		648			57568
莱芜市	**28727**	**5489**		**4808**			**200269**
本级	7375	1761		2731			13573
县级小计	21352	3728		2077			186696
莱城区	17987	3329		1577			166797
钢城区	3365	399		500			19899
省级	**162523**	**46308**	**608**	**49218**	**10290**	**24**	**920021**

2004年山东省乡镇财政基本情况表

单位：个\人\万元

项　目	合计	其中：乡	其中：镇
一、本年乡镇数	1693	307	1386
二、乡镇财政机构数	1665	303	1362
其中：财税所数	539	104	435
三、体制形式和类型			
实行分税制体制的乡镇数	1583	294	1289
实行原体制的乡镇数	110	13	97
上解乡镇数	577	57	520
补助乡镇数	762	134	628
自收自支乡镇数	354	116	238
四、已建立乡镇国库的乡镇数	285	48	237
五、税务所机构数	1692	193	1499
国家税务所数	694	63	631
地方税务所数	998	130	868
其中：一乡（镇）一所数	409	76	333
六、乡镇财政所总人数	14523	2232	12291
1. 行政编制实有人数	1669	342	1327
2. 事业编制实有人数	12495	1812	10683
3. 以工代干人数	294	64	230
4. 集体财务人员人数	65	14	51
七、乡镇财政供养人口	1058453	156380	902073
1. 财政预算拨款开支人数	179635	29560	150075
2. 财政补助开支人数	878818	126820	751998
其中：教师	612070	85705	526365
八、赤字乡镇个数	132	29	103
九、乡镇经济有关指标统计			
1. 年末总人口	76572265	10254414	66317851
其中：农村人口	62487459	9105044	53382415
2. 乡镇总产值	150363658	11445801	138917857
其中：工业总产值	103567984	6909375	96658609
农业总产值	28140947	3760567	24380380
十、乡镇财政一般预算收入分档			
100万元以下的乡镇数	28	15	13
100万元—500万元的乡镇数	863	245	618
500万元—1000万元的乡镇数	409	38	371

续表

项　目	合计	其中:	
		乡	镇
1000 万元以上的乡镇数	393	9	384
十一、乡镇财政一般预算收支平衡			
收入总计	2624007	260082	2363925
本年本级收入	1454947	116232	1338715
其中:税收收入	1348626	107686	1240940
上级补助收入	1132863	141028	991835
其他收入	28237	2810	25427
上年结余收入	7960	12	7948
支出总计	2621075	257982	2363093
本年本级支出	2100843	231887	1868956
上解上级支出	516499	26091	490408
其他支出	3733	4	3729
年终结余	2932	2100	832
净结余	1216	－162	1378
十二、乡镇财政基金预算收支平衡			
收入总计	36660	1405	35255
本年本级收入	12563	153	12410
上级补助收入	23853	1247	22606
其他收入	78	4	74
上年结余收入	166	1	165
支出总计	36276	1379	34897
本年本级支出	34900	1379	33521
其他支出	1376		1376
年终结余	384	26	358
十三、预算外收支情况			
收入总计	86203	5102	81101
本年本级收入	144840	12641	132199
1. 行政事业单位收入	57838	6711	51127
2. 乡镇自筹统筹收入	46358	3450	42908
3. 其他收入	40644	2480	38164
上年结余收入	－58637	－7539	－51098
支出总计	159683	15196	144487
本年本级支出	152602	14575	138027
其中:行政事业支出	112008	10275	101733
基本建设支出	13181		13181
调出资金	7081	621	6460
年终结余	－73480	－10094	－63386

2004 年山东省乡镇主要财政经济指标情况表

单位：万元

地区	收入				支出				财政供养人口（人）
	小计	一般预算	基金预算	预算外	小计	一般预算	基金预算	预算外	
全省合计	**1862258**	**1720955**	**10240**	**124747**	**2399742**	**2264310**	**24558**	**143139**	**1123264**
乡镇（含办事处、区公所）合计	**1556789**	**1425754**	**9315**	**115897**	**2204091**	**2078145**	**23547**	**135284**	**1062357**
街道办事处合计	**305469**	**295201**	**925**	**8850**	**195651**	**186165**	**1011**	**7855**	**60907**
青岛市合计	**290077**	**271135**	**3550**	**15392**	**293793**	**297829**	**2173**	**33303**	**61155**
乡镇（含办事处、区公所）合计	**290077**	**271135**	**3550**	**15392**	**293793**	**297829**	**2173**	**33303**	**61155**
街道办事处合计									
（一）即墨市合计	**41608**	**38494**		**3114**	**54481**	**51406**		**3075**	**13488**
乡镇（含办事处、区公所）小计	**41608**	**38494**		**3114**	**54481**	**51406**		**3075**	**13488**
街道办事处小计									
环秀办	4864	4412		452	4217	3765		452	790
通济办	7324	6932		392	5850	5458		392	995
开发区	5799	5570		229	5185	4956		229	651
北安办	2008	1924		84	2663	2579		84	673
度假区	182	152		30	411	381		30	189
龙山办	1620	990		630	3145	2515		630	544
龙泉镇	871	471		400	2080	1680		400	779
乔山卫	1163	1026		137	1919	1782		137	532
温泉镇	839	765		74	2012	1938		74	588
王村镇	634	634			1544	1544			514
田横镇	532	532			1277	1277			402
丰城镇	837	765		72	1904	1832		72	523
金口镇	754	754			1506	1506			491
店集镇	718	653		65	2047	1982		65	622
华山镇	1892	1892			2654	2654			589
灵山镇	752	663		89	1248	1159		89	450
段泊岚	941	941			1288	1288			498
刘家庄	1031	1015		16	1426	1410		16	431
移风店	989	989			2242	2242			696
七级镇	943	745		198	1276	1117		159	459
兰村镇	2369	2314		55	2964	2909		55	508
南泉镇	1486	1386		100	1924	1824		100	517
普东镇	1144	1053		91	1840	1749		91	605
大信镇	1916	1916			1859	1859			442
（二）胶州市合计	**67729**	**60528**	**435**	**6766**	**58888**	**51687**	**435**	**6766**	**11687**
乡镇（含办事处、区公所）小计	**67729**	**60528**	**435**	**6766**	**58888**	**51687**	**435**	**6766**	**11687**
街道办事处小计									
阜安	15131	11378		3753	8886	5133		3753	1002
中云	7995	7487		508	5061	4553		508	898
北关	6932	6713	9	210	4864	4645	9	210	569
南关	4885	4696		189	3517	3328		189	622
云溪	4289	4248	8	33	3618	3577	8	33	282
胶东	2405	2002	15	388	2912	2509	15	388	943
李哥庄	3368	3105	11	252	3444	3181	11	252	846
胶莱	1268	1249	19		1895	1876	19		617
马店	2373	2024	8	341	2744	2395	8	341	613
胶北	1731	1381	11	339	2086	1736	11	339	454
胶西	2987	2717	15	255	3400	3130	15	255	861

续表 1

地区	收入				支出				财政供养人口(人)
	小计	一般预算	基金预算	预算外	小计	一般预算	基金预算	预算外	
杜村	1087	1049	38		1171	1133	38		363
张应	3101	3090	11		3058	3047	11		461
铺集	2077	1679	34	364	2958	2560	34	364	894
里岔	1323	1139	50	134	1771	1587	50	134	527
洋河	1820	1652	168		2644	2476	168		743
九龙	1262	1235	27		1568	1541	27		437
营海	3695	3684	11		3291	3280	11		555
(三)胶南市合计	**46498**	**38009**	**2977**	**5512**	**74712**	**53274**	**1600**	**19838**	**11376**
乡镇(含办事处、区公所)小计	**46498**	**38009**	**2977**	**5512**	**74712**	**53274**	**1600**	**19838**	**11376**
街道办事处小计									
隐珠镇	2656	2147	509		7042	6737	305		856
大珠山镇	2039	1987	6	46	2696	2680	4	12	674
张家楼镇	1098	951		147	2378	2233		145	709
琅琊镇	1314	1086		228	1846	1744		102	535
藏南镇	1660	1396	6	258	2454	2034	4	416	415
泊里镇	1785	1725	60		3455	3419	36		937
大场镇	1390	1305	2	83	2791	2790	1		939
海青镇	1602	1434	2	166	2587	2500	1	86	661
理务关乡	994	705		289	1866	1261		605	304
大村镇	1195	1194		1	2384	2383		1	914
六汪镇	911	849		62	1517	1455		62	451
宝山镇	1440	906	3	531	1987	1662	2	323	417
铁山镇	1587	791		796	2982	1490		1492	295
王台镇	4838	4511	103	224	5398	4936	62	400	779
灵山卫镇	3864	3583	281		3574	3406	168		533
珠山办	3146	2796	214	136	2359	2063	129	167	463
珠海办	4582	4152	14	416	3354	3304	8	42	426
开发区	4086	2227	1242	617	17688	2376	745	14567	89
度假区	280	257	14	9	550	337	8	205	43
黄山区	2043	1585	212	246	2420	2036	127	257	475
胶河区	1646	721		925	1877	1247		630	310
积米崖	1353	1021		332	1507	1181		326	151
工业园	989	680	309						
(四)平度市合计	**36508**	**36403**	**105**		**31674**	**31569**	**105**		**8941**
乡镇(含办事处、区公所)小计	**36508**	**36403**	**105**		**31674**	**31569**	**105**		**8941**
街道办事处小计									
南村镇	4829	4779	50		3976	3926	50		322
外向型工业加工区	3462	3462			4791	4791			115
明村镇	2543	2543			2694	2694			383
灰埠镇	1294	1294			972	972			341
张舍镇	1005	1005			725	725			332
仁兆镇	1056	1056			629	629			342
旧店镇	1036	1036			648	648			280
长乐镇	1000	1000			767	767			244
麻兰镇	818	818			546	546			258
白埠镇	621	621			688	688			338
蓼兰镇	739	739			456	456			314
田庄镇	676	676			681	681			219
张戈庄镇	636	636			528	528			253
大泽山镇	557	557			504	504			198
崔家集镇	538	538			346	346			324
万家镇	482	482			763	763			325
门村镇	567	567			412	412			345

续表 2

地　区	收　入				支　出				财政供养人口（人）
	小计	一般预算	基金预算	预算外	小计	一般预算	基金预算	预算外	
兰底镇	449	449			690	690			249
云山镇	520	520			544	544			304
马戈庄镇	479	479			473	473			210
古岘镇	576	576			546	546			237
郭庄镇	353	353			559	559			180
新河镇	583	528	55		581	526	55		220
店子镇	553	553			322	322			324
崔召镇	291	291			492	492			158
祝沟镇	249	249			525	525			214
大田镇	393	393			274	274			207
同和办事处	2664	2664			2349	2349			258
李园办事处	2957	2957			1519	1519			574
城关办事处	2910	2910			992	992			561
香店办事处	938	938			781	781			270
华侨科技园	518	518			380	380			25
农业试验区	216	216			521	521			17
（五）莱西市合计	**24808**	**24808**			**27591**	**27591**			**9107**
乡镇（含办事处、区公所）小计	**24808**	**24808**			**27591**	**27591**			**9107**
街道办事处小计									
水集办事处	5612	5612			3597	3597			918
李权庄镇	2238	2238			2402	2402			456
姜山镇	1276	1276			2480	2480			728
经济开发区	2958	2958			2545	2545			649
望城办事处	1272	1272			1571	1571			597
沽河办事处	1221	1221			1428	1428			554
河头店镇	1347	1347			1752	1752			594
南墅镇	1998	1998			2142	2142			593
店埠镇	1243	1243			1647	1647			744
院上镇	917	917			1301	1301			480
日庄镇	1531	1531			1733	1733			681
夏格庄镇	1011	1011			1409	1409			465
马连庄镇	858	858			1490	1490			688
武备镇	675	675			1071	1071			490
孙受镇	651	651			1023	1023			470
（六）城阳区合计	**29116**	**29083**	**33**		**26142**	**22485**	**33**	**3624**	**3606**
乡镇（含办事处、区公所）小计	**29116**	**29083**	**33**		**26142**	**22485**	**33**	**3624**	**3606**
街道办事处小计									
城阳	9698	9695	3		7344	6542		802	531
流亭	6341	6311	30		5112	4803	3	306	524
夏庄	4252	4252			1814	1784	30		288
惜福镇	1778	1778			2184	2184			326
棘洪滩	4456	4456			3042	3042			295
上马	1153	1153			3927	1411		2516	591
河套	983	983			1356	1356			231
红岛	455	455			1363	1363			820
（七）黄岛区合计	**16268**	**16268**			**20305**	**20305**			**838**
乡镇（含办事处、区公所）小计	**16268**	**16268**			**20305**	**20305**			**838**
街道办事处小计									
长江路	5061	5061			5341	5341			181
薛家岛	3776	3776			4265	4265			129
黄岛	2736	2736			3381	3381			158
辛安	3046	3046			3295	3295			130
柳花泊	1330	1330			1734	1734			94

续表3

地区	收入				支出				财政供养人口(人)
	小计	一般预算	基金预算	预算外	小计	一般预算	基金预算	预算外	
红石崖	319	319			2289	2289			146
(八)崂山区合计	**27542**	**27542**				**39512**			**2112**
乡镇(含办事处、区公所)小计	**27542**	**27542**				**39512**			**2112**
街道办事处小计									
中韩街道办事处	13846	13846				13378			779
沙子口街道办事处	8429	8429				9739			170
王哥庄街道办事处	3684	3684				8113			724
北宅街道办事处	1583	1583				8282			439
济南市合计	**164876**	**153264**	**411**	**11201**	**154099**	**143042**	**456**	**10601**	**55850**
乡镇(含办事处、区公所)合计	**93946**	**85337**	**271**	**8338**	**133466**	**124870**	**316**	**8280**	**49792**
街道办事处合计	**70930**	**67927**	**140**	**2863**	**20633**	**18172**	**140**	**2321**	**6058**
(一)历下区合计	**36979**	**34707**		**2272**	**7478**	**5748**		**1730**	**2170**
乡镇(含办事处、区公所)小计	**11129**	**10917**		**212**	**3384**	**3172**		**212**	**850**
街道办事处小计	**25850**	**23790**		**2060**	**4094**	**2576**		**1518**	**1320**
姚家镇	11129	10917		212	3384	3172		212	850
东关办事处	2537	2465		72	335	276		59	137
解放路办事处	1392	1315		77	349	272		77	127
泉城路办事处	4740	4587		153	355	202		153	109
趵突泉办事处	901	788		113	462	349		113	146
大明湖办事处	1051	801		250	511	371		140	237
千佛山办事处	6060	5890		170	462	292		170	172
文东办事处	3581	3232		349	364	234		130	122
燕山办事处	1952	1936		16	177	161		16	77
建新办事处	1320	712		608	665	257		408	113
甸柳办事处	2316	2064		252	414	162		252	80
(二)市中区合计	**4446**	**4446**			**3847**	**3847**			**1073**
乡镇(含办事处、区公所)小计	**4446**	**4446**			**2793**	**2793**			**598**
街道办事处小计					**1054**	**1054**			**475**
十六里河镇	2580	2580			1863	1863			309
党家庄镇	1866	1866			930	930			289
七贤街道办事处					163	163			114
白马山街道办事处					142	142			59
六里山街道办事处					55	55			19
魏家庄街道办事处					147	147			31
大观园街道办事处					86	86			48
王官庄街道办事处					49	49			14
泺源街道办事处					73	73			40
二七街道办事处					52	52			17
舜玉路街道办事处					33	33			10
七里山街道办事处					43	43			16
杆石桥街道办事处					101	101			61
四里村街道办事处					84	84			36
舜耕街道办事处					26	26			10
(三)天桥区合计	**21122**	**19946**		**1176**	**11301**	**10125**		**1176**	**3394**
乡镇(含办事处、区公所)小计	**1303**	**930**		**373**	**3769**	**3396**		**373**	**1247**
街道办事处小计	**19819**	**19016**		**803**	**7532**	**6729**		**803**	**2147**
大桥镇	599	599			2035	2035			836
桑梓店镇	704	331		373	1734	1361		373	411
北园街道办事处	4629	4448		181	1937	1756		181	574
泺口街道办事处	1606	1539		67	1164	1097		67	365
天桥东街街道办事处	706	684		22	254	232		22	63
制锦市街道办事处	751	682		69	280	211		69	101
北坦街道办事处	1425	1419		6	176	170		6	69

续表 4

地区	收入				支出				财政供养人口（人）
	小计	一般预算	基金预算	预算外	小计	一般预算	基金预算	预算外	
纬北路街道办事处	928	904		24	377	353		24	335
官扎营街道办事处	826	719		107	285	178		107	64
堤口路街道办事处	1826	1785		41	254	213		41	62
工人新村北村街道办事处	778	719		59	263	204		59	68
宝华街街道办事处	511	460		51	282	231		51	63
无影山街道办事处	2303	2252		51	225	174		51	66
工人新村南村街道办事处	1987	1915		72	258	186		72	71
药山街道办事处	1543	1490		53	1777	1724		53	246
（四）槐荫区合计	**14103**	**14103**			**5149**	**5149**			**1186**
乡镇（含办事处、区公所）小计	**1553**	**1553**			**1261**	**1261**			**315**
街道办事处小计	**12550**	**12550**			**3888**	**3888**			**871**
段店镇	1396	1396			632	632			183
吴家堡镇	157	157			629	629			132
中大街道办事处	523	523			301	301			71
西市场街道办事处	827	827			226	226			71
南辛街道办事处	689	689			266	266			75
道德街街道办事处	466	466			245	245			75
营市街街道办事处	438	438			229	229			63
振兴街街道办事处	1765	1765			334	334			62
五里沟街道办事处	1528	1528			277	277			65
青年公园街道办事处	1163	1163			311	311			79
匡山街道办事处	1166	1166			343	343			73
段北街道办事处	1318	1318			406	406			76
张庄街道办事处	1797	1797			340	340			68
美里湖街道办事处	870	870			610	610			93
（五）历城区合计	**37929**	**36533**		**1396**	**41816**	**40420**		**1396**	**10950**
乡镇（含办事处、区公所）小计	**28173**	**26777**		**1396**	**40965**	**39569**		**1396**	**10749**
街道办事处小计	**9756**	**9756**			**851**	**851**			**201**
洪楼街道办事处	1126	1126			210	210			52
东风街道办事处	1937	1937			225	225			49
山大街道办事处	3231	3231			209	209			44
全福街道办事处	3462	3462			207	207			56
王舍人镇	9954	9794		160	8842	8682		160	1348
华山镇	3356	3216		140	4261	4121		140	1036
仲宫镇	779	779			2379	2379			920
高而乡	372	362		10	1089	1079		10	235
柳埠镇	728	728			2328	2328			836
西营镇	407	340		67	1335	1268		67	473
绣川乡	594	464		130	1163	1033		130	390
港沟镇	2655	2405		250	3666	3416		250	937
孙村镇	1287	1077		210	2295	2085		210	785
彩石乡	988	780		208	1702	1494		208	568
郭店镇	1971	1944		27	2541	2514		27	725
董家镇	1540	1494		46	3024	2978		46	859
唐王镇	443	354		89	1630	1541		89	675
遥墙镇	3099	3040		59	4710	4651		59	962
（六）长清区合计	**5383**	**4972**	**411**		**5977**	**5566**	**411**		**2454**
乡镇（含办事处、区公所）小计	**2428**	**2157**	**271**		**2763**	**2492**	**271**		**1410**
街道办事处小计	**2955**	**2815**	**140**		**3214**	**3074**	**140**		**1044**
文昌街道	1288	1243	45		1305	1260	45		367
平安街道	661	621	40		823	783	40		298
崮云湖街道	592	561	31		703	672	31		210
五峰山街道	414	390	24		383	359	24		169

续表 5

地　区	收入				支出				财政供养人口（人）
	小计	一般预算	基金预算	预算外	小计	一般预算	基金预算	预算外	
归德镇	759	674	85		689	604	85		341
马山镇	286	250	36		421	385	36		166
双泉乡	208	183	25		483	458	25		144
张夏镇	445	407	38		386	348	38		193
万德镇	381	339	42		223	181	42		251
武庄乡	84	73	11		168	157	11		77
孝里镇	265	231	34		393	359	34		238
（七）章丘市合计	**23453**	**18377**		**5076**	**39135**	**34097**	**20**	**5018**	**15136**
乡镇（含办事处、区公所）小计	**23453**	**18377**		**5076**	**39135**	**34097**	**20**	**5018**	**15136**
街道办事处小计									
普集镇	1800	1026		774	2697	1923		774	1055
文祖镇	560	441		119	1370	1251		119	645
相公镇	1308	1060		248	1983	1735		248	1026
埠村镇	735	681		54	1168	1114		54	642
刁镇镇	2022	1926		96	2760	2664		96	900
绣惠镇	1209	706		503	2292	1846		446	975
枣园镇	1890	1509		381	2740	2359		381	686
圣井镇	1117	814		303	1560	1257		303	565
宁埠镇	444	374		70	1206	1136		70	591
曹范镇	765	685		80	1525	1426	20	79	520
龙山镇	392	351		41	1054	1013		41	434
党家镇	233	194		39	981	942		39	519
高官寨镇	475	244		231	1539	1308		231	652
辛寨乡	334	279		55	1104	1049		55	557
白云镇	592	107		485	1389	904		485	374
官庄乡	1415	884		531	1947	1416		531	529
水寨镇	273	209		64	1108	1044		64	548
黄河乡	340	166		174	1514	1340		174	673
阎家峪乡	401	196		205	1028	823		205	466
垛庄镇	125	106		19	1006	987		19	451
明水办事处	4608	4228		380	4755	4375		380	1661
双山办事处	2415	2191		224	2409	2185		224	667
（八）平阴县合计	**5294**	**4623**		**671**	**10043**	**9347**	**25**	**671**	**5328**
乡镇（含办事处、区公所）小计	**5294**	**4623**		**671**	**10043**	**9347**	**25**	**671**	**5328**
街道办事处小计									
平阴镇	1753	1641		112	2534	2422		112	1041
东阿镇	547	437		110	1087	977		110	633
孝直镇	474	397		77	1035	958		77	515
孔村镇	392	358		34	842	808		34	501
刁山坡镇	691	647		44	964	920		44	507
玫瑰镇	237	196		41	574	533		41	350
李沟乡	135	107		28	415	387		28	263
洪范镇	286	200		86	677	591		86	365
安城乡	205	183		22	612	565	25	22	355
栾湾乡	257	202		55	622	567		55	388
店子乡	317	255		62	681	619		62	410
（九）济阳县合计	**8572**	**8572**			**16829**	**16829**			**7387**
乡镇（含办事处、区公所）小计	**8572**	**8572**			**16829**	**16829**			**7387**
街道办事处小计									
济阳镇	2615	2615			4730	4730			1654
崔寨镇	627	627			1340	1340			665
孙耿镇	1716	1716			3050	3050			746
垛石镇	965	965			1976	1976			1098

续表 6

地　区	收　入				支　出				财政供养人口（人）
	小计	一般预算	基金预算	预算外	小计	一般预算	基金预算	预算外	
曲堤镇	821	821			1789	1789			1046
仁风镇	641	641			1469	1469			878
太平镇	695	695			1459	1459			741
新市镇	492	492			1016	1016			559
（十）商河县合计	**7595**	**6985**		**610**	**12524**	**11914**		**610**	**6772**
乡镇（含办事处、区公所）小计	**7595**	**6985**		**610**	**12524**	**11914**		**610**	**6772**
街道办事处小计									
郑路	352	324		28	637	609		28	405
商河	576	530		46	584	538		46	270
牛堡	196	180		16	377	361		16	268
孙集	279	257		22	522	500		22	354
龙桑寺	186	171		15	310	295		15	276
常庄	963	886		77	1399	1322		77	313
燕家	190	175		15	352	337		15	248
沙河	195	179		16	353	337		16	223
韩庙	260	239		21	467	446		21	325
赵奎元	261	240		21	477	456		21	302
尹巷	438	403		35	707	672		35	387
怀仁	316	291		25	576	551		25	421
张坊	126	116		10	281	271		10	302
胡集	271	249		22	513	491		22	408
贾庄	366	337		29	568	539		29	312
玉皇庙	1425	1311		114	2151	2037		114	493
杨庄铺	258	237		21	476	455		21	294
钱铺	211	194		17	425	408		17	312
岳桥	182	167		15	331	316		15	280
白桥	260	239		21	556	535		21	304
展家	284	260		24	462	438		24	275
淄博市合计	**135434**	**124295**	**122**	**11017**	**126361**	**113297**	**789**	**12275**	**37342**
乡镇合计	**102587**	**92871**	**117**	**9599**	**105831**	**94202**	**771**	**10858**	**33057**
街道办事处合计	**32847**	**31424**	**5**	**1418**	**20530**	**19095**	**18**	**1417**	**4285**
（一）博山区合计	**14165**	**11875**	**117**	**2173**	**15191**	**12901**	**117**	**2173**	**6337**
乡镇小计	**8714**	**6884**	**117**	**1713**	**11648**	**9818**	**117**	**1713**	**5509**
街道办事处小计	**5451**	**4991**		**460**	**3543**	**3083**		**460**	**828**
白塔镇	2554	2007		547	2389	1842		547	645
域城镇	958	715		243	1101	858		243	500
夏家庄镇	947	725		222	1435	1213		222	328
山头镇	1256	1106		150	1506	1356		150	657
八陡镇	1545	1162		383	1265	882		383	540
崮山镇	450	407		43	668	625		43	459
石马镇	326	321		5	719	714		5	421
北博山镇	252	223	6	23	823	794	6	23	511
南博山镇	231	80	101	50	648	497	101	50	505
源泉镇	48	38	10		386	376	10		439
池上镇	147	100		47	708	661		47	504
经济开发区	4871	4411		460	2914	2454		460	640
城东街道办事处	231	231			291	291			89
城西街道办事处	349	349			338	338			99
（二）淄川区合计	**22507**	**19491**		**3016**	**28403**	**23468**	**599**	**4336**	**5713**
乡镇小计	**19580**	**16564**		**3016**	**26824**	**21889**	**599**	**4336**	**5591**
街道办事处小计	**2927**	**2927**			**1579**	**1579**			**122**
般阳办事处	874	874			594	594			39
商城办事处	1021	1021			622	622			36

续表 7

地　区	收入				支出				财政供养人口（人）
	小计	一般预算	基金预算	预算外	小计	一般预算	基金预算	预算外	
松龄办事处	1032	1032			363	363			47
黄加铺镇	789	740		49	1112	855		257	278
城南镇	1213	1213			1427	1354	73		259
昆仑镇	1425	1160		265	1306	1052		254	360
磁村镇	608	593		15	851	836		15	324
岭子镇	1610	1567		43	1516	1469		47	291
商家镇	721	595		126	1191	1065		126	303
杨寨镇	4269	3743		526	4885	3579	263	1043	362
双沟镇	1795	1051		744	2215	1208	263	744	237
黑旺镇	384	384			1060	1060			278
太河乡	207	79		128	1074	925		149	264
峨庄乡	80	75		5	1055	862		193	230
淄河镇	156	107		49	899	850		49	248
张庄乡	180	159		21	805	759		46	233
东坪镇	957	592		365	1154	789		365	235
西河镇	469	315		154	913	809		104	246
龙泉镇	1356	1243		113	1729	1220		509	387
寨里镇	659	479		180	1130	950		180	326
罗村镇	1632	1446		186	1320	1134		186	425
洪山镇	1070	1023		47	1182	1113		69	305
（三）张店区合计	**19617**	**16503**	**5**	**3109**	**10039**	**6986**	**5**	**3048**	**3780**
乡镇小计	**14186**	**11701**		**2485**	**6803**	**4378**		**2425**	**3025**
街道办事处小计	**5431**	**4802**	**5**	**624**	**3236**	**2608**	**5**	**623**	**755**
沣水镇	3706	2941		765	1347	582		765	477
湖田镇	1787	1477		310	738	428		310	358
付家镇	2367	1972		395	1091	696		395	434
南定镇	2988	2973		15	759	744		15	537
房镇镇	1208	613		595	1331	795		536	456
中埠镇	1140	1019		121	618	498		120	261
马尚镇	990	706		284	919	635		284	502
公园街道办事处	934	813		121	596	475		121	137
车站街道办事处	1216	1077		139	542	404		138	153
和平街道办事处	565	527		38	375	337		38	87
杏园街道办事处	541	541			350	350			108
体育场街道办事处	505	450	5	50	463	408	5	50	119
科苑街道办事处	1670	1394		276	910	634		276	151
（四）周村区合计	**11151**	**10711**		**440**	**8409**	**7951**	**18**	**440**	**3560**
乡镇小计	**6802**	**6522**		**280**	**5253**	**4968**	**5**	**280**	**2949**
街道办事处小计	**4349**	**4189**		**160**	**3156**	**2983**	**13**	**160**	**611**
南郊镇	1534	1454		80	1271	1191		80	840
北郊镇	1181	1181			1386	1386			893
萌水镇	837	837			806	806			635
王村镇	3250	3050		200	1790	1585	5	200	581
城北路办事处	1617	1497		120	2353	2233		120	372
青年路办事处	676	676			214	214			95
大街街道办事处	688	648		40	228	184	4	40	50
丝绸路街道办事处	874	874			202	193	9		53
永安街道办事处	494	494			159	159			41
（五）临淄区合计	**26689**	**26689**			**20192**	**20192**			**4426**
乡镇小计	**16986**	**16986**			**14578**	**14578**			**3224**
街道办事处小计	**9703**	**9703**			**5614**	**5614**			**1202**
辛店街道办事处	4336	4336			2552	2552			326
齐陵街道办事处	972	972			915	915			336

续表 8

地　区	收入				支出				财政供养人口（人）
	小计	一般预算	基金预算	预算外	小计	一般预算	基金预算	预算外	
稷下街道办事处	1897	1897			926	926			420
雪宫街道办事处	1251	1251			438	438			54
闻韶街道办事处	1247	1247			783	783			66
齐都镇	961	961			1041	1041			433
皇城镇	890	890			1144	1144			536
敬仲镇	540	540			759	759			355
朱台镇	1903	1903			1762	1762			498
凤凰镇	7652	7652			5857	5857			475
梧台镇	845	845			887	887			262
金岭镇	650	650			676	676			173
边河乡	622	622			836	836			280
南王镇	2923	2923			1616	1616			212
（六）桓台县合计	**19794**	**19794**			**10662**	**10662**			**686**
乡镇小计	**19794**	**19794**			**10662**	**10662**			**686**
街道办事处小计									
索镇镇	2622	2622			944	944			96
周家镇	901	901			372	372			44
唐山镇	2482	2482			1023	1023			64
邢家镇	636	636			381	381			47
田庄镇	1009	1009			742	742			72
新城镇	595	595			388	388			57
陈庄镇	524	524			297	297			56
马桥镇	7914	7914			1858	1858			57
起风镇	730	730			757	757			71
荆家镇	379	379			710	710			50
果里镇	2002	2002			3190	3190			72
（七）高青县合计	**6885**	**4833**		**2052**	**10586**	**8534**		**2052**	**3666**
乡镇小计	**6885**	**4833**		**2052**	**10586**	**8534**		**2052**	**3666**
街道办事处小计									
田镇镇	1722	1517		205	1663	1458		205	475
青城镇	516	388		128	801	673		128	389
高城镇	583	447		136	1046	910		136	476
黑里寨镇	545	462		83	1035	952		83	385
唐坊镇	736	468		268	1210	942		268	368
常家镇	655	400		255	1228	973		255	315
木李镇	976	376		600	1380	780		600	356
花沟镇	882	543		339	1639	1300		339	622
赵店镇	270	232		38	584	546		38	280
（八）沂源县合计	**7861**	**7861**			**18025**	**17975**	**50**		**8067**
乡镇小计	**7861**	**7861**			**18025**	**17975**	**50**		**8067**
街道办事处小计									
南麻镇	2515	2515			3534	3534			1152
土门镇	302	302			763	763			411
鲁村镇	397	397			1313	1313			786
悦庄镇	432	432			1716	1716			912
东里镇	2881	2881			3623	3573	50		871
西里镇	246	246			1365	1365			772
徐家庄乡	152	152			707	707			382
大张庄镇	251	251			1120	1120			556
燕崖乡	204	204			911	911			468
中庄镇	97	97			808	808			495
张家坡镇	158	158			742	742			393
石桥乡	156	156			818	818			453

续表 9

地区	收入				支出				财政供养人口(人)
	小计	一般预算	基金预算	预算外	小计	一般预算	基金预算	预算外	
三岔乡	70	70			605	605			416
(九)高新区合计	**6765**	**6538**		**227**	**4854**	**4628**		**226**	**1107**
乡镇小计	**1779**	**1726**		**53**	**1452**	**1400**		**52**	**340**
街道办事处小计	**4986**	**4812**		**174**	**3402**	**3228**		**174**	**767**
卫固镇	1779	1726		53	1452	1400		52	340
石桥办事处	2671	2547		124	1857	1733		124	436
四宝山办事处	2315	2265		50	1545	1495		50	331
枣庄市合计	**86308**	**75012**		**11296**	**119856**	**108896**	**281**	**10679**	**56602**
乡镇(含办事处、区公所)合计	**68279**	**58380**		**9899**	**97002**	**87201**	**281**	**9520**	**45603**
街道办事处合计	**18029**	**16632**		**1397**	**22854**	**21695**		**1159**	**10999**
(一)市中区	**19359**	**15361**		**3998**	**22785**	**18787**		**3998**	**5991**
乡镇(含办事处、区公所)小计	**14930**	**11309**		**3621**	**18148**	**14527**		**3621**	**4489**
街道办事处小计	**4429**	**4052**		**377**	**4637**	**4260**		**377**	**1502**
齐村镇	2002	1457		545	2767	2222		545	1314
孟庄镇	3633	2935		698	3760	3062		698	756
税郭镇	3735	2749		986	4373	3387		986	704
永安乡	2269	2165		104	3515	3411		104	840
西王庄乡	3291	2003		1288	3733	2445		1288	875
光明路街道办事处	2833	2807		26	2940	2914		26	806
矿区办街道办事处	184	122		62	287	225		62	166
龙山路街道办事处	374	308		66	377	311		66	172
中心街街道办事处	328	299		29	323	294		29	133
文化路街道办事处	419	309		110	393	283		110	91
各塔埠街道办事处	291	207		84	317	233		84	134
(二)薛城区合计	**15184**	**13530**		**1654**	**17106**	**15423**	**29**	**1654**	**8277**
乡镇(含办事处、区公所)小计	**11898**	**10503**		**1395**	**12652**	**11228**	**29**	**1395**	**6351**
街道办事处小计	**3286**	**3027**		**259**	**4454**	**4195**		**259**	**1926**
邹坞镇	1844	1544		300	2227	1898	29	300	720
沙沟镇	466	366		100	1513	1413		100	1153
周营镇	447	297		150	1452	1302		150	916
陶庄镇	3991	3591		400	3314	2914		400	1418
常庄镇	3143	2943		200	2010	1810		200	1234
南石镇	2007	1762		245	2136	1891		245	910
临城街道办事处	1258	1108		150	1401	1251		150	794
兴仁街道办事处	1306	1247		59	2075	2016		59	631
兴城街道办事处	722	672		50	978	928		50	501
(三)峄城区	**6111**	**4127**		**1984**	**9706**	**8234**		**1472**	**6357**
乡镇(含办事处、区公所)小计	**4829**	**3089**		**1740**	**7479**	**6196**		**1283**	**4734**
街道办事处小计	**1282**	**1038**		**244**	**2227**	**2038**		**189**	**1623**
底阁镇	1065	841		224	1292	1110		182	837
阴平镇	260	244		16	1127	1127			918
古邵镇	1135	993		142	1596	1470		126	1237
榴园镇	1086	588		498	1702	1289		413	824
峨山镇	1283	423		860	1762	1200		562	918
坛山街道办事处	764	628		136	1183	1050		133	756
吴林街道办事处	518	410		108	1044	988		56	867
(四)山亭区	**5201**	**4405**		**796**	**9564**	**8748**	**20**	**796**	**7218**
乡镇(含办事处、区公所)小计	**4563**	**3918**		**645**	**8080**	**7415**	**20**	**645**	**6132**
街道办事处小计	**638**	**487**		**151**	**1484**	**1333**		**151**	**1086**
凫城乡	348	348			784	784			870
店子镇	558	464		94	923	821	8	94	501
西集镇	614	548		66	953	887		66	634
徐庄镇	652	510		142	1047	902	3	142	843

续表 10

地　区	收入				支出				财政供养人口（人）
	小计	一般预算	基金预算	预算外	小计	一般预算	基金预算	预算外	
城头镇	386	323		63	752	685	4	63	641
桑村镇	411	411			849	849			711
北庄镇	650	564		86	1051	965		86	747
水泉镇	375	345		30	811	776	5	30	547
冯卯镇	569	405		164	910	746		164	638
山城街道办事处	638	487		151	1484	1333		151	1086
（五）台儿庄区	**5646**	**5646**			**9926**	**9700**	**226**		**5204**
乡镇(含办事处、区公所)小计	**5125**	**5125**			**8926**	**8700**	**226**		**4519**
街道办事处小计	**521**	**521**			**1000**	**1000**			**685**
泥沟镇	992	992			1654	1654			909
张山子镇	933	933			1667	1667			747
涧头集镇	1591	1591			2618	2392	226		1169
邳庄镇	467	467			897	897			581
马兰屯镇	1142	1142			2090	2090			1113
运河街道办事处	521	521			1000	1000			685
（六）滕州市	**34807**	**31943**		**2864**	**50769**	**48004**	**6**	**2759**	**23555**
乡镇(含办事处、区公所)小计	**26934**	**24436**		**2498**	**41717**	**39135**	**6**	**2576**	**19378**
街道办事处小计	**7873**	**7507**		**366**	**9052**	**8869**		**183**	**4177**
东沙河镇	653	562		91	1428	1337		91	757
洪绪镇	1594	1278		316	2258	1936		322	797
南沙河镇	1087	1013		74	1738	1588		150	1023
大坞镇	1487	1322		165	2595	2430		165	1363
滨湖镇	1941	1691		250	3324	3108		216	1719
级索镇	3538	3411		127	4407	4263		144	1277
西岗镇	3167	3065		102	4110	3919		191	1218
姜屯镇	2379	2122		257	3317	3080		237	1421
鲍沟镇	1582	1495		87	2314	2278		36	1201
张汪镇	1583	1435		148	2423	2275		148	1159
官桥镇	1228	1119		109	1887	1778		109	1079
柴胡店镇	1231	1160		71	1784	1713		71	680
羊庄镇	788	664		124	1681	1557		124	1064
木石镇	1160	1009		151	1838	1686		152	786
界河镇	1553	1440		113	2396	2284		112	1085
龙阳镇	739	604		135	1667	1536		131	991
东郭镇	1224	1046		178	2550	2367	6	177	1758
北辛街道办事处	2949	2777		172	3243	3243			1271
荆河街道办事处	1919	1816		103	2027	1973		54	1548
龙泉街道办事处	2334	2269		65	2991	2862		129	1190
善南街道办事处	671	645		26	791	791			168
烟台市合计	**190308**	**179267**	**3581**	**7460**	**200103**	**189641**	**3631**	**6831**	**74479**
乡镇(含办事处、区公所)小计	**82585**	**73696**	**2801**	**6088**	**131765**	**123453**	**2851**	**5461**	**55850**
街道办事处合计	**107723**	**105571**	**780**	**1372**	**68338**	**66188**	**780**	**1370**	**18629**
（一）芝罘区小计	**31895**	**31895**			**8260**	**8260**			**1945**
乡镇(含办事处、区公所)小计									
街道办事处小计	**31895**	**31895**			**8260**	**8260**			**1945**
幸福街道办事处	5088	5088			752	752			262
只楚街道办事处	4002	4002			1040	1040			48
世回尧街道办事处	3603	3603			584	584			91
黄务街道办事处	2723	2723			1607	1607			194
奇山街道办事处	3267	3267			738	738			120
凤凰台街道办事处	2353	2353			455	455			127
毓璜顶街道办事处	3202	3202			665	665			277
东山街道办事处	2589	2589			841	841			303

续表 11

地区	收入				支出				财政供养人口（人）
	小计	一般预算	基金预算	预算外	小计	一般预算	基金预算	预算外	
向阳街道办事处	940	940			338	338			200
白石街道办事处	1380	1380			434	434			164
通伸街道办事处	1838	1838			390	390			126
芝罘岛街道办事处	910	910			416	416			33
(二) 福山区小计	**8751**	**6846**		**1905**	**12811**	**10598**		**2213**	**4003**
乡镇(含办事处、区公所)小计	**3753**	**2673**		**1080**	**6791**	**5401**		**1390**	**2621**
街道办事处小计	**4998**	**4173**		**825**	**6020**	**5197**		**823**	**1382**
门楼镇	1848	1201		647	2381	1891		490	839
高疃镇	1044	754		290	1907	1547		360	729
回里镇	424	345		79	1591	1147		444	596
张格庄镇	437	373		64	912	816		96	457
清洋办事处	3921	3379		542	4519	3932		587	910
福新办事处	1077	794		283	1501	1265		236	472
(三) 龙口市小计	**31725**	**31725**			**15514**	**15514**			**4147**
乡镇(含办事处、区公所)小计	**19759**	**19759**			**10976**	**10976**			**2844**
街道办事处小计	**11966**	**11966**			**4538**	**4538**			**1303**
徐福镇	674	674			2976	2976			249
黄山馆镇	-575	-575			494	494			118
北马镇	1674	1674			1188	1188			437
芦头镇	574	574			632	632			212
东江镇	10710	10710			1347	1347			276
下丁家镇	255	255			457	457			121
七甲镇	75	75			706	706			215
石良镇	560	560			1092	1092			383
兰高镇	292	292			963	963			419
诸由观镇	5520	5520			1121	1121			414
经济开发区	286	286			634	634			189
东莱街道办事处	3311	3311			911	911			336
新嘉街道办事处	713	713			582	582			198
龙港街道办事处	7656	7656			2411	2411			580
(四) 莱阳市小计	**13078**	**13078**			**18207**	**18207**			**9398**
乡镇(含办事处、区公所)小计	**5929**	**5929**			**14309**	**14309**			**7310**
街道办事处小计	**7149**	**7149**			**3898**	**3898**			**2088**
沐浴店镇	406	406			1583	1583			707
团旺镇	687	687			1261	1261			677
穴坊镇	445	445			1349	1349			635
姜疃镇	1653	1653			1141	1141			587
羊郡镇	289	289			754	754			381
万第镇	398	398			1353	1353			689
谭格庄镇	292	292			1236	1236			559
柏林庄镇	172	172			793	793			434
吕格庄镇	214	214			605	605			346
大夼镇	209	209			730	730			410
照旺庄镇	557	557			1254	1254			714
山前店镇	238	238			797	797			371
河洛镇	135	135			701	701			403
高格庄镇	234	234			752	752			397
城厢街道办事处	4324	4324			1328	1328			559
古柳街道办事处	998	998			929	929			597
龙旺庄街道办事处	1319	1319			922	922			467
冯格庄街道办事处	508	508			719	719			465
(五) 蓬莱市小计	**13682**	**13682**			**18722**	**18672**	**50**		**6170**
乡镇(含办事处、区公所)小计	**7532**	**7532**			**13450**	**13400**	**50**		**4946**

续表 12

地区	收入				支出				财政供养人口（人）
	小计	一般预算	基金预算	预算外	小计	一般预算	基金预算	预算外	
街道办事处小计	**6150**	**6150**			**5272**	**5272**			**1224**
刘家沟镇	906	906			1587	1587			627
潮水镇	514	514			1446	1446			581
大柳行镇	593	593			1148	1148			450
大辛店镇	1601	1601			3080	3080			1010
小门家镇	1081	1081			1821	1821			659
村里集镇	152	152			1774	1724	50		629
北沟镇	2685	2685			2594	2594			990
登州街道办事处	1697	1697			794	794			97
紫荆山街道办事处	1573	1573			810	810			96
蓬莱阁街道办事处	539	539			314	314			63
南王街道办事处	611	611			1465	1465			505
新港街道办事处	1730	1730			1889	1889			463
（六）招远市小计	**16623**	**15438**		**1185**	**23217**	**22397**		**820**	**6150**
乡镇（含办事处、区公所）小计	**10437**	**9252**		**1185**	**17317**	**16497**		**820**	**5776**
街道办事处小计	**6186**	**6186**			**5900**	**5900**			**374**
辛庄镇	920	720		200	1445	1445			506
蚕庄镇	1432	1332		100	1421	1321		100	469
金岭镇	1030	930		100	1802	1702		100	642
齐山镇	443	386		57	1807	1807			612
毕郭镇	360	360			1372	1372			519
张星镇	1462	1354		108	2248	2248			861
玲珑镇	1387	1227		160	1763	1603		160	430
大秦家镇	797	697		100	1383	1283		100	474
阜山镇	1760	1560		200	2223	2023		200	662
夏甸镇	846	686		160	1853	1693		160	601
开发区管委	1806	1806			3467	3467			85
罗峰街道办事处	1753	1753			782	782			121
泉山街道办事处	1776	1776			926	926			88
梦芝街道办事处	851	851			725	725			80
（七）莱州市小计	**25058**	**25058**			**29778**	**29778**			**11484**
乡镇（含办事处、区公所）小计	**13647**	**13647**			**20902**	**20902**			**8738**
街道办事处小计	**11411**	**11411**			**8876**	**8876**			**2746**
金城镇	1454	1454			1175	1175			555
朱桥镇	955	955			2383	2383			1126
平里店镇	938	938			1410	1410			749
驿道镇	264	264			1453	1453			845
郭家店镇	290	290			1878	1878			845
夏邱镇	1644	1644			1649	1649			505
沙河镇	2849	2849			3719	3719			1291
土山镇	1891	1891			2226	2226			678
程郭镇	1064	1064			1524	1524			796
柞村镇	1439	1439			1783	1783			516
虎头崖	859	859			1702	1702			832
文昌路街道办事处	2802	2802			1293	1293			108
永安路街道办事处	2147	2147			665	665			76
文峰路街道办事处	611	611			835	835			337
三山岛街道办事处	2484	2484			2285	2285			1109
城港路街道办事处	3367	3367			3798	3798			1116
（八）栖霞市小计	**13850**	**7841**	**3581**	**2428**	**23090**	**17081**	**3581**	**2428**	**10247**
乡镇（含办事处、区公所）小计	**10308**	**5205**	**2801**	**2302**	**19089**	**13986**	**2801**	**2302**	**8572**
街道办事处小计	**3542**	**2636**	**780**	**126**	**4001**	**3095**	**780**	**126**	**1675**
苏家店镇	475	199	6	270	1192	916	6	270	556

续表 13

地区	收入				支出				财政供养人口(人)
	小计	一般预算	基金预算	预算外	小计	一般预算	基金预算	预算外	
寺口镇	283	99		184	825	641		184	403
西城镇	664	189	280	195	1316	841	280	195	547
官道镇	328	219	34	75	957	848	34	75	511
观里镇	488	256		232	1135	903		232	535
杨础镇	651	204	318	129	1285	838	318	129	486
蛇窝泊镇	483	285	99	99	1913	1715	99	99	986
唐家泊镇	394	229		165	973	808		165	468
桃村镇	4134	2078	1834	222	4355	2299	1834	222	1442
庙后镇	498	272	15	211	923	697	15	211	439
亭口镇	416	183	19	214	1159	926	19	214	550
臧家庄镇	812	712		100	1733	1633		100	1048
松山镇	682	280	196	206	1323	921	196	206	601
经济开发区	1032	477	555		1475	920	555		398
翠屏街道办事处	1707	1356	225	126	1685	1334	225	126	811
庄园街道办事处	803	803			841	841			466
(九)海阳市小计	**11682**	**11682**			**18864**	**18864**			**9796**
乡镇(含办事处、区公所)小计	**4279**	**4279**			**12733**	**12733**			**8079**
街道办事处小计	**7403**	**7403**			**6131**	**6131**			**1717**
大闫家镇	218	218			756	756			543
发城镇	274	274			1068	1068			736
郭城镇	340	340			990	990			534
二十里店镇	239	239			958	958			547
留格镇	804	804			1550	1550			935
盘石镇	239	239			831	831			541
小纪镇	332	332			1479	1479			1021
辛安镇	556	556			1342	1342			781
行村镇	445	445			1359	1359			916
徐家店镇	551	551			1223	1223			702
朱吴镇	281	281			1177	1177			823
东村街道办事处	1130	1130			1336	1336			520
方圆街道办事处	4175	4175			1943	1943			435
凤城街道办事处	1426	1426			1822	1822			601
开发区	672	672			1030	1030			161
(十)牟平区小计	**11743**	**9831**		**1912**	**17864**	**16524**		**1340**	**7671**
乡镇(含办事处、区公所)小计	**5030**	**3509**		**1521**	**12390**	**11441**		**949**	**5613**
街道办事处小计	**6713**	**6322**		**391**	**5474**	**5083**		**391**	**2058**
观水镇	412	246		166	1852	1686		166	916
武宁镇	553	333		220	971	897		74	409
大窑镇	950	827		123	1258	1135		123	536
姜格庄镇	660	529		131	1455	1324		131	704
龙泉镇	317	252		65	1022	957		65	524
玉林店镇	189	18		171	805	751		54	350
水道镇	802	606		196	1461	1374		87	569
莒格庄镇	282	205		77	841	764		77	379
高陵镇	649	320		329	1950	1814		136	887
王格庄镇	216	173		43	775	739		36	339
开发区	292	292			1173	1173			122
宁海街道办事处	4263	4096		167	1834	1667		167	834
文化街道办事处	1847	1638		209	1955	1746		209	841
养马岛街道办事处	311	296		15	512	497		15	261
(十一)长岛县小计	**956**	**956**			**973**	**973**			**256**
乡镇(含办事处、区公所)小计	**956**	**956**			**973**	**973**			**256**
街道办事处合计									

续表 14

地区	收入				支出				财政供养人口（人）
	小计	一般预算	基金预算	预算外	小计	一般预算	基金预算	预算外	
南长山镇	316	316			106	106			41
砣矶镇	204	204			281	281			35
北长山乡	88	88			123	123			58
黑山乡	72	72			107	107			36
大钦岛乡	133	133			196	196			33
北隍城乡	80	80			82	82			26
小钦岛乡	29	29			37	37			14
南隍城乡	34	34			41	41			13
（十二）开发区小计	**2672**	**2642**		**30**	**6584**	**6554**		**30**	**1415**
乡镇(含办事处、区公所)小计									
街道办事处合计	**2672**	**2642**		**30**	**6584**	**6554**		**30**	**1415**
大季家办事处	1548	1548			2744	2744			634
古现办事处	818	788		30	2233	2203		30	458
八角办事处	306	306			1607	1607			323
（十三）莱山区小计	**8593**	**8593**			**6219**	**6219**			**1797**
乡镇(含办事处、区公所)小计	**955**	**955**			**2835**	**2835**			**1095**
街道办事处合计	**7638**	**7638**			**3384**	**3384**			**702**
莱山镇	312	312			1209	1209			536
解甲庄镇	643	643			1626	1626			559
初家街道办事处	2140	2140			1117	1117			185
黄海街道办事处	3966	3966			1295	1295			258
滨海街道办事处	1532	1532			972	972			259
潍坊市合计	**134177**	**132123**		**2054**	**169255**	**166346**	**850**	**2059**	**75199**
乡镇(含办事处、区公所)合计	**107206**	**105210**		**1996**	**143833**	**140982**	**850**	**2001**	**67117**
街道办事处合计	**26971**	**26913**		**58**	**25422**	**25364**		**58**	**8082**
（一）潍城区	**5456**	**5456**			**9509**	**9509**			**2974**
乡镇(含办事处、区公所)小计	**1977**	**1977**			**3658**	**3658**			**1800**
街道办事处小计	**3479**	**3479**			**5851**	**5851**			**1174**
于河镇	384	384			954	954			528
符山镇	653	653			1130	1130			499
军埠口镇	449	449			803	803			402
望留镇	491	491			771	771			371
城关街道办事处	478	478			306	306			81
南关街道办事处	829	829			621	621			217
北关街道办事处	829	829			866	866			340
西关街道办事处	908	908			708	708			223
潍坊外商投资开发区	349	349			3234	3234			258
鸢都湖—符烟山综合开发区	86	86			116	116			55
（二）坊子区	**5669**	**5669**			**3977**	**3977**			**1226**
乡镇(含办事处、区公所)小计	**5669**	**5669**			**3977**	**3977**			**1226**
街道办事处合计									
穆村镇	576	576			263	263			140
长宁镇	1669	1669			863	863			311
产业园	739	739			794	794			145
眉村镇	1295	1295			599	599			187
荆山洼镇	614	614			587	587			165
恒安镇	417	417			487	487			84
坊安镇	56	56			115	115			50
南流镇	303	303			269	269			144
（三）寒亭区	**5504**	**5504**			**7054**	**7054**			**4288**
乡镇(含办事处、区公所)小计	**5504**	**5504**			**7054**	**7054**			**4288**
街道办事处小计									
寒亭镇	468	468			934	934			644

续表 15

地区	收入				支出				财政供养人口(人)
	小计	一般预算	基金预算	预算外	小计	一般预算	基金预算	预算外	
开元镇	635	635			1099	1099			601
固堤镇	354	354			658	658			421
央子镇	1789	1789			376	376			182
高里镇	297	297			625	625			407
双杨镇	213	213			605	605			358
朱里镇	240	240			707	707			385
泊子乡	562	562			604	604			356
南孙乡	606	606			811	811			519
河滩镇	340	340			635	635			415
(四)昌邑市	**13978**	**13652**		**326**	**18815**	**18489**		**326**	**8861**
乡镇(含办事处、区公所)小计	**11644**	**11376**		**268**	**15596**	**15328**		**268**	**7208**
街道办事处小计	**2334**	**2276**		**58**	**3219**	**3161**		**58**	**1653**
双台乡	322	322			820	820			473
龙池镇	749	749			977	977			368
柳疃镇	2449	2449			1877	1877			698
夏店镇	781	695		86	1430	1344		86	636
卜庄镇	668	668			927	927			438
围子镇	2027	2027			1976	1976			821
宋庄镇	465	465			780	780			409
石埠镇	824	824			1266	1266			626
饮马镇	1305	1270		35	1298	1263		35	550
北孟镇	523	523			963	963			518
作山镇	560	560			863	863			494
太保庄乡	362	315		47	862	815		47	409
丈岭镇	609	509		100	1557	1457		100	768
都昌街道	827	769		58	1286	1228		58	725
奎聚街道	1507	1507			1933	1933			928
(五)昌乐县	**9938**	**9938**			**7825**	**7825**			**1830**
乡镇(含办事处、区公所)小计	**9938**	**9938**			**7825**	**7825**			**1830**
街道办事处小计									
昌乐镇	2123	2123			1296	1296			223
尧沟镇	272	272			447	447			89
朱刘镇	1212	1212			955	955			120
五图镇	340	340			299	299			93
南郝镇	396	396			320	320			107
北岩镇	474	474			391	391			121
乔官镇	770	770			437	437			151
唐吾镇	651	651			551	551			132
高崖镇	388	388			279	279			116
红河镇	960	960			899	899			156
朱汉镇	540	540			418	418			108
马宋镇	801	801			592	592			146
阿陀镇	564	564			419	419			124
崔家庄镇	308	308			269	269			80
白塔镇	139	139			253	253			64
(六)安丘市	**9342**	**9342**			**19312**	**19312**			**13220**
乡镇(含办事处、区公所)小计	**7181**	**7181**			**16405**	**16405**			**11396**
街道办事处小计	**2161**	**2161**			**2907**	**2907**			**1824**
景芝镇	1319	1319			2105	2105			1345
黄旗堡镇	503	503			967	967			662
凌河镇	344	344			731	731			700
官庄镇	250	250			606	606			369
雹泉镇	129	129			433	433			330

续表 16

地　区	收入 小计	收入 一般预算	收入 基金预算	收入 预算外	支出 小计	支出 一般预算	支出 基金预算	支出 预算外	财政供养人口（人）
红沙沟镇	216	216			651	651			547
大盛镇	182	182			534	534			458
庵上镇	184	184			578	578			346
石堆镇	239	239			625	625			493
赵戈镇	632	632			1213	1213			793
刘家尧镇	775	775			1108	1108			608
关王镇	389	389			1147	1147			797
王家庄镇	262	262			709	709			509
石埠子镇	251	251			689	689			488
临浯镇	220	220			582	582			408
金冢子镇	291	291			681	681			471
白芬子镇	188	188			550	550			464
管公镇	135	135			436	436			326
辉渠镇	210	210			671	671			457
柘山镇	218	218			671	671			364
吾山镇	244	244			718	718			461
兴安街道	1518	1518			1762	1762			1027
贾戈街道	643	643			1145	1145			797
（七）寿光市	**24833**	**23572**		**1261**	**19253**	**17365**	**627**	**1261**	**4729**
乡镇（含办事处、区公所）小计	**24833**	**23572**		**1261**	**19253**	**17365**	**627**	**1261**	**4729**
街道办事处合计									
圣城街道	4977	4895		82	3492	3154	256	82	431
文家街道	943	865		78	783	673	32	78	228
古城街道	1143	1057		86	1257	1076	95	86	308
孙家集街道	993	925		68	810	738	4	68	302
洛城街道	894	854		40	881	829	12	40	319
化龙镇	720	653		67	622	517	38	67	236
营里镇	278	225		53	406	353		53	180
卧铺乡	866	838		28	633	600	5	28	106
台头镇	1260	1210		50	673	623		50	220
道口镇	1179	1107		72	1347	1274	1	72	144
田柳镇	633	576		57	623	566		57	190
王高镇	783	701		82	600	515	3	82	165
上口镇	1551	1451		100	951	832	19	100	363
侯镇	3682	3608		74	1785	1691	20	74	417
纪台镇	526	462		64	650	535	51	64	319
稻田镇	1106	1034		72	647	575		72	254
田马镇	493	427		66	521	455		66	217
留吕镇	1058	976		82	704	565	57	82	144
羊口镇	1748	1708		40	1868	1794	34	40	186
（八）青州市	**15969**	**15969**			**28135**	**28135**			**11470**
乡镇（含办事处、区公所）小计	**15969**	**15969**			**28135**	**28135**			**11470**
街道办事处小计									
益都办事处	2140	2140			3433	3433			702
王府办事处	2122	2122			2639	2639			686
昭德办事处	2078	2078			2663	2663			640
东坝镇	901	901			1344	1344			500
弥河镇	552	552			1208	1208			658
云河乡	445	445			728	728			267
王坟镇	329	329			1071	1071			554
庙子镇	601	601			1104	1104			409
五里镇	267	267			1076	1076			559
邵庄镇	386	386			885	885			514

续表 17

地 区	收入 小计	收入 一般预算	收入 基金预算	收入 预算外	支出 小计	支出 一般预算	支出 基金预算	支出 预算外	财政供养人口(人)
普通镇	264	264			727	727			413
东高镇	300	300			719	719			417
高柳镇	416	416			802	802			486
朱良镇	398	398			800	800			577
何官镇	412	412			768	768			201
口埠镇	1775	1775			2051	2051			618
东夏镇	761	761			1501	1501			876
王母宫镇	710	710			1404	1404			591
谭坊镇	456	456			1247	1247			677
郑母镇	339	339			947	947			589
黄楼镇	317	317			1018	1018			536
(九)高密市	**15202**	**15202**			**21661**	**21661**			**11669**
乡镇(含办事处、区公所)小计	**8756**	**8756**			**14323**	**14323**			**9591**
街道办事处合计	**6446**	**6446**			**7338**	**7338**			**2078**
柏城镇	681	681			881	881			459
姚哥庄镇	625	625			1059	1059			696
河崖镇	269	269			734	734			566
夏庄镇	1033	1033			1310	1310			653
姜庄镇	713	713			951	951			492
仁和镇	1164	1164			1432	1432			628
大牟家镇	212	212			503	503			398
周戈庄镇	224	224			462	462			352
康庄镇	454	454			794	794			687
阚家镇	493	493			866	866			610
双羊镇	272	272			671	671			658
井沟镇	421	421			841	841			628
呼家庄镇	291	291			550	550			400
注沟镇	443	443			747	747			507
柴沟镇	600	600			942	942			667
拒城河镇	496	496			854	854			634
李家营镇	365	365			726	726			556
朝阳街道	2648	2648			2994	2994			488
醴泉街道	1735	1735			1808	1808			443
密水街道	2063	2063			2536	2536			1147
(十)诸城市	**13246**	**13246**			**12449**	**12449**			**2877**
乡镇(含办事处、区公所)小计	**7435**	**7435**			**9383**	**9383**			**2308**
街道办事处小计	**5811**	**5811**			**3066**	**3066**			**569**
吕标镇	382	382			531	531			124
枳沟镇	316	316			497	497			133
贾悦镇	369	369			474	474			113
孟疃镇	355	355			447	447			106
马庄镇	263	263			239	239			86
石桥子镇	378	378			465	465			168
程戈庄镇	811	811			695	695			110
九台镇	255	255			421	421			101
相州镇	361	361			504	504			148
郭家屯镇	224	224			348	348			91
昌城镇	754	754			501	501			151
百尺河镇	442	442			571	571			113
辛兴镇	931	931			790	790			109
朱解镇	287	287			454	454			102
林家村镇	341	341			434	434			105
桃元乡	142	142			379	379			100

续表 18

地区	收入				支出				财政供养人口（人）
	小计	一般预算	基金预算	预算外	小计	一般预算	基金预算	预算外	
瓦店镇	147	147			377	377			121
桃林乡	158	158			480	480			114
郝戈庄镇	131	131			244	244			98
皇华镇	388	388			532	532			115
密州街道办事处	3144	3144			1186	1186			188
龙都街道办事处	1505	1505			971	971			142
舜王街道办事处	1162	1162			909	909			239
（十一）临朐县	**8300**	**7833**		**467**	**18224**	**17529**	**223**	**472**	**11271**
乡镇(含办事处、区公所)合计	**8300**	**7833**		**467**	**18224**	**17529**	**223**	**472**	**11271**
街道办事处合计									
东城街办	816	795		21	1054	863	170	21	380
城关街办	1718	1693		25	2369	2286	53	30	966
纸坊镇	355	340		15	728	713		15	420
五井镇	534	498		36	1295	1259		36	903
杨善镇	581	549		32	1050	1018		32	694
冶源镇	753	717		36	1283	1247		36	892
石家河乡	179	166		13	617	604		13	360
寺头镇	338	316		22	992	970		22	624
九山镇	370	342		28	1005	977		28	586
七贤镇	254	233		21	807	786		21	637
辛寨镇	581	550		31	1295	1264		31	892
卧龙镇	316	295		21	906	885		21	625
蒋峪镇	260	236		24	895	871		24	589
大关镇	338	318		20	890	870		20	475
营子镇	225	198		27	667	640		27	548
龙岗镇	271	252		19	824	805		19	522
柳山镇	231	202		29	814	785		29	601
上林镇	180	133		47	733	686		47	557
（十二）奎文区	**6740**	**6740**			**3041**	**3041**			**784**
乡镇(含办事处、区公所)小计									
街道办事处小计	**6740**	**6740**			**3041**	**3041**			**784**
廿里堡街道办事处	1311	1311			484	484			105
大虞街道办事处	1257	1257			420	420			125
东关街道办事处	963	963			393	393			134
潍州路街道办事处	916	916			287	287			81
广文街道办事处	818	818			291	291			70
梨园街道办事处	500	500			236	236			96
北苑街道办事处	414	414			286	286			77
南苑街道办事处	405	405			376	376			54
钢城街道办事处	156	156			268	268			42
济宁市合计	**140903**	**128290**		**12663**	**207288**	**195466**		**11454**	**105561**
乡镇(含办事处、区公所)合计	**140903**	**128290**		**12663**	**207288**	**195466**		**11454**	**105561**
街道办事处合计									
（一）市级小计	**9385**	**9016**		**419**	**11322**	**10953**		**130**	**4003**
乡镇(含办事处、区公所)合计	**9385**	**9016**		**419**	**11322**	**10953**		**130**	**4003**
街道办事处合计									
柳行办事处	2857	2857			2175	2175			426
王因镇	2920	2920			3695	3695			800
黄屯镇	1508	1508			2117	2117			531
陵城镇	1115	1115			1023	1023			793
小雪镇	616	349		317	1225	958		110	755
息陬乡	369	267		102	1087	985		20	698
（二）市中区小计	**6018**	**6018**			**522**	**522**			**326**

续表 19

地 区	收入 小计	收入 一般预算	收入 基金预算	收入 预算外	支出 小计	支出 一般预算	支出 基金预算	支出 预算外	财政供养人口(人)
乡镇(含办事处、区公所)合计	**6018**	**6018**			**522**	**522**			**326**
街道办事处合计									
南苑办事处	1156	1156			126	126			82
观音阁办事处	1687	1687			123	123			78
仙营办事处	1443	1443			153	153			76
金城办事处	1732	1732			120	120			90
(三)任城区合计	**13170**	**13170**			**18811**	**18811**			**9062**
乡镇(含办事处、区公所)小计	**13170**	**13170**			**18811**	**18811**			**9062**
街道办事处小计									
南张镇	1711	1711			1752	1752			834
唐口镇	2024	2024			2796	2796			1274
喻屯镇	439	439			2144	2144			1168
安居镇	942	942			2093	2093			953
廿里铺镇	560	560			1445	1445			800
接庄镇	1738	1738			1773	1773			835
李营镇	2521	2521			1968	1968			995
石桥镇	507	507			1339	1339			693
长沟镇	841	841			1775	1775			817
三贾街道办事处	114	114			301	301			102
许庄街道办事处	1773	1773			1425	1425			591
(四)兖州市合计	**32178**	**31732**		**446**	**36974**	**36521**		**453**	**6651**
乡镇(含办事处、区公所)小计	**32178**	**31732**		**446**	**36974**	**36521**		**453**	**6651**
街道办事处小计									
鼓楼办事处	828	828			828	828			201
永安办事处	596	596			596	596			130
新兖镇	15041	15041			16575	16575			1469
谷村镇	1603	1603			1762	1762			621
漕河镇	1014	906		51	1488	1344		144	471
大安镇	3424	3245		142	3969	3828		141	693
小孟镇	1294	1294			1676	1676			548
新驿镇	1067	1067			1487	1487			657
颜店镇	2496	2239		253	3242	3074		168	1069
兴隆庄镇	4913	4913			5351	5351			792
(五)曲阜市合计	**11891**	**11891**			**16945**	**16945**			**6663**
乡镇(含办事处、区公所)小计	**11891**	**11891**			**16945**	**16945**			**6663**
街道办事处小计									
鲁城办事处	5726	5726			5361	5361			969
书院办事处	1397	1397			1829	1829			686
王庄乡	1105	1105			2008	2008			809
董庄乡	579	579			1327	1327			723
吴村镇	394	394			1127	1127			606
姚村镇	621	621			1276	1276			671
时庄镇	1146	1146			1385	1385			821
南辛镇	317	317			1406	1406			752
防山乡	606	606			1226	1226			626
(六)泗水县合计	**4441**	**4210**		**231**	**8261**	**8030**		**231**	**8645**
乡镇(含办事处、区公所)小计	**4441**	**4210**		**231**	**8261**	**8030**		**231**	**8645**
街道办事处小计									
泗水镇	740	740			1438	1438			1597
金庄镇	1340	1340			779	779			664
圣水峪乡	236	236			577	577			520
泗张镇	149	149			549	549			706
苗馆镇	227	227			687	687			745

续表 20

地　区	收　入				支　出				财政供养人口（人）
	小计	一般预算	基金预算	预算外	小计	一般预算	基金预算	预算外	
泉林镇	525	432		93	1032	939		93	1149
星村镇	238	238			652	652			673
高峪乡	261	184		77	616	539		77	484
中册镇	169	169			452	452			562
柘沟镇	228	228			611	611			558
杨柳镇	217	156		61	554	493		61	643
黄沟乡	111	111			314	314			344
（七）邹城市合计	**17973**	**13149**		**4824**	**38364**	**34658**		**3706**	**13092**
乡镇（含办事处、区公所）小计	**17973**	**13149**		**4824**	**38364**	**34658**		**3706**	**13092**
街道办事处小计									
峄山镇	552	304		248	1824	1639		185	679
看庄镇	430	347		83	1531	1422		109	581
香城镇	342	267		75	2486	2486			1072
张庄镇	343	210		133	2203	2203			862
城前镇	279	248		31	2288	2288			1096
田黄镇	199	132		67	1346	1346			568
大束镇	466	346		120	2645	2645			1087
中心店镇	2544	1577		967	3346	2751		595	1059
北宿镇	3018	2058		960	4248	3218		1030	1007
唐村镇	1035	463		572	1693	1270		423	507
太平镇	1624	667		957	2855	1961		894	767
平阳寺镇	1521	1406		115	1876	1761		115	610
郭里镇	246	201		45	1483	1483			582
石墙镇	368	368			2449	2449			1067
钢山办事处	1968	1889		79	2347	2323		24	573
千泉办事处	1505	1216		289	2165	1876		289	641
凫山办事处	1533	1450		83	1579	1537		42	334
（八）微山县合计	**10613**	**8981**		**1632**	**14417**	**12785**		**1503**	**7583**
乡镇（含办事处、区公所）小计	**10613**	**8981**		**1632**	**14417**	**12785**		**1503**	**7583**
街道办事处小计									
夏镇办事处	1450	1220		230	1727	1497		230	940
昭阳办事处	1020	810		210	1456	1246		210	508
韩庄镇	834	577		257	1192	935		257	741
付村镇	1029	929		100	1128	1028		81	594
欢城镇	2769	2569		200	2268	2068		120	924
留庄镇	625	565		60	1042	982		40	592
鲁桥镇	357	287		70	861	791		70	593
南阳镇	173	133		40	520	480		40	296
微山岛乡	128	98		30	443	413		30	212
两城乡	315	175		140	815	675		140	633
马坡乡	438	318		120	906	786		120	656
张楼乡	369	329		40	538	498		30	215
高楼乡	429	379		50	634	584		50	237
西平乡	329	289		40	384	344		40	184
赵庙乡	348	303		45	503	458		45	258
（九）鱼台县合计	**3673**	**3673**			**7200**	**7200**			**6156**
乡镇（含办事处、区公所）小计	**3673**	**3673**			**7200**	**7200**			**6156**
街道办事处小计									
谷亭镇	626	626			1054	1054			844
老砦乡	230	230			497	497			545
唐马乡	174	174			489	489			411
王鲁镇	449	449			1089	1089			927
张黄镇	1048	1048			753	753			477

续表 21

地　区	收入				支出				财政供养人口(人)
	小计	一般预算	基金预算	预算外	小计	一般预算	基金预算	预算外	
清河镇	298	298			713	713			623
罗屯乡	169	169			514	514			474
李阁镇	234	234			648	648			630
鱼城镇	180	180			585	585			550
王庙镇	265	265			858	858			675
(十) 金乡县合计	**6536**	**6536**			**10962**	**10962**			**10408**
乡镇(含办事处、区公所)小计	**6536**	**6536**			**10962**	**10962**			**10408**
街道办事处小计									
金乡镇	1391	1391			1704	1704			1297
鱼山镇	506	506			686	686			705
马庙镇	825	825			1139	1139			866
吉术镇	691	691			1173	1173			1009
兴隆乡	265	265			667	667			713
司马镇	178	178			514	514			531
肖云镇	296	296			648	648			863
化雨乡	373	373			735	735			826
王丕镇	328	328			607	607			563
高河乡	271	271			566	566			652
卜集乡	405	405			782	782			816
胡集镇	487	487			865	865			850
羊山镇	520	520			876	876			717
(十一) 嘉祥县合计	**12164**	**8289**		**3875**	**16742**	**12913**		**3829**	**11328**
乡镇(含办事处、区公所)小计	**12164**	**8289**		**3875**	**16742**	**12913**		**3829**	**11328**
街道办事处小计									
嘉祥镇	2481	2018		463	2756	2293		463	1500
马集乡	964	880		84	1046	962		84	518
金屯镇	673	285		388	1152	764		388	713
满硐乡	1028	697		331	1034	743		291	455
纸坊镇	2055	1431		624	2245	1621		624	959
仲山乡	455	191		264	964	700		264	764
卧龙山镇	1111	798		313	1516	1203		313	1099
孟姑集乡	491	165		326	766	440		326	602
老僧堂乡	307	127		180	689	502		187	551
黄垓乡	232	116		116	584	468		116	490
梁宝寺镇	878	699		179	1271	1105		166	980
大张楼镇	466	207		259	750	491		259	577
马村镇	262	197		65	518	453		65	584
万张乡	285	170		115	619	504		115	654
疃里镇	476	308		168	832	664		168	882
(十二) 汶上县合计	**4896**	**4896**			**11282**	**11282**			**10906**
乡镇(含办事处、区公所)小计	**4896**	**4896**			**11282**	**11282**			**10906**
街道办事处小计									
汶上镇	1180	1180			1877	1877			1733
南站镇	652	652			948	948			755
义桥乡	466	466			858	858			698
康驿镇	265	265			779	779			873
南旺镇	169	169			573	573			638
刘楼乡	192	192			614	614			537
次丘镇	333	333			969	969			1019
寅寺镇	246	246			753	753			825
郭楼镇	308	308			705	705			713
郭仓乡	212	212			700	700			679
杨店乡	231	231			560	560			487

续表 22

地 区	收入 小计	收入 一般预算	收入 基金预算	收入 预算外	支出 小计	支出 一般预算	支出 基金预算	支出 预算外	财政供养人口（人）
军屯乡	122	122			434	434			453
白石乡	219	219			618	618			513
苑庄镇	301	301			894	894			983
（十三）梁山县合计	**7965**	**6729**		**1236**	**15486**	**13884**		**1602**	**10738**
乡镇（含办事处、区公所）小计	**7965**	**6729**		**1236**	**15486**	**13884**		**1602**	**10738**
街道办事处小计									
梁山镇	1901	1710		191	2622	2472		150	1800
小安山镇	500	364		136	1109	924		185	752
馆驿镇	483	389		94	1240	1069		171	753
韩岗镇	370	370			1068	983		85	1039
韩垓镇	554	382		172	1136	960		176	769
徐集镇	703	540		163	1175	993		182	843
拳铺镇	1058	963		95	1586	1494		92	723
马营乡	247	247			685	619		66	537
杨营镇	947	814		133	1407	1273		134	932
寿张集乡	263	190		73	721	649		72	535
大路口乡	211	169		42	506	464		42	414
小路口镇	353	216		137	1036	899		137	717
黑虎庙乡	257	257			682	620		62	499
赵固堆乡	118	118			513	465		48	425
临沂市合计	**123606**	**117743**		**5863**	**213518**	**206059**	**1405**	**6054**	**147118**
乡镇（含办事处、区公所）合计	**123606**	**117743**		**5863**	**213518**	**206059**	**1405**	**6054**	**147118**
街道办事处合计									
（一）兰山区合计	**31205**	**31205**			**24566**	**24566**			**8702**
乡镇（含办事处、区公所）小计	**31205**	**31205**			**24566**	**24566**			**8702**
街道办事处小计									
兰山	12707	12707			8584	8584			1988
银雀	3472	3472			2150	2150			825
金雀	2903	2903			1551	1551			641
南坊	2208	2208			2137	2137			923
白沙埠	777	777			1441	1441			670
半程	3068	3068			1571	1571			605
枣沟头	882	882			1129	1129			654
李官	350	350			1126	1126			520
义堂	2618	2618			2205	2205			780
朱保	1712	1712			1804	1804			664
马厂湖	508	508			868	868			432
（二）罗庄区合计	**6329**	**5947**		**382**	**9710**	**9147**		**563**	**5497**
乡镇（含办事处、区公所）小计	**6329**	**5947**		**382**	**9710**	**9147**		**563**	**5497**
街道办事处小计									
罗庄办事处	3299	3299			2063	2063			1065
双月湖办事处	610	610			586	586			176
付庄办事处	572	572			1059	1059			790
汤庄办事处	171	171			502	502			307
盛庄办事处	924	542		382	1973	1410		563	912
册山办事处	451	451			1355	1355			826
高都办事处	164	164			1028	1028			681
罗西办事处	138	138			1144	1144			740
（三）河东区合计	**5878**	**5253**		**625**	**13048**	**12423**		**625**	**5333**
乡镇（含办事处、区公所）小计	**5878**	**5253**		**625**	**13048**	**12423**		**625**	**5333**
街道办事处小计									
九曲	2030	1925		105	3186	3081		105	881
重沟	326	251		75	1090	1015		75	443

续表 23

地　区	收入				支出				财政供养人口(人)
	小计	一般预算	基金预算	预算外	小计	一般预算	基金预算	预算外	
凤凰岭	310	266		44	906	862		44	349
汤河	191	141		50	834	784		50	483
相公	1145	1091		54	1748	1694		54	678
郑旺	434	335		99	1342	1243		99	581
八湖	218	178		40	793	753		40	371
太平	423	393		30	1083	1053		30	558
刘店子	173	124		49	764	715		49	337
汤头	628	549		79	1302	1223		79	652
(四) 郯城县合计	**7320**	**7320**			**16873**	**16873**			**15401**
乡镇(含办事处、区公所)小计	**7320**	**7320**			**16873**	**16873**			**15401**
街道办事处小计									
郯城镇	2159	2159			3825	3825			2288
马头镇	760	760			1439	1439			1356
重坊镇	212	212			679	679			1027
李庄镇	383	383			898	898			731
褚墩镇	270	270			749	749			905
胜利乡	285	285			708	708			731
新村乡	253	253			628	628			559
港上镇	207	207			615	615			876
花园乡	271	271			765	765			781
归昌乡	286	286			724	724			717
杨集镇	269	269			824	824			952
红花乡	421	421			1122	1122			973
高峰头镇	300	300			760	760			674
泉源乡	342	342			896	896			628
庙山镇	291	291			760	760			726
沙墩镇	265	265			745	745			748
黄山镇	346	346			736	736			729
(五) 苍山县合计	**8245**	**7466**		**779**	**18800**	**18021**		**779**	**15469**
乡镇(含办事处、区公所)小计	**8245**	**7466**		**779**	**18800**	**18021**		**779**	**15469**
街道办事处小计									
卞庄镇	1282	1130		152	2497	2345		152	2351
贾庄乡	216	181		35	679	644		35	655
仲村镇	492	450		42	1236	1194		42	1038
矿坑乡	220	201		19	577	558		19	471
车辋镇	268	231		37	836	799		37	684
下村乡	189	157		32	664	632		32	535
鲁城乡	298	277		21	574	553		21	372
尚岩镇	256	236		20	822	802		20	537
向城镇	651	616		35	1403	1368		35	864
新兴乡	268	238		30	643	613		30	484
兰陵镇	890	840		50	1673	1623		50	1423
南桥镇	344	313		31	753	722		31	684
兴明乡	236	206		30	654	624		30	498
三合乡	234	219		15	635	620		15	496
长城镇	301	276		25	701	676		25	662
二庙乡	238	207		31	606	575		31	624
庄坞乡	224	204		20	713	693		20	523
层山镇	271	241		30	647	617		30	628
磨山镇	470	430		40	824	784		40	701
神山镇	540	500		40	932	892		40	666
沂堂乡	357	313		44	731	687		44	573
(六) 莒南县合计	**10829**	**10829**			**24405**	**23435**	**970**		**17240**

续表 24

地　区	收入 小计	收入 一般预算	收入 基金预算	收入 预算外	支出 小计	支出 一般预算	支出 基金预算	支出 预算外	财政供养人口（人）
乡镇（含办事处、区公所）小计	**10829**	**10829**			**24405**	**23435**	**970**		**17240**
街道办事处小计									
十字路镇	2396	2396			4609	4606	3		2660
大店镇	717	717			1742	1726	16		1342
坪上镇	773	773			2227	1571	656		1156
板泉镇	598	598			1472	1472			1132
汀水镇	431	431			821	753	68		533
石莲子镇	414	414			954	911	43		744
道口乡	380	380			756	742	14		640
岭泉镇	371	371			929	920	9		807
筵宾镇	364	364			871	871			788
涝坡镇	548	548			1430	1430			1079
文疃镇	449	449			1158	1084	74		911
朱芦镇	349	349			786	780	6		714
团林镇	454	454			928	928			766
壮岗镇	571	571			1235	1235			978
坊前镇	546	546			1032	1032			821
相邸镇	406	406			974	974			713
洙边镇	522	522			1396	1363	33		830
相沟乡	540	540			1085	1037	48		626
（七）沂水县合计	**15464**	**15464**			**26172**	**26172**			**20168**
乡镇（含办事处、区公所）小计	**15464**	**15464**			**26172**	**26172**			**20168**
街道办事处小计									
沂水镇	4393	4393			3470	3470			2186
许家湖镇	1154	1154			2155	2155			1564
四十里堡镇	751	751			1555	1555			1396
道托乡	467	467			899	899			909
高桥镇	467	467			1121	1121			1289
杨庄镇	1261	1261			1857	1857			1040
富官庄乡	533	533			1123	1123			920
马站镇	584	584			1194	1194			853
沙沟镇	470	470			1249	1249			1099
朱戈镇	1439	1439			2379	2379			1273
泉庄乡	346	346			842	842			637
高庄镇	549	549			1082	1082			871
下位镇	308	308			981	981			1006
崔家峪镇	300	300			711	711			801
黄山铺镇	682	682			1326	1326			985
姚店子镇	293	293			951	951			875
院东头乡	228	228			697	697			723
龙家圈乡	984	984			1883	1883			1090
圈里乡	255	255			697	697			651
（八）蒙阴县合计	**4485**	**4485**			**9960**	**9960**			**9239**
乡镇（含办事处、区公所）合计	**4485**	**4485**			**9960**	**9960**			**9239**
街道办事处合计									
蒙阴镇	2136	2136			2902	2902			1860
联城	314	314			943	943			1084
常路	201	201			632	632			710
高都	248	248			641	641			648
野店	201	201			606	606			707
岱崮	267	267			886	886			889
坦埠	185	185			630	630			640
旧寨	182	182			588	588			653

续表 25

地　区	收入 小计	收入 一般预算	收入 基金预算	收入 预算外	支出 小计	支出 一般预算	支出 基金预算	支出 预算外	财政供养人口(人)
桃墟	226	226			719	719			711
界牌	282	282			746	746			708
垛庄	243	243			667	667			629
(九) 平邑县合计	**9328**	**8048**		**1280**	**18810**	**17530**		**1280**	**12774**
乡镇(含办事处、区公所)小计	**9328**	**8048**		**1280**	**18810**	**17530**		**1280**	**12774**
街道办事处小计									
平邑镇	1840	1670		170	2848	2678		170	2944
仲村镇	876	751		125	1635	1510		125	826
武台镇	319	299		20	716	696		20	389
保太镇	630	590		40	1466	1426		40	1120
柏林镇	601	466		135	1215	1080		135	549
卞桥镇	529	469		60	936	876		60	612
资邱乡	446	326		120	883	763		120	426
地方镇	689	609		80	1242	1162		80	935
铜石镇	637	517		120	1362	1242		120	827
温水镇	383	323		60	825	765		60	517
流峪镇	404	364		40	1091	1051		40	794
郑城镇	365	325		40	856	816		40	440
魏庄乡	275	215		60	629	569		60	392
白彦镇	514	474		40	1278	1238		40	745
临涧镇	458	358		100	1046	946		100	720
丰阳镇	362	292		70	782	712		70	538
(十) 费县合计	**10202**	**8259**		**1943**	**19525**	**17572**		**1953**	**12876**
乡镇(含办事处、区公所)小计	**10202**	**8259**		**1943**	**19525**	**17572**		**1953**	**12876**
街道办事处小计									
费城镇	2126	1865		261	3842	3581		261	2042
朱田镇	491	385		106	1052	946		106	918
梁邱镇	690	442		248	1349	1101		248	1053
石井镇	242	186		56	601	535		66	415
新庄镇	306	238		68	809	741		68	590
马庄镇	281	223		58	655	597		58	494
刘庄镇	546	510		36	939	903		36	403
芍药山乡	122	76		46	368	322		46	334
探沂镇	936	811		125	1787	1662		125	900
新桥镇	742	640		102	1168	1066		102	628
方城镇	404	342		62	885	823		62	638
汪沟镇	457	343		114	1033	919		114	739
胡阳镇	268	201		67	619	552		67	574
薛庄镇	493	370		123	951	828		123	829
南张庄乡	241	180		61	569	508		61	598
上冶镇	1125	1041		84	1632	1548		84	813
大田庄乡	188	95		93	449	356		93	376
城北乡	544	311		233	817	584		233	532
(十一) 沂南县合计	**7046**	**7046**			**17705**	**17270**	**435**		**15350**
乡镇(含办事处、区公所)小计	**7046**	**7046**			**17705**	**17270**	**435**		**15350**
街道办事处小计									
界湖镇	1280	1280			2451	2376	75		2136
依汶镇	260	260			934	934			956
马牧池乡	153	153			588	588			451
岸堤镇	460	460			1053	1053			917
孙祖镇	331	331			832	832			791
双堠镇	551	551			940	940			754
青驼镇	475	475			1270	1210	60		935

续表 26

地　区	收入 小计	收入 一般预算	收入 基金预算	收入 预算外	支出 小计	支出 一般预算	支出 基金预算	支出 预算外	财政供养人口（人）
张庄镇	321	321			1209	909	300		834
砖埠镇	232	232			687	687			624
葛沟镇	544	544			942	942			675
杨坡镇	286	286			758	758			595
大庄镇	371	371			1124	1124			1136
辛集镇	365	365			1099	1099			1052
蒲汪镇	450	450			1120	1120			852
湖头镇	288	288			877	877			796
苏村镇	315	315			858	858			842
铜井镇	364	364			963	963			1004
（十二）临沭县合计	**7275**	**6421**		**854**	**13944**	**13090**		**854**	**9069**
乡镇（含办事处、区公所）小计	**7275**	**6421**		**854**	**13944**	**13090**		**854**	**9069**
街道办事处小计									
临沭镇	2155	1961		194	2432	2238		194	1509
青云镇	311	242		69	1069	1000		69	737
蛟龙镇	423	357		66	899	833		66	573
石门镇	544	504		40	1086	1046		40	648
曹庄镇	579	474		105	1161	1056		105	844
南古镇	393	340		53	1131	1078		53	755
大兴镇	648	573		75	1329	1254		75	861
白旄镇	309	277		32	795	763		32	583
郑山镇	624	570		54	1184	1130		54	763
店头镇	531	463		68	1115	1047		68	701
玉山镇	320	280		40	676	636		40	460
朱仓乡	438	380		58	1067	1009		58	635
泰安市合计	**101241**	**94701**	**1291**	**5249**	**149135**	**141572**	**3726**	**3837**	**69112**
乡镇（含办事处、区公所）合计	**101241**	**94701**	**1291**	**5249**	**149135**	**141572**	**3726**	**3837**	**69112**
街道办事处合计									
（一）高新技术开发区	**626**	**626**			**1789**	**1699**	**90**		**912**
乡镇（含办事处、区公所）小计	**626**	**626**			**1789**	**1699**	**90**		**912**
街道办事处小计									
北集坡镇	626	626			1789	1699	90		912
（二）新泰市	**33704**	**31912**		**1792**	**45256**	**43744**		**1512**	**16096**
乡镇（含办事处、区公所）小计	**33704**	**31912**		**1792**	**45256**	**43744**		**1512**	**16096**
街道办事处小计									
岳家庄乡	347	312		35	817	782		35	366
翟镇镇	3355	3314		41	4354	4313		41	766
泉沟镇	1463	1322		141	1828	1687		141	597
羊流镇	1245	1200		45	2382	2337		45	1246
果都镇	1065	946		119	1547	1428		119	554
西张庄镇	1679	1651		28	1883	1855		28	530
天宝镇	544	517		27	1659	1632		27	1015
楼德镇	814	666		148	1979	1831		148	1262
禹村镇	576	517		59	1132	1073		59	574
宫里镇	403	370		33	1246	1213		33	695
谷里镇	1809	1663		146	2332	2186		146	649
石莱镇	482	431		51	1358	1307		51	731
放城镇	318	265		53	798	745		53	398
刘杜镇	235	214		21	700	679		21	370
汶南镇	2222	2120		102	3399	3297		102	1278
龙廷镇	335	288		47	1283	1236		47	726
东都镇	2257	2173		84	2031	1947		84	692
小协镇	2676	2384		292	2171	2159		12	540

续表 27

地　区	收入				支出				财政供养人口（人）
	小计	一般预算	基金预算	预算外	小计	一般预算	基金预算	预算外	
新汶办事处	6702	6518		184	4914	4730		184	736
青云街道办事处	5177	5041		136	7443	7307		136	2371
(三)宁阳县	**9484**	**8257**		**1227**	**17558**	**17558**			**14728**
乡镇(含办事处、区公所)小计	**9484**	**8257**		**1227**	**17558**	**17558**			**14728**
街道办事处小计									
宁阳镇	1136	1059		77	1593	1593			1123
泗店镇	480	410		70	1063	1063			988
东疏镇	638	502		136	1458	1458			1422
鹤山乡	573	400		173	1209	1209			1075
伏山镇	951	829		122	1714	1714			1408
堽城镇	897	719		178	1644	1644			1411
蒋集镇	411	369		42	1028	1028			897
磁窑镇	919	804		115	1755	1755			1787
华丰镇	1566	1467		99	2237	2237			1522
东庄乡	591	531		60	1227	1227			1011
葛石镇	957	901		56	1796	1796			1334
乡饮乡	365	266		99	834	834			750
(四)东平县	**6860**	**6857**	**3**		**9084**	**9081**	**3**		**5468**
乡镇(含办事处、区公所)小计	**6860**	**6857**	**3**		**9084**	**9081**	**3**		**5468**
街道办事处小计									
州城镇	723	720	3		795	792	3		446
沙河站镇	379	379			578	578			363
彭集镇	601	601			502	502			494
东平镇	1267	1267			1430	1430			705
接山乡	640	640			792	792			520
大羊乡	442	442			513	513			334
梯门乡	401	401			497	497			346
老湖镇	282	282			654	654			536
新湖乡	371	371			591	591			352
商老庄乡	343	343			597	597			298
代庙乡	181	181			437	437			197
银山乡	674	674			737	737			416
斑鸠店镇	348	348			614	614			298
旧县乡	208	208			347	347			163
(五)肥城市	**15207**	**13747**		**1460**	**36018**	**32783**	**1775**	**1460**	**13392**
乡镇(含办事处、区公所)小计	**15207**	**13747**		**1460**	**36018**	**32783**	**1775**	**1460**	**13392**
街道办事处小计									
潮泉镇	536	445		91	1280	1189		91	422
老城镇	704	657		47	2088	2031	10	47	1023
新城办事处	1758	1675		83	4143	2769	1291	83	943
王瓜店镇	1292	1186		106	2936	2827	3	106	1016
湖屯镇	1189	1033		156	2404	2248		156	827
石横镇	1945	1820		125	3124	2947	52	125	978
桃园镇	863	794		69	1970	1901		69	909
王庄镇	894	817		77	1948	1871		77	784
仪阳乡	957	836		121	2736	2506	109	121	849
安站镇	697	614		83	2185	2102		83	1004
孙伯镇	543	432		111	1385	1274		111	585
安庄镇	1508	1382		126	3541	3355	60	126	1604
边院镇	1045	903		142	2846	2685	19	142	1296
汶阳镇	1276	1153		123	3432	3078	231	123	1152
(六)泰山区	**20840**	**20485**		**355**	**18853**	**18210**	**288**	**355**	**4721**
乡镇(含办事处、区公所)小计	**20840**	**20485**		**355**	**18853**	**18210**	**288**	**355**	**4721**

续表 28

地区	收入				支出				财政供养人口（人）
	小计	一般预算	基金预算	预算外	小计	一般预算	基金预算	预算外	
街道办事处小计									
岱庙	5195	5195			4453	4453			442
财源	5223	5173		50	4314	4001	263	50	541
泰前	2810	2774		36	2179	2143		36	514
上高	2022	1968		54	1912	1853	5	54	545
徐家楼	1573	1538		35	1128	1093		35	360
大津口	278	243		35	478	428	15	35	197
省庄	2462	2382		80	2670	2590		80	1051
邱家店	1277	1212		65	1719	1649	5	65	1071
（七）岱岳区	**14520**	**12817**	**1288**	**415**	**20577**	**18497**	**1570**		**13795**
乡镇（含办事处、区公所）小计	**14520**	**12817**	**1288**	**415**	**20577**	**18497**	**1570**	**510**	**13795**
街道办事处小计									
山口	1375	1125	200	50	1316	1066	200	50	1097
黄前	443	443			615	595	20		730
下港	221	221			756	756			622
祝阳	759	559	200		1111	852	200	59	873
范镇	898	664	184	50	1338	1104	184	50	732
角峪	252	202	20	30	715	665	20	30	690
化马湾	366	318		48	639	639			702
徂徕	511	465	46		1061	945	76	40	746
良庄	616	470	90	56	1300	1066	178	56	1054
房村	467	422		45	1040	995		45	791
汶口	1515	1260	255		1609	1354	255		970
马庄	849	849			1161	1161			831
满庄	1542	1452		90	2144	2054		90	967
夏张	673	673			1090	946	144		1044
道朗	1829	1588	195	46	1968	1683	195	90	845
粥店	926	926			1258	1258			716
天平	1278	1180	98		1456	1358	98		385
聊城市合计	**51211**	**46183**	**110**	**4918**	**111600**	**102394**	**1274**	**7932**	**70238**
乡镇（含办事处、区公所）合计	**51211**	**46183**	**110**	**4918**	**111600**	**102394**	**1274**	**7932**	**70238**
街道办事处合计									
（一）东昌府区合计	**11480**	**8892**		**2588**	**20408**	**17415**		**2993**	**11856**
乡镇（含办事处、区公所）小计	**11480**	**8892**		**2588**	**20408**	**17415**		**2993**	**11856**
街道办事处小计									
朱老庄乡	272	168		104	949	650		299	546
凤凰办事处	395	330		65	903	801		102	501
于集镇	421	307		114	937	812		125	708
许营乡	261	180		81	800	719		81	508
北城办事处	248	175		73	759	625		134	505
闫寺办事处	665	558		107	1129	1023		106	673
梁水镇	383	299		84	1336	1211		125	979
斗虎屯镇	238	185		53	838	785		53	521
堂邑镇	319	270		49	646	597		49	384
道口铺办事处	323	251		72	778	706		72	516
张炉集镇	249	188		61	728	667		61	436
郑家镇	409	357		52	888	838		50	528
沙镇	457	336		121	1505	1322		183	965
侯营镇	330	224		106	890	780		110	587
湖西办事处	1212	372		840	1559	680		879	451
古楼办事处	1518	1362		156	1870	1714		156	777
柳园办事处	1693	1497		196	1714	1560		154	1251
新区办事处	2087	1833		254	2179	1925		254	1020

续表 29

地　区	收　入				支　出				财政供养人口（人）
	小计	一般预算	基金预算	预算外	小计	一般预算	基金预算	预算外	
（二）临清市合计	**10251**	**10251**			**9872**	**9872**			**2290**
乡镇(含办事处、区公所)小计	**10251**	**10251**			**9872**	**9872**			**2290**
街道办事处小计									
唐园镇	442	442			422	422			126
烟店镇	770	770			641	641			144
潘庄镇	474	474			521	521			122
八岔路镇	176	176			240	240			98
尚店乡	291	291			266	266			84
大辛庄办事处	90	90			324	324			131
刘垓子镇	177	177			221	221			93
戴湾乡	220	220			249	249			86
魏湾镇	170	170			230	230			79
康庄镇	312	312			433	433			186
金郝庄乡	598	598			561	561			138
老赵庄镇	781	781			562	562			141
松林镇	252	252			295	295			97
新华办事处	3222	3222			2703	2703			338
青年办事处	1091	1091			1054	1054			233
先锋办事处	1185	1185			1150	1150			194
（三）阳谷县合计	**3865**	**3755**	**110**		**12692**	**12337**	**355**		**12402**
乡镇(含办事处、区公所)小计	**3865**	**3755**	**110**		**12692**	**12337**	**355**		**12402**
街道办事处小计									
博济桥办事处	369	369			797	797			782
侨润办事处	280	280			599	589	10		584
狮子楼办事处	105	105			321	321			563
阎楼	413	413			1057	1007	50		702
阿城	309	309			1146	1146			1036
七级	170	170			680	680			692
安乐镇	232	232			811	811			804
郭屯	153	153			520	520			464
定水镇	156	156			536	536			460
石佛	186	186			593	558	35		599
大布	190	190			817	732	85		687
西湖	187	187			647	647			728
高庙王	146	146			560	560			575
金斗营	42	42			447	432	15		459
李台	97	97			561	561			593
寿张	297	297			1044	1044			1230
十五里元	288	178	110		785	640	145		639
张秋	245	245			771	756	15		805
（四）莘县合计	**5662**	**5662**			**16620**	**16595**	**25**		**11913**
乡镇(含办事处、区公所)小计	**5662**	**5662**			**16620**	**16595**	**25**		**11913**
街道办事处小计									
莘城镇	777	777			1325	1325			977
莘亭镇	232	232			825	825			587
河店镇	241	241			621	621			410
燕店镇	160	160			669	669			468
魏庄乡	149	149			753	753			585
大王寨乡	152	152			575	575			378
王奉镇	186	186			752	752			589
张鲁镇	206	206			850	850			603
俎店乡	105	105			504	504			436
董杜庄镇	142	142			574	574			323

续表 30

地区	收入 小计	收入 一般预算	收入 基金预算	收入 预算外	支出 小计	支出 一般预算	支出 基金预算	支出 预算外	财政供养人口（人）
妹冢镇	199	199			755	755			531
张寨乡	195	195			690	690			479
朝城镇	146	146			788	788			569
徐庄乡	115	115			497	497			297
十八里铺镇	588	588			975	975			716
王庄集乡	159	159			731	706	25		492
柿子园乡	138	138			590	590			383
观城镇	156	156			663	663			384
大张家镇	364	364			770	770			606
古云镇	903	903			1057	1057			725
樱桃园镇	184	184			909	909			735
古城镇	165	165			747	747			640
（五）茌平县合计	**4695**	**4695**			**16961**	**14352**		**2609**	**10397**
乡镇（含办事处、区公所）小计	**4695**	**4695**			**16961**	**14352**		**2609**	**10397**
街道办事处小计									
茌平镇	1383	1383			2992	2454		538	1688
杜郎口镇	195	195			880	822		58	609
乐平铺镇	414	414			1523	1367		156	1059
韩集乡	118	118			766	620		146	357
广平乡	136	136			743	743			451
冯屯镇	599	599			1595	1341		254	1150
胡屯乡	253	253			1002	817		185	580
韩屯镇	216	216			836	836			719
菜屯镇	169	169			835	685		150	402
贾寨乡	156	156			880	667		213	448
杨屯乡	75	75			588	434		154	265
洪屯乡	133	133			639	519		120	309
肖庄乡	152	152			571	571			472
博平镇	448	448			1728	1347		381	1029
温陈乡	248	248			1383	1129		254	859
（六）东阿县合计	**2958**	**2958**			**8779**	**7900**	**879**		**6651**
乡镇（含办事处、区公所）小计	**2958**	**2958**			**8779**	**7900**	**879**		**6651**
街道办事处小计									
铜城街道办事处	606	606			1234	1230	4		1212
新城街道办事处	184	184			470	383	87		188
陈集乡	132	132			698	438	260		386
姚寨镇	240	240			781	767	14		636
高集镇	207	207			578	578			407
牛角店镇	355	355			1061	1061			976
大桥镇	143	143			786	434	352		355
单庄乡	127	127			466	466			510
刘集镇	410	410			1127	1127			995
姜楼镇	387	387			802	802			430
顾官屯镇	167	167			776	614	162		556
（七）冠县合计	**4626**	**4216**		**410**	**14481**	**14056**	**15**	**410**	**11731**
乡镇（含办事处、区公所）小计	**4626**	**4216**		**410**	**14481**	**14056**	**15**	**410**	**11731**
街道办事处小计									
冠城镇	782	564		218	2077	1859		218	1690
梁堂乡	195	181		14	785	771		14	466
桑阿镇	373	351		22	1191	1154	15	22	1039
贾镇	278	263		15	814	799		15	712
定寨乡	225	217		8	726	718		8	531
辛集乡	280	270		10	881	871		10	687

续表 31

地 区	收入				支出				财政供养人口(人)
	小计	一般预算	基金预算	预算外	小计	一般预算	基金预算	预算外	
范寨乡	189	181		8	611	603		8	522
柳林镇	331	309		22	1015	993		22	819
甘屯乡	227	222		5	716	711		5	668
清水镇	193	183		10	598	588		10	537
北陶镇	184	175		9	604	595		9	633
东古城镇	364	355		9	1067	1058		9	874
斜店乡	176	167		9	712	703		9	524
万善乡	190	182		8	510	502		8	486
店子乡	164	147		17	557	540		17	440
兰沃乡	192	180		12	705	693		12	511
烟庄乡	283	269		14	912	898		14	592
(八)高唐县合计	**6539**	**4619**		**1920**	**9737**	**7817**		**1920**	**2279**
乡镇(含办事处、区公所)小计	**6539**	**4619**		**1920**	**9737**	**7817**		**1920**	**2279**
街道办事处小计									
鱼丘湖办事处	1173	1066		107	1544	1437		107	197
人和办事处	719	671		48	1109	1061		48	147
汇鑫办事处	560	440		120	955	835		120	143
琉寺镇	403	277		126	484	358		126	171
固河镇	360	240		120	615	495		120	155
尹集镇	700	291		409	879	470		409	166
梁村镇	471	304		167	669	502		167	276
卅里铺镇	489	341		148	837	689		148	228
清平镇	378	256		122	581	459		122	177
赵寨子乡	349	207		142	533	391		142	143
杨屯乡	553	293		260	811	551		260	226
姜店乡	384	233		151	720	569		151	250
(九)开发区合计	**1135**	**1135**			**2050**	**2050**			**719**
乡镇(含办事处、区公所)小计	**1135**	**1135**			**2050**	**2050**			**719**
街道办事处小计									
蒋官屯镇	691	691			1350	1350			498
东城办事处	444	444			700	700			221
菏泽市合计	**78936**	**77608**	**15**	**1943**	**177057**	**175655**	**190**	**1842**	**149958**
乡镇(含办事处、区公所)小计	**78936**	**77608**	**15**	**1943**	**177057**	**175655**	**190**	**1842**	**149958**
街道办事处小计									
牡丹区小计	**16236**	**14923**		**1313**	**29806**	**28584**	**10**	**1212**	**19253**
沙土镇	409	330		79	1362	1283		79	1145
安兴镇	373	324		49	838	789		49	619
皇镇乡	260	216		44	632	588		44	515
黄罡镇	424	388		36	1149	1149			961
小留镇	392	297		95	942	942			747
都司镇	4	4			956	956			542
胡集乡	107	107			654	654			543
高庄镇	357	357			943	943			881
李村镇	364	364			888	888			705
吕陵镇	463	425		38	1013	975		38	789
吴店镇	746	745		1	1272	1271		1	836
王浩屯镇	357	357			828	828			725
大黄集镇	450	371		79	906	827		79	581
马岭岗镇	776	694		82	1693	1611		82	1157
何楼镇	510	429		81	1372	1291		81	1032
东城办事处	1656	1467		189	1806	1617		189	927
西城办事处	1051	1051			1057	1057			672
南城办事处	1007	944		63	1084	1021		63	650

续表 32

地区	收入				支出				财政供养人口（人）
	小计	一般预算	基金预算	预算外	小计	一般预算	基金预算	预算外	
北城办事处	1029	935		94	1127	1033		94	781
牡丹办事处	449	449			1240	1230	10		899
万福办事处	348	259		89	784	695		89	630
丹阳办事处	1992	1854		138	2768	2630		138	1024
岳程办事处	1992	1868		124	3229	3075		154	1162
佃户屯办事处	720	688		32	1263	1231		32	730
曹县小计	**8545**	**8545**			**27048**	**27048**			**22050**
曹城镇	840	840			2462	2462			2309
郑庄乡	292	292			883	883			911
倪集乡	286	286			873	873			890
普连集镇	7	7			1891	1891			1254
古营集镇	353	353			1267	1267			1128
王集镇	357	357			879	879			678
侯集镇	456	456			1023	1023			720
苏集镇	384	384			1243	1243			1078
孙老家镇	239	239			843	843			856
安才楼镇	319	319			944	944			893
青固集镇	758	758			1659	1659			1346
仵楼乡	169	169			599	599			483
梁堤头镇	286	286			791	791			658
朱红庙乡	160	160			545	545			518
邵庄镇	342	342			868	868			760
大集乡	187	187			618	618			548
阎店楼镇	194	194			809	809			761
魏湾镇	418	418			1118	1118			740
楼庄乡	177	177			604	604			955
庄寨镇	794	794			2374	2374			704
桃元镇	374	374			1520	1520			994
常乐集乡	248	248			558	558			445
韩集镇	352	352			998	998			1060
砖庙镇	203	203			651	651			577
青冈集乡	350	350			1028	1028			784
定陶县小计	**4999**	**4999**			**11716**	**11690**	**26**		**12357**
定陶镇	674	674			1850	1849	1		2157
仿山乡	454	454			1129	1119	10		1054
张湾镇	302	302			741	741			920
马集镇	391	391			958	953	5		846
南王店乡	267	267			668	668			712
冉固镇	613	613			1557	1557			1727
黄店镇	570	570			1229	1229			1440
孟海镇	333	333			744	744			738
半堤乡	231	231			629	629			649
陈集镇	933	933			1577	1567	10		1429
杜堂乡	231	231			634	634			685
成武县	**5848**	**5848**			**13415**	**13415**			**14226**
成武镇	940	940			1830	1830			2563
九女集镇	472	472			1109	1109			1089
天宫庙镇	345	345			908	908			1101
孙寺镇	420	420			993	993			1332
苟村集镇	596	596			1173	1173			1121
白浮图镇	611	611			1158	1158			878
张楼乡	269	269			674	674			702
大田集镇	756	756			1860	1860			1808

续表33

地区	收入				支出				财政供养人口(人)
	小计	一般预算	基金预算	预算外	小计	一般预算	基金预算	预算外	
党集乡	284	284			754	754			784
南鲁集镇	345	345			872	872			742
汶上集镇	451	451			1148	1148			1079
伯乐镇	359	359			936	936			1027
单县小计	**8776**	**8761**	**15**	**330**	**20771**	**20617**	**154**	**330**	**16225**
城关镇	1813	1813		35	2963	2963		35	1728
莱河镇	394	394		20	1093	1078	15	20	960
孙六镇	269	269		13	758	733	25	13	585
谢集乡	379	379		28	1063	1063		28	1004
郭村镇	427	427		20	1146	1146		20	1112
高老家乡	398	383	15	34	982	962	20	34	790
曹庄乡	205	205		40	530	530		40	455
高韦庄镇	259	259		11	670	670		11	372
黄岗镇	499	499		20	1294	1294		20	1175
浮岗镇	333	333		16	957	957		16	728
蔡堂镇	363	363			919	899	20		637
杨楼镇	364	364		21	856	856		21	670
朱集镇	285	285			634	615	19		461
龙王庙镇	388	388			923	923			746
终兴镇	614	614		30	1436	1411	25	30	1110
张集镇	331	331			852	852			658
时楼镇	292	292		10	762	762		10	632
李田楼乡	353	353			989	989			868
徐寨镇	490	490		22	1158	1158		22	920
李新庄镇	320	320		10	786	756	30	10	614
巨野县小计	**8632**	**8632**			**19367**	**19367**			**17387**
巨野镇	1115	1115			2605	2605			2626
田庄镇	494	494			1203	1203			1326
田桥镇	348	348			832	832			803
太平镇	357	357			841	841			711
龙固镇	1058	1058			1220	1220			1050
柳林镇	437	437			1106	1106			1115
万丰镇	513	513			1252	1252			1090
营里镇	293	293			772	772			606
章缝镇	327	327			782	782			660
董官屯镇	463	463			1169	1169			977
大义镇	761	761			1600	1600			1463
谢集镇	557	557			1417	1417			1212
陶庙镇	318	318			914	914			555
独山镇	499	499			1264	1264			1229
麒麟镇	554	554			1362	1362			1330
核桃园镇	538	538			1028	1028			634
郓城县小计	**13587**	**13587**			**25546**	**25546**			**23384**
郓城镇	2020	2020			3458	3458			3272
双桥乡	860	860			1463	1463			1147
武安镇	575	575			1266	1266			1366
黄安镇	607	607			1161	1161			1160
唐庙乡	616	616			1165	1165			964
郭屯镇	399	399			781	781			896
南赵楼乡	416	416			825	825			721
随官屯镇	931	931			1510	1510			1059
丁里长镇	655	655			1150	1150			947
张营乡	628	628			1274	1274			1167

续表 34

地 区	收 入				支 出				财政供养人口（人）
	小计	一般预算	基金预算	预算外	小计	一般预算	基金预算	预算外	
黄堆集乡	689	689			1227	1227			914
杨庄集镇	609	609			1239	1239			1259
程屯镇	572	572			1141	1141			1061
潘渡乡	682	682			1257	1257			1057
侯咽集镇	655	655			1299	1299			1255
黄集乡	649	649			1143	1143			1069
李集乡	556	556			1018	1018			913
玉皇庙镇	566	566			1165	1165			1158
张鲁集乡	415	415			860	860			884
水堡乡	216	216			522	522			475
陈坡乡	271	271			622	622			640
鄄城县小计	**6644**	**6644**		**300**	**15846**	**15846**		**300**	**13338**
鄄城镇	946	946			1739	1739			1572
凤凰乡	446	446			893	893			645
吉山镇	259	259		45	957	957		45	972
左营乡	254	254			732	732			834
大堰乡	240	240			684	684			519
李进士堂镇	247	247			549	549			388
旧城镇	426	426			1056	1056			1090
董口镇	376	376			1072	1072			980
林卜镇	279	279			634	634			577
富春乡	501	501		42	1164	1164		42	641
什集镇	526	526		80	1241	1241		80	1017
彭楼镇	596	596			1305	1305			990
阎什镇	184	184		107	758	758		107	994
红船镇	385	385			913	913			600
引马乡	293	293		26	691	691		26	486
郑营乡	686	686			1458	1458			1033
东明县小计	**5669**	**5669**			**13542**	**13542**			**11738**
城关镇	1227	1227			2504	2504			2123
沙沃乡	468	468			1157	1157			1108
刘楼镇	236	236			759	759			753
长兴集乡	210	210			789	789			851
焦园乡	189	189			637	637			657
三春镇	242	242			605	605			596
小井乡	320	320			845	845			759
马头镇	282	282			646	646			575
东明集镇	398	398			1065	1065			1077
大屯镇	588	588			1124	1124			593
陆圈镇	639	639			1378	1378			1064
武胜桥乡	586	586			1210	1210			816
菜园集乡	284	284			823	823			766
德州市	**81242**	**74218**	**28**		**132804**	**125267**	**28**		**89024**
乡镇（含办事处、区公所）合计	**68922**	**62391**	**28**		**119081**	**112164**	**28**		**82053**
街道办事处合计	**12320**	**11827**			**13723**	**13103**			**6971**
（一）德城区	**14841**	**13618**			**17303**	**15824**			**4933**
乡镇（含办事处、区公所）小计	**6420**	**5690**			**8635**	**7776**			**2934**
街道办事处小计	**8421**	**7928**			**8668**	**8048**			**1999**
二屯镇	3219	2700			3101	2598			492
黄河涯镇	1402	1191			2211	1855			913
天衢街道办事处	1882	1679			1815	1617			373
新湖街道办事处	1393	1393			1232	1232			284
新华街道办事处	2335	2335			2350	2350			558

续表 35

地区	收入 小计	收入 一般预算	收入 基金预算	收入 预算外	支出 小计	支出 一般预算	支出 基金预算	支出 预算外	财政供养人口(人)
东地街道办事处	1297	1297			1458	1458			243
宋官屯镇	951	951			1147	1147			413
赵虎镇	384	384			986	986			513
袁桥乡	247	247			626	626			310
抬头寺乡	217	217			564	564			293
运河街道办事处	1514	1224			1813	1391			541
(二)陵县	**3043**	**3043**	**4**		**10509**	**10509**	**4**		**10975**
乡镇小计	**3043**	**3043**	**4**		**10509**	**10509**	**4**		**10975**
陵城镇	720	720	4		2315	2315	4		2531
滋镇	140	140			628	628			690
糜镇	262	262			978	978			1030
神头镇	180	180			806	806			1003
郑寨镇	150	150			735	735			1006
会王镇	140	140			690	690			917
宋家镇	200	200			719	719			858
前孙镇	160	160			636	636			560
边临镇	350	350			845	845			657
义渡乡	280	280			799	799			697
丁庄乡	197	197			562	562			520
于集乡	264	264			796	796			506
(三)平原县	**4757**	**4242**	**24**		**9658**	**9139**	**24**		**6853**
乡镇(含办事处、区公所)小计	**4757**	**4242**	**24**		**9658**	**9139**	**24**		**6853**
平原镇	877	757	5		1705	1584	5		1470
王庙镇	245	211			682	649			578
腰站镇	206	184	1		661	638	1		350
张华镇	249	219	1		463	432	1		351
三唐乡	156	137			485	467			361
坊子乡	317	290	2		813	786	2		401
王凤楼镇	996	926	11		1454	1375	11		763
前曹镇	433	368	1		1010	948	1		875
恩城镇	416	365	1		1051	1000	1		754
王打挂乡	523	478			731	689			482
王杲铺镇	339	307	2		603	571	2		468
(四)夏津县	**6536**	**6536**			**11363**	**11363**			**7698**
乡镇(含办事处、区公所)小计	**6536**	**6536**			**11363**	**11363**			**7698**
夏津镇	2471	2471			4229	4229			2391
宋楼镇	920	920			1100	1100			503
香赵庄镇	302	302			560	560			399
东李镇	293	293			605	605			476
雷集镇	233	233			641	641			609
苏留庄镇	432	432			874	874			754
新盛店镇	444	444			914	914			832
田庄乡	217	217			540	540			355
双庙镇	447	447			671	671			381
渡口驿乡	121	121			246	246			266
郑保屯镇	256	256			358	358			345
白马湖镇	400	400			625	625			387
(五)武城县	**5509**	**5328**			**8616**	**8616**			**6449**
乡镇(含办事处、区公所)小计	**5509**	**5328**			**8616**	**8616**			**5865**
老城镇	455	432			862	862			730
杨庄乡	333	333			549	549			333
李家户乡	284	284			546	546			511

续表 36

地区	收入 小计	收入 一般预算	收入 基金预算	收入 预算外	支出 小计	支出 一般预算	支出 基金预算	支出 预算外	财政供养人口(人)
武城镇	506	506			1057	1057			1332
郝王庄镇	717	559			1116	1116			830
滕庄镇	749	749			1158	1158			850
鲁权屯镇	1200	1200			1480	1480			699
甲马营乡	496	496			784	784			580
广运街道办事处	769	769			1064	1064			584
(六)齐河县	**19477**	**15111**			**23091**	**18291**			**9098**
乡镇(含办事处、区公所)小计	**19477**	**15111**			**23091**	**18291**			**9098**
表白寺镇	1034	710			1224	915			464
安头乡	612	612			761	761			375
大黄乡	909	672			1072	835			376
宣章镇	742	717			894	869			342
晏城镇	3997	2186			4825	2556			1734
华店乡	695	695			902	902			420
刘桥乡	722	722			963	963			448
潘店镇	2460	1564			2698	1802			804
仁里集镇	1713	1380			2016	1692			681
赵官镇	766	766			943	943			551
马集乡	835	835			958	958			423
胡官屯镇	1308	1308			1557	1557			726
焦庙镇	2025	1465			2300	1740			902
祝阿镇	1659	1479			1978	1798			852
(七)禹城市	**6587**	**6587**			**9705**	**9705**			**7673**
乡镇(含办事处)小计	**4097**	**4097**			**7244**	**7244**			**5975**
街道办事处小计	**2490**	**2490**			**2461**	**2461**			**1698**
市中街道办事处	2490	2490			2461	2461			1698
十里望乡	377	377			512	512			527
莒镇乡	243	243			409	409			338
李屯乡	239	239			452	452			373
安仁镇	307	307			481	481			541
伦镇镇	416	416			751	751			641
辛寨镇	379	379			853	853			716
房寺镇	1137	1137			1673	1673			1174
张庄镇	216	216			471	471			402
梁家镇	396	396			810	810			692
辛店镇	387	387			832	832			571
(八)乐陵市	**5427**	**5427**			**10606**	**10606**			**11760**
乡镇(含办事处、区公所)小计	**4018**	**4018**			**8012**	**8012**			**9070**
街道办事处小计	**1409**	**1409**			**2594**	**2594**			**2690**
西段乡	138	138			431	431			538
大孙乡	70	70			298	298			381
铁营乡	204	204			408	408			506
寨头堡乡	160	160			339	339			421
朱集镇	496	496			1077	1077			1006
黄夹镇	507	507			1052	1052			1081
丁坞镇	333	333			666	666			777
化楼镇	335	335			693	693			764
杨安镇	448	448			734	734			853
花园镇	378	378			685	685			758
孔镇	371	371			639	639			821
郑店镇	578	578			990	990			1164
市中街道办事处	720	720			1072	1072			937
郭家街道办事处	304	304			542	542			572

续表 37

地 区	收入				支出				财政供养人口(人)
	小计	一般预算	基金预算	预算外	小计	一般预算	基金预算	预算外	
胡家街道办事处	196	196			490	490			643
云红街道办事处	189	189			490	490			538
(九)临邑县	**8666**	**8077**			**17379**	**16790**			**7269**
乡镇小计	**8666**	**8077**			**17379**	**16790**			**7269**
德平	832	747			2018	1933			916
理合	268	233			864	829			380
翟家	832	799			1462	1429			402
林子	526	491			875	840			375
宿安	272	240			822	790			407
孟寺	546	488			1224	1166			612
临邑	2421	2299			4373	4251			1826
临盘	1639	1569			2812	2742			1067
兴隆	574	518			1313	1257			588
临南	756	693			1616	1553			696
(十)宁津县	**4243**	**4243**			**9651**	**9651**			**11785**
乡镇(含办事处)小计	**4243**	**4243**			**9651**	**9651**			**11785**
宁津镇	918	918			1871	1871			2091
时集	407	407			899	899			894
柴胡店	329	329			940	940			1527
杜集	372	372			913	913			1428
长官	328	328			715	715			900
刘营伍	193	193			471	471			517
大柳	370	370			854	854			829
张大庄	335	335			760	760			709
相衙镇	229	229			610	610			771
保店	306	306			709	709			985
大曹	456	456			909	909			1134
(十一)庆云县	**2156**	**2006**			**4923**	**4773**			**4531**
乡镇(含办事处)小计	**2156**	**2006**			**4923**	**4773**			**4531**
庆云镇	839	809			1093	1063			1001
尚堂镇	314	284			902	872			849
常家镇	309	285			895	871			846
崔口镇	146	135			342	331			323
东辛店乡	151	135			548	532			477
中丁乡	157	144			443	430			398
严务乡	148	134			362	348			337
徐元子乡	92	80			338	326			300
滨州市合计	**84997**	**74368**	**1132**	**9498**	**114718**	**104816**	**1684**	**8218**	**57445**
乡镇(含办事处、区公所)合计	**66725**	**56441**	**1132**	**9153**	**103241**	**93460**	**1684**	**8097**	**54503**
街道办事处合计	**18272**	**17927**		**345**	**11477**	**11356**		**121**	**2942**
(一)惠民县小计	**5339**	**3929**	**25**	**1386**	**12182**	**11242**	**25**	**915**	**9302**
乡镇(含办事处、区公所)小计	**5339**	**3929**	**25**	**1386**	**12182**	**11242**	**25**	**915**	**9302**
街道办事处小计									
惠民镇	704	674		30	1385	1355		30	1009
何坊	432	313		119	1028	922		106	697
石庙	332	322	10		889	879	10		900
桑墅	325	203		122	600	511		89	430
麻店	183	183			491	491			405
皂户	406	231		175	782	615		167	485
淄角	171	171			504	504			435
辛店	439	274		165	960	802		158	768
胡集	692	349		343	1373	1261		112	872
魏集	213	159	15	39	533	518	15		436

续表 38

地区	收入				支出				财政供养人口（人）
	小计	一般预算	基金预算	预算外	小计	一般预算	基金预算	预算外	
清河	380	192		188	891	784		107	607
李庄	338	338			903	903			853
姜楼	417	358		59	1078	1078			938
大年陈	308	162		146	765	619		146	467
（二）阳信县小计	**2470**	**2470**			**7554**	**7554**			**8672**
乡镇（含办事处、区公所）小计	**2470**	**2470**			**7554**	**7554**			**8672**
街道办事处小计									
阳信镇	395	395			1038	1038			1358
劳店乡	216	216			683	683			843
水落坡	319	319			903	903			1222
商店镇	515	515			1297	1297			1149
河流镇	209	209			901	901			799
翟王镇	223	223			681	681			866
洋湖乡	252	252			797	797			899
温店镇	174	174			622	622			651
流坡坞	167	167			632	632			885
（三）无棣县小计	**7243**	**5041**		**2202**	**13836**	**11436**	**213**	**2187**	**7761**
乡镇（含办事处、区公所）小计	**7243**	**5041**		**2202**	**13836**	**11436**	**213**	**2187**	**7761**
街道办事处小计									
无棣镇	1675	1224		451	2588	2104	33	451	1179
信阳乡	378	305		73	933	820	40	73	756
车镇乡	819	284		535	1645	1110		535	909
埕口镇	555	511		44	806	762		44	428
大山镇	307	270		37	741	704		37	511
小泊头镇	519	353		166	1127	961		166	753
柳堡乡	504	271		233	1090	904		186	615
佘家巷乡	458	349		109	1101	992		109	695
西小王乡	531	212		319	908	579		329	451
水湾镇	821	727		94	1704	1458	130	116	929
马山子镇	676	535		141	1193	1042	10	141	535
（四）沾化县小计	**4426**	**4426**			**9913**	**9913**			**7736**
乡镇（含办事处、区公所）小计	**4426**	**4426**			**9913**	**9913**			**7736**
街道办事处小计									
富国	1295	1295			2123	2123			1537
冯家	566	566			1171	1171			946
下洼	548	548			1490	1490			1149
古城	273	273			753	753			605
大高	334	334			1070	1070			887
黄升	275	275			833	833			775
泊头	354	354			872	872			755
利国	347	347			583	583			395
下河	268	268			525	525			367
滨海	149	149			376	376			283
海防	17	17			117	117			37
（五）博兴县小计	**15987**	**14880**	**1107**		**16529**	**15422**	**1107**		**6689**
乡镇（含办事处、区公所）小计	**15987**	**14880**	**1107**		**16529**	**15422**	**1107**		**6689**
街道办事处小计									
博兴镇	6928	6137	791		5442	4651	791		904
湖滨镇	1572	1572			2027	2027			1058
吕艺镇	657	441	216		1076	860	216		635
店子镇	691	691			1004	1004			691
纯化镇	405	405			626	626			327
陈户镇	1466	1366	100		1365	1265	100		753

续表 39

地 区	收 入				支 出				财政供养人口（人）
	小计	一般预算	基金预算	预算外	小计	一般预算	基金预算	预算外	
兴福镇	2661	2661			2566	2566			586
曹王镇	760	760			903	903			599
庞家镇	442	442			743	743			520
乔庄镇	405	405			777	777			616
（六）邹平县小计	31985	27691		4294	34148	29683	339	4126	7522
乡镇（含办事处、区公所）小计	21150	16977		4173	27587	23243	339	4005	6623
街道办事处小计	10835	10714		121	6561	6440		121	899
长山镇	2622	2419		203	2813	2621		192	869
位桥镇	4277	4011		266	3513	3247		266	844
西董镇	791	424		367	1583	1216		367	435
好生镇	1272	832		440	1931	1354	92	485	387
临池镇	875	652		223	1348	1125		223	384
焦桥镇	775	372		403	1407	932	72	403	569
韩店镇	3684	3238		446	4741	4376	68	297	548
青阳镇	1642	1412		230	2126	1891		235	434
九户镇	668	542		126	1212	1046	40	126	380
孙镇	766	517		249	1410	1134	20	256	386
明集镇	1605	1518		87	2086	1922	47	117	429
台子镇	1007	586		421	1611	1190		421	440
码头镇	1166	454		712	1806	1189		617	518
黛溪办	3531	3531			2711	2711			337
黄山办	775	746		29	1655	1626		29	276
高新办	6529	6437		92	2195	2103		92	286
（七）滨城区小计	15714	14267		1447	17625	16809		816	8948
乡镇（含办事处、区公所）小计	8277	7054		1223	12709	11893		816	6905
街道办事处小计	7437	7213		224	4916	4916			2043
单寺乡	725	445		280	1225	925		300	526
尚集乡	819	646		173	1780	1605		175	1178
梁才乡	716	510		206	1486	1213		273	593
滨北镇	3621	3495		126	3183	3115		68	1381
旧镇镇	452	382		70	1031	1031			527
小营镇	642	537		105	1437	1437			897
里则镇	873	690		183	1454	1454			970
堡集镇	429	349		80	1113	1113			833
市中街道办事处	1037	1016		21	574	574			345
市西街道办事处	971	941		30	640	640			91
北镇街道办事处	2589	2568		21	1067	1067			137
市东街道办事处	1043	997		46	1270	1270			697
彭李街道办事处	1075	1017		58	832	832			320
蒲城街道办事处	722	674		48	533	533			453
（八）开发区小计	1833	1664		169	2931	2757		174	815
乡镇（含办事处、区公所）小计	1833	1664		169	2931	2757		174	815
街道办事处小计									
杜店镇	1833	1664		169	2931	2757		174	815
东营市	46656	39071		7585	71761	63057	878	7826	18349
乡镇（含办事处、区公所）合计	34443	27999		6444	64335	56784	878	6673	17249
街道办事处合计	12213	11072		1141	7426	6273		1153	1100
（一）广饶县	17434	14470		2964	28805	25841		2964	6571
乡镇（含办事处、区公所）小计	17434	14470		2964	28805	25841		2964	6571
街道办事处小计									
大王镇	8883	7975		908	9655	8747		908	1259
广饶镇	2628	2347		281	4820	4539		281	1146
稻庄镇	1812	1755		57	2815	2758		57	541

续表 40

地　区	收入 小计	收入 一般预算	收入 基金预算	收入 预算外	支出 小计	支出 一般预算	支出 基金预算	支出 预算外	财政供养人口（人）
丁庄镇	1376	609		767	2685	1918		767	704
李鹊镇	281	281			1421	1421			620
石村镇	384	384			1495	1495			557
花官乡	1207	479		728	2295	1567		728	466
大码头乡	371	256		115	1363	1248		115	486
西刘桥乡	265	206		59	1229	1170		59	461
陈官乡	227	178		49	1027	978		49	331
（二）垦利县	**7328**	**6722**		**606**	**12591**	**11235**	**750**	**606**	**3341**
乡镇(含办事处、区公所)小计	**7328**	**6722**		**606**	**12591**	**11235**	**750**	**606**	**3341**
街道办事处小计									
垦利镇	2111	2111			2824	2545	279		638
胜坨镇	2857	2497		360	4387	3877	150	360	844
黄河口镇	449	449			1139	1139			523
永安镇	552	321		231	1117	876	10	231	435
郝家镇	503	503			1248	937	311		319
董集乡	686	671		15	1299	1284		15	353
西宋乡	170	170			577	577			229
（三）利津县	**4671**	**3297**		**1374**	**11908**	**10522**	**12**	**1374**	**4654**
乡镇(含办事处、区公所)小计	**4671**	**3297**		**1374**	**11908**	**10522**	**12**	**1374**	**4654**
街道办事处小计									
利津镇	874	665		209	1934	1725		209	878
北宋镇	788	547		241	2012	1771		241	758
明集乡	268	176		92	782	690		92	333
盐窝镇	551	362		189	1452	1263		189	603
北岭乡	325	228		97	880	783		97	376
陈庄镇	910	697		213	2107	1894		213	813
汀罗镇	464	305		159	1612	1453		159	531
虎滩乡	336	196		140	823	671	12	140	284
刁口乡	155	121		34	306	272		34	78
（四）东营区	**14530**	**13389**		**1141**	**13766**	**12384**		**1382**	**3201**
乡镇(含办事处、区公所)小计	**2317**	**2317**			**6340**	**6111**		**229**	**2101**
街道办事处小计	**12213**	**11072**		**1141**	**7426**	**6273**		**1153**	**1100**
牛庄镇	594	594			1581	1485		96	634
史口镇	670	670			1664	1627		37	650
六户镇	629	629			1212	1149		63	371
龙居镇	424	424			1883	1850		33	446
黄河路街道办事处	2529	2202		327	1325	998		327	212
文汇街道办事处	2822	2712		110	932	822		110	125
东城街道办事处	1255	1066		189	870	681		189	81
辛店街道办事处	2674	2423		251	2122	1859		263	389
胜利街道办事处	2084	1820		264	1652	1388		264	212
胜园街道办事处	849	849			525	525			81
（五）河口区	**2693**	**1193**		**1500**	**4691**	**3075**	**116**	**1500**	**582**
乡镇(含办事处、区公所)小计	**2693**	**1193**		**1500**	**4691**	**3075**	**116**	**1500**	**582**
街道办事处小计									
六合乡	913	325		588	1250	622	40	588	106
河口街道	399	282		117	711	524	70	117	112
义和镇	289	171		118	689	571		118	91
新户乡	386	129		257	726	469		257	97
仙河镇	407	104		303	533	230		303	62
太平乡	206	95		111	495	384		111	67
孤岛镇	93	87		6	287	275	6	6	47
威海市合计	**104175**	**89525**		**14650**	**87350**	**64587**	**6407**	**16356**	**21176**

续表 41

地 区	收 入				支 出				财政供养人口(人)
	小计	一般预算	基金预算	预算外	小计	一般预算	基金预算	预算外	
乡镇(含办事处、区公所)小计	**104175**	**89525**		**14650**	**87350**	**64587**	**6407**	**16356**	**21176**
街道办事处小计									
市级合计	**2747**	**2614**		**133**	**4073**	**3940**		**133**	**878**
初村镇	641	508		133	1311	1178		133	343
崮山镇	1811	1811			1750	1750			270
泊于镇	295	295			1012	1012			265
环翠区合计	**18155**	**11077**		**7078**	**25036**	**11669**	**6337**	**7030**	**1825**
张村镇	6511	4847		1664	10251	4614	3973	1664	239
羊亭镇	3639	1634		2005	4708	1677	1026	2005	377
孙家疃镇	1853	1256		597	2026	927	621	478	182
温泉镇	4313	1836		2477	4738	1968	293	2477	325
桥头镇	678	656		22	1483	1140	321	22	400
草庙子镇	1161	848		313	1830	1343	103	384	302
乳山市合计	**19785**	**15476**		**4309**	**24686**	**20258**		**4428**	**7816**
海阳所镇	1505	1127		378	1842	1465		377	473
白沙滩镇	1864	1647		217	2454	1681		773	561
大孤山镇	839	693		146	1284	1093		191	472
徐家镇	647	556		91	953	861		92	338
南黄镇	678	671		7	1131	1124		7	440
冯家镇	1302	775		527	1451	1151		300	500
下初镇	942	761		181	1386	1070		316	459
午极镇	756	548		208	1349	1141		208	486
育黎镇	461	461			1315	1315			561
崖子镇	1230	684		546	1680	1499		181	682
诸往镇	1067	941		126	1521	1451		70	581
乳山寨镇	914	770		144	1592	1314		278	531
夏村镇	2384	1783		601	2401	1901		500	658
乳山口镇	1314	917		397	1717	1322		395	481
城区街道办事处	3882	3142		740	2610	1870		740	593
文登市合计	**24978**	**22031**		**2947**	**15373**	**12426**		**2947**	**1470**
文登营镇	835	835			1567	1567			91
大水泊镇	752	752			634	634			102
张家产镇	1572	1572			1190	1190			114
高村镇	1448	839		609	1314	705		609	73
泽库镇	1552	1015		537	904	367		537	75
侯家镇	575	575			536	536			79
宋村镇	2187	1718		469	1313	844		469	74
泽头镇	1137	1137			785	785			81
小观镇	592	592			1124	1124			80
葛家镇	1627	1627			912	912			89
米山镇	746	746			708	708			80
界石镇	651	651			519	519			84
汪疃镇	771	771			568	568			72
苘山镇	3764	3263		501	1078	577		501	102
龙山路办事处	3142	2618		524	1086	562		524	90
天福路办事处	1826	1519		307	706	399		307	92
环山路办事处	1801	1801			429	429			92
荣成市合计	**38510**	**38327**		**183**	**18182**	**16294**	**70**	**1818**	**9187**
崖头镇	17767	17683		84	5104	4265		839	1820
俚岛镇	2386	2375		11	1332	1219		113	602
成山镇	3136	3121		15	1532	1384		148	653
埠柳镇	236	235		1	356	345		11	423
港西镇	1300	1294		6	411	350		61	278

续表 42

地区	收入				支出				财政供养人口（人）
	小计	一般预算	基金预算	预算外	小计	一般预算	基金预算	预算外	
夏庄镇	418	416		2	356	336		20	254
崖西镇	448	445		3	463	442		21	317
茵子镇	305	304		1	343	329		14	266
滕家镇	501	499		2	586	562		24	460
大疃镇	380	377		3	366	348		18	316
上庄镇	623	620		3	424	395		29	381
虎山镇	2711	2698		13	2415	2217	70	128	558
人和镇	2557	2545		12	1217	1096		121	780
石岛镇	4915	4892		23	2693	2461		232	1650
宁津镇	827	823		4	584	545		39	429
日照市	**30294**	**27224**		**3070**	**52329**	**49345**		**2984**	**28587**
乡镇(含办事处、区公所)合计	**30294**	**27224**		**3070**	**52329**	**49345**		**2984**	**28587**
街道办事处合计									
(一) 东港区	**8726**	**7471**		**1255**	**13341**	**12107**		**1234**	**6910**
乡镇(含办事处、区公所)小计	**8726**	**7471**		**1255**	**13341**	**12107**		**1234**	**6910**
街道办事处小计									
河山镇	425	305		120	850	730		120	462
两城镇	366	263		103	1088	996		92	531
涛雒镇	510	346		164	1262	1098		164	800
西湖镇	404	290		114	956	842		114	472
陈疃镇	306	248		58	836	778		58	425
南湖镇	401	324		77	1270	1193		77	834
三庄镇	608	490		118	1432	1314		118	740
日照街道	2211	1939		272	2529	2267		262	1304
秦楼街道	1239	1108		131	2064	1933		131	817
石臼街道	2256	2158		98	1054	956		98	525
(二) 莒县	**8521**	**7871**		**650**	**18440**	**17790**		**650**	**13941**
乡镇(含办事处、区公所)合计	**8521**	**7871**		**650**	**18440**	**17790**		**650**	**13941**
街道办事处小计									
城阳镇	1766	1699		67	1983	1916		67	1346
招贤镇	371	335		36	973	937		36	803
闫庄镇	256	226		30	797	767		30	628
夏庄镇	480	444		36	1021	985		36	812
刘官庄镇	415	377		38	1047	1009		38	839
峤山镇	221	187		34	829	795		34	713
小店镇	317	287		30	901	871		30	695
中楼镇	404	372		32	997	965		32	716
龙山镇	576	549		27	1035	1008		27	582
东莞镇	423	398		25	769	744		25	517
浮来镇	464	423		41	1013	972		41	839
陵阳镇	233	201		32	748	716		32	657
店子集镇	189	161		28	644	616		28	581
长岭镇	337	312		25	677	652		25	509
安庄镇	233	214		19	560	541		19	429
寨里乡	272	250		22	677	655		22	506
棋山镇	473	434		39	1053	1014		39	870
洛河镇	326	299		27	823	796		27	591
果庄乡	208	189		19	586	567		19	398
桑园乡	290	265		25	765	740		25	528
库山乡	267	249		18	542	524		18	382
(三) 五莲县	**7144**	**6611**		**533**	**11812**	**11344**		**468**	**6636**
乡镇(含办事处、区公所)合计	**7144**	**6611**		**533**	**11812**	**11344**		**468**	**6636**
街道办事处小计									

续表 43

地区	收入				支出				财政供养人口(人)
	小计	一般预算	基金预算	预算外	小计	一般预算	基金预算	预算外	
洪凝镇	1572	1461		111	1981	1870		111	1231
街头镇	1344	1267		77	2199	2122		77	896
于里镇	799	731		68	1040	972		68	635
许孟镇	446	387		59	990	953		37	732
潮河镇	357	310		47	813	766		47	502
汪湖镇	424	370		54	690	666		24	406
叩官镇	314	275		39	685	659		26	411
中至镇	323	291		32	583	551		32	339
高泽镇	731	710		21	1150	1129		21	591
石场乡	136	125		11	495	484		11	285
户部乡	343	334		9	600	591		9	297
松柏乡	355	350		5	586	581		5	311
(四) 岚山区	**5132**	**4500**		**632**	**7548**	**6916**		**632**	**853**
乡镇(含办事处、区公所)合计	**5132**	**4500**		**632**	**7548**	**6916**		**632**	**853**
街道办事处小计									
岚山头街道	1155	1126		29	921	892		29	99
安东卫街道	1051	889		162	774	612		162	109
碑廓镇	614	614			734	734			92
虎山镇	675	559		116	527	411		116	92
黄墩镇	429	391		38	874	836		38	103
后村镇	289	239		50	1137	1087		50	108
高兴镇	207	207			685	685			98
巨峰镇	712	475		237	1896	1659		237	152
(五) 开发区	**771**	**771**			**1188**	**1188**			**247**
乡镇(含办事处、区公所)合计	**771**	**771**			**1188**	**1188**			**247**
街道办事处小计									
北京路街道办事处	451	451			469	469			104
奎山街道办事处	320	320			719	719			143
莱芜市合计	**17816**	**16928**		**888**	**18715**	**17041**	**786**	**888**	**6069**
乡镇(含办事处、区公所)合计	**11652**	**11020**		**632**	**13467**	**12122**	**713**	**632**	**4228**
街道办事处合计	**6164**	**5908**		**256**	**5248**	**4919**	**73**	**256**	**1841**
莱城区合计	**13641**	**13093**		**548**	**11290**	**9956**	**786**	**548**	**3317**
乡镇(含办事处、区公所)小计	**8947**	**8535**		**412**	**8689**	**7564**	**713**	**412**	**2461**
街道办事处小计	**4694**	**4558**		**136**	**2601**	**2392**	**73**	**136**	**856**
凤城办	2513	2469		44	967	883	40	44	229
张家洼办	1042	1001		41	759	711	7	41	215
高庄办	1139	1088		51	875	798	26	51	412
口镇	1466	1419		47	752	560	145	47	173
羊里	1687	1642		45	722	673	4	45	163
方下	1749	1713		36	619	583		36	199
牛泉	1202	1167		35	756	710	11	35	235
辛庄	608	578		30	790	699	61	30	246
苗山	596	559		37	920	813	70	37	326
和庄	214	188		26	546	399	121	26	115
茶业口	230	200		30	527	481	16	30	170
雪野	263	230		33	857	667	157	33	206
大王庄	206	175		31	704	559	114	31	218
寨里	380	348		32	1011	968	11	32	236
杨庄	346	316		30	485	452	3	30	174
钢城区合计	**4175**	**3835**		**340**	**7425**	**7085**		**340**	**2752**
乡镇(含办事处、区公所)小计	**2705**	**2485**		**220**	**4778**	**4558**		**220**	**1767**
街道办事处小计	**1470**	**1350**		**120**	**2647**	**2527**		**120**	**985**
颜庄	936	859		77	1727	1650		77	618
里辛	1085	1016		69	1787	1718		69	643
艾山	1470	1350		120	2647	2527		120	985
黄庄	684	610		74	1264	1190		74	506

2004 年山东省乡镇财政一般预算收支平衡情况表

单位：万元

地　区	收入部分					支出部分				滚存结余
	收入总计	本年收入	结算收入	上年结余收入	调入其他资金	支出总计	本年支出	结算支出	调出资金	
全省合计	**2967106**	**1720955**	**1218540**	**10336**	**17275**	**2960589**	**2264310**	**696115**	**164**	**6517**
乡镇(含办事处、区公所)合计	**2593991**	**1419335**	**1149497**	**8065**	**17094**	**2590903**	**2071585**	**519154**	**164**	**3089**
街道办事处合计	**373115**	**301620**	**69043**	**2271**	**181**	**369686**	**192725**	**176961**		**3428**
青岛市合计	**422678**	**271135**	**147307**	**4236**		**421694**	**297829**	**123865**		**984**
乡镇(含办事处、区公所)合计	**422678**	**271135**	**147307**	**4236**		**421694**	**297829**	**123865**		**984**
街道办事处合计										
(一)即墨市合计	**59311**	**38494**	**20803**	**14**		**59297**	**51406**	**7891**		**14**
乡镇(含办事处、区公所)小计	**59311**	**38494**	**20803**	**14**		**59297**	**51406**	**7891**		**14**
街道办事处小计										
环秀办	5622	4412	1210			5622	3765	1857		
通济办	9105	6932	2173			9105	5458	3647		
开发区	6098	5570	528			6098	4956	1142		
北安办	2579	1924	655			2579	2579			
度假区	386	152	234			386	381	5		
龙山办	2515	990	1525			2515	2515			
龙泉镇	1680	471	1209			1680	1680			
岙山卫	1824	1026	796	2		1822	1782	40		2
温泉镇	1938	765	1173			1938	1938			
王村镇	1544	634	910			1544	1544			
田横镇	1279	532	745	2		1277	1277			2
丰城镇	1832	765	1067			1832	1832			
金口镇	1506	754	752			1506	1506			
店集镇	1982	653	1329			1982	1982			
华山镇	2654	1892	762			2654	2654			
灵山镇	1159	663	496			1159	1159			
段泊岚	1340	941	399			1340	1288	52		
刘家庄	1438	1015	419	4		1434	1410	24		4
移风店	2255	989	1263	3		2252	2242	10		3
七级镇	1176	745	431			1176	1117	59		
兰村镇	3234	2314	920			3234	2909	325		
南泉镇	1993	1386	607			1993	1824	169		
普东镇	1779	1053	723	3		1776	1749	27		3
大信镇	2393	1916	477			2393	1859	534		
(二)胶州市合计	**76398**	**60528**	**14821**	**1049**		**77245**	**51687**	**25558**		**−847**
乡镇(含办事处、区公所)小计	**76398**	**60528**	**14821**	**1049**		**77245**	**51687**	**25558**		**−847**
街道办事处小计										
阜安	11594	11378	65	151		11715	5133	6582		−121
中云	7636	7487	71	78		7888	4553	3335		−252
北关	6903	6713	67	123		6991	4645	2346		−88
南关	5214	4696	449	69		5262	3328	1934		−48
云溪	7947	4248	3690	9		8017	3577	4440		−70
胶东	3171	2002	1066	103		3179	2509	670		−8
李哥庄	4660	3105	1550	5		4669	3181	1488		−9
胶莱	1950	1249	662	39		1952	1876	76		−2
马店	2905	2024	829	52		2909	2395	514		−4
胶北	1910	1381	443	86		1922	1736	186		−12
胶西	3363	2717	640	6		3410	3130	280		−47

续表 1

地区	收入部分					支出部分				滚存结余
	收入总计	本年收入	结算收入	上年结余收入	调入其他资金	支出总计	本年支出	结算支出	调出资金	
杜村	1448	1049	378	21		1451	1133	318		-3
张应	4510	3090	1346	74		4517	3047	1470		-7
铺集	2681	1679	981	21		2716	2560	156		-35
里岔	1658	1139	489	30		1684	1587	97		-26
洋河	2553	1652	846	55		2596	2476	120		-43
九龙	1705	1235	420	50		1707	1541	166		-2
营海	4590	3684	829	77		4660	3280	1380		-70
(三)胶南市合计	**63760**	**38009**	**24043**	**1708**		**62892**	**53274**	**9618**		**868**
乡镇(含办事处、区公所)小计	**63760**	**38009**	**24043**	**1708**		**62892**	**53274**	**9618**		**868**
街道办事处小计										
隐珠镇	10328	2147	5580	2601		8522	6737	1785		1806
大珠山镇	2077	1987	805	-715		2791	2680	111		-714
张家楼镇	2292	951	1317	24		2264	2233	31		28
琅琊镇	1719	1086	720	-87		1806	1744	62		-87
藏南镇	1261	1396	689	-824		2085	2034	51		-824
泊里镇	3818	1725	1883	210		3604	3419	185		214
大场镇	2698	1305	1524	-131		2828	2790	38		-130
海青镇	2468	1434	1102	-68		2534	2500	34		-66
理务关乡	500	705	588	-793		1292	1261	31		-792
大村镇	3164	1194	1256	714		2450	2383	67		714
六汪镇	1085	849	641	-405		1489	1455	34		-404
宝山镇	1093	906	787	-600		1692	1662	30		-599
铁山镇	413	791	731	-1109		1522	1490	32		-1109
王台镇	8135	4511	1818	1806		6324	4936	1388		1811
灵山卫镇	5089	3583	305	1201		3886	3406	480		1203
珠山办	4523	2796	492	1235		3286	2063	1223		1237
珠海办	6407	4152	804	1451		4956	3304	1652		1451
开发区	-892	2227	1346	-4465		3647	2376	1271		-4539
度假区	161	257	99	-195		356	337	19		-195
黄山区	1664	1585	541	-462		2126	2036	90		-462
胶河区	1498	721	563	214		1283	1247	36		215
积米崖	1496	1021	220	255		1238	1181	57		258
工业园	2763	680	232	1851		911		911		1852
(四)平度市合计	**59470**	**36403**	**22916**	**151**		**59281**	**31569**	**27712**		**189**
乡镇(含办事处、区公所)小计	**59470**	**36403**	**22916**	**151**		**59281**	**31569**	**27712**		**189**
街道办事处小计										
南村镇	7436	4779	1701	956		6426	3926	2500		1010
外向型工业加工区	6564	3462	2662	440		5827	4791	1036		737
明村镇	5111	2543	1149	1419		4165	2694	1471		946
灰埠镇	2317	1294	849	174		2061	972	1089		256
张舍镇	1729	1005	623	101		1627	725	902		102
仁兆镇	1209	1056	788	-635		1785	629	1156		-576
旧店镇	2123	1036	681	406		1598	648	950		525
长乐镇	1651	1000	539	112		1532	767	765		119
麻兰镇	1298	818	661	-181		1341	546	795		-43
白埠镇	1288	621	739	-72		1416	688	728		-128
蓼兰镇	496	739	619	-862		1390	456	934		-894
田庄镇	1643	676	602	365		1433	681	752		210
张戈庄镇	1053	636	600	-183		1313	528	785		-260
大泽山镇	1511	557	548	406		1185	504	681		326
崔家集镇	1090	538	652	-100		931	346	585		159
万家镇	508	482	689	-663		1334	763	571		-826
门村镇	886	567	476	-157		1008	412	596		-122

续表 2

地　区	收入部分					支出部分				滚存结余
	收入总计	本年收入	结算收入	上年结余收入	调入其他资金	支出总计	本年支出	结算支出	调出资金	
兰底镇	818	449	653	-284		1334	690	644		-516
云山镇	342	520	587	-765		1265	544	721		-923
马戈庄镇	791	479	396	-84		1031	473	558		-240
古岘镇	602	576	483	-457		1228	546	682		-626
郭庄镇	797	353	532	-88		1052	559	493		-255
新河镇	926	528	414	-16		1004	526	478		-78
店子镇	588	553	628	-593		1101	322	779		-513
崔召镇	349	291	478	-420		884	492	392		-535
祝沟镇	289	249	415	-375		874	525	349		-585
大田镇	540	393	497	-350		725	274	451		-185
同和办事处	5420	2664	1253	1503		3897	2349	1548		1523
李园办事处	3655	2957	613	85		3172	1519	1653		483
城关办事处	3723	2910	548	265		2748	992	1756		975
香店办事处	1654	938	512	204		1445	781	664		209
华侨科技园	687	518	169			615	380	235		72
农业试验区	376	216	160			534	521	13		-158
（五）莱西市合计	**40135**	**24808**	**14337**	**990**		**39411**	**27591**	**11820**		**724**
乡镇(含办事处、区公所)小计	**40135**	**24808**	**14337**	**990**		**39411**	**27591**	**11820**		**724**
街道办事处小计										
水集办事处	7891	5612	1889	390		7501	3597	3904		390
李权庄镇	4852	2238	2238	376		4476	2402	2074		376
姜山镇	3200	1276	1910	14		3186	2480	706		14
经济开发区	3980	2958	960	62		3918	2545	1373		62
望城办事处	2175	1272	854	49		2126	1571	555		49
沽河办事处	1989	1221	732	36		1953	1428	525		36
河头店镇	1930	1347	576	7		1923	1752	171		7
南墅镇	2620	1998	602	20		2600	2142	458		20
店埠镇	1967	1243	697	27		1940	1647	293		27
院上镇	1417	917	498	2		1415	1301	114		2
日庄镇	2300	1531	788	-19		2339	1733	606		-39
夏格庄镇	1670	1011	655	4		1666	1409	257		4
马连庄镇	1683	858	819	6		1772	1490	282		-89
武备镇	1257	675	581	1		1330	1071	259		-73
孙受镇	1204	651	538	15		1266	1023	243		-62
（六）城阳区合计	**57513**	**29083**	**28409**	**21**		**57490**	**22485**	**35005**		**23**
乡镇(含办事处、区公所)小计	**57513**	**29083**	**28409**	**21**		**57490**	**22485**	**35005**		**23**
街道办事处小计										
城阳	15617	9695	5913	9		15608	6542	9066		9
流亭	12460	6311	6143	6		12454	4803	7651		6
夏庄	7259	4252	3005	2		7257	1784	5473		2
惜福镇	4495	1778	2715	2		4492	2184	2308		3
棘洪滩	7546	4456	3088	2		7543	3042	4501		3
上马	3804	1153	2651			3804	1411	2393		
河套	3327	983	2344			3327	1356	1971		
红岛	3005	455	2550			3005	1363	1642		
（七）黄岛区合计	**26566**	**16268**	**10007**	**291**		**26566**	**20305**	**6261**		
乡镇(含办事处、区公所)小计	**26566**	**16268**	**10007**	**291**		**26566**	**20305**	**6261**		
街道办事处小计										
长江路	6772	5061	1711			6772	5341	1431		
薛家岛	5900	3776	2124			5900	4265	1635		
黄岛	4483	2736	1747			4483	3381	1102		
辛安	4926	3046	1880			4926	3295	1631		
柳花泊	2196	1330	866			2196	1734	462		

续表 3

地 区	收入部分					支出部分				滚存结余
	收入总计	本年收入	结算收入	上年结余收入	调入其他资金	支出总计	本年支出	结算支出	调出资金	
红石崖	2289	319	1679	291		2289	2289			
(八)崂山区合计	39525	27542	11971	12		39512	39512			13
乡镇(含办事处、区公所)小计	39525	27542	11971	12		39512	39512			13
街道办事处小计										
中韩街道办事处	13385	13846	-467	6		13378	13378			7
沙子口街道办事处	9743	8429	1310	4		9739	9739			4
王哥庄街道办事处	8115	3684	4429	2		8113	8113			2
北宅街道办事处	8282	1583	6699			8282	8282			
济南市合计	224671	153264	69953	1454		223270	143042	80228		1401
乡镇(含办事处、区公所)合计	148201	78918	68033	1250		147004	118310	28694		1198
街道办事处合计	76470	74346	1920	204		76266	24732	51534		203
(一)历下区合计	40596	34707	5748	141		40455	5748	34707		141
乡镇(含办事处、区公所)小计	14149	10917	3172	60		14089	3172	10917		60
街道办事处小计	26447	23790	2576	81		26366	2576	23790		81
姚家镇	14149	10917	3172	60		14089	3172	10917		60
东关办事处	2749	2465	276	8		2741	276	2465		8
解放路办事处	1588	1315	272	1		1587	272	1315		1
泉城路办事处	4818	4587	202	29		4789	202	4587		29
趵突泉办事处	1142	788	349	5		1137	349	788		5
大明湖办事处	1177	801	371	5		1172	371	801		5
千佛山办事处	6194	5890	292	12		6182	292	5890		12
文东办事处	3471	3232	234	5		3466	234	3232		5
燕山办事处	2100	1936	161	3		2097	161	1936		3
建新办事处	975	712	257	6		969	257	712		6
甸柳办事处	2233	2064	162	7		2226	162	2064		7
(二)市中区合计	7287	4446	2828	13		7274	3847	3427		13
乡镇(含办事处、区公所)小计	6220	4446	1774			6220	2793	3427		
街道办事处小计	1067		1054	13		1054	1054			13
十六里河镇	3484	2580	904			3484	1863	1621		
党家庄镇	2736	1866	870			2736	930	1806		
七贤街道办事处	176		163	13		163	163			13
白马山街道办事处	142		142			142	142			
六里山街道办事处	55		55			55	55			
魏家庄街道办事处	147		147			147	147			
大观园街道办事处	86		86			86	86			
王官庄街道办事处	49		49			49	49			
泺源街道办事处	73		73			73	73			
二七街道办事处	52		52			52	52			
舜玉路街道办事处	33		33			33	33			
七里山街道办事处	43		43			43	43			
杆石桥街道办事处	101		101			101	101			
四里村街道办事处	84		84			84	84			
舜耕街道办事处	26		26			26	26			
(三)天桥区合计	10125	19946	-9821			10125	10125			
乡镇(含办事处、区公所)小计	3396	930	2466			3396	3396			
街道办事处小计	6729	19016	-12287			6729	6729			
大桥镇	2035	599	1436			2035	2035			
桑梓店镇	1361	331	1030			1361	1361			
北园街道办事处	1756	4448	-2692			1756	1756			
泺口街道办事处	1097	1539	-442			1097	1097			
天桥东街街道办事处	232	684	-452			232	232			
制锦市街道办事处	211	682	-471			211	211			
北坦街道办事处	170	1419	-1249			170	170			

续表 4

地　区	收入部分					支出部分				滚存结余
	收入总计	本年收入	结算收入	上年结余收入	调入其他资金	支出总计	本年支出	结算支出	调出资金	
纬北路街道办事处	353	904	-551			353	353			
官扎营街道办事处	178	719	-541			178	178			
堤口路街道办事处	213	1785	-1572			213	213			
工人新村北村街道办事处	204	719	-515			204	204			
宝华街街道办事处	231	460	-229			231	231			
无影山街道办事处	174	2252	-2078			174	174			
工人新村南村街道办事处	186	1915	-1729			186	186			
药山街道办事处	1724	1490	234			1724	1724			
（四）槐荫区合计	**19252**	**14103**	**5149**			**19252**	**5149**	**14103**		
乡镇（含办事处、区公所）小计	**2814**	**1553**	**1261**			**2814**	**1261**	**1553**		
街道办事处小计	**16438**	**12550**	**3888**			**16438**	**3888**	**12550**		
段店镇	2028	1396	632			2028	632	1396		
吴家堡镇	786	157	629			786	629	157		
中大街道办事处	824	523	301			824	301	523		
西市场街道办事处	1053	827	226			1053	226	827		
南辛街道办事处	955	689	266			955	266	689		
道德街街道办事处	711	466	245			711	245	466		
营市街街道办事处	667	438	229			667	229	438		
振兴街街道办事处	2099	1765	334			2099	334	1765		
五里沟街道办事处	1805	1528	277			1805	277	1528		
青年公园街道办事处	1474	1163	311			1474	311	1163		
匡山街道办事处	1509	1166	343			1509	343	1166		
段北街道办事处	1724	1318	406			1724	406	1318		
张庄街道办事处	2137	1797	340			2137	340	1797		
美里湖街道办事处	1480	870	610			1480	610	870		
（五）历城区合计	**54662**	**36533**	**18129**			**54662**	**40420**	**14242**		
乡镇（含办事处、区公所）小计	**44906**	**26777**	**18129**			**44906**	**39569**	**5337**		
街道办事处小计	**9756**	**9756**				**9756**	**851**	**8905**		
洪楼街道办事处	1126	1126				1126	210	916		
东风街道办事处	1937	1937				1937	225	1712		
山大街道办事处	3231	3231				3231	209	3022		
全福街道办事处	3462	3462				3462	207	3255		
王舍人镇	11802	9794	2008			11802	8682	3120		
华山镇	5699	3216	2483			5699	4121	1578		
仲宫镇	2379	779	1600			2379	2379			
高而乡	1079	362	717			1079	1079			
柳埠镇	2328	728	1600			2328	2328			
西营镇	1268	340	928			1268	1268			
绣川乡	1033	464	569			1033	1033			
港沟镇	3416	2405	1011			3416	3416			
孙村镇	2085	1077	1008			2085	2085			
彩石乡	1494	780	714			1494	1494			
郭店镇	3153	1944	1209			3153	2514	639		
董家镇	2978	1494	1484			2978	2978			
唐王镇	1541	354	1187			1541	1541			
遥墙镇	4651	3040	1611			4651	4651			
（六）长清区合计	**13946**	**4972**	**8721**	**253**		**13694**	**5566**	**8128**		**252**
乡镇（含办事处、区公所）小计	**7519**	**2157**	**5193**	**169**		**7351**	**2492**	**4859**		**169**
街道办事处小计	**6427**	**2815**	**3528**	**84**		**6343**	**3074**	**3269**		**83**
文昌街道	2667	1243	1382	42		2625	1260	1365		41
平安街道	1585	621	938	26		1558	783	775		26
崮云湖街道	1298	561	721	16		1282	672	610		16
五峰山街道	877	390	487			878	359	519		

续表5

地　区	收入部分					支出部分				滚存结余
	收入总计	本年收入	结算收入	上年结余收入	调入其他资金	支出总计	本年支出	结算支出	调出资金	
归德镇	1835	674	1109	52		1783	604	1179		52
马山镇	829	250	571	8		822	385	437		8
双泉乡	864	183	678	3		862	458	404		3
张夏镇	1274	407	802	65		1209	348	861		65
万德镇	1217	339	837	41		1175	181	994		41
武庄乡	394	73	321			394	157	237		
孝里镇	1106	231	875			1106	359	747		
(七) 章丘市合计	**38494**	**18377**	**20063**	**54**		**38440**	**34097**	**4343**		**54**
乡镇(含办事处、区公所)小计	**28888**	**11958**	**16902**	**28**		**28860**	**27537**	**1323**		**28**
街道办事处小计	**9606**	**6419**	**3161**	**26**		**9580**	**6560**	**3020**		**26**
普集镇	1923	1026	897			1923	1923			
文祖镇	1251	441	810			1251	1251			
相公镇	1844	1060	784			1844	1735	109		
埠村镇	1114	681	433			1114	1114			
刁镇镇	3443	1926	1502	15		3428	2664	764		15
绣惠镇	1846	706	1140			1846	1846			
枣园镇	2583	1509	1074			2583	2359	224		
圣井镇	1257	814	443			1257	1257			
宁埠镇	1143	374	762	7		1136	1136			7
曹范镇	1426	685	741			1426	1426			
龙山镇	1016	351	662	3		1013	1013			3
党家镇	942	194	748			942	942			
高官寨镇	1308	244	1064			1308	1308			
辛寨乡	1049	279	770			1049	1049			
白云镇	905	107	797	1		904	904			1
官庄乡	1643	884	758	1		1642	1416	226		1
水寨镇	1045	209	835	1		1044	1044			1
黄河乡	1340	166	1174			1340	1340			
阎家峪乡	823	196	627			823	823			
埰庄镇	987	106	881			987	987			
明水办事处	6466	4228	2212	26		6440	4375	2065		26
双山办事处	3140	2191	949			3140	2185	955		
(八) 平阴县合计	**10195**	**4623**	**5572**			**10195**	**9347**	**848**		
乡镇(含办事处、区公所)小计	**10195**	**4623**	**5572**			**10195**	**9347**	**848**		
街道办事处小计										
平阴镇	2846	1641	1205			2846	2422	424		
东阿镇	1026	437	589			1026	977	49		
孝直镇	995	397	598			995	958	37		
孔村镇	835	358	477			835	808	27		
刁山坡镇	1104	647	457			1104	920	184		
玫瑰镇	558	196	362			558	533	25		
李沟乡	416	107	309			416	387	29		
洪范镇	603	200	403			603	591	12		
安城乡	586	183	403			586	565	21		
栾湾乡	583	202	381			583	567	16		
店子乡	643	255	388			643	619	24		
(九) 济阳县合计	**18181**	**8572**	**8635**	**974**		**17259**	**16829**	**430**		**922**
乡镇(含办事处、区公所)小计	**18181**	**8572**	**8635**	**974**		**17259**	**16829**	**430**		**922**
街道办事处小计										
济阳镇	4916	2615	2301			4916	4730	186		
崔寨镇	1348	627	721			1348	1340	8		
孙耿镇	4066	1716	1376	974		3144	3050	94		922
垛石镇	2005	965	1040			2005	1976	29		

续表 6

地 区	收入部分					支出部分				滚存结余
	收入总计	本年收入	结算收入	上年结余收入	调入其他资金	支出总计	本年支出	结算支出	调出资金	
曲堤镇	1847	821	1026			1847	1789	58		
仁风镇	1476	641	835			1476	1469	7		
太平镇	1488	695	793			1488	1459	29		
新市镇	1035	492	543			1035	1016	19		
（十）商河县	**11933**	**6985**	**4929**	**19**		**11914**	**11914**			**19**
乡镇(含办事处、区公所)小计	**11933**	**6985**	**4929**	**19**		**11914**	**11914**			**19**
街道办事处小计										
郑路	610	324	285	1		609	609			1
商河	540	530	8	2		538	538			2
牛堡	361	180	181			361	361			
孙集	507	257	243	7		500	500			7
龙桑寺	295	171	124			295	295			
常庄	1322	886	436			1322	1322			
燕家	337	175	162			337	337			
沙河	337	179	158			337	337			
韩庙	447	239	207	1		446	446			1
赵奎元	456	240	216			456	456			
尹巷	673	403	269	1		672	672			1
怀仁	552	291	260	1		551	551			1
张坊	271	116	155			271	271			
胡集	492	249	242	1		491	491			1
贾庄	540	337	202	1		539	539			1
玉皇庙	2039	1311	726	2		2037	2037			2
杨庄铺	455	237	218			455	455			
钱铺	409	194	214	1		408	408			1
岳桥	316	167	149			316	316			
白桥	536	239	296	1		535	535			1
展家	438	260	178			438	438			
淄博市合计	**184717**	**124295**	**58828**	**1594**		**182234**	**113297**	**68937**		**2483**
乡镇合计	**147151**	**92871**	**52595**	**1685**		**144597**	**94202**	**50395**		**2554**
街道办事处合计	**37566**	**31424**	**6233**	**-91**		**37637**	**19095**	**18542**		**-71**
（一）博山区合计	**19741**	**11875**	**6875**	**991**		**18750**	**12901**	**5849**		**991**
乡镇小计	**12836**	**6884**	**5177**	**775**		**12061**	**9818**	**2243**		**775**
街道办事处小计	**6905**	**4991**	**1698**	**216**		**6689**	**3083**	**3606**		**216**
白塔镇	2503	2007	403	93		2410	1842	568		93
域城镇	1068	715	331	22		1046	858	188		22
夏家庄镇	1622	725	853	44		1578	1213	365		44
山头镇	1555	1106	338	111		1444	1356	88		111
八陡镇	1688	1162	420	106		1582	882	700		106
崮山镇	722	407	253	62		660	625	35		62
石马镇	777	321	393	63		714	714			63
北博山镇	890	223	589	78		812	794	18		78
南博山镇	694	80	541	73		621	497	124		73
源泉镇	459	38	378	43		416	376	40		43
池上镇	858	100	678	80		778	661	117		80
经济开发区	6018	4411	1440	167		5851	2454	3397		167
城东街道办事处	355	231	102	22		333	291	42		22
城西街道办事处	532	349	156	27		505	338	167		27
（二）淄川区合计	**32410**	**19491**	**12908**	**11**		**32399**	**23468**	**8931**		**11**
乡镇小计	**28627**	**16564**	**12052**	**11**		**28616**	**21889**	**6727**		**11**
街道办事处小计	**3783**	**2927**	**856**			**3783**	**1579**	**2204**		
般阳办事处	1158	874	284			1158	594	564		
商城办事处	1425	1021	404			1425	622	803		

续表 7

地 区	收入部分					支出部分				滚存结余
	收入总计	本年收入	结算收入	上年结余收入	调入其他资金	支出总计	本年支出	结算支出	调出资金	
松龄办事处	1200	1032	168			1200	363	837		
黄加铺镇	887	740	147			887	855	32		
城南镇	1599	1213	384	2		1597	1354	243		2
昆仑镇	1485	1160	323	2		1483	1052	431		2
磁村镇	836	593	243			836	836			
岭子镇	2113	1567	546			2113	1469	644		
商家镇	1066	595	470	1		1065	1065			1
杨寨镇	6756	3743	3013			6756	3579	3177		
双沟镇	2187	1051	1136			2187	1208	979		
黑旺镇	1061	384	676	1		1060	1060			1
太河乡	925	79	846			925	925			
峨庄乡	863	75	787	1		862	862			1
淄河镇	850	107	743			850	850			
张庄乡	761	159	600	2		759	759			2
东坪镇	812	592	220			812	789	23		
西河镇	809	315	494			809	809			
龙泉镇	1703	1243	460			1703	1220	483		
寨里镇	950	479	471			950	950			
罗村镇	1781	1446	333	2		1779	1134	645		2
洪山镇	1183	1023	160			1183	1113	70		
(三)张店区合计	**19147**	**16503**	**2559**	**85**		**19060**	**6986**	**12074**		**87**
乡镇小计	**13149**	**11701**	**1393**	**55**		**13093**	**4378**	**8715**		**56**
街道办事处小计	**5998**	**4802**	**1166**	**30**		**5967**	**2608**	**3359**		**31**
沣水镇	3004	2941	41	22		2982	582	2400		22
湖田镇	1586	1477	107	2		1584	428	1156		2
付家镇	2247	1972	271	4		2243	696	1547		4
南定镇	3193	2973	200	20		3173	744	2429		20
房镇镇	949	613	323	13		936	795	141		13
中埠镇	1231	1019	209	3		1227	498	729		4
马尚镇	939	706	242	-9		948	635	313		-9
公园街道办事处	1007	813	186	8		999	475	524		8
车站街道办事处	1289	1077	204	8		1281	404	877		8
和平街道办事处	679	527	149	3		676	337	339		3
杏园街道办事处	658	541	115	2		656	350	306		2
体育场街道办事处	633	450	178	5		627	408	219		6
科苑街道办事处	1732	1394	334	4		1728	634	1094		4
(四)周村区合计	**12240**	**10711**	**1584**	**-55**		**11409**	**7951**	**3458**		**831**
乡镇小计	**7987**	**6522**	**1126**	**339**		**6779**	**4968**	**1811**		**1208**
街道办事处小计	**4253**	**4189**	**458**	**-394**		**4630**	**2983**	**1647**		**-377**
南郊镇	1741	1454	215	72		1407	1191	216		334
北郊镇	1625	1181	479	-35		1443	1386	57		182
萌水镇	783	837	165	-219		1185	806	379		-402
王村镇	3838	3050	267	521		2744	1585	1159		1094
城北路办事处	2820	1497	1119	204		2597	2233	364		223
青年路办事处	-155	676	-231	-600		445	214	231		-600
大街街道办事处	551	648	-97			551	184	367		
丝绸路街道办事处	604	874	-272	2		604	193	411		
永安街道办事处	433	494	-61			433	159	274		
(五)临淄区合计	**31056**	**26689**	**4126**	**241**		**30825**	**20192**	**10633**		**231**
乡镇小计	**20315**	**16986**	**3143**	**186**		**20139**	**14578**	**5561**		**176**
街道办事处小计	**10741**	**9703**	**983**	**55**		**10686**	**5614**	**5072**		**55**
辛店街道办事处	4670	4336	308	26		4644	2552	2092		26
齐陵街道办事处	1239	972	258	9		1230	915	315		9

续表 8

地　区	收入部分					支出部分				滚存结余
	收入总计	本年收入	结算收入	上年结余收入	调入其他资金	支出总计	本年支出	结算支出	调出资金	
稷下街道办事处	2075	1897	158	20		2055	926	1129		20
雪宫街道办事处	1342	1251	91			1342	438	904		
闻韶街道办事处	1415	1247	168			1415	783	632		
齐都镇	1323	961	359	3		1320	1041	279		3
皇城镇	1591	890	668	33		1558	1144	414		33
敬仲镇	832	540	279	13		819	759	60		13
朱台镇	2478	1903	537	38		2440	1762	678		38
凤凰镇	8170	7652	495	23		8147	5857	2290		23
梧台镇	1123	845	275	3		1120	887	233		3
金岭镇	771	650	109	12		759	676	83		12
边河乡	911	622	262	27		884	836	48		27
南王镇	3116	2923	159	34		3092	1616	1476		24
（六）桓台县合计	**30698**	**19794**	**10670**	**234**		**30456**	**10662**	**19794**		**242**
乡镇小计	**30698**	**19794**	**10670**	**234**		**30456**	**10662**	**19794**		**242**
街道办事处小计										
索镇镇	3611	2622	945	44		3566	944	2622		45
周家镇	1311	901	372	38		1273	372	901		38
唐山镇	3535	2482	1024	29		3505	1023	2482		30
邢家镇	1021	636	382	3		1017	381	636		4
田庄镇	1762	1009	743	10		1751	742	1009		11
新城镇	990	595	389	6		983	388	595		7
陈庄镇	825	524	298	3		821	297	524		4
马桥镇	9810	7914	1860	36		9772	1858	7914		38
起风镇	1531	730	757	44		1487	757	730		44
荆家镇	1092	379	710	3		1089	710	379		3
果里镇	5210	2002	3190	18		5192	3190	2002		18
（七）高青县合计	**11228**	**4833**	**6395**			**11228**	**8534**	**2694**		
乡镇小计	**11228**	**4833**	**6395**			**11228**	**8534**	**2694**		
街道办事处小计										
田镇镇	2338	1517	821			2338	1458	880		
青城镇	925	388	537			925	673	252		
高城镇	1216	447	769			1216	910	306		
黑里寨镇	1157	462	695			1157	952	205		
唐坊镇	1216	468	748			1216	942	274		
常家镇	1132	400	732			1132	973	159		
木李镇	959	376	583			959	780	179		
花沟镇	1629	543	1086			1629	1300	329		
赵店镇	656	232	424			656	546	110		
（八）沂源县合计	**19357**	**7861**	**11411**	**85**		**19272**	**17975**	**1297**		**85**
乡镇小计	**19357**	**7861**	**11411**	**85**		**19272**	**17975**	**1297**		**85**
街道办事处小计										
南麻镇	4009	2515	1361	133		3876	3534	342		133
土门镇	871	302	483	86		785	763	22		86
鲁村镇	1345	397	947	1		1344	1313	31		1
悦庄镇	1753	432	1320	1		1752	1716	36		1
东里镇	4191	2881	1371	-61		4252	3573	679		-61
西里镇	1391	246	1154	-9		1400	1365	35		-9
徐家庄乡	709	152	576	-19		728	707	21		-19
大张庄镇	1130	251	887	-8		1138	1120	18		-8
燕崖乡	921	204	727	-10		931	911	20		-10
中庄镇	833	97	735	1		832	808	24		1
张家坡镇	766	158	608			766	742	24		
石桥乡	823	156	682	-15		838	818	20		-15

续表 9

地　区	收入部分					支出部分				滚存结余
	收入总计	本年收入	结算收入	上年结余收入	调入其他资金	支出总计	本年支出	结算支出	调出资金	
三岔乡	615	70	560	−15		630	605	25		−15
(九)高新区合计	**8840**	**6538**	**2300**	**2**		**8835**	**4628**	**4207**		**5**
乡镇小计	**2954**	**1726**	**1228**			**2953**	**1400**	**1553**		**1**
街道办事处小计	**5886**	**4812**	**1072**	**2**		**5882**	**3228**	**2654**		**4**
卫固镇	2954	1726	1228			2953	1400	1553		1
石桥办事处	3126	2547	578	1		3124	1733	1391		2
四宝山办事处	2760	2265	494	1		2758	1495	1263		2
枣庄市合计	**127645**	**75012**	**51386**	**735**	**512**	**126937**	**108896**	**18041**		**708**
乡镇(含办事处、区公所)合计	**100296**	**58380**	**40844**	**615**	**457**	**99695**	**87201**	**12494**		**601**
街道办事处合计	**27349**	**16632**	**10542**	**120**	**55**	**27242**	**21695**	**5547**		**107**
(一)市中区	**21046**	**15361**	**5619**	**66**		**20978**	**18787**	**2191**		**68**
乡镇(含办事处、区公所)小计	**15842**	**11309**	**4472**	**61**		**15780**	**14527**	**1253**		**62**
街道办事处小计	**5204**	**4052**	**1147**	**5**		**5198**	**4260**	**938**		**6**
齐村镇	2618	1457	1139	22		2596	2222	374		22
孟庄镇	3426	2935	474	17		3409	3062	347		17
税郭镇	3555	2749	801	5		3549	3387	162		6
永安乡	3633	2165	1459	9		3624	3411	213		9
西王庄乡	2610	2003	599	8		2602	2445	157		8
光明路街道办事处	3324	2807	515	2		3321	2914	407		3
矿区办街道办事处	273	122	150	1		272	225	47		1
龙山路街道办事处	447	308	138	1		446	311	135		1
中心街街道办事处	426	299	126	1		425	294	131		1
文化路街道办事处	420	309	111			420	283	137		
各塔埠街道办事处	314	207	107			314	233	81		
(二)薛城区合计	**21098**	**13530**	**7539**	**29**		**21064**	**15423**	**5641**		**34**
乡镇(含办事处、区公所)小计	**16311**	**10503**	**5791**	**17**		**16289**	**11228**	**5061**		**22**
街道办事处小计	**4787**	**3027**	**1748**	**12**		**4775**	**4195**	**580**		**12**
邹坞镇	2199	1544	651	4		2195	1898	297		4
沙沟镇	1512	366	1146			1512	1413	99		
周营镇	1319	297	1022			1319	1302	17		
陶庄镇	4702	3591	1105	6		4694	2914	1780		8
常庄镇	3993	2943	1046	4		3988	1810	2178		5
南石镇	2586	1762	821	3		2581	1891	690		5
临城街道办事处	1723	1108	613	2		1721	1251	470		2
兴仁街道办事处	2100	1247	846	7		2093	2016	77		7
兴城街道办事处	964	672	289	3		961	928	33		3
(三)峄城区	**8409**	**4127**	**3735**	**35**	**512**	**8374**	**8234**	**140**		**35**
乡镇(含办事处、区公所)小计	**6281**	**3089**	**2700**	**35**	**457**	**6246**	**6196**	**50**		**35**
街道办事处小计	**2128**	**1038**	**1035**		**55**	**2128**	**2038**	**90**		
底阁镇	1130	841	247		42	1130	1110	20		
阴平镇	1127	244	867		16	1127	1127			
古邵镇	1503	993	491	3	16	1500	1470	30		3
榴园镇	1321	588	616	32	85	1289	1289			32
峨山镇	1200	423	479		298	1200	1200			
坛山街道办事处	1140	628	509		3	1140	1050	90		
吴林街道办事处	988	410	526		52	988	988			
(四)山亭区	**11509**	**4405**	**6854**	**250**		**11259**	**8748**	**2511**		**250**
乡镇(含办事处、区公所)小计	**9922**	**3918**	**5754**	**250**		**9672**	**7415**	**2257**		**250**
街道办事处小计	**1587**	**487**	**1100**			**1587**	**1333**	**254**		
凫城乡	966	348	618			966	784	182		
店子镇	1071	464	592	15		1056	821	235		15
西集镇	1209	548	540	121		1088	887	201		121
徐庄镇	1207	510	684	13		1194	902	292		13

续表 10

地　区	收入部分					支出部分				滚存结余
	收入总计	本年收入	结算收入	上年结余收入	调入其他资金	支出总计	本年支出	结算支出	调出资金	
城头镇	953	323	629	1		952	685	267		1
桑村镇	1102	411	691			1102	849	253		
北庄镇	1334	564	673	97		1237	965	272		97
水泉镇	1023	345	677	1		1022	776	246		1
冯卯镇	1057	405	650	2		1055	746	309		2
山城街道办事处	1587	487	1100			1587	1333	254		
（五）台儿庄区	**9875**	**5646**	**4211**	**18**		**9857**	**9700**	**157**		**18**
乡镇（含办事处、区公所）小计	**8869**	**5125**	**3732**	**12**		**8857**	**8700**	**157**		**12**
街道办事处小计	**1006**	**521**	**479**	**6**		**1000**	**1000**			**6**
泥沟镇	1754	992	761	1		1753	1654	99		1
张山子镇	1686	933	748	5		1681	1667	14		5
涧头集镇	2439	1591	845	3		2436	2392	44		3
邳庄镇	898	467	430	1		897	897			1
马兰屯镇	2092	1142	948	2		2090	2090			2
运河街道办事处	1006	521	479	6		1000	1000			6
（六）滕州市	**55708**	**31943**	**23428**	**337**		**55405**	**48004**	**7401**		**303**
乡镇（含办事处、区公所）小计	**43071**	**24436**	**18395**	**240**		**42851**	**39135**	**3716**		**220**
街道办事处小计	**12637**	**7507**	**5033**	**97**		**12554**	**8869**	**3685**		**83**
东沙河镇	1523	562	960	1		1522	1337	185		1
洪绪镇	2152	1278	862	12		2140	1936	204		12
南沙河镇	1963	1013	934	16		1947	1588	359		16
大坞镇	2677	1322	1332	23		2654	2430	224		23
滨湖镇	3338	1691	1636	11		3327	3108	219		11
级索镇	4647	3411	1210	26		4640	4263	377		7
西岗镇	4253	3065	1166	22		4230	3919	311		23
姜屯镇	3411	2122	1278	11		3400	3080	320		11
鲍沟镇	2489	1495	984	10		2479	2278	201		10
张汪镇	2388	1435	949	4		2384	2275	109		4
官桥镇	2088	1119	965	4		2083	1778	305		5
柴胡店镇	1812	1160	639	13		1802	1713	89		10
羊庄镇	1647	664	982	1		1646	1557	89		1
木石镇	2007	1009	941	57		1950	1686	264		57
界河镇	2556	1440	1095	21		2535	2284	251		21
龙阳镇	1623	604	1018	1		1622	1536	86		1
东郭镇	2497	1046	1444	7		2490	2367	123		7
北辛街道办事处	4233	2777	1437	19		4228	3243	985		5
荆河街道办事处	3478	1816	1623	39		3439	1973	1466		39
龙泉街道办事处	4035	2269	1727	39		3996	2862	1134		39
善南街道办事处	891	645	246			891	791	100		
烟台市合计	**285149**	**179267**	**107587**	**－5070**	**3365**	**290137**	**189641**	**100496**		**－4988**
乡镇（含办事处、区公所）小计	**144414**	**73696**	**74304**	**－6825**	**3239**	**152324**	**123453**	**28871**		**－7910**
街道办事处合计	**140735**	**105571**	**33283**	**1755**	**126**	**137813**	**66188**	**71625**		**2922**
（一）芝罘区小计	**37799**	**31895**	**5901**	**3**		**37796**	**8260**	**29536**		**3**
乡镇（含办事处、区公所）小计										
街道办事处小计	**37799**	**31895**	**5901**	**3**		**37796**	**8260**	**29536**		**3**
幸福街道办事处	5675	5088	586	1		5674	752	4922		1
只楚街道办事处	5135	4002	1132	1		5134	1040	4094		1
世回尧街道办事处	4156	3603	553			4156	584	3572		
黄务街道办事处	4395	2723	1671	1		4394	1607	2787		1
奇山街道办事处	3663	3267	396			3663	738	2925		
凤凰台街道办事处	2585	2353	232			2585	455	2130		
毓璜顶街道办事处	3449	3202	247			3449	665	2784		
东山街道办事处	2825	2589	236			2825	841	1984		

续表 11

地　区	收入部分					支出部分				滚存结余
	收入总计	本年收入	结算收入	上年结余收入	调入其他资金	支出总计	本年支出	结算支出	调出资金	
向阳街道办事处	1097	940	157			1097	338	759		
白石街道办事处	1552	1380	172			1552	434	1118		
通伸街道办事处	2009	1838	171			2009	390	1619		
芝罘岛街道办事处	1258	910	348			1258	416	842		
（二）福山区小计	**11649**	**6846**	**5534**	**-731**		**12434**	**10598**	**1836**		**-785**
乡镇(含办事处、区公所)小计	**4833**	**2673**	**3598**	**-1438**		**6335**	**5401**	**934**		**-1502**
街道办事处小计	**6816**	**4173**	**1936**	**707**		**6099**	**5197**	**902**		**717**
门楼镇	1469	1201	1105	-837		2316	1891	425		-847
高疃镇	1618	754	1064	-200		1808	1547	261		-190
回里镇	1006	345	891	-230		1310	1147	163		-304
张格庄镇	740	373	538	-171		901	816	85		-161
清洋办事处	5148	3379	1319	450		4689	3932	757		459
福新办事处	1668	794	617	257		1410	1265	145		258
（三）龙口市小计	**34895**	**31725**	**3643**	**-473**		**35370**	**15514**	**19856**		**-475**
乡镇(含办事处、区公所)小计	**23031**	**19759**	**3758**	**-486**		**23518**	**10976**	**12542**		**-487**
街道办事处小计	**11864**	**11966**	**-115**	**13**		**11852**	**4538**	**7314**		**12**
徐福镇	3174	674	2483	17		3157	2976	181		17
黄山馆镇	-223	-575	352			-222	494	-716		-1
北马镇	1653	1674	-44	-65		1718	1188	530		-65
芦头镇	948	574	364	10		938	632	306		10
东江镇	9329	10710	-1387	6		9323	1347	7976		6
下丁家镇	404	255	223	-74		478	457	21		-74
七甲镇	708	75	632	1		707	706	1		1
石良镇	1130	560	711	-141		1271	1092	179		-141
兰高镇	964	292	670	2		961	963	-2		3
诸由观镇	4944	5520	-334	-242		5187	1121	4066		-243
经济开发区	531	286	245			532	634	-102		-1
东莱街道办事处	3060	3311	-258	7		3053	911	2142		7
新嘉街道办事处	888	713	174	1		887	582	305		1
龙港街道办事处	7385	7656	-276	5		7380	2411	4969		5
（四）莱阳市小计	**23197**	**13078**	**10119**			**23197**	**18207**	**4990**		
乡镇(含办事处、区公所)小计	**15318**	**5929**	**9389**			**15318**	**14309**	**1009**		
街道办事处小计	**7879**	**7149**	**730**			**7879**	**3898**	**3981**		
沐浴店镇	1700	406	1294			1700	1583	117		
团旺镇	1269	687	582			1269	1261	8		
穴坊镇	1458	445	1013			1458	1349	109		
姜疃镇	1164	1653	-489			1164	1141	23		
羊郡镇	787	289	498			787	754	33		
万第镇	1490	398	1092			1490	1353	137		
谭格庄镇	1379	292	1087			1379	1236	143		
柏林庄镇	871	172	699			871	793	78		
吕格庄镇	689	214	475			689	605	84		
大夼镇	736	209	527			736	730	6		
照旺庄镇	1350	557	793			1350	1254	96		
山前店镇	819	238	581			819	797	22		
河洛镇	807	135	672			807	701	106		
高格庄镇	799	234	565			799	752	47		
城厢街道办事处	3712	4324	-612			3712	1328	2384		
古柳街道办事处	999	998	1			999	929	70		
龙旺庄街道办事处	2402	1319	1083			2402	922	1480		
冯格庄街道办事处	766	508	258			766	719	47		
（五）蓬莱市小计	**23123**	**13682**	**8998**	**443**		**22627**	**18672**	**3955**		**496**
乡镇(含办事处、区公所)小计	**14253**	**7532**	**6785**	**-64**		**14351**	**13400**	**951**		**-98**

续表 12

地区	收入部分					支出部分				滚存结余
	收入总计	本年收入	结算收入	上年结余收入	调入其他资金	支出总计	本年支出	结算支出	调出资金	
街道办事处小计	**8870**	**6150**	**2213**	**507**		**8276**	**5272**	**3004**		**594**
刘家沟镇	1446	906	714	-174		1621	1587	34		-175
潮水镇	1578	514	966	98		1478	1446	32		100
大柳行镇	1217	593	588	36		1180	1148	32		37
大辛店镇	2875	1601	1531	-257		3132	3080	52		-257
小门家镇	2004	1081	806	117		1868	1821	47		136
村里集镇	1706	152	1552	2		1762	1724	38		-56
北沟镇	3427	2685	628	114		3310	2594	716		117
登州街道办事处	2276	1697	198	381		1840	794	1046		436
紫荆山街道办事处	1937	1573	148	216		1721	810	911		216
蓬莱阁街道办事处	690	539	138	13		678	314	364		12
南王街道办事处	1387	611	880	-104		1488	1465	23		-101
新港街道办事处	2580	1730	849	1		2549	1889	660		31
（六）招远市小计	**28523**	**15438**	**12602**	**118**	**365**	**28405**	**22397**	**6008**		**118**
乡镇（含办事处、区公所）小计	**17832**	**9252**	**8657**	**-442**	**365**	**18273**	**16497**	**1776**		**-441**
街道办事处小计	**10691**	**6186**	**3945**	**560**		**10132**	**5900**	**4232**		**559**
辛庄镇	1399	720	454	25	200	1518	1445	73		-119
蚕庄镇	1994	1332	802	-140		1994	1321	673		
金岭镇	1852	930	922			1850	1702	148		2
齐山镇	1685	386	1364	-122	57	1807	1807			-122
毕郭镇	1357	360	1012	-15		1372	1372			-15
张星镇	2480	1354	1009	9	108	2696	2248	448		-216
玲珑镇	1934	1227	777	-70		1931	1603	328		3
大秦家镇	1308	697	586	25		1283	1283			25
阜山镇	2129	1560	723	-154		2129	2023	106		
夏甸镇	1694	686	1008			1693	1693			1
开发区管委	3907	1806	1980	121		3787	3467	320		120
罗峰街道办事处	2821	1753	913	155		2666	782	1884		155
泉山街道办事处	2697	1776	705	216		2481	926	1555		216
梦芝街道办事处	1266	851	347	68		1198	725	473		68
（七）莱州市小计	**35449**	**25058**	**13233**	**-2842**		**37891**	**29778**	**8113**		**-2442**
乡镇（含办事处、区公所）小计	**20951**	**13647**	**9613**	**-2309**		**23924**	**20902**	**3022**		**-2973**
街道办事处小计	**14498**	**11411**	**3620**	**-533**		**13967**	**8876**	**5091**		**531**
金城镇	1728	1454	460	-186		2014	1175	839		-286
朱桥镇	1742	955	1278	-491		2402	2383	19		-660
平里店镇	1211	938	496	-223		1668	1410	258		-457
驿道镇	140	264	985	-1109		1512	1453	59		-1372
郭家店镇	467	290	1237	-1060		1974	1878	96		-1507
夏邱镇	2709	1644	685	380		2094	1649	445		615
沙河镇	4562	2849	1248	465		3958	3719	239		604
土山镇	3359	1891	1013	455		2894	2226	668		465
程郭镇	1619	1064	986	-431		1607	1524	83		12
柞村镇	2135	1439	566	130		1989	1783	206		146
虎头崖	1279	859	659	-239		1812	1702	110		-533
文昌路街道办事处	3438	2802	299	337		2689	1293	1396		749
永安路街道办事处	2551	2147	285	119		2214	665	1549		337
文峰路街道办事处	907	611	390	-94		885	835	50		22
三山岛街道办事处	2504	2484	1198	-1178		3552	2285	1267		-1048
城港路街道办事处	5098	3367	1448	283		4627	3798	829		471
（八）栖霞市小计	**21265**	**7841**	**12764**	**-1768**	**2428**	**23349**	**17081**	**6268**		**-2084**
乡镇（含办事处、区公所）小计	**15642**	**5205**	**10116**	**-1981**	**2302**	**17948**	**13986**	**3962**		**-2306**
街道办事处小计	**5623**	**2636**	**2648**	**213**	**126**	**5401**	**3095**	**2306**		**222**
苏家店镇	953	199	584	-100	270	1050	916	134		-97

续表 13

地　区	收入部分 收入总计	本年收入	结算收入	上年结余收入	调入其他资金	支出部分 支出总计	本年支出	结算支出	调出资金	滚存结余
寺口镇	660	99	415	-38	184	697	641	56		-37
西城镇	830	189	530	-84	195	913	841	72		-83
官道镇	817	219	701	-178	75	989	848	141		-172
观里镇	1025	256	586	-49	232	1073	903	170		-48
杨础镇	894	204	640	-79	129	974	838	136		-80
蛇窝泊镇	1359	285	1347	-372	99	1909	1715	194		-550
唐家泊镇	813	229	640	-221	165	1035	808	227		-222
桃村镇	3985	2078	1602	83	222	3900	2299	1601		85
庙后镇	784	272	402	-101	211	884	697	187		-100
亭口镇	365	183	668	-700	214	1064	926	138		-699
臧家庄镇	1988	712	1397	-221	100	2370	1633	737		-382
松山镇	1169	280	604	79	206	1090	921	169		79
经济开发区	1390	477	924	-11		1397	920	477		-7
翠屏街道办事处	2612	1356	917	213	126	2396	1334	1062		216
庄园街道办事处	1621	803	807	11		1608	841	767		13
(九)海阳市小计	**25584**	**11682**	**13753**	**149**		**25435**	**18864**	**6571**		**149**
乡镇(含办事处、区公所)小计	**14455**	**4279**	**10268**	**-92**		**14547**	**12733**	**1814**		**-92**
街道办事处小计	**11129**	**7403**	**3485**	**241**		**10888**	**6131**	**4757**		**241**
大闫家镇	817	218	610	-11		828	756	72		-11
发城镇	1314	274	1002	38		1276	1068	208		38
郭城镇	1214	340	826	48		1166	990	176		48
二十里店镇	1080	239	814	27		1053	958	95		27
留格镇	1844	804	1108	-68		1912	1550	362		-68
盘石镇	927	239	671	17		910	831	79		17
小纪镇	1603	332	1269	2		1601	1479	122		2
辛安镇	1292	556	939	-203		1495	1342	153		-203
行村镇	1435	445	1077	-87		1522	1359	163		-87
徐家店镇	1595	551	943	101		1494	1223	271		101
朱吴镇	1334	281	1009	44		1290	1177	113		44
东村街道办事处	1830	1130	700			1830	1336	494		
方圆街道办事处	5158	4175	819	164		4994	1943	3051		164
凤城街道办事处	2413	1426	925	62		2351	1822	529		62
开发区	1728	672	1041	15		1713	1030	683		15
(十)牟平区小计	**23638**	**9831**	**13213**	**22**	**572**	**23615**	**16524**	**7091**		**23**
乡镇(含办事处、区公所)小计	**12388**	**3509**	**8320**	**-13**	**572**	**12399**	**11441**	**958**		**-11**
街道办事处小计	**11250**	**6322**	**4893**	**35**		**11216**	**5083**	**6133**		**34**
观水镇	1688	246	1440	2		1686	1686			2
武宁镇	1037	333	658	-100	146	1137	897	240		-100
大窑镇	1446	827	579	40		1406	1135	271		40
姜格庄镇	1349	529	805	15		1334	1324	10		15
龙泉镇	995	252	738	5		989	957	32		6
玉林店镇	1100	18	958	7	117	1093	751	342		7
水道镇	1382	606	660	7	109	1374	1374			8
莒格庄镇	787	205	578	4		784	764	20		3
高陵镇	1838	320	1325		193	1837	1814	23		1
王格庄镇	766	173	579	7	7	759	739	20		7
开发区	1173	292	881			1173	1173			
宁海街道办事处	6399	4096	2300	3		6396	1667	4729		3
文化街道办事处	3159	1638	1506	15		3145	1746	1399		14
养马岛街道办事处	519	296	206	17		502	497	5		17
(十一)长岛县小计	**2876**	**956**	**1920**			**2876**	**973**	**1903**		
乡镇(含办事处、区公所)小计	**2876**	**956**	**1920**			**2876**	**973**	**1903**		
街道办事处合计										

续表 14

地　区	收入部分					支出部分				滚存结余
	收入总计	本年收入	结算收入	上年结余收入	调入其他资金	支出总计	本年支出	结算支出	调出资金	
南长山镇	456	316	140			456	106	350		
砣矶镇	856	204	652			856	281	575		
北长山乡	337	88	249			337	123	214		
黑山乡	257	72	185			257	107	150		
大钦岛乡	532	133	399			532	196	336		
北隍城乡	229	80	149			229	82	147		
小钦岛乡	97	29	68			97	37	60		
南隍城乡	112	34	78			112	41	71		
（十二）开发区小计	6563	2642	3912	9		6554	6554			9
乡镇（含办事处、区公所）小计										
街道办事处合计	6563	2642	3912	9		6554	6554			9
大季家办事处	2801	1548	1196	57		2744	2744			57
古现办事处	2155	788	1415	-48		2203	2203			-48
八角办事处	1607	306	1301			1607	1607			
（十三）莱山区小计	10588	8593	1995			10588	6219	4369		
乡镇（含办事处、区公所）小计	2835	955	1880			2835	2835			
街道办事处合计	7753	7638	115			7753	3384	4369		
莱山镇	1209	312	897			1209	1209			
解甲庄镇	1626	643	983			1626	1626			
初家街道办事处	2187	2140	47			2187	1117	1070		
黄海街道办事处	4015	3966	49			4015	1295	2720		
滨海街道办事处	1551	1532	19			1551	972	579		
潍坊市合计	224903	132123	90554	2226		222664	166346	56318		2239
乡镇（含办事处、区公所）合计	190562	105210	83177	2175		188375	140982	47393		2187
街道办事处合计	34341	26913	7377	51		34289	25364	8925		52
（一）潍城区	10855	5456	5378	21		10834	9509	1325		21
乡镇（含办事处、区公所）小计	3782	1977	1795	10		3772	3658	114		10
街道办事处小计	7073	3479	3583	11		7062	5851	1211		11
于河镇	987	384	601	2		985	954	31		2
符山镇	1187	653	529	5		1182	1130	52		5
军埠口镇	821	449	371	1		820	803	17		1
望留镇	787	491	294	2		785	771	14		2
城关街道办事处	603	478	123	2		601	306	295		2
南关街道办事处	948	829	117	2		946	621	325		2
北关街道办事处	1063	829	230	4		1059	866	193		4
西关街道办事处	1008	908	97	3		1005	708	297		3
潍坊外商投资开发区	3317	349	2968			3317	3234	83		
鸢都湖—符烟山综合开发区	134	86	48			134	116	18		
（二）坊子区	7095	5669	1426			7095	3977	3118		
乡镇（含办事处、区公所）小计	7095	5669	1426			7095	3977	3118		
街道办事处合计										
穆村镇	713	576	137			713	263	450		
长宁镇	1869	1669	200			1869	863	1006		
产业园	1135	739	396			1135	794	341		
眉村镇	1540	1295	245			1540	599	941		
荆山洼镇	774	614	160			774	587	187		
恒安镇	525	417	108			525	487	38		
坊安镇	120	56	64			120	115	5		
南流镇	419	303	116			419	269	150		
（三）寒亭区	10986	5504	3810	1672		9314	7054	2260		1672
乡镇（含办事处、区公所）小计	10986	5504	3810	1672		9314	7054	2260		1672
街道办事处小计										
寒亭镇	1214	468	466	280		934	934			280

续表 15

地　区	收入部分					支出部分				滚存结余
	收入总计	本年收入	结算收入	上年结余收入	调入其他资金	支出总计	本年支出	结算支出	调出资金	
开元镇	1520	635	544	341		1179	1099	80		341
固堤镇	1147	354	487	306		841	658	183		306
央子镇	2190	1789	49	352		1838	376	1462		352
高里镇	770	297	428	45		725	625	100		45
双杨镇	670	213	392	65		605	605			65
朱里镇	833	240	467	126		707	707			126
泊子乡	1045	562	274	209		836	604	232		209
南孙乡	708	606	295	－193		901	811	90		－193
河滩镇	889	340	408	141		748	635	113		141
(四) 昌邑市	**21669**	**13652**	**8261**	**－244**		**21913**	**18489**	**3424**		**－244**
乡镇(含办事处、区公所)小计	**18277**	**11376**	**7154**	**－253**		**18530**	**15328**	**3202**		**－253**
街道办事处小计	**3392**	**2276**	**1107**	**9**		**3383**	**3161**	**222**		**9**
双台乡	755	322	516	－83		838	820	18		－83
龙池镇	1190	749	435	6		1184	977	207		6
柳疃镇	3185	2449	733	3		3182	1877	1305		3
夏店镇	1265	695	687	－117		1382	1344	38		－117
卜庄镇	996	668	328			996	927	69		
围子镇	2812	2027	779	6		2806	1976	830		6
宋庄镇	801	465	341	－5		806	780	26		－5
石埠镇	1354	824	537	－7		1361	1266	95		－7
饮马镇	1773	1270	501	2		1771	1263	508		2
北孟镇	985	523	469	－7		992	963	29		－7
作山镇	879	560	334	－15		894	863	31		－15
太保庄乡	833	315	517	1		832	815	17		1
丈岭镇	1449	509	977	－37		1486	1457	29		－37
都昌街道	1274	769	500	5		1269	1228	41		5
奎聚街道	2118	1507	607	4		2114	1933	181		4
(五) 昌乐县	**16530**	**9938**	**6592**			**16530**	**7825**	**8705**		
乡镇(含办事处、区公所)小计	**16530**	**9938**	**6592**			**16530**	**7825**	**8705**		
街道办事处小计										
昌乐镇	2585	2123	462			2585	1296	1289		
尧沟镇	853	272	581			853	447	406		
朱刘镇	1608	1212	396			1608	955	653		
五图镇	629	340	289			629	299	330		
南郝镇	796	396	400			796	320	476		
北岩镇	942	474	468			942	391	551		
乔官镇	1160	770	390			1160	437	723		
唐吾镇	1158	651	507			1158	551	607		
高崖镇	862	388	474			862	279	583		
红河镇	1600	960	640			1600	899	701		
朱汉镇	1037	540	497			1037	418	619		
马宋镇	1245	801	444			1245	592	653		
阿陀镇	995	564	431			995	419	576		
崔家庄镇	602	308	294			602	269	333		
白塔镇	458	139	319			458	253	205		
(六) 安丘市	**19836**	**9342**	**10494**			**19836**	**19312**	**524**		
乡镇(含办事处、区公所)小计	**16666**	**7181**	**9485**			**16666**	**16405**	**261**		
街道办事处小计	**3170**	**2161**	**1009**			**3170**	**2907**	**263**		
景芝镇	2108	1319	789			2108	2105	3		
黄旗堡镇	968	503	465			968	967	1		
凌河镇	820	344	476			820	731	89		
官庄镇	606	250	356			606	606			
雹泉镇	437	129	308			437	433	4		

续表 16

地区	收入部分					支出部分				滚存结余
	收入总计	本年收入	结算收入	上年结余收入	调入其他资金	支出总计	本年支出	结算支出	调出资金	
红沙沟镇	657	216	441			657	651	6		
大盛镇	571	182	389			571	534	37		
庵上镇	583	184	399			583	578	5		
石堆镇	648	239	409			648	625	23		
赵戈镇	1213	632	581			1213	1213			
刘家尧镇	1140	775	365			1140	1108	32		
关王镇	1152	389	763			1152	1147	5		
王家庄镇	713	262	451			713	709	4		
石埠子镇	689	251	438			689	689			
临浯镇	585	220	365			585	582	3		
金冢子镇	718	291	427			718	681	37		
白芬子镇	554	188	366			554	550	4		
管公镇	437	135	302			437	436	1		
辉渠镇	673	210	463			673	671	2		
柘山镇	671	218	453			671	671			
吾山镇	723	244	479			723	718	5		
兴安街道	2025	1518	507			2025	1762	263		
贾戈街道	1145	643	502			1145	1145			
（七）寿光市	**38894**	**23572**	**15134**	**188**		**38706**	**17365**	**21341**		**188**
乡镇（含办事处、区公所）小计	**38894**	**23572**	**15134**	**188**		**38706**	**17365**	**21341**		**188**
街道办事处合计										
圣城街道	6750	4895	1700	155		6595	3154	3441		155
文家街道	1759	865	914	-20		1779	673	1106		-20
古城街道	2018	1057	961			2018	1076	942		
孙家集街道	1760	925	835			1760	738	1022		
洛城街道	2001	854	1147			2001	829	1172		
化龙镇	1434	653	801	-20		1454	517	937		-20
营里镇	861	225	656	-20		881	353	528		-20
卧铺乡	1046	838	228	-20		1066	600	466		-20
台头镇	1728	1210	534	-16		1744	623	1121		-16
道口镇	1780	1107	673			1780	1274	506		
田柳镇	1136	576	590	-30		1166	566	600		-30
王高镇	1067	701	362	4		1063	515	548		4
上口镇	2077	1451	646	-20		2097	832	1265		-20
侯镇	4837	3608	1221	8		4829	1691	3138		8
纪台镇	1408	462	946			1408	535	873		
稻田镇	1692	1034	634	24		1668	575	1093		24
田马镇	1174	427	747			1174	455	719		
留吕镇	1250	976	264	10		1240	565	675		10
羊口镇	3116	1708	1275	133		2983	1794	1189		133
（八）青州市	**30350**	**15969**	**14341**	**40**		**30310**	**28135**	**2175**		**40**
乡镇（含办事处、区公所）小计	**30350**	**15969**	**14341**	**40**		**30310**	**28135**	**2175**		**40**
街道办事处小计										
益都办事处	3733	2140	1593			3733	3433	300		
王府办事处	3125	2122	1003			3125	2639	486		
昭德办事处	3005	2078	927			3005	2663	342		
东坝镇	1533	901	621	11		1522	1344	178		11
弥河镇	1290	552	736	2		1288	1208	80		2
云河乡	747	445	289	13		734	728	6		13
王坟镇	1075	329	746			1075	1071	4		
庙子镇	1161	601	560			1161	1104	57		
五里镇	1106	267	839			1106	1076	30		
邵庄镇	905	386	511	8		897	885	12		8

续表 17

地区	收入部分					支出部分				滚存结余
	收入总计	本年收入	结算收入	上年结余收入	调入其他资金	支出总计	本年支出	结算支出	调出资金	
普通镇	774	264	510			774	727	47		
东高镇	769	300	468	1		768	719	49		1
高柳镇	829	416	413			829	802	27		
朱良镇	828	398	430			828	800	28		
何官镇	778	412	366			778	768	10		
口埠镇	2212	1775	437			2212	2051	161		
东夏镇	1722	761	957	4		1718	1501	217		4
王母宫镇	1467	710	757			1467	1404	63		
谭坊镇	1303	456	846	1		1302	1247	55		1
郑母镇	958	339	619			958	947	11		
黄楼镇	1030	317	713			1030	1018	12		
(九)高密市	**22310**	**15202**	**6994**	**114**		**22196**	**21661**	**535**		**114**
乡镇(含办事处、区公所)小计	**14749**	**8756**	**5845**	**148**		**14601**	**14323**	**278**		**148**
街道办事处合计	**7561**	**6446**	**1149**	**-34**		**7595**	**7338**	**257**		**-34**
柏城镇	961	681	250	30		931	881	50		30
姚哥庄镇	1101	625	442	34		1067	1059	8		34
河崖镇	767	269	480	18		749	734	15		18
夏庄镇	1344	1033	311			1344	1310	34		
姜庄镇	985	713	275	-3		988	951	37		-3
仁和镇	1500	1164	318	18		1482	1432	50		18
大牟家镇	495	212	292	-9		504	503	1		-9
周戈庄镇	469	224	240	5		464	462	2		5
康庄镇	817	454	353	10		807	794	13		10
阚家镇	885	493	386	6		879	866	13		6
双羊镇	679	272	404	3		676	671	5		3
井沟镇	870	421	431	18		852	841	11		18
呼家庄镇	579	291	265	23		556	550	6		23
注沟镇	757	443	306	8		749	747	2		8
柴沟镇	961	600	355	6		955	942	13		6
拒城河镇	845	496	364	-15		860	854	6		-15
李家营镇	734	365	373	-4		738	726	12		-4
朝阳街道	3078	2648	430			3078	2994	84		
醴泉街道	1909	1735	174			1909	1808	101		
密水街道	2574	2063	545	-34		2608	2536	72		-34
(十)诸城市	**19867**	**13246**	**6544**	**77**		**19787**	**12449**	**7338**		**80**
乡镇(含办事处、区公所)小计	**13835**	**7435**	**6388**	**12**		**13821**	**9383**	**4438**		**14**
街道办事处小计	**6032**	**5811**	**156**	**65**		**5966**	**3066**	**2900**		**66**
吕标镇	713	382	329	2		711	531	180		2
枳沟镇	652	316	335	1		651	497	154		1
贾悦镇	758	369	389			758	474	284		
孟疃镇	644	355	288	1		643	447	196		1
马庄镇	542	263	279			542	239	303		
石桥子镇	710	378	331	1		709	465	244		1
程戈庄镇	946	811	135			946	695	251		
九台镇	509	255	254			509	421	88		
相州镇	739	361	377	1		738	504	234		1
郭家屯镇	478	224	254			478	348	130		
昌城镇	1246	754	491	1		1245	501	744		1
百尺河镇	839	442	397			839	571	268		
辛兴镇	1310	931	379			1310	790	520		
朱解镇	594	287	307			593	454	139		1
林家村镇	600	341	256	3		597	434	163		3
桃元乡	455	142	313			455	379	76		

续表 18

地　区	收入部分					支出部分				滚存结余
	收入总计	本年收入	结算收入	上年结余收入	调入其他资金	支出总计	本年支出	结算支出	调出资金	
瓦店镇	456	147	309			456	377	79		
桃林乡	568	158	410			568	480	88		
郝戈庄镇	374	131	242	1		373	244	129		1
皇华镇	702	388	313	1		700	532	168		2
密州街道办事处	3298	3144	120	34		3264	1186	2078		34
龙都街道办事处	1643	1505	109	29		1613	971	642		30
舜王街道办事处	1091	1162	-73	2		1089	909	180		2
（十一）临朐县	**19398**	**7833**	**11207**	**358**		**19030**	**17529**	**1501**		**368**
乡镇（含办事处、区公所）合计	**19398**	**7833**	**11207**	**358**		**19030**	**17529**	**1501**		**368**
街道办事处合计										
东城街办	1292	795	497			1272	863	409		20
城关街办	3092	1693	1227	172		2971	2286	685		121
纸坊镇	746	340	389	17		716	713	3		30
五井镇	1337	498	774	65		1268	1259	9		69
杨善镇	1123	549	540	34		1089	1018	71		34
冶源镇	1525	717	625	183		1342	1247	95		183
石家河乡	627	166	444	17		608	604	4		19
寺头镇	1024	316	663	45		974	970	4		50
九山镇	1017	342	647	28		985	977	8		32
七贤镇	816	233	561	22		788	786	2		28
辛寨镇	1514	550	894	70		1443	1264	179		71
卧龙镇	792	295	593	-96		889	885	4		-97
蒋峪镇	759	236	641	-118		874	871	3		-115
大关镇	921	318	562	41		877	870	7		44
营子镇	749	198	444	107		642	640	2		107
龙岗镇	832	252	558	22		809	805	4		23
柳山镇	668	202	589	-123		793	785	8		-125
上林镇	564	133	559	-128		690	686	4		-126
（十二）奎文区	**7113**	**6740**	**373**			**7113**	**3041**	**4072**		
乡镇（含办事处、区公所）小计										
街道办事处小计	**7113**	**6740**	**373**			**7113**	**3041**	**4072**		
廿里堡街道办事处	1332	1311	21			1332	484	848		
大虞街道办事处	1290	1257	33			1290	420	870		
东关街道办事处	998	963	35			998	393	605		
潍州路街道办事处	952	916	36			952	287	665		
广文街道办事处	867	818	49			867	291	576		
梨园街道办事处	508	500	8			508	236	272		
北苑街道办事处	446	414	32			446	286	160		
南苑街道办事处	452	405	47			452	376	76		
钢城街道办事处	268	156	112			268	268			
济宁市合计	**225874**	**128290**	**92548**	**1868**	**3168**	**223479**	**195466**	**28013**		**2395**
乡镇（含办事处、区公所）合计	**225874**	**128290**	**92548**	**1868**	**3168**	**223479**	**195466**	**28013**		**2395**
街道办事处合计										
（一）市级小计	**13120**	**9016**	**3790**	**25**	**289**	**12806**	**10953**	**1853**		**314**
乡镇（含办事处、区公所）合计	**13120**	**9016**	**3790**	**25**	**289**	**12806**	**10953**	**1853**		**314**
街道办事处合计										
柳行办事处	2857	2857				2857	2175	682		
王因镇	4135	2920	1203	12		4123	3695	428		12
黄屯镇	2123	1508	609	6		2117	2117			6
陵城镇	1706	1115	591			1417	1023	394		289
小雪镇	1192	349	636		207	1192	958	234		
息陬乡	1107	267	751	7	82	1100	985	115		7
（二）市中区小计	**6018**	**6018**				**6018**	**522**	**5496**		

续表 19

地　区	收入部分					支出部分				滚存结余
	收入总计	本年收入	结算收入	上年结余收入	调入其他资金	支出总计	本年支出	结算支出	调出资金	
乡镇(含办事处、区公所)合计	**6018**	**6018**				**6018**	**522**	**5496**		
街道办事处合计										
南苑办事处	1156	1156				1156	126	1030		
观音阁办事处	1687	1687				1687	123	1564		
仙营办事处	1443	1443				1443	153	1290		
金城办事处	1732	1732				1732	120	1612		
(三)任城区合计	**23443**	**13170**	**10273**			**23443**	**18811**	**4632**		
乡镇(含办事处、区公所)小计	**23443**	**13170**	**10273**			**23443**	**18811**	**4632**		
街道办事处小计										
南张镇	2389	1711	678			2389	1752	637		
唐口镇	3488	2024	1464			3488	2796	692		
喻屯镇	2144	439	1705			2144	2144			
安居镇	2093	942	1151			2093	2093			
廿里铺镇	1445	560	885			1445	1445			
接庄镇	2598	1738	860			2598	1773	825		
李营镇	3139	2521	618			3139	1968	1171		
石桥镇	1339	507	832			1339	1339			
长沟镇	1775	841	934			1775	1775			
三贯街道办事处	301	114	187			301	301			
许庄街道办事处	2732	1773	959			2732	1425	1307		
(四)兖州市合计	**41686**	**31732**	**9440**	**80**	**434**	**41605**	**36521**	**5084**		**81**
乡镇(含办事处、区公所)小计	**41686**	**31732**	**9440**	**80**	**434**	**41605**	**36521**	**5084**		**81**
街道办事处小计										
鼓楼办事处	828	828				828	828			
永安办事处	596	596				596	596			
新兖镇	20181	15041	5100	40		20141	16575	3566		40
谷村镇	2053	1603	446	4		2048	1762	286		5
漕河镇	1396	906	485	5		1391	1344	47		5
大安镇	4076	3245	718	6	107	4070	3828	242		6
小孟镇	1725	1294	430	1		1724	1676	48		1
新驿镇	1586	1067	518	1		1585	1487	98		1
颜店镇	3293	2239	713	14	327	3279	3074	205		14
兴隆庄镇	5952	4913	1030	9		5943	5351	592		9
(五)曲阜市合计	**20341**	**11891**	**7131**	**316**	**1003**	**20025**	**16945**	**3080**		**316**
乡镇(含办事处、区公所)小计	**20341**	**11891**	**7131**	**316**	**1003**	**20025**	**16945**	**3080**		**316**
街道办事处小计										
鲁城办事处	7490	5726	1506	235	23	7255	5361	1894		235
书院办事处	2058	1397	514	6	141	2052	1829	223		6
王庄乡	2167	1105	556	84	422	2083	2008	75		84
董庄乡	1376	579	695	5	97	1371	1327	44		5
吴村镇	1183	394	789			1183	1127	56		
姚村镇	1343	621	540		182	1343	1276	67		
时庄镇	1998	1146	753	1	98	1997	1385	612		1
南辛镇	1423	317	1125	-19		1442	1406	36		-19
防山乡	1303	606	653	4	40	1299	1226	73		4
(六)泗水县合计	**10451**	**4210**	**5809**	**432**		**10050**	**8030**	**2020**		**401**
乡镇(含办事处、区公所)小计	**10451**	**4210**	**5809**	**432**		**10050**	**8030**	**2020**		**401**
街道办事处小计										
泗水镇	2194	740	1421	33		2221	1438	783		-27
金庄镇	1814	1340	203	271		1575	779	796		239
圣水峪乡	812	236	402	174		635	577	58		177
泗张镇	587	149	438			608	549	59		-21
苗馆镇	938	227	552	159		722	687	35		216

续表 20

地区	收入部分					支出部分				滚存结余
	收入总计	本年收入	结算收入	上年结余收入	调入其他资金	支出总计	本年支出	结算支出	调出资金	
泉林镇	1117	432	633	52		1004	939	65		113
星村镇	719	238	481			719	652	67		
高峪乡	506	184	395	-73		587	539	48		-81
中册镇	372	169	338	-135		485	452	33		-113
柘沟镇	685	228	386	71		649	611	38		36
杨柳镇	376	156	345	-125		519	493	26		-143
黄沟乡	331	111	215	5		326	314	12		5
（七）邹城市合计	**35237**	**13149**	**20720**	**563**	**805**	**34658**	**34658**			**579**
乡镇（含办事处、区公所）小计	**35237**	**13149**	**20720**	**563**	**805**	**34658**	**34658**			**579**
街道办事处小计										
峄山镇	1639	304	1262		73	1639	1639			
看庄镇	1434	347	946	12	129	1422	1422			12
香城镇	2486	267	2144		75	2486	2486			
张庄镇	2203	210	1747	113	133	2203	2203			
城前镇	2291	248	2009	3	31	2288	2288			3
田黄镇	1346	132	1122		92	1346	1346			
大束镇	2649	346	2135	4	164	2645	2645			4
中心店镇	2947	1577	1142	228		2751	2751			196
北宿镇	3241	2058	1160	23		3218	3218			23
唐村镇	1271	463	807	1		1270	1270			1
太平镇	1967	667	1231	6	63	1961	1961			6
平阳寺镇	2094	1406	516	172		1761	1761			333
郭里镇	1483	201	1237		45	1483	1483			
石墙镇	2450	368	2081	1		2449	2449			1
钢山办事处	2323	1889	434			2323	2323			
千泉办事处	1876	1216	660			1876	1876			
凫山办事处	1537	1450	87			1537	1537			
（八）微山县合计	**13033**	**8981**	**3759**	**88**	**205**	**12943**	**12785**	**158**		**90**
乡镇（含办事处、区公所）小计	**13033**	**8981**	**3759**	**88**	**205**	**12943**	**12785**	**158**		**90**
街道办事处小计										
夏镇办事处	1584	1220	353	11		1573	1497	76		11
昭阳办事处	1199	810	389			1198	1246	-48		1
韩庄镇	974	577	377	20		954	935	19		20
付村镇	1046	929	107	10		1036	1028	8		10
欢城镇	2091	2569	-483	5		2085	2068	17		6
留庄镇	1000	565	430	5		995	982	13		5
鲁桥镇	811	287	477	6	41	805	791	14		6
南阳镇	492	133	315	6	38	486	480	6		6
微山岛乡	418	98	242	2	76	416	413	3		2
两城乡	698	175	469	4	50	694	675	19		4
马坡乡	811	318	491	2		809	786	23		2
张楼乡	503	329	171	3		500	498	2		3
高楼乡	590	379	207	4		586	584	2		4
西平乡	347	289	56	2		345	344	1		2
赵庙乡	469	303	158	8		461	458	3		8
（九）鱼台县合计	**7782**	**3673**	**4078**	**31**		**7608**	**7200**	**408**		**174**
乡镇（含办事处、区公所）小计	**7782**	**3673**	**4078**	**31**		**7608**	**7200**	**408**		**174**
街道办事处小计										
谷亭镇	1124	626	481	17		1097	1054	43		27
老砦乡	541	230	304	7		520	497	23		21
唐马乡	541	174	367			529	489	40		12
王鲁镇	1169	449	699	21		1130	1089	41		39
张黄镇	841	1048	-244	37		792	753	39		49

续表 21

地　区	收入部分					支出部分				滚存结余
	收入总计	本年收入	结算收入	上年结余收入	调入其他资金	支出总计	本年支出	结算支出	调出资金	
清河镇	718	298	495	-75		780	713	67		-62
罗屯乡	578	169	394	15		551	514	37		27
李阁镇	706	234	471	1		688	648	40		18
鱼城镇	633	180	452	1		620	585	35		13
王庙镇	931	265	659	7		901	858	43		30
(十) 金乡县合计	**12666**	**6536**	**6130**			**12666**	**10962**	**1704**		
乡镇(含办事处、区公所)小计	**12666**	**6536**	**6130**			**12666**	**10962**	**1704**		
街道办事处小计										
金乡镇	2067	1391	621	55		2012	1704	308		55
鱼山镇	935	506	329	100		835	686	149		100
马庙镇	1302	825	447	30		1272	1139	133		30
吉术镇	1361	691	670			1361	1173	188		
兴隆乡	727	265	462			727	667	60		
司马镇	590	178	416	-4		594	514	80		-4
肖云镇	707	296	456	-45		752	648	104		-45
化雨乡	870	373	497			870	735	135		
王丕镇	702	328	374			702	607	95		
高河乡	564	271	353	-60		624	566	58		-60
卜集乡	779	405	474	-100		879	782	97		-100
胡集镇	1049	487	538	24		1025	865	160		24
羊山镇	1013	520	493			1013	876	137		
(十一) 嘉祥县合计	**14414**	**8289**	**6077**	**48**		**14366**	**12913**	**1453**		**48**
乡镇(含办事处、区公所)小计	**14414**	**8289**	**6077**	**48**		**14366**	**12913**	**1453**		**48**
街道办事处小计										
嘉祥镇	2566	2018	526	22		2544	2293	251		22
马集乡	1028	880	147	1		1027	962	65		1
金屯镇	814	285	529			814	764	50		
满硐乡	784	697	85	2		782	743	39		2
纸坊镇	1833	1431	397	5		1828	1621	207		5
仲山乡	759	191	572	-4		763	700	63		-4
卧龙山镇	1400	798	596	6		1394	1203	191		6
孟姑集乡	497	165	330	2		495	440	55		2
老僧堂乡	559	127	430	2		557	502	55		2
黄垓乡	512	116	396			512	468	44		
梁宝寺镇	1200	699	498	3		1197	1105	92		3
大张楼镇	570	207	360	3		567	491	76		3
马村镇	534	197	333	4		530	453	77		4
万张乡	551	170	380	1		550	504	46		1
疃里镇	807	308	498	1		806	664	142		1
(十二) 汶上县合计	**12019**	**4896**	**6153**	**538**	**432**	**11374**	**11282**	**92**		**645**
乡镇(含办事处、区公所)小计	**12019**	**4896**	**6153**	**538**	**432**	**11374**	**11282**	**92**		**645**
街道办事处小计										
汶上镇	2323	1180	674	354	115	1969	1877	92		354
南站镇	953	652	296	5		948	948			5
义桥乡	864	466	357	5	36	858	858			6
康驿镇	792	265	515	12		779	779			13
南旺镇	583	169	404	10		573	573			10
刘楼乡	628	192	373	13	50	614	614			14
次丘镇	999	333	604	23	39	969	969			30
寅寺镇	759	246	474	7	32	753	753			6
郭楼镇	785	308	451	26		705	705			80
郭仓乡	733	212	403	34	84	700	700			33
杨店乡	607	231	371	5		560	560			47

续表 22

地　区	收入部分					支出部分				滚存结余
	收入总计	本年收入	结算收入	上年结余收入	调入其他资金	支出总计	本年支出	结算支出	调出资金	
军屯乡	437	122	312	3		434	434			3
白石乡	655	219	402	34		618	618			37
苑庄镇	901	301	517	7	76	894	894			7
(十三) 梁山县合计	**15664**	**6729**	**9188**	**−253**		**15917**	**13884**	**2033**		**−253**
乡镇(含办事处、区公所)小计	**15664**	**6729**	**9188**	**−253**		**15917**	**13884**	**2033**		**−253**
街道办事处小计										
梁山镇	3007	1710	1299	−2		3009	2472	537		−2
小安山镇	1080	364	674	42		1038	924	114		42
馆驿镇	1163	389	801	−27		1190	1069	121		−27
韩岗镇	1056	370	751	−65		1121	983	138		−65
韩垓镇	1062	382	707	−27		1089	960	129		−27
徐集镇	1148	540	600	8		1140	993	147		8
拳铺镇	1763	963	808	−8		1771	1494	277		−8
马营乡	648	247	441	−40		688	619	69		−40
杨营镇	1460	814	646			1460	1273	187		
寿张集乡	673	190	519	−36		709	649	60		36
大路口乡	494	169	360	−35		529	464	65		−35
小路口镇	931	216	763	−48		979	899	80		−48
黑虎庙乡	667	257	425	−15		682	620	62		−15
赵固堆乡	512	118	394			512	465	47		
临沂市合计	**238765**	**117743**	**113906**	**16**	**7100**	**238749**	**206059**	**32690**		**16**
乡镇(含办事处、区公所)合计	**238765**	**117743**	**113906**	**16**	**7100**	**238749**	**206059**	**32690**		**16**
街道办事处合计										
(一) 兰山区合计	**35297**	**31205**	**4092**			**35297**	**24566**	**10731**		
乡镇(含办事处、区公所)小计	**35297**	**31205**	**4092**			**35297**	**24566**	**10731**		
街道办事处小计										
兰山	13602	12707	895			13602	8584	5018		
银雀	3561	3472	89			3561	2150	1411		
金雀	2991	2903	88			2991	1550	1441		
南坊	2419	2208	211			2419	2137	282		
白沙埠	1441	777	664			1441	1441			
半程	3373	3068	305			3373	1571	1802		
枣沟头	1264	882	382			1264	1129	135		
李官	1128	350	778			1128	1128			
义堂	2780	2618	162			2780	2204	576		
朱保	1870	1712	158			1870	1804	66		
马厂湖	868	508	360			868	868			
(二) 罗庄区合计	**16678**	**5947**	**7900**	**12**	**2819**	**16667**	**9147**	**7520**		**11**
乡镇(含办事处、区公所)小计	**16678**	**5947**	**7900**	**12**	**2819**	**16667**	**9147**	**7520**		**11**
街道办事处小计										
罗庄办事处	5657	3299	2034		324	5657	2063	3594		
双月湖办事处	1968	610	639		719	1968	586	1382		
付庄办事处	2198	572	906		720	2198	1059	1139		
汤庄办事处	1315	171	426		718	1315	502	813		
盛庄办事处	1766	542	954	12	258	1755	1410	345		11
册山办事处	1573	451	1122			1573	1355	218		
高都办事处	1045	164	801		80	1045	1028	17		
罗西办事处	1156	138	1018			1156	1144	12		
(三) 河东区合计	**18028**	**5253**	**9852**		**2923**	**18028**	**12423**	**5605**		
乡镇(含办事处、区公所)小计	**18028**	**5253**	**9852**		**2923**	**18028**	**12423**	**5605**		
街道办事处小计										
九曲	4547	1925	2095		527	4547	3081	1466		
重沟	1226	251	639		336	1226	1015	211		

续表 23

地区	收入部分					支出部分				滚存结余
	收入总计	本年收入	结算收入	上年结余收入	调入其他资金	支出总计	本年支出	结算支出	调出资金	
凤凰岭	1032	266	583		183	1032	862	170		
汤河	1116	141	800		175	1116	784	332		
相公	2721	1091	1630			2721	1694	1027		
郑旺	1588	335	874		379	1588	1243	345		
八湖	1572	178	715		679	1572	753	819		
太平	1410	393	845		172	1410	1053	357		
刘店子	907	124	593		190	907	715	192		
汤头	1909	549	1078		282	1909	1223	686		
(四)郯城县合计	**16900**	**7320**	**9580**			**16900**	**16873**	**27**		
乡镇(含办事处、区公所)小计	**16900**	**7320**	**9580**			**16900**	**16873**	**27**		
街道办事处小计										
郯城镇	3837	2159	1678			3837	3825	12		
马头镇	1439	760	679			1439	1439			
重坊镇	679	212	467			679	679			
李庄镇	898	383	515			898	898			
褚墩镇	750	270	480			750	749	1		
胜利乡	713	285	428			713	708	5		
新村乡	628	253	375			628	628			
港上镇	615	207	408			615	615			
花园乡	765	271	494			765	765			
归昌乡	724	286	438			724	724			
杨集镇	824	269	555			824	824			
红花乡	1123	421	702			1123	1122	1		
高峰头镇	767	300	467			767	760	7		
泉源乡	896	342	554			896	896			
庙山镇	760	291	469			760	760			
沙墩镇	745	265	480			745	745			
黄山镇	737	346	391			737	736	1		
(五)苍山县合计	**18024**	**7466**	**10555**	**3**		**18021**	**18021**			**3**
乡镇(含办事处、区公所)小计	**18024**	**7466**	**10555**	**3**		**18021**	**18021**			**3**
街道办事处小计										
卞庄镇	2346	1130	1215	1		2345	2345			1
贾庄乡	644	181	463			644	644			
仲村镇	1195	450	744	1		1194	1194			1
矿坑乡	558	201	357			558	558			
车辋镇	799	231	568			799	799			
下村乡	632	157	475			632	632			
鲁城乡	553	277	276			553	553			
尚岩镇	802	236	566			802	802			
向城镇	1368	616	752			1368	1368			
新兴乡	613	238	375			613	613			
兰陵镇	1623	840	783			1623	1623			
南桥镇	722	313	409			722	722			
兴明乡	624	206	418			624	624			
三合乡	620	219	401			620	620			
长城镇	677	276	400	1		676	676			1
二庙乡	575	207	368			575	575			
庄坞乡	693	204	489			693	693			
层山镇	617	241	376			617	617			
磨山镇	784	430	354			784	784			
神山镇	892	500	392			892	892			
沂堂乡	687	313	374			687	687			
(六)莒南县合计	**24718**	**10829**	**13095**		**794**	**24718**	**23435**	**1283**		

续表 24

地　区	收入部分					支出部分				滚存结余
	收入总计	本年收入	结算收入	上年结余收入	调入其他资金	支出总计	本年支出	结算支出	调出资金	
乡镇(含办事处、区公所)小计	**24718**	**10829**	**13095**		**794**	**24718**	**23435**	**1283**		
街道办事处小计										
十字路镇	4862	2396	2358		108	4862	4606	256		
大店镇	1818	717	1027		74	1818	1726	92		
坪上镇	1632	773	827		32	1632	1571	61		
板泉镇	1569	598	933		38	1569	1472	97		
汀水镇	785	431	275		79	785	753	32		
石莲子镇	974	414	547		13	974	911	63		
道口乡	795	380	361		54	795	742	53		
岭泉镇	984	371	597		16	984	920	64		
筵宾镇	935	364	548		23	935	871	64		
涝坡镇	1487	548	847		92	1487	1430	57		
文疃镇	1141	449	613		79	1141	1084	57		
朱芦镇	821	349	397		75	821	780	41		
团林镇	991	454	523		14	991	928	63		
壮岗镇	1302	571	723		8	1302	1235	67		
坊前镇	1098	546	526		26	1098	1032	66		
相邸镇	1016	406	556		54	1016	974	42		
洙边镇	1427	522	896		9	1427	1363	64		
相沟乡	1081	540	541			1081	1037	44		
(七)沂水县合计	**30466**	**15464**	**15002**			**30466**	**26172**	**4294**		
乡镇(含办事处、区公所)小计	**30466**	**15464**	**15002**			**30466**	**26172**	**4294**		
街道办事处小计										
沂水镇	6643	4393	2250			6643	3470	3173		
许家湖镇	2252	1154	1098			2252	2155	97		
四十里堡镇	1596	751	845			1596	1555	41		
道托乡	927	467	460			927	899	28		
高桥镇	1167	467	700			1167	1121	46		
杨庄镇	2017	1261	756			2017	1857	160		
富官庄乡	1163	533	630			1163	1123	40		
马站镇	1292	584	708			1292	1194	98		
沙沟镇	1297	470	827			1297	1249	48		
朱戈镇	2522	1439	1083			2522	2379	143		
泉庄乡	861	346	515			861	842	19		
高庄镇	1158	549	609			1158	1082	76		
下位镇	1015	308	707			1015	981	34		
崔家峪镇	738	300	438			738	711	27		
黄山铺镇	1427	682	745			1427	1326	101		
姚店子镇	985	293	692			985	951	34		
院东头乡	722	228	494			722	697	25		
龙家圈乡	1968	984	984			1968	1883	85		
圈里乡	716	255	461			716	697	19		
(八)蒙阴县合计	**9960**	**4485**	**5345**		**130**	**9960**	**9960**			
乡镇(含办事处、区公所)合计	**9960**	**4485**	**5345**		**130**	**9960**	**9960**			
街道办事处合计										
蒙阴镇	2902	2136	766			2902	2902			
联城	943	314	629			943	943			
常路	632	201	389		42	632	632			
高都	641	248	393			641	641			
野店	606	201	393		12	606	606			
岱崮	886	267	583		36	886	886			
坦埠	630	185	445			630	630			
旧寨	588	182	383		23	588	588			

续表 25

地区	收入部分					支出部分				滚存结余
	收入总计	本年收入	结算收入	上年结余收入	调入其他资金	支出总计	本年支出	结算支出	调出资金	
桃墟	719	226	476		17	719	719			
界牌	746	282	464			746	746			
垛庄	667	243	424			667	667			
（九）平邑县合计	**18533**	**8048**	**10484**	**1**		**18532**	**17530**	**1002**		**1**
乡镇(含办事处、区公所)小计	**18533**	**8048**	**10484**	**1**		**18532**	**17530**	**1002**		**1**
街道办事处小计										
平邑镇	3018	1670	1348			3018	2678	340		
仲村镇	1585	751	834			1585	1510	75		
武台镇	725	299	426			725	696	29		
保太镇	1486	590	896			1486	1426	60		
柏林镇	1116	466	650			1116	1080	36		
卞桥镇	941	469	472			941	876	65		
资邱乡	802	326	475	1		801	763	38		1
地方镇	1270	609	661			1270	1162	108		
铜石镇	1314	517	797			1314	1242	72		
温水镇	785	323	462			785	765	20		
流浴镇	1071	364	707			1071	1051	20		
郑城镇	839	325	514			839	816	23		
魏庄乡	582	215	367			582	569	13		
白彦镇	1281	474	807			1281	1238	43		
临涧镇	983	358	625			983	946	37		
丰阳镇	735	292	443			735	712	23		
（十）费县合计	**18819**	**8259**	**10542**		**18**	**18819**	**17572**	**1247**		
乡镇(含办事处、区公所)小计	**18819**	**8259**	**10542**		**18**	**18819**	**17572**	**1247**		
街道办事处小计										
费城镇	4828	1865	2963			4828	3581	1247		
朱田镇	946	385	561			946	946			
梁邱镇	1101	442	659			1101	1101			
石井镇	535	186	349			535	535			
新庄镇	741	238	503			741	741			
马庄镇	597	223	374			597	597			
刘庄镇	903	510	393			903	903			
芍药山乡	322	76	246			322	322			
探沂镇	1662	811	851			1662	1662			
新桥镇	1066	640	426			1066	1066			
方城镇	823	342	481			823	823			
汪沟镇	919	343	576			919	919			
胡阳镇	552	201	351			552	552			
薛庄镇	828	370	458			828	828			
南张庄乡	508	180	328			508	508			
上冶镇	1548	1041	507			1548	1548			
大田庄乡	356	95	243		18	356	356			
城北乡	584	311	273			584	584			
（十一）沂南县合计	**17270**	**7046**	**9808**		**416**	**17270**	**17270**			
乡镇(含办事处、区公所)小计	**17270**	**7046**	**9808**		**416**	**17270**	**17270**			
街道办事处小计										
界湖镇	2376	1280	1036		60	2376	2376			
依汶镇	934	260	644		30	934	934			
马牧池乡	588	153	430		5	588	588			
岸堤镇	1053	460	590		3	1053	1053			
孙祖镇	832	331	476		25	832	832			
双堠镇	940	551	339		50	940	940			
青驼镇	1210	475	710		25	1210	1210			

续表 26

地　区	收入部分					支出部分				滚存结余
	收入总计	本年收入	结算收入	上年结余收入	调入其他资金	支出总计	本年支出	结算支出	调出资金	
张庄镇	909	321	573		15	909	909			
砖埠镇	687	232	407		48	687	687			
葛沟镇	942	544	378		20	942	942			
杨坡镇	758	286	452		20	758	758			
大庄镇	1124	371	718		35	1124	1124			
辛集镇	1099	365	714		20	1099	1099			
蒲汪镇	1120	450	660		10	1120	1120			
湖头镇	877	288	574		15	877	877			
苏村镇	858	315	518		25	858	858			
铜井镇	963	364	589		10	963	963			
（十二）临沭县合计	**14072**	**6421**	**7651**			**14071**	**13090**	**981**		**1**
乡镇（含办事处、区公所）小计	**14072**	**6421**	**7651**			**14071**	**13090**	**981**		**1**
街道办事处小计										
临沭镇	2856	1961	895			2856	2238	618		
青云镇	1021	242	779			1021	1000	21		
蛟龙镇	853	357	496			853	833	20		
石门镇	1073	504	569			1073	1046	27		
曹庄镇	1083	474	609			1083	1056	27		
南古镇	1102	340	762			1101	1078	23		1
大兴镇	1281	573	708			1281	1254	27		
白旄镇	780	277	503			780	763	17		
郑山镇	1250	570	680			1250	1130	120		
店头镇	1071	463	608			1071	1047	24		
玉山镇	663	280	383			663	636	27		
朱仓乡	1039	380	659			1039	1009	30		
泰安市合计	**169738**	**94701**	**74125**	**632**	**280**	**169242**	**141572**	**27534**	**136**	**496**
乡镇（含办事处、区公所）合计	**169738**	**94701**	**74125**	**632**	**280**	**169242**	**141572**	**27534**	**136**	**496**
街道办事处合计										
（一）高新技术开发区	**1908**	**626**	**1282**			**1908**	**1699**	**209**		
乡镇（含办事处、区公所）小计										
街道办事处小计	**1908**	**626**	**1282**			**1908**	**1699**	**209**		
北集坡镇										
（二）新泰市	**52118**	**31912**	**19899**	**27**	**280**	**52091**	**43744**	**8347**		**27**
乡镇（含办事处、区公所）小计	**52118**	**31912**	**19899**	**27**	**280**	**52091**	**43744**	**8347**		**27**
街道办事处小计										
岳家庄乡	795	312	483			795	782	13		
翟镇镇	4879	3314	1565			4879	4313	566		
泉沟镇	1785	1322	462	1		1784	1687	97		1
羊流镇	2348	1200	1145	3		2345	2337	8		3
果都镇	1452	946	506			1452	1428	24		
西张庄镇	2404	1651	753			2404	1855	549		
天宝镇	1659	517	1141	1		1658	1632	26		1
楼德镇	1832	666	1165	1		1831	1831			1
禹村镇	1073	517	556			1073	1073			
宫里镇	1213	370	843			1213	1213			
谷里镇	2366	1663	702	1		2365	2186	179		1
石莱镇	1308	431	876	1		1307	1307			1
放城镇	745	265	480			745	745			
刘杜镇	689	214	474	1		688	679	9		1
汶南镇	3334	2120	1205	9		3325	3297	28		9
龙廷镇	1237	288	948	1		1236	1236			1
东都镇	2779	2173	603	3		2776	1947	829		3
小协镇	3159	2384	491	4	280	3155	2159	996		4

续表 27

地区	收入部分					支出部分				滚存结余
	收入总计	本年收入	结算收入	上年结余收入	调入其他资金	支出总计	本年支出	结算支出	调出资金	
新汶办事处	8509	6518	1991			8509	4730	3779		
青云街道办事处	8552	5041	3510	1		8551	7307	1244		1
(三)宁阳县	**18601**	**8257**	**10101**	**243**		**18358**	**17558**	**800**		**243**
乡镇(含办事处、区公所)小计	**18601**	**8257**	**10101**	**243**		**18358**	**17558**	**800**		**243**
街道办事处小计										
宁阳镇	2027	1059	964	4		2023	1593	430		4
泗店镇	1063	410	653			1063	1063			
东疏镇	1469	502	956	11		1458	1458			11
鹤山乡	1209	400	809			1209	1209			
伏山镇	1765	829	930	6		1759	1714	45		6
堽城镇	1685	719	936	30		1655	1644	11		30
蒋集镇	1036	369	659	8		1028	1028			8
磁窑镇	1834	804	980	50		1784	1755	29		50
华丰镇	2554	1467	962	125		2429	2237	192		125
东庄乡	1227	531	696			1227	1227			
葛石镇	1898	901	988	9		1889	1796	93		9
乡饮乡	834	266	568			834	834			
(四)东平县	**16966**	**6857**	**9887**	**222**		**16744**	**9081**	**7663**		**222**
乡镇(含办事处、区公所)小计	**16966**	**6857**	**9887**	**222**		**16744**	**9081**	**7663**		**222**
街道办事处小计										
州城镇	1582	720	838	24		1558	792	766		24
沙河站镇	1073	379	692	2		1071	578	493		2
彭集镇	1372	601	755	16		1356	502	854		16
东平镇	2548	1267	1208	73		2475	1430	1045		73
接山乡	1461	640	800	21		1440	792	648		21
大羊乡	1006	442	560	4		1002	513	489		4
梯门乡	898	401	491	6		892	497	395		6
老湖镇	1204	282	894	28		1176	654	522		28
新湖乡	1175	371	800	4		1171	591	580		4
商老庄乡	891	343	535	13		878	597	281		13
代庙乡	728	181	547			728	437	291		
银山乡	1330	674	630	26		1304	737	567		26
斑鸠店镇	1078	348	726	4		1074	614	460		4
旧县乡	620	208	411	1		619	347	272		1
(五)肥城市	**35495**	**13747**	**21612**	**136**		**35495**	**32783**	**2576**	**136**	
乡镇(含办事处、区公所)小计	**35495**	**13747**	**21612**	**136**		**35495**	**32783**	**2576**	**136**	
街道办事处小计										
潮泉镇	1235	445	786	4		1235	1189	42	4	
老城镇	2132	657	1463	12		2132	2031	89	12	
新城办事处	3287	1675	1576	36		3287	2769	482	36	
王瓜店镇	3086	1186	1885	15		3086	2827	244	15	
湖屯镇	2397	1033	1357	7		2397	2248	142	7	
石横镇	3428	1820	1597	11		3428	2947	470	11	
桃园镇	2096	794	1294	8		2096	1901	187	8	
王庄镇	1972	817	1152	3		1972	1871	98	3	
仪阳乡	2584	836	1744	4		2584	2506	74	4	
安站镇	2228	614	1606	8		2228	2102	118	8	
孙伯镇	1323	432	887	4		1323	1274	45	4	
安庄镇	3546	1382	2151	13		3546	3355	178	13	
边院镇	2820	903	1909	8		2820	2685	127	8	
汶阳镇	3361	1153	2205	3		3361	3078	280	3	
(六)泰山区	**20957**	**20485**	**470**	**2**		**20955**	**18210**	**2745**		**2**
乡镇(含办事处、区公所)小计	**20957**	**20485**	**470**	**2**		**20955**	**18210**	**2745**		**2**

续表 28

地　区	收入部分					支出部分				滚存结余
	收入总计	本年收入	结算收入	上年结余收入	调入其他资金	支出总计	本年支出	结算支出	调出资金	
街道办事处小计										
岱庙	4652	5195	-543			4652	4453	199		
财源	4565	5173	-608			4565	4001	564		
泰前	2867	2774	92	1		2866	2143	723		1
上高	2156	1968	188			2156	1853	303		
徐家楼	1602	1538	64			1602	1093	509		
大津口	428	243	185			428	428			
省庄	2894	2382	511	1		2893	2590	303		1
邱家店	1793	1212	581			1793	1649	144		
(七) 岱岳区	**23693**	**12817**	**10874**	**2**		**23691**	**18497**	**5194**		**2**
乡镇(含办事处、区公所)小计	**23693**	**12817**	**10874**	**2**		**23691**	**18497**	**5194**		**2**
街道办事处小计										
山口	1708	1125	583			1708	1066	642		
黄前	1007	443	564			1007	595	412		
下港	905	221	684			905	756	149		
祝阳	1123	559	564			1123	852	271		
范镇	1338	664	674			1338	1104	234		
角峪	772	202	570			772	665	107		
化马湾	801	318	483			801	639	162		
徂徕	1114	465	649			1114	945	169		
良庄	1318	470	848			1318	1066	252		
房村	1185	422	763			1185	995	190		
汶口	2163	1260	903			2163	1354	809		
马庄	1496	849	647			1496	1161	335		
满庄	2265	1452	812	1		2264	2054	210		1
夏张	1468	673	795			1468	946	522		
道朗	2215	1588	626	1		2214	1683	531		1
粥店	1403	926	477			1403	1258	145		
天平	1412	1180	232			1412	1358	54		
聊城市合计	**115402**	**46183**	**67981**	**1212**	**26**	**113646**	**102394**	**11252**		**1756**
乡镇(含办事处、区公所)合计	**115402**	**46183**	**67981**	**1212**	**26**	**113646**	**102394**	**11252**		**1756**
街道办事处合计										
(一) 东昌府区合计	**21263**	**8892**	**12371**			**21263**	**17415**	**3848**		
乡镇(含办事处、区公所)小计	**21263**	**8892**	**12371**			**21263**	**17415**	**3848**		
街道办事处小计										
朱老庄乡	714	168	546			714	650	64		
凤凰办事处	925	330	595			925	801	124		
于集镇	854	307	547			854	812	42		
许营乡	771	180	591			771	719	52		
北城办事处	707	175	532			707	625	82		
闫寺办事处	1325	558	767			1325	1023	302		
梁水镇	1281	299	982			1281	1211	70		
斗虎屯镇	827	185	642			827	785	42		
堂邑镇	774	270	504			774	597	177		
道口铺办事处	794	251	543			794	706	88		
张炉集镇	851	188	663			851	667	184		
郑家镇	981	357	624			981	838	143		
沙镇	1409	336	1073			1409	1322	87		
侯营镇	858	224	634			858	780	78		
湖西办事处	787	372	415			787	680	107		
古楼办事处	2346	1362	984			2346	1714	632		
柳园办事处	2321	1497	824			2321	1560	761		
新区办事处	2738	1833	905			2738	1925	813		

续表 29

地　区	收入部分					支出部分				滚存结余
	收入总计	本年收入	结算收入	上年结余收入	调入其他资金	支出总计	本年支出	结算支出	调出资金	
(二)临清市合计	**9872**	**10251**	**-379**			**9872**	**9872**			
乡镇(含办事处、区公所)小计	**9872**	**10251**	**-379**			**9872**	**9872**			
街道办事处小计										
唐园镇	422	442	-20			422	422			
烟店镇	641	770	-129			641	641			
潘庄镇	521	474	47			521	521			
八岔路镇	240	176	64			240	240			
尚店乡	266	291	-25			266	266			
大辛庄办事处	324	90	234			324	324			
刘垓子镇	221	177	44			221	221			
戴湾乡	249	220	29			249	249			
魏湾镇	230	170	60			230	230			
康庄镇	433	312	121			433	433			
金郝庄乡	561	598	-37			561	561			
老赵庄镇	562	781	-219			562	562			
松林镇	295	252	43			295	295			
新华办事处	2703	3222	-519			2703	2703			
青年办事处	1054	1091	-37			1054	1054			
先锋办事处	1150	1185	-35			1150	1150			
(三)阳谷县合计	**13725**	**3755**	**9796**	**174**		**13725**	**12337**	**1388**		
乡镇(含办事处、区公所)小计	**13725**	**3755**	**9796**	**174**		**13725**	**12337**	**1388**		
街道办事处小计										
博济桥办事处	813	369	444			997	797	200		-184
侨润办事处	749	280	438	31		718	589	129		31
狮子楼办事处	407	105	302			407	321	86		
阎楼	1175	413	682	80		1085	1007	78		90
阿城	1246	309	936	1		1245	1146	99		1
七级	743	170	573			743	680	63		
安乐镇	877	232	645			877	811	66		
郭屯	571	153	418			571	520	51		
定水镇	598	156	425	17		581	536	45		17
石佛	611	186	424	1		610	558	52		1
大布	794	190	603	1		793	732	61		1
西湖	707	187	520			707	647	60		
高庙王	614	146	468			614	560	54		
金斗营	482	42	429	11		471	432	39		11
李台	620	97	523			620	561	59		
寿张	1149	297	852			1149	1044	105		
十五里元	707	178	528	1		706	640	66		1
张秋	862	245	586	31		831	756	75		31
(四)莘县合计	**16595**	**5662**	**10933**			**16595**	**16595**			
乡镇(含办事处、区公所)小计	**16595**	**5662**	**10933**			**16595**	**16595**			
街道办事处小计										
莘城镇	1325	777	548			1325	1325			
莘亭镇	825	232	593			825	825			
河店镇	621	241	380			621	621			
燕店镇	669	160	509			669	669			
魏庄乡	753	149	604			753	753			
大王寨乡	575	152	423			575	575			
王奉镇	752	186	566			752	752			
张鲁镇	850	206	644			850	850			
俎店乡	504	105	399			504	504			
董杜庄镇	574	142	432			574	574			

续表 30

地区	收入部分					支出部分				滚存结余
	收入总计	本年收入	结算收入	上年结余收入	调入其他资金	支出总计	本年支出	结算支出	调出资金	
姊家镇	755	199	556			755	755			
张寨乡	690	195	495			690	690			
朝城镇	788	146	642			788	788			
徐庄乡	497	115	382			497	497			
十八里铺镇	975	588	387			975	975			
王庄集乡	706	159	547			706	706			
柿子园乡	590	138	452			590	590			
观城镇	663	156	507			663	663			
大张家镇	770	364	406			770	770			
古云镇	1057	903	154			1057	1057			
樱桃园镇	909	184	725			909	909			
古城镇	747	165	582			747	747			
(五)茌平县合计	**14352**	**4695**	**9654**	**3**		**14352**	**14352**			
乡镇(含办事处、区公所)小计	**14352**	**4695**	**9654**	**3**		**14352**	**14352**			
街道办事处小计										
茌平镇	2454	1383	1070	1		2454	2454			
杜郎口镇	822	195	627			822	822			
乐平铺镇	1367	414	952	1		1367	1367			
韩集乡	620	118	502			620	620			
广平乡	743	136	607			743	743			
冯屯镇	1341	599	741	1		1341	1341			
胡屯乡	817	253	564			817	817			
韩屯镇	836	216	620			836	836			
菜屯镇	685	169	516			685	685			
贾寨乡	667	156	511			667	667			
杨屯乡	434	75	359			434	434			
洪屯乡	519	133	386			519	519			
肖庄乡	571	152	419			571	571			
博平镇	1347	448	899			1347	1347			
温陈乡	1129	248	881			1129	1129			
(六)东阿县合计	**9185**	**2958**	**5762**	**465**		**8589**	**7900**	**689**		**596**
乡镇(含办事处、区公所)小计	**9185**	**2958**	**5762**	**465**		**8589**	**7900**	**689**		**596**
街道办事处小计										
铜城街道办事处	1324	606	753	-35		1370	1230	140		-46
新城街道办事处	502	184	318			425	383	42		77
陈集乡	487	132	381	-26		506	438	68		-19
姚寨镇	751	240	582	-71		822	767	55		-71
高集镇	854	207	459	188		617	578	39		237
牛角店镇	1124	355	784	-15		1138	1061	77		-14
大桥镇	797	143	364	290		479	434	45		318
单庄乡	463	127	376	-40		504	466	38		-41
刘集镇	1340	410	822	108		1221	1127	94		119
姜楼镇	937	387	441	109		849	802	47		88
顾官屯镇	606	167	482	-43		658	614	44		-52
(七)冠县合计	**14782**	**4216**	**10540**		**26**	**14782**	**14056**	**726**		
乡镇(含办事处、区公所)小计	**14782**	**4216**	**10540**		**26**	**14782**	**14056**	**726**		
街道办事处小计										
冠城镇	1970	564	1406			1970	1859	111		
梁堂乡	796	181	615			796	771	25		
桑阿镇	1203	351	852			1203	1154	49		
贾镇	835	263	572			835	799	36		
定寨乡	756	217	539			756	718	38		
辛集乡	931	270	661			931	871	60		

续表 31

地　区	收入部分					支出部分				滚存结余
	收入总计	本年收入	结算收入	上年结余收入	调入其他资金	支出总计	本年支出	结算支出	调出资金	
范寨乡	627	181	446			627	603	24		
柳林镇	1062	309	753			1062	993	69		
甘屯乡	749	222	527			749	711	38		
清水镇	619	183	436			619	588	31		
北陶镇	629	175	454			629	595	34		
东古城镇	1129	355	774			1129	1058	71		
斜店乡	722	167	555			722	703	19		
万善乡	537	182	355			537	502	35		
店子乡	558	147	411			558	540	18		
兰沃乡	715	180	509		26	715	693	22		
烟庄乡	944	269	675			944	898	46		
(八) 高唐县合计	**13071**	**4619**	**8253**	**199**		**12126**	**7817**	**4309**		**945**
乡镇(含办事处、区公所)小计	**13071**	**4619**	**8253**	**199**		**12126**	**7817**	**4309**		**945**
街道办事处小计										
鱼丘湖办事处	1979	1066	872	41		1976	1437	539		3
人和办事处	1488	671	776	41		1418	1061	357		70
汇鑫办事处	1293	440	813	40		1232	835	397		61
琉寺镇	778	277	466	35		662	358	304		116
固河镇	880	240	629	11		804	495	309		76
尹集镇	856	291	564	1		706	470	236		150
梁村镇	1077	304	752	21		948	502	446		129
卅里铺镇	963	341	622			947	689	258		16
清平镇	842	256	585	1		748	459	289		94
赵寨子乡	747	207	540			691	391	300		56
杨屯乡	1119	293	822	4		1016	551	465		103
姜店乡	1049	233	812	4		978	569	409		71
(九) 开发区合计	**2557**	**1135**	**1051**	**371**		**2342**	**2050**	**292**		**215**
乡镇(含办事处、区公所)小计	**2557**	**1135**	**1051**	**371**		**2342**	**2050**	**292**		**215**
街道办事处小计										
蒋官屯镇	1600	691	735	174		1484	1350	134		116
东城办事处	957	444	316	197		858	700	158		99
菏泽市合计	**189460**	**77608**	**110600**	**1076**	**176**	**187842**	**175655**	**12187**		**1618**
乡镇(含办事处、区公所)小计	**189460**	**77608**	**110600**	**1076**	**176**	**187842**	**175655**	**12187**		**1618**
街道办事处小计										
牡丹区小计	**29626**	**14923**	**14480**	**47**	**176**	**29194**	**28584**	**610**		**432**
沙土镇	1609	330	1260	19		1323	1283	40		286
安兴镇	777	324	382	71		789	789			-12
皇镇乡	570	216	287	67		588	588			-18
黄罡镇	1171	388	718	29	36	1149	1149			22
小留镇	938	297	547	-1	95	942	942			-4
都司镇	892	4	902	-14		956	956			-64
胡集乡	585	107	468	10		654	654			-69
高庄镇	984	357	549	78		943	943			41
李村镇	878	364	522	-8		888	888			-10
吕陵镇	1035	425	557	53		975	975			60
吴店镇	1379	745	612	22		1321	1271	50		58
王浩屯镇	850	357	461	32		828	828			22
大黄集镇	788	371	421	-4		827	827			-39
马岭岗镇	1605	694	869	42		1611	1611			-6
何楼镇	1100	429	753	-82		1291	1291			-191
东城办事处	1780	1467	408	-95		1817	1617	200		-37
西城办事处	1357	1051	270	36		1057	1057			300
南城办事处	1092	944	220	-72		1041	1021	20		51

续表 32

地　区	收入部分					支出部分				滚存结余
	收入总计	本年收入	结算收入	上年结余收入	调入其他资金	支出总计	本年支出	结算支出	调出资金	
北城办事处	1086	935	253	－102		1333	1033	300		－247
牡丹办事处	1196	449	691	11	45	1230	1230			－34
万福办事处	602	259	428	－85		695	695			－93
丹阳办事处	2672	1854	778	40		2630	2630			42
岳程办事处	3441	1868	1573			3075	3075			366
佃户屯办事处	1239	688	551			1231	1231			8
曹县小计	**28141**	**8545**	**19596**			**28141**	**27048**	**1093**		
曹城镇	2562	840	1722			2562	2462	100		
郑庄乡	883	292	591			883	883			
倪集乡	873	286	587			873	873			
普连集镇	2051	7	2044			2051	1891	160		
古营集镇	1267	353	914			1267	1267			
王集镇	909	357	552			909	879	30		
侯集镇	1053	456	597			1053	1023	30		
苏集镇	1243	384	859			1243	1243			
孙老家镇	843	239	604			843	843			
安才楼镇	944	319	625			944	944			
青固集镇	1759	758	1001			1759	1659	100		
仵楼乡	599	169	430			599	599			
梁堤头镇	791	286	505			791	791			
朱红庙乡	545	160	385			545	545			
邵庄镇	868	342	526			868	868			
大集乡	618	187	431			618	618			
阎店楼镇	809	194	615			809	809			
魏湾镇	1118	418	700			1118	1118			
楼庄乡	604	177	427			604	604			
庄寨镇	2813	794	2019			2813	2374	439		
桃元镇	1754	374	1380			1754	1520	234		
常乐集乡	558	248	310			558	558			
韩集镇	998	352	646			998	998			
砖庙镇	651	203	448			651	651			
青冈集乡	1028	350	678			1028	1028			
定陶县小计	**14102**	**4999**	**8079**	**1024**		**13163**	**11690**	**1473**		**939**
定陶镇	2273	674	1395	204		2109	1849	260		164
仿山乡	1258	454	715	89		1169	1119	50		89
张湾镇	819	302	439	78		741	741			78
马集镇	1078	391	612	75		1006	953	53		72
南王店乡	721	267	401	53		668	668			53
冉固镇	1697	613	944	140		1557	1557			140
黄店镇	1398	570	722	106		1291	1229	62		107
孟海镇	814	333	425	56		759	744	15		55
半堤乡	714	231	431	52		662	629	33		52
陈集镇	2647	933	1600	114		2567	1567	1000		80
杜堂乡	683	231	395	57		634	634			49
成武县	**14307**	**5848**	**8459**			**14307**	**13415**	**892**		
成武镇	1950	940	1010			1950	1830	120		
九女集镇	1170	472	698			1170	1109	61		
天宫庙镇	970	345	625			970	908	62		
孙寺镇	1050	420	630			1050	993	57		
苟村集镇	1226	596	630			1226	1173	53		
白浮图镇	1238	611	627			1238	1158	80		
张楼乡	707	269	438			707	674	33		
大田集镇	2008	756	1252			2008	1860	148		

续表 33

地　区	收入部分					支出部分				滚存结余
	收入总计	本年收入	结算收入	上年结余收入	调入其他资金	支出总计	本年支出	结算支出	调出资金	
党集乡	796	284	512			796	754	42		
南鲁集镇	974	345	629			974	872	102		
汶上集镇	1224	451	773			1224	1148	76		
伯乐镇	994	359	635			994	936	58		
单县小计	**22375**	**8761**	**13614**			**22375**	**20617**	**1758**		
城关镇	3256	1813	1443			3256	2963	293		
莱河镇	1187	394	793			1186	1077	109		
孙六镇	838	269	569			838	733	105		
谢集乡	1182	379	803			1182	1063	119		
郭村镇	1235	427	808			1235	1146	89		
高老家乡	1041	383	658			1041	962	79		
曹庄乡	567	205	362			567	530	37		
高韦庄镇	745	259	486			745	670	75		
黄岗镇	1422	499	923			1422	1294	128		
浮岗镇	1046	333	713			1046	957	89		
蔡堂镇	966	363	603			966	899	67		
杨楼镇	928	364	564			928	856	72		
朱集镇	658	285	373			658	615	43		
龙王庙镇	989	388	601			989	923	66		
终兴镇	1524	614	910			1525	1412	113		
张集镇	910	331	579			910	852	58		
时楼镇	803	292	511			803	762	41		
李田楼乡	1029	353	676			1029	989	40		
徐寨镇	1238	490	748			1238	1158	80		
李新庄镇	811	320	491			811	756	55		
巨野县小计	**21244**	**8632**	**12612**			**21244**	**19367**	**1877**		
巨野镇	2742	1115	1627			2742	2601	141		
田庄镇	1288	494	794			1288	1203	85		
田桥镇	913	350	563			913	832	81		
太平镇	899	357	542			899	841	58		
龙固镇	1932	1057	875			1932	1220	712		
柳林镇	1193	437	756			1193	1106	87		
万丰镇	1315	513	802			1315	1251	64		
营里镇	813	292	521			813	772	41		
章缝镇	836	327	509			836	784	52		
董官屯镇	1229	464	765			1229	1168	61		
大义镇	1762	759	1003			1762	1601	161		
谢集镇	1471	558	913			1471	1417	54		
陶庙镇	953	318	635			953	914	39		
独山镇	1344	499	845			1344	1264	80		
麒麟镇	1458	554	904			1458	1364	94		
核桃园镇	1096	538	558			1096	1029	67		
郓城县小计	**27717**	**13587**	**14130**			**27475**	**25546**	**1929**		**242**
郓城镇	3739	2020	1719			3729	3458	271		10
双桥乡	1648	860	788			1595	1463	132		53
武安镇	1411	575	836			1399	1266	133		12
黄安镇	1272	606	666			1257	1161	96		15
唐庙乡	1242	617	625			1242	1165	77		
郭屯镇	871	399	472			847	781	66		24
南赵楼乡	956	416	540			956	825	131		
随官屯镇	1675	931	744			1672	1510	162		3
丁里长镇	1267	655	612			1259	1150	109		8
张营乡	1359	628	731			1352	1274	78		7

续表 34

地区	收入部分					支出部分				滚存结余
	收入总计	本年收入	结算收入	上年结余收入	调入其他资金	支出总计	本年支出	结算支出	调出资金	
黄堆集乡	1363	689	674			1351	1227	124		12
杨庄集镇	1259	609	650			1259	1239	20		
程屯镇	1200	572	628			1171	1141	30		29
潘渡乡	1337	682	655			1337	1257	80		
侯咽集镇	1409	655	754			1400	1299	101		9
黄集乡	1268	649	619			1263	1143	120		5
李集乡	1164	556	608			1141	1018	123		23
玉皇庙镇	1209	566	643			1196	1165	31		13
张鲁集乡	890	415	475			879	860	19		11
水堡乡	537	216	321			532	522	10		5
陈坡乡	641	271	370			638	622	16		3
鄄城县小计	**18160**	**6644**	**11511**	**5**		**18155**	**15846**	**2309**		**5**
鄄城镇	2004	946	1045	13		1991	1739	252		13
凤凰乡	988	446	544	-2		990	893	97		-2
吉山镇	1127	259	867	1		1126	957	169		1
左营乡	864	254	610			864	732	132		
人堰乡	785	240	550	-5		790	684	106		-5
李进士堂镇	645	247	398			644	549	95		
旧城镇	1234	426	814	-6		1240	1056	184		-6
董口镇	1227	376	852	-1		1228	1072	156		-1
林卜镇	726	279	450	-3		729	634	95		-3
富春乡	1243	501	749	-7		1251	1164	87		-7
什集镇	1429	526	893	10		1419	1241	178		10
彭楼镇	1475	596	875	4		1472	1305	167		4
阎什镇	979	184	790	5		974	758	216		5
红船镇	1032	385	644	3		1028	913	115		3
引马乡	788	293	494	1		787	691	96		1
郑营乡	1614	686	936	-8		1622	1458	164		-8
东明县小计	**13788**	**5669**	**8119**			**13788**	**13542**	**246**		
城关镇	2553	1227	1326			2553	2504	49		
沙沃乡	1180	468	712			1180	1157	23		
刘楼镇	772	236	536			772	759	13		
长兴集乡	809	210	599			809	789	20		
焦园乡	652	189	463			652	637	15		
三春镇	616	242	374			616	605	11		
小井乡	860	320	540			860	845	15		
马头镇	659	282	377			659	646	13		
东明集镇	1079	398	681			1079	1065	14		
大屯镇	1143	588	555			1143	1124	19		
陆圈镇	1405	639	766			1405	1378	27		
武胜桥乡	1223	586	637			1223	1210	13		
菜园集乡	837	284	553			837	823	14		
德州市	**146353**	**74218**	**71844**	**20**	**271**	**147457**	**125267**	**22162**	**28**	**-1104**
乡镇(含办事处、区公所)合计	**128026**	**62391**	**65385**	**-21**	**271**	**129139**	**112164**	**16947**	**28**	**-1113**
街道办事处合计	**18327**	**11827**	**6459**	**41**		**18318**	**13103**	**5215**		**9**
(一)德城区	**20665**	**13618**	**6862**	**95**	**90**	**20571**	**15824**	**4747**		**94**
乡镇(含办事处、区公所)小计	**9034**	**5690**	**3227**	**27**	**90**	**9008**	**7776**	**1232**		**26**
街道办事处小计	**11631**	**7928**	**3635**	**68**		**11563**	**8048**	**3515**		**68**
二屯镇	3275	2700	474	11	90	3264	2598	666		11
黄河涯镇	2318	1191	1111	16		2302	1855	447		16
天衢街道办事处	2192	1679	511	2		2190	1617	573		2
新湖街道办事处	1823	1393	422	8		1815	1232	583		8
新华街道办事处	3219	2335	875	9		3210	2350	860		9

续表35

地　区	收入部分					支出部分				滚存结余
	收入总计	本年收入	结算收入	上年结余收入	调入其他资金	支出总计	本年支出	结算支出	调出资金	
东地街道办事处	1958	1297	654	7		1951	1458	493		7
宋官屯镇	1264	951	313			1166	1147	19		98
赵虎镇	1038	384	654			1052	952	100		－14
袁桥乡	598	247	351			638	638			－40
抬头寺乡	541	217	324			586	586			－45
运河街道办事处	2439	1224	1173	42		2397	1391	1006		42
（二）陵县	**9098**	**3043**	**7470**	**－1415**		**10513**	**10509**		**4**	**－1415**
乡镇小计	**9098**	**3043**	**7470**	**－1415**		**10513**	**10509**		**4**	**－1415**
陵城镇	2147	720	1595	－168		2316	2315		1	－168
滋镇	493	140	488	－135		628	628		0	－135
糜镇	834	262	716	－144		978	978			－144
神头镇	668	180	627	－139		806	806			－139
郑寨镇	581	150	585	－154		735	735			－154
会王镇	564	140	550	－126		690	690			－126
宋家镇	585	200	519	－134		719	719			－134
前孙镇	543	160	476	－93		636	636			－93
边临镇	748	350	496	－98		846	845		1	－98
义渡乡	716	280	519	－83		799	799		0	－83
丁庄乡	494	197	367	－70		564	562		2	－70
于集乡	725	264	532	－71		796	796		0	－71
（三）平原县	**14765**	**4242**	**10576**	**－53**		**14818**	**9139**	**5655**	**24**	**－53**
乡镇(含办事处、区公所)小计	**14765**	**4242**	**10576**	**－53**		**14818**	**9139**	**5655**	**24**	**－53**
平原镇	2720	757	1960	3		2717	1584	1128	5	3
王庙镇	921	211	728	－18		939	649	290		－18
腰站镇	922	184	738			922	638	283	1	
张华镇	732	219	531	－18		750	432	317	1	－18
三唐乡	657	137	524	－4		661	467	194		－4
坊子乡	992	290	713	－11		1003	786	215	2	－11
王凤楼镇	2526	926	1594	6		2520	1375	1134	11	6
前曹镇	1484	368	1137	－21		1505	948	556	1	－21
恩城镇	1499	365	1128	6		1493	1000	492	1	6
王打挂乡	1303	478	818	7		1296	689	607		7
王杲铺镇	1009	307	705	－3		1012	571	439	2	－3
（四）夏津县	**14107**	**6536**	**5928**	**1643**		**13151**	**11363**	**1788**		**956**
乡镇(含办事处、区公所)小计	**14107**	**6536**	**5928**	**1643**		**13151**	**11363**	**1788**		**956**
夏津镇	4634	2471	1869	294		4981	4229	752		－347
宋楼镇	1927	920	692	315		1372	1100	272		555
香赵庄镇	799	302	281	216		582	560	22		217
东李镇	785	293	325	167		702	605	97		83
雷集镇	893	233	413	247		708	641	67		185
苏留庄镇	1072	432	449	191		914	874	40		158
新盛店镇	792	444	515	－167		1045	914	131		－253
田庄乡	361	217	253	－109		578	540	38		－217
双庙镇	880	447	334	99		766	671	95		114
渡口驿乡	251	121	172	－42		265	246	19		－14
郑保屯镇	741	256	285	200		447	358	89		294
白马湖镇	972	400	340	232		791	625	166		181
（五）武城县	**10737**	**5328**	**5228**		**181**	**10737**	**8616**	**2121**		
乡镇(含办事处、区公所)小计	**10737**	**5328**	**5228**		**181**	**10737**	**8616**	**2121**		
老城镇	997	432	542		23	997	862	135		
杨庄乡	736	333	403			736	549	187		
李家户乡	695	284	411			695	546	149		
武城镇	1382	506	876			1382	1057	325		

续表 36

地区	收入部分					支出部分				滚存结余
	收入总计	本年收入	结算收入	上年结余收入	调入其他资金	支出总计	本年支出	结算支出	调出资金	
郝王庄镇	1341	559	624		158	1341	1116	225		
滕庄镇	1435	749	686			1435	1158	277		
鲁权屯镇	1901	1200	701			1901	1480	421		
甲马营乡	1019	496	523			1019	784	235		
广运街道办事处	1231	769	462			1231	1064	167		
（六）齐河县	**20489**	**15111**	**5378**			**20489**	**18291**	**2198**		
乡镇（含办事处、区公所）小计	**20489**	**15111**	**5378**			**20489**	**18291**	**2198**		
表白寺镇	1022	710	312			1022	915	107		
安头乡	843	612	231			843	761	82		
大黄乡	928	672	256			928	835	93		
宣章镇	953	717	236			953	869	84		
晏城镇	2936	2186	750			2936	2556	380		
华店乡	997	695	302			997	902	95		
刘桥乡	1086	722	364			1086	963	123		
潘店镇	2022	1564	458			2022	1802	220		
仁里集镇	1879	1380	499			1879	1692	187		
赵官镇	1060	766	294			1060	943	117		
马集乡	1068	835	233			1068	958	110		
胡官屯镇	1705	1308	397			1705	1557	148		
焦庙镇	1957	1465	492			1957	1740	217		
祝阿镇	2033	1479	554			2033	1798	235		
（七）禹城市	**12598**	**6587**	**6021**	**-10**		**12608**	**9705**	**2903**		**-10**
乡镇（含办事处）小计	**8901**	**4097**	**4811**	**-7**		**8908**	**7244**	**1664**		**-7**
街道办事处小计	**3697**	**2490**	**1210**	**-3**		**3700**	**2461**	**1239**		**-3**
市中街道办事处	3697	2490	1210	-3		3700	2461	1239		-3
十里望乡	732	377	354	1		731	512	219		1
莒镇乡	585	243	343	-1		586	409	177		-1
李屯乡	524	239	285			524	452	72		
安仁镇	706	307	400	-1		707	481	226		-1
伦镇镇	1055	416	639			1055	751	304		
辛寨镇	862	379	483			862	853	9		
房寺镇	2086	1137	952	-3		2089	1673	416		-3
张庄镇	503	216	288	-1		504	471	33		-1
梁家镇	930	396	535	-1		931	810	121		-1
辛店镇	918	387	532	-1		919	832	87		-1
（八）乐陵市	**11547**	**5427**	**6361**	**-241**		**11788**	**10606**	**1182**		**-241**
乡镇（含办事处、区公所）小计	**8548**	**4018**	**4747**	**-217**		**8733**	**8012**	**721**		**-185**
街道办事处小计	**2999**	**1409**	**1614**	**-24**		**3055**	**2594**	**461**		**-56**
西段乡	466	138	294	34		466	431	35		
大孙乡	268	70	216	-18		333	298	35		-65
铁营乡	433	204	239	-10		443	408	35		-10
寨头堡乡	392	160	239	-7		399	339	60		-7
朱集镇	1112	496	647	-31		1112	1077	35		
黄夹镇	1139	507	654	-22		1151	1052	99		-12
丁坞镇	669	333	379	-43		701	666	35		-32
化楼镇	758	335	438	-15		773	693	80		-15
杨安镇	826	448	408	-30		826	734	92		
花园镇	700	378	342	-20		720	685	35		-20
孔镇	696	371	349	-24		720	639	81		-24
郑店镇	1089	578	542	-31		1089	990	99		
市中街道办事处	1315	720	597	-2		1317	1072	245		-2
郭家街道办事处	612	304	314	-6		618	542	76		-6
胡家街道办事处	512	196	326	-10		554	490	64		-42

续表 37

地　区	收入部分					支出部分				滚存结余
	收入总计	本年收入	结算收入	上年结余收入	调入其他资金	支出总计	本年支出	结算支出	调出资金	
云红街道办事处	560	189	377	-6		566	490	76		-6
(九) 临邑县	**16790**	**8077**	**8713**			**16790**	**16790**			
乡镇小计	**16790**	**8077**	**8713**			**16790**	**16790**			
德平	1933	747	1186			1933	1933			
理合	829	233	596			829	829			
翟家	1429	799	630			1429	1429			
林子	840	491	349			840	840			
宿安	790	240	550			790	790			
孟寺	1166	488	678			1166	1166			
临邑	4251	2299	1952			4251	4251			
临盘	2742	1569	1173			2742	2742			
兴隆	1257	518	739			1257	1257			
临南	1553	693	860			1553	1553			
(十) 宁津县	**9651**	**4243**	**5408**			**9651**	**9651**			
乡镇(含办事处)小计	**9651**	**4243**	**5408**			**9651**	**9651**			
宁津镇	1871	918	953			1871	1871			
时集	899	407	492			899	899			
柴胡店	940	329	611			940	940			
杜集	913	372	541			913	913			
长官	715	328	387			715	715			
刘营伍	471	193	278			471	471			
大柳	854	370	484			854	854			
张大庄	760	335	425			760	760			
相衙镇	610	229	381			610	610			
保店	709	306	403			709	709			
大曹	909	456	453			909	909			
(十一) 庆云县	**5906**	**2006**	**3899**	**1**		**6341**	**4773**	**1568**		**-435**
乡镇(含办事处)小计	**5906**	**2006**	**3899**	**1**		**6341**	**4773**	**1568**		**-435**
庆云镇	1551	809	763	-21		1633	1063	570		-82
尚堂镇	1160	284	855	21		1155	872	283		5
常家镇	979	285	714	-20		1094	871	223		-115
崔口镇	376	135	250	-9		426	331	95		-50
东辛店乡	566	135	419	12		644	532	112		-78
中丁乡	398	144	270	-16		491	430	61		-93
严务乡	552	134	393	25		515	348	167		37
徐元子乡	324	80	235	9		383	326	57		-59
滨州市合计	**128080**	**74368**	**50278**	**1474**	**1960**	**126583**	**104816**	**21767**		**1497**
乡镇(含办事处、区公所)合计	**111662**	**56441**	**51873**	**1388**	**1960**	**110251**	**93460**	**16791**		**1411**
街道办事处合计	**16418**	**17927**	**-1595**	**86**		**16332**	**11356**	**4976**		**86**
(一) 惠民县小计	**14600**	**3929**	**9856**		**815**	**14600**	**11242**	**3358**		
乡镇(含办事处、区公所)小计	**14600**	**3929**	**9856**		**815**	**14600**	**11242**	**3358**		
街道办事处小计										
惠民镇	1770	674	1066		30	1770	1355	415		
何坊	1251	313	871		67	1251	922	329		
石庙	1246	322	924			1246	879	367		
桑墅	721	203	518			721	511	210		
麻店	744	183	561			744	491	253		
皂户	827	231	543		53	827	615	212		
淄角	647	171	476			647	504	143		
辛店	1081	274	772		35	1081	802	279		
胡集	1524	349	815		360	1524	1261	263		
魏集	669	159	471		39	669	518	151		
清河	885	192	521		172	885	784	101		

续表 38

地区	收入部分					支出部分				滚存结余
	收入总计	本年收入	结算收入	上年结余收入	调入其他资金	支出总计	本年支出	结算支出	调出资金	
李庄	1197	338	859			1197	903	294		
姜楼	1276	358	859		59	1276	1078	198		
大年陈	762	162	600			762	619	143		
(二)阳信县小计	**10291**	**2470**	**6112**	**564**	**1145**	**9727**	**7554**	**2173**		**564**
乡镇(含办事处、区公所)小计	**10291**	**2470**	**6112**	**564**	**1145**	**9727**	**7554**	**2173**		**564**
街道办事处小计										
阳信镇	1777	395	853	356	173	1421	1038	383		356
劳店乡	708	216	534	-132	90	841	683	158		-133
水落坡	1093	319	643	-38	169	1131	903	228		-38
商店镇	2029	515	1025	334	155	1694	1297	397		335
河流镇	1419	209	1013	152	45	1266	901	365		153
翟王镇	844	223	483	7	131	837	681	156		7
洋湖乡	902	252	584	-34	100	936	797	139		-34
温店镇	725	174	495	-61	117	787	622	165		-62
流坡坞	794	167	482	-20	165	814	632	182		-20
(三)无棣县小计	**12459**	**5041**	**6880**	**538**		**11921**	**11436**	**485**		**538**
乡镇(含办事处、区公所)小计	**12459**	**5041**	**6880**	**538**		**11921**	**11436**	**485**		**538**
街道办事处小计										
无棣镇	2141	1224	953	-36		2177	2104	73		-36
信阳乡	856	305	532	19		836	820	16		20
车镇乡	1150	284	852	14		1135	1110	25		15
埕口镇	1057	511	327	219		838	762	76		219
大山镇	708	270	452	-14		722	704	18		-14
小泊头镇	1010	353	631	26		984	961	23		26
柳堡乡	962	271	649	42		920	904	16		42
佘家巷乡	936	349	674	-87		1024	992	32		-88
西小王乡	612	212	377	23		590	579	11		22
水湾镇	1482	727	782	-27		1509	1458	51		-27
马山子镇	1545	535	651	359		1186	1042	144		359
(四)沾化县小计	**10392**	**4426**	**5966**			**10392**	**9913**	**479**		
乡镇(含办事处、区公所)小计	**10392**	**4426**	**5966**			**10392**	**9913**	**479**		
街道办事处小计										
富国	2256	1295	961			2256	2123	133		
冯家	1231	566	665			1231	1171	60		
下洼	1555	548	1007			1555	1490	65		
古城	776	273	503			776	753	23		
大高	1113	334	779			1113	1070	43		
黄升	862	275	587			862	833	29		
泊头	923	354	569			923	872	51		
利国	611	347	264			611	583	28		
下河	547	268	279			547	525	22		
滨海	397	149	248			397	376	21		
海防	121	17	104			121	117	4		
(五)博兴县小计	**21642**	**14880**	**6289**	**473**		**21106**	**15422**	**5684**		**536**
乡镇(含办事处、区公所)小计	**21642**	**14880**	**6289**	**473**		**21106**	**15422**	**5684**		**536**
街道办事处小计										
博兴镇	6992	6137	855			6973	4653	2320		19
湖滨镇	2577	1570	921	86		2480	2025	455		97
吕艺镇	1133	442	648	43		1084	860	224		49
店子镇	1327	691	595	41		1283	1006	277		44
纯化镇	824	405	373	46		774	626	148		50
陈户镇	1942	1366	549	27		1912	1264	648		30
兴福镇	3712	2661	874	177		3531	2565	966		181

续表 39

地 区	收入部分					支出部分				滚存结余
	收入总计	本年收入	结算收入	上年结余收入	调入其他资金	支出总计	本年支出	结算支出	调出资金	
曹王镇	1220	762	419	39		1178	903	275		42
庞家镇	855	441	448	-34		890	743	147		-35
乔庄镇	1060	405	607	48		1001	777	224		59
(六) 邹平县小计	**32308**	**27691**	**4758**	**-141**		**32449**	**29683**	**2766**		**-141**
乡镇(含办事处、区公所)小计	**24466**	**16977**	**7716**	**-227**		**24693**	**23243**	**1450**		**-227**
街道办事处小计	**7842**	**10714**	**-2958**	**86**		**7756**	**6440**	**1316**		**86**
长山镇	2963	2419	475	69		2891	2621	270		72
位桥镇	4203	4011	175	17		4187	3247	940		16
西董镇	1219	424	792	3		1216	1216			3
好生镇	1447	832	586	29		1419	1354	65		28
临池镇	1228	652	576			1225	1125	100		3
焦桥镇	910	372	561	-23		932	932			-22
韩店镇	4329	3238	1136	-45		4376	4376			-47
青阳镇	1970	1412	504	54		1921	1891	30		49
九户镇	1009	542	503	-36		1046	1046			-37
孙镇	1033	517	616	-100		1134	1134			-101
明集镇	1972	1518	453	1		1967	1922	45		5
台子镇	1137	586	604	-53		1190	1190			-53
码头镇	1046	454	735	-143		1189	1189			-143
黛溪办	4113	3531	496	86		4027	2711	1316		86
黄山办	1626	746	880			1626	1626			
高新办	2103	6437	-4334			2103	2103			
(七) 滨城区小计	**23506**	**14267**	**9239**			**23506**	**16809**	**6697**		
乡镇(含办事处、区公所)小计	**14930**	**7054**	**7876**			**14930**	**11893**	**3037**		
街道办事处小计	**8576**	**7213**	**1363**			**8576**	**4916**	**3660**		
单寺乡	963	445	518			963	925	38		
尚集乡	1900	646	1254			1900	1605	295		
梁才乡	1247	510	737			1247	1213	34		
滨北镇	5496	3495	2001			5496	3115	2381		
旧镇镇	1130	382	748			1130	1031	99		
小营镇	1486	537	949			1486	1437	49		
里则镇	1557	690	867			1557	1454	103		
堡集镇	1151	349	802			1151	1113	38		
市中街道办事处	1132	1016	116			1132	574	558		
市西街道办事处	1033	941	92			1033	640	393		
北镇街道办事处	2734	2568	166			2734	1067	1667		
市东街道办事处	1319	997	322			1319	1270	49		
彭李街道办事处	1378	1017	361			1378	832	546		
蒲城街道办事处	980	674	306			980	533	447		
(八) 开发区小计	**2882**	**1664**	**1178**	**40**		**2882**	**2757**	**125**		
乡镇(含办事处、区公所)小计	**2882**	**1664**	**1178**	**40**		**2882**	**2757**	**125**		
街道办事处小计										
杜店镇	2882	1664	1178	40		2882	2757	125		
东营市	**74484**	**39071**	**35377**	**36**		**74404**	**63057**	**11347**		**80**
乡镇(含办事处、区公所)合计	**62104**	**27999**	**34069**	**36**		**62039**	**56784**	**5255**		**65**
街道办事处合计	**12380**	**11072**	**1308**			**12365**	**6273**	**6092**		**15**
(一) 广饶县	**29875**	**14470**	**15402**	**3**		**29872**	**25841**	**4031**		**3**
乡镇(含办事处、区公所)小计	**29875**	**14470**	**15402**	**3**		**29872**	**25841**	**4031**		**3**
街道办事处小计										
大王镇	12507	7975	4532			12507	8747	3760		
广饶镇	4720	2347	2373			4720	4539	181		
稻庄镇	2849	1755	1093	1		2848	2758	90		1
丁庄镇	1918	609	1309			1918	1918			

续表 40

地 区	收入部分					支出部分				滚存结余
	收入总计	本年收入	结算收入	上年结余收入	调入其他资金	支出总计	本年支出	结算支出	调出资金	
李鹊镇	1422	281	1140	1		1421	1421			1
石村镇	1496	384	1111	1		1495	1495			1
花官乡	1567	479	1088			1567	1567			
大码头乡	1248	256	992			1248	1248			
西刘桥乡	1170	206	964			1170	1170			
陈官乡	978	178	800			978	978			
(二)垦利县	**12361**	**6722**	**5639**			**12361**	**11235**	**1126**		
乡镇(含办事处、区公所)小计	**12361**	**6722**	**5639**			**12361**	**11235**	**1126**		
街道办事处小计										
垦利镇	3177	2111	1066			3178	2545	633		
胜坨镇	4321	2497	1824			4321	3877	444		
黄河口镇	1156	449	707			1157	1139	18		
永安镇	878	321	557			877	876	1		
郝家镇	952	503	449			951	937	14		
董集乡	1301	671	630			1300	1284	16		
西宋乡	576	170	406			577	577			
(三)利津县	**10620**	**3297**	**7323**			**10620**	**10522**	**98**		
乡镇(含办事处、区公所)小计	**10620**	**3297**	**7323**			**10620**	**10522**	**98**		
街道办事处小计										
利津镇	1725	665	1060			1725	1725			
北宋镇	1771	547	1224			1771	1771			
明集乡	690	176	514			690	690			
盐窝镇	1263	362	901			1263	1263			
北岭乡	783	228	555			783	783			
陈庄镇	1957	697	1260			1957	1894	63		
汀罗镇	1453	305	1148			1453	1453			
虎滩乡	671	196	475			671	671			
刁口乡	307	121	186			307	272	35		
(四)东营区	**18513**	**13389**	**5124**			**18476**	**12384**	**6092**		**37**
乡镇(含办事处、区公所)小计	**6133**	**2317**	**3816**			**6111**	**6111**			**22**
街道办事处小计	**12380**	**11072**	**1308**			**12365**	**6273**	**6092**		**15**
牛庄镇	1488	594	894			1485	1485			3
史口镇	1636	670	966			1627	1627			9
六户镇	1152	629	523			1149	1149			3
龙居镇	1857	424	1433			1850	1850			7
黄河路街道办事处	2374	2202	172			2371	998	1373		3
文汇街道办事处	2836	2712	124			2835	822	2013		1
东城街道办事处	1246	1066	180			1242	681	561		4
辛店街道办事处	2890	2423	467			2887	1859	1028		3
胜利街道办事处	2055	1820	235			2051	1388	663		4
胜园街道办事处	979	849	130			979	525	454		
(五)河口区	**3115**	**1193**	**1889**	**33**		**3075**	**3075**			**40**
乡镇(含办事处、区公所)小计	**3115**	**1193**	**1889**	**33**		**3075**	**3075**			**40**
街道办事处小计										
六合乡	648	325	297	26		622	622			26
河口街道	524	282	242			524	524			
义和镇	541	171	407	-37		571	571			-30
新户乡	467	129	340	-2		469	469			-2
仙河镇	274	104	132	38		230	230			44
太平乡	380	95	289	-4		384	384			-4
孤岛镇	281	87	182	12		275	275			6
威海市合计	**118066**	**89525**	**29969**	**-1428**		**121393**	**64587**	**56806**		**-3327**
乡镇(含办事处、区公所)小计	**118066**	**89525**	**29969**	**-1428**		**121393**	**64587**	**56806**		**-3327**

续表 41

地区	收入部分					支出部分				滚存结余
	收入总计	本年收入	结算收入	上年结余收入	调入其他资金	支出总计	本年支出	结算支出	调出资金	
街道办事处小计										
市级合计	**4143**	**2614**	**1484**	**45**		**4098**	**3940**	**158**		**45**
初村镇	1193	508	670	15		1178	1178			15
崮山镇	1913	1811	74	28		1885	1750	135		28
泊于镇	1037	295	740	2		1035	1012	23		2
环翠区合计	**16412**	**11077**	**5361**	**-26**		**16437**	**11669**	**4768**		**-25**
张村镇	6698	4847	1829	22		6676	4614	2062		22
羊亭镇	2319	1634	770	-85		2404	1677	727		-85
孙家疃镇	1788	1256	525	7		1781	927	854		7
温泉镇	2586	1836	729	21		2565	1968	597		21
桥头镇	1495	656	837	2		1492	1140	352		3
草庙子镇	1526	848	671	7		1519	1343	176		7
乳山市合计	**24981**	**15476**	**11086**	**-1581**		**28465**	**20258**	**8207**		**-3484**
海阳所镇	885	1127	630	-872		1727	1465	262		-842
白沙滩镇	2582	1647	907	28		2553	1681	872		29
大孤山镇	1269	693	564	12		1373	1093	280		-104
徐家镇	1091	556	497	38		1050	861	189		41
南黄镇	1218	671	546	1		1347	1124	223		-129
冯家镇	1308	775	527	6		1455	1151	304		-147
下初镇	1223	761	460	2		1385	1070	315		-162
午极镇	758	548	552	-342		1331	1141	190		-573
育黎镇	643	461	662	-480		1482	1315	167		-839
崖子镇	1280	684	669	-73		1755	1499	256		-475
诸往镇	1604	941	663			1838	1451	387		-234
乳山寨镇	1210	770	677	-237		1661	1314	347		-451
夏村镇	3038	1783	1101	154		2884	1901	983		154
乳山口镇	1816	917	799	100		1716	1322	394		100
城区街道办事处	5056	3142	1832	82		4908	1870	3038		148
文登市合计	**28688**	**22031**	**6627**	**30**		**28658**	**12426**	**16232**		**30**
文登营镇	1660	835	824	1		1659	1567	92		1
大水泊镇	1276	752	522	2		1274	634	640		2
张家产镇	1964	1572	390	2		1962	1190	772		2
高村镇	1394	839	553	2		1392	705	687		2
泽库镇	1329	1015	313	1		1328	367	961		1
侯家镇	888	575	313			888	536	352		
宋村镇	2102	1718	384			2102	844	1258		
泽头镇	1620	1137	483			1620	785	835		
小观镇	1256	592	652	12		1244	1124	120		12
葛家镇	2198	1627	568	3		2195	912	1283		3
米山镇	1068	746	321	1		1067	708	359		1
界石镇	1024	651	373			1024	519	505		
汪疃镇	1143	771	370	2		1141	568	573		2
苘山镇	3471	3263	208			3471	577	2894		
龙山路办事处	2772	2618	150	4		2768	562	2206		4
天福路办事处	1606	1519	87			1606	399	1207		
环山路办事处	1917	1801	116			1917	429	1488		
荣成市合计	**43842**	**38327**	**5411**	**104**		**43735**	**16294**	**27441**		**107**
崖头镇	17704	17683		21		17683	4265	13418		21
俚岛镇	2385	2375		10		2375	1219	1156		10
成山镇	3136	3121		15		3121	1384	1737		15
埠柳镇	1035	235	797	3		1032	345	687		3
港西镇	1295	1294		1		1294	350	944		1
夏庄镇	766	416	346	4		761	336	425		5

续表 42

地区	收入部分					支出部分				滚存结余
	收入总计	本年收入	结算收入	上年结余收入	调入其他资金	支出总计	本年支出	结算支出	调出资金	
崖西镇	1019	445	571	3		1015	442	573		4
荫子镇	790	304	485	1		790	329	461		
滕家镇	1367	499	867	1		1365	562	803		2
大疃镇	909	377	531	1		908	348	560		1
上庄镇	1103	620	477	6		1097	395	702		6
虎山镇	3284	2698	577	9		3275	2217	1058		9
人和镇	2557	2545		12		2545	1096	1449		12
石岛镇	5284	4892	384	8		5276	2461	2815		8
宁津镇	1208	823	376	9		1198	545	653		10
日照市	**60181**	**27224**	**32469**	**71**	**417**	**60110**	**49345**	**10765**		**71**
乡镇(含办事处、区公所)合计	**60181**	**27224**	**32469**	**71**	**417**	**60110**	**49345**	**10765**		**71**
街道办事处合计										
(一) 东港区	**16240**	**7471**	**8433**		**336**	**16240**	**12107**	**4133**		
乡镇(含办事处、区公所)小计	**16240**	**7471**	**8433**		**336**	**16240**	**12107**	**4133**		
街道办事处小计										
河山镇	852	305	463		84	852	730	122		
两城镇	1080	263	817			1080	996	84		
涛雒镇	1553	346	1123		84	1553	1098	455		
西湖镇	915	290	588		37	915	842	73		
陈疃镇	840	248	569		23	840	778	62		
南湖镇	1265	324	907		34	1265	1193	72		
三庄镇	1442	490	882		70	1442	1314	128		
日照街道	2994	1939	1055			2994	2267	727		
秦楼街道	2365	1108	1257			2365	1933	432		
石臼街道	2934	2158	772		4	2934	956	1978		
(二) 莒县	**18235**	**7871**	**10293**	**71**		**18164**	**17790**	**374**		**71**
乡镇(含办事处、区公所)合计	**18235**	**7871**	**10293**	**71**		**18164**	**17790**	**374**		**71**
街道办事处小计										
城阳镇	2089	1699	269	121		1968	1916	52		121
招贤镇	943	335	627	-19		962	937	25		-19
闫庄镇	745	226	550	-31		776	767	9		-31
夏庄镇	1019	444	569	6		1013	985	28		6
刘官庄镇	1058	377	661	20		1038	1009	29		20
峤山镇	771	187	618	-34		805	795	10		-34
小店镇	889	287	602			889	871	18		
中楼镇	987	372	611	4		983	965	18		4
龙山镇	1048	549	474	25		1023	1008	15		25
东莞镇	843	398	365	80		763	744	19		80
浮来镇	1001	423	564	14		987	972	15		14
陵阳镇	737	201	529	7		730	716	14		7
店子集镇	486	161	462	-137		623	616	7		-137
长岭镇	681	312	350	19		662	652	10		19
安庄镇	550	214	335	1		549	541	8		1
寨里乡	672	250	419	3		669	655	14		3
棋山镇	1062	434	611	17		1045	1014	31		17
洛河镇	809	299	509	1		808	796	12		1
果庄乡	583	189	388	6		577	567	10		6
桑园乡	689	265	491	-67		756	740	16		-67
库山乡	573	249	289	35		538	524	14		35
(三) 五莲县	**13060**	**6611**	**6368**		**81**	**13060**	**11344**	**1716**		
乡镇(含办事处、区公所)合计	**13060**	**6611**	**6368**		**81**	**13060**	**11344**	**1716**		
街道办事处小计										
洪凝镇	2249	1461	788			2249	1870	379		

续表 43

地　区	收入部分					支出部分				滚存结余
	收入总计	本年收入	结算收入	上年结余收入	调入其他资金	支出总计	本年支出	结算支出	调出资金	
街头镇	2220	1267	953			2220	2122	98		
于里镇	1436	731	705			1436	972	464		
许孟镇	1111	387	702		22	1111	953	158		
潮河镇	812	310	502			812	766	46		
汪湖镇	754	370	384			754	666	88		
叩官镇	686	275	411			686	659	27		
中至镇	640	291	349			640	551	89		
高泽镇	1339	710	629			1339	1129	210		
石场乡	489	125	305		59	489	484	5		
户部乡	687	334	353			687	591	96		
松柏乡	637	350	287			637	581	56		
（四）岚山区	**10591**	**4500**	**6091**			**10591**	**6916**	**3675**		
乡镇（含办事处、区公所）合计	**10591**	**4500**	**6091**			**10591**	**6916**	**3675**		
街道办事处小计										
岚山头街道	2486	1126	1360			2484	892	1592		
安东卫街道	1072	889	183			1072	612	460		
碑廓镇	1142	614	528			1142	734	408		
虎山镇	1146	559	587			1147	411	736		
黄墩镇	947	391	556			947	836	111		
后村镇	1205	239	966			1205	1087	118		
高兴镇	777	207	570			777	685	92		
巨峰镇	1816	475	1341			1817	1659	158		
（五）开发区	**2055**	**771**	**1284**			**2055**	**1188**	**867**		
乡镇（含办事处、区公所）合计	**2055**	**771**	**1284**			**2055**	**1188**	**867**		
街道办事处小计										
北京路街道办事处	784	451	333			784	469	315		
奎山街道办事处	1271	320	951			1271	719	552		
莱芜市合计	**30940**	**16928**	**13828**	**184**		**30748**	**17041**	**13707**		**192**
乡镇（含办事处、区公所）合计	**21411**	**11020**	**10312**	**79**		**21324**	**12122**	**9202**		**87**
街道办事处合计	**9529**	**5908**	**3516**	**105**		**9424**	**4919**	**4505**		**105**
莱城区合计	**23801**	**13093**	**10570**	**138**		**23663**	**9956**	**13707**		**138**
乡镇（含办事处、区公所）小计	**16817**	**8535**	**8231**	**51**		**16766**	**7564**	**9202**		**51**
街道办事处小计	**6984**	**4558**	**2339**	**87**		**6897**	**2392**	**4505**		**87**
凤城办	3317	2469	831	17		3300	883	2417		17
张家洼办	1725	1001	711	13		1712	711	1001		13
高庄办	1942	1088	797	57		1885	798	1087		57
口镇	1989	1419	568	2		1987	560	1427		2
羊里	2444	1642	797	5		2439	673	1766		5
方下	2532	1713	803	16		2516	583	1933		16
牛泉	2055	1167	886	2		2053	710	1343		2
辛庄	1253	578	674	1		1252	699	553		1
苗山	1312	559	751	2		1310	813	497		2
和庄	513	188	325			513	399	114		
茶业口	640	200	440			640	481	159		
雪野	887	230	655	2		885	667	218		2
大王庄	779	175	604			779	559	220		
寨里	1571	348	1213	10		1561	968	593		10
杨庄	842	316	515	11		831	452	379		11
钢城区合计	**7139**	**3835**	**3258**	**46**		**7085**	**7085**			**54**
乡镇（含办事处、区公所）小计	**4594**	**2485**	**2081**	**28**		**4558**	**4558**			**36**
街道办事处小计	**2545**	**1350**	**1177**	**18**		**2527**	**2527**			**18**
颜庄	1658	859	799			1650	1650			8
里辛	1734	1016	702	16		1718	1718			16
艾山	2545	1350	1177	18		2527	2527			18
黄庄	1202	610	580	12		1190	1190			12

2004 年山东省预算外资金收入分类情况表

单位：万元

项目	合计	一、行政事业性收费收入	二、政府性基金（资金、附加）收入	三、主管部门集中收入	四、乡镇自筹、统筹资金	五、其他收入
全省合计	**3172630**	**2261871**	**566918**	**66435**	**44039**	**233367**
省级	1441044	998770	407848	32211		2215
市地合计	1731586	1263101	159070	34224	44039	231152
青岛	486970	198154	110016	20044	4222	154534
济南	250572	195089	22382	8212	5200	19689
淄博	109539	95814	303	603	7873	4946
枣庄	55340	46310	1676	840		6514
烟台	113554	104368			4961	4225
潍坊	106632	102865	2497			1270
济宁	59346	56198	1127	473	228	1320
临沂	93307	78867	6531			7909
泰安	75067	73857	51		1022	137
聊城	48451	47584		278		589
菏泽	38328	37715		34		579
德州	22283	19761		2114		408
滨州	68538	40864	5070	357	2122	20125
东营	55177	40767	2214	925	6213	5058
威海	82746	62167	5126	117	12198	3138
日照	52714	50430	1455	227		602
莱芜	13022	12291	622			109

2004 年山东省乡镇自筹、统筹资金收入情况表

单位：万元

项目	合计	一、乡镇自筹资金					二、乡镇统筹资金
		小计	乡镇办企业收入	乡镇办事业收入	土地征用费收入	其他收入	
全省合计	**46358**	**45527**	**3927**	**7366**	**4452**	**29782**	**831**
省级							
市地合计	46358	45527	3927	7366	4452	29782	831
青岛	4222	4222				4222	
济南	5200	5200	1315	453	120	3312	
淄博	7873	7873	320			7553	
枣庄							
烟台	4961	4961	1185			3776	
潍坊							
济宁	228	65				65	163
临沂							
泰安	1022	1022	740	67		215	
聊城							
菏泽							
德州							
滨州	2122	2122				2122	
东营	6213	5545	80	2413		3052	668
威海	14517	14517	287	4433	4332	5465	
日照							
莱芜							

2004年山东省预算外资金支出分类情况表

单位：万元

项目	合计	一、行政事业费支出	二、基本建设支出	三、城市维护支出	四、乡镇统筹、自筹资金支出	五、其他支出
全省合计	**2953200**	**1720674**	**130226**	**145398**	**45337**	**911565**
省级	1361679	616687	104502			640490
市地合计	1591521	1103987	25724	145398	45337	271075
青岛	460823	198050	10040	11048	3553	238132
济南	223974	99483	5464	98965	5224	14838
淄博	105342	92771		3216	9133	222
枣庄	53170	48104		1741		3325
烟台	104160	83017	2615	13691	2293	2544
潍坊	97419	90560	3183	2664		1012
济宁	53756	52021	180	416	365	774
临沂	81934	78358	1918	799	405	454
泰安	65631	64731		76	742	82
聊城	44963	43796		985		182
菏泽	31744	31167		106		471
德州	19773	19773				
滨州	63240	53116	1058	805	1090	7171
东营	48174	38773		2166	6213	1022
威海	74094	52263	350	5377	16104	
日照	50953	46677	916	2596		764
莱芜	12371	11327		747	215	82

2004年山东省预算外专户资金支出情况表

单位：万元

项目	合计	一、行政事业费支出	二、基本建设支出	三、城市维护支出	四、其他支出
全省合计	**2907863**	**1720674**	**130226**	**145398**	**911565**
省级	1361679	616687	104502		640490
市地合计	1546184	1103987	25724	145398	271075
青岛	457270	198050	10040	11048	238132
济南	218750	99483	5464	98965	14838
淄博	96209	92771		3216	222
枣庄	53170	48104		1741	3325
烟台	101867	83017	2615	13691	2544
潍坊	97419	90560	3183	2664	1012
济宁	53391	52021	180	416	774
临沂	81529	78358	1918	799	454
泰安	64889	64731		76	82
聊城	44963	43796		985	182
菏泽	31744	31167		106	471
德州	19773	19773			
滨州	62150	53116	1058	805	7171
东营	41961	38773		2166	1022
威海	57990	52263	350	5377	
日照	50953	46677	916	2596	764
莱芜	12156	11327		747	82

2004年山东省乡镇自筹、统筹资金支出情况表

单位：万元

项　目	合　计	一、行政事业费支出	二、基本建设支出	三、乡镇统筹支出		
				小计	教育经费支出	民兵训练费支出
全省合计	**45456**	**20780**	**1410**	**9873**	**2026**	**82**
省级						
市地合计	45456	20780	1410	9873	2026	82
青岛	3553			3553		
济南	5224	2956				
淄博	9133	4717		712	195	10
枣庄						
烟台	2293	900		143		
潍坊						
济宁	365	80		80		
临沂	405	241				
泰安	742	652				
聊城						
菏泽						
德州						
滨州	1090			1090	526	18
东营	6213	4966		479	45	2
威海	16223	6053	1410	3816	1260	52
日照						
莱芜	215	215				

续表

项 目	三、乡镇统筹支出					四、其他支出
	优抚经费支 出	五保户、困难户补助支出	社会公益事业建设支出	计划生育支 出	其他支出	
全省合计	**1174**	**207**	**984**	**315**	**5085**	**13393**
省级						
市地合计	1174	207	984	315	5085	13393
青岛					3553	
济南						2268
淄博	83	37	120	29	238	3704
枣庄						
烟台					143	1250
潍坊						
济宁			80			205
临沂						164
泰安						90
聊城						
菏泽						
德州						
滨州	213	26	110	156	41	
东营	62	21	292	27	30	768
威海	816	123	382	103	1080	4944
日照						
莱芜						

山东省地方财政
预算执行资料部分

2004年1月份全省地方财政收入完成情况

单位：万元

项目	年度预算	本月收入			截止本月累计			
		数额	比上月+-	比上年增减%	数额	占预算%	上年同期	比上年增减%
（一）增值税（25%部分）	1034199	107842		8.76	107842	10.43	99157	8.76
（二）营业税	1716589	160931		9.96	160931	9.38	146355	9.96
（三）个人所得税	291506	26728		37.72	26728	9.17	19408	37.72
（四）城市维护建设税	526307	37937		20.81	37937	7.21	31401	20.81
（五）企业所得税	726494	87251		39.56	87251	12.01	62519	39.56
（六）国有企业计划亏损补贴	-45890	-825		-30.14	-825	1.80	-1181	-30.14
（七）农业税	214314	3365		84.79	3365	1.57	1821	84.79
（八）耕地占用税	83057	7514		91.73	7514	9.05	3919	91.73
（九）专项收入	320081	23309		34.65	23309	7.28	17311	34.65
（十）其他各项收入	2577851	165704		22.98	165704	6.43	134738	22.98
其中：行政性收费收入	935188	49969		9.99	49969	5.34	45429	9.99
全省一般预算收入合计	**7444508**	**619756**		**20.24**	**619756**	**8.33**	**515448**	**20.24**
其中：税收收入	5626462	512999		18.48	512999	9.12	432996	18.48
非税收入	1818046	106757		29.48	106757	5.87	82452	29.48
全省基金预算收入	**946161**	**35566**		**33.10**	**35566**	**3.76**	**26722**	**33.10**

2004年1月份全省地方财政支出完成情况

单位：万元

项目	年度预算	本月支出			截止本月累计			
		数额	比上月+－	比上年增减%	数额	占预算%	上年同期	比上年增减%
(一) 基本建设支出	621543	13874		43.73	13874	2.23	9653	43.73
(二) 企业挖潜改造资金	460630	9883		－28.22	9883	2.15	13769	－28.22
(三) 支农支出及农林水事业费	665324	24277		12.45	24277	3.65	21589	12.45
(四) 城市维护费	668486	39250		53.43	39250	5.87	25581	53.43
(五) 文体广播、卫生事业费	751837	34769		－4.55	34769	4.62	36427	－4.55
(六) 教育事业费	1990689	157717		13.13	157717	7.92	139410	13.13
(七) 科学事业费和科技三项费用	210962	4363		－25.41	4363	2.07	5849	－25.41
(八) 抚恤救济和社会保障支出	691251	50086		55.68	50086	7.25	32173	55.68
(九) 行政管理费	1173840	84390		2.19	84390	7.19	82584	2.19
(十) 公检法司支出	696600	41262		7.50	41262	5.92	38382	7.50
(十一) 其他部门事业费	642661	27703		－15.93	27703	4.31	32954	－15.93
(十二) 政策性补贴支出	196944	221		－14.01	221	0.11	257	－14.01
(十三) 专项支出	350765	4222		6.13	4222	1.20	3978	6.13
(十四) 其他各项支出	1904320	68347		－7.99	68347	3.59	74282	－7.99
全省一般预算支出合计	**11025852**	**560364**		**8.41**	**560364**	**5.08**	**516888**	**8.41**
其中：生产建设性支出		73453		17.56	73453		62482	17.56
非生产建设性支出		486911		7.15	486911		454406	7.15
全省基金预算支出	**949919**	**28803**		**4.80**	**28803**	**3.03**	**27485**	**4.80**

2004年1月份分级财政收支完成情况

单位：万元

级　次	收　入					
	年度预算	累计数	占预算%	上年同期	比上年增减%	非税收入比重%
全省合计	**7444508**	**619756**	**8.33**	**515448**	**20.24**	**17.23**
省　级	1031100	103311	10.02	78180	32.15	14.17
市地合计	6413408	516445	8.05	437268	18.11	17.84
济南	842593	68349	8.11	57065	19.77	8.46
青岛	1170021	126607	10.82	109301	15.83	14.48
淄博	446310	24947	5.59	20464	21.91	10.35
枣庄	188683	11794	6.25	8276	42.51	21.44
烟台	590200	52793	8.94	42755	23.48	16.61
潍坊	473506	30801	6.50	26127	17.89	14.55
济宁	510651	37868	7.42	31008	22.12	17.49
临沂	325467	22002	6.76	20216	8.83	37.79
泰安	286776	20444	7.13	16738	22.14	30.14
聊城	214092	14856	6.94	11592	28.16	26.13
菏泽	156811	9288	5.92	7982	16.36	26.40
德州	244648	19579	8.00	16592	18.00	36.24
滨州	187496	13747	7.33	10009	37.35	8.74
东营	249188	25449	10.21	24442	4.12	19.67
威海	345961	22444	6.49	21520	4.29	31.69
日照	99087	8382	8.46	7521	11.45	16.30
莱芜	81918	7095	8.66	5660	25.35	6.00

续表

级　次	支　出					
	年度预算	累计数	占预算%	上年同期	比上年增减%	生产建设性支出比重%
全省合计	**11025852**	**560364**	**5.08**	**516888**	**8.41**	**13.11**
省　级	1830017	60657	3.31	83420	-27.29	2.21
市地合计	9195835	499707	5.43	433468	15.28	14.43
济南	969042	42103	4.34	37755	11.52	19.81
青岛	1663324	100730	6.06	84734	18.88	22.46
淄博	547495	31418	5.74	23460	33.92	13.75
枣庄	268969	17228	6.41	13338	29.16	11.59
烟台	816500	47023	5.76	35772	31.45	20.75
潍坊	663549	34338	5.17	39129	-12.24	10.34
济宁	693940	41623	6.00	40875	1.83	8.31
临沂	590142	23942	4.06	22092	8.37	3.98
泰安	447120	29463	6.59	18139	62.43	5.61
聊城	366134	28262	7.72	20953	34.88	18.16
菏泽	368414	22785	6.18	20891	9.07	5.49
德州	410030	20606	5.03	19229	7.16	12.64
滨州	312915	17226	5.51	12906	33.47	2.36
东营	315591	8734	2.77	9669	-9.67	10.73
威海	484764	18997	3.92	20679	-8.13	18.57
日照	161106	9007	5.59	8605	4.67	4.47
莱芜	116800	6222	5.33	5242	18.70	19.25

2004年2月份全省地方财政收入完成情况

单位：万元

项　目	年度预算	本月收入			截止本月累计			
		数额	比上月+－	比上年增减%	数额	占预算%	上年同期	比上年增减%
（一）增值税(25%部分)	1034199	110213	2371	16.40	218055	21.08	193843	12.49
（二）营业税	1716589	90785	－70146	41.09	251716	14.66	210702	19.47
（三）个人所得税	291506	25165	－1563	18.62	51893	17.80	40623	27.74
（四）城市维护建设税	526307	33361	－4576	37.83	71298	13.55	55605	28.22
（五）企业所得税	726494	33488	－53763	23.50	120739	16.62	89634	34.70
（六）国有企业计划亏损补贴	－45890	－1240	－415	556.08	－2065	4.50	－1370	50.73
（七）农业税	214314	2090	－1275	120.93	5455	2.55	2767	97.14
（八）耕地占用税	83057	3600	－3914	17.76	11114	13.38	6976	59.32
（九）专项收入	320081	15772	－7537	46.05	39081	12.21	28110	39.03
（十）其他各项收入	2577851	155489	－10215	60.27	321193	12.46	231754	38.59
其中：行政性收费收入	935188	66826	16857	69.15	116795	12.49	84935	37.51
全省一般预算收入合计	**7444508**	**468723**	**－151033**	**36.58**	**1088479**	**14.62**	**858644**	**26.77**
其中：税收收入	5626462	351294	－161705	30.62	864293	15.36	701940	23.13
非税收入	1818046	117429	10672	58.15	224186	12.33	156704	43.06
全省基金预算收入	**946161**	**62964**	**27398**	**279.83**	**98530**	**10.41**	**43299**	**127.56**

2004年2月份全省地方财政支出完成情况

单位：万元

项目	年度预算	本月支出			截止本月累计			
		数额	比上月+－	比上年增减%	数额	占预算%	上年同期	比上年增减%
(一)基本建设支出	621543	10541	－3333	98.18	24415	3.93	14972	63.07
(二)企业挖潜改造资金	460630	15561	5678	133.93	25444	5.52	20421	24.60
(三)支农支出及农林水事业费	665324	25947	1670	36.68	50224	7.55	40573	23.79
(四)城市维护费	668486	29255	－9995	14.17	68505	10.25	51204	33.79
(五)文体广播、卫生事业费	751837	33118	－1651	41.18	67887	9.03	59885	13.36
(六)教育事业费	1990689	124831	－32886	19.95	282548	14.19	243482	16.04
(七)科学事业费和科技三项费用	210962	5561	1198	151.63	9924	4.70	8059	23.14
(八)抚恤救济和社会保障支出	691251	20536	－29550	－12.96	70622	10.22	55766	26.64
(九)行政管理费	1173840	76008	－8382	41.58	160398	13.66	136271	17.71
(十)公检法司支出	696600	36925	－4337	20.76	78187	11.22	68960	13.38
(十一)其他部门事业费	642661	41517	13814	71.36	69220	10.77	57182	21.05
(十二)政策性补贴支出	196944	44059	43838	0.37	44280	22.48	44155	0.28
(十三)专项支出	350765	3799	－423	100.69	8021	2.29	5871	36.62
(十四)其他各项支出	1904320	71783	3436	43.92	140130	7.36	124159	12.86
全省一般预算支出合计	**11025852**	**539441**	**－20923**	**30.28**	**1099805**	**9.97**	**930960**	**18.14**
其中：生产建设性支出		67978	－5475	41.31	141431		110587	27.89
非生产建设性支出		471463	－15448	28.83	958374		820373	16.82
全省基金预算支出	**949919**	**16149**	**－12654**	**34.16**	**44952**	**4.73**	**39522**	**13.74**

2004年2月份分级财政收支完成情况

单位：万元

级　次	收　入					
	年度预算	累计数	占预算%	上年同期	比上年增减%	非税收入比重%
全省合计	**7444508**	**1088479**	**14.62**	**858644**	**26.77**	**20.60**
省　级	1031100	173847	16.86	133489	30.23	18.53
市地合计	6413408	914632	14.26	725155	26.13	20.99
济南	842593	113607	13.48	94124	20.70	12.57
青岛	1170021	220320	18.83	171035	28.82	17.32
淄博	446310	50919	11.41	40940	24.37	13.07
枣庄	188683	22817	12.09	16228	40.60	20.12
烟台	590200	89460	15.16	69480	28.76	18.32
潍坊	473506	59377	12.54	46828	26.80	18.99
济宁	510651	61844	12.11	48842	26.62	14.73
临沂	325467	43358	13.32	34971	23.98	42.95
泰安	286776	40470	14.11	30389	33.17	37.68
聊城	214092	24560	11.47	19754	24.33	23.99
菏泽	156811	17952	11.45	13974	28.47	27.23
德州	244648	34991	14.30	29948	16.84	44.37
滨州	187496	22956	12.24	15635	46.82	11.71
东营	249188	39642	15.91	31652	25.24	18.24
威海	345961	48213	13.94	41925	15.00	41.03
日照	99087	11750	11.86	9810	19.78	8.93
莱芜	81918	12396	15.13	9620	28.86	4.79

续表

级　次	支　出					
	年度预算	累计数	占预算%	上年同期	比上年增减%	生产建设性支出比重%
全省合计	**11025852**	**1099805**	**9.97**	**930960**	**18.14**	**12.86**
省　级	1830017	158461	8.66	142322	11.34	5.48
市地合计	9195835	941344	10.24	788638	19.36	14.10
济南	969042	79060	8.16	84387	-6.31	15.33
青岛	1663324	179222	10.77	150797	18.85	23.17
淄博	547495	56425	10.31	40677	38.71	12.17
枣庄	268969	31930	11.87	22911	39.37	12.30
烟台	816500	92621	11.34	74993	23.51	17.84
潍坊	663549	70908	10.69	61820	14.70	11.71
济宁	693940	75486	10.88	62471	20.83	9.90
临沂	590142	49377	8.37	41355	19.40	3.79
泰安	447120	50830	11.37	34092	49.10	5.34
聊城	366134	48134	13.15	37590	28.05	15.68
菏泽	368414	39653	10.76	34093	16.31	5.11
德州	410030	41162	10.04	34438	19.52	14.71
滨州	312915	37510	11.99	26288	42.69	8.95
东营	315591	19553	6.20	16078	21.61	14.17
威海	484764	41338	8.53	42007	-1.59	17.22
日照	161106	16041	9.96	14455	10.97	3.48
莱芜	116800	12094	10.35	10186	18.73	16.51

2004年3月份全省地方财政收入完成情况

单位：万元

项目	年度预算	本月收入			截止本月累计			
		数额	比上月 + -	比上年增减%	数额	占预算%	上年同期	比上年增减%
（一）增值税（25%部分）	1034199	109053	-1160	-2.87	327108	31.63	306113	6.86
（二）营业税	1716589	127948	37163	29.27	379664	22.12	309677	22.60
（三）个人所得税	291506	29419	4254	21.04	81312	27.89	64929	25.23
（四）城市维护建设税	526307	58749	25388	1.88	130047	24.71	113270	14.81
（五）企业所得税	726494	61059	27571	17.05	181798	25.02	141801	28.21
（六）国有企业计划亏损补贴	-45890	-1600	-360	-47.81	-3665	7.99	-4436	-17.38
（七）农业税	214314	4814	2724	-43.95	10269	4.79	11355	-9.56
（八）耕地占用税	83057	18772	15172	76.63	29886	35.98	17604	69.77
（九）专项收入	320081	28944	13172	-2.83	68025	21.25	57898	17.49
（十）其他各项收入	2577851	403835	248346	37.19	725028	28.13	526111	37.81
其中：行政性收费收入	935188	130317	63491	31.77	247112	26.42	183836	34.42
全省一般预算收入合计	**7444508**	**840993**	**372270**	**22.65**	**1929472**	**25.92**	**1544322**	**24.94**
其中：税收收入	5626462	552102	200808	9.22	1416395	25.17	1207431	17.31
非税收入	1818046	288891	171462	60.33	513077	28.22	336891	52.30
全省基金预算收入	**946161**	**100129**	**37165**	**230.88**	**198659**	**21.00**	**73560**	**170.06**

2004年3月份全省地方财政支出完成情况

单位：万元

项目	年度预算	本月支出			截止本月累计			
		数额	比上月+－	比上年增减%	数额	占预算%	上年同期	比上年增减%
(一)基本建设支出	621543	17000	6459	-7.81	41415	6.66	33412	23.95
(二)企业挖潜改造资金	460630	37233	21672	33.74	62677	13.61	48261	29.87
(三)支农支出及农林水事业费	665324	39763	13816	20.28	89987	13.53	73633	22.21
(四)城市维护费	668486	71277	42022	47.76	139782	20.91	99441	40.57
(五)文体广播、卫生事业费	751837	62076	28958	70.06	129963	17.29	96387	34.83
(六)教育事业费	1990689	164450	39619	24.55	446998	22.45	375514	19.04
(七)科学事业费和科技三项费用	210962	9134	3573	19.43	19058	9.03	15707	21.33
(八)抚恤救济和社会保障支出	691251	48475	27939	169.65	119097	17.23	73743	61.50
(九)行政管理费	1173840	99984	23976	25.66	260382	22.18	215841	20.64
(十)公检法司支出	696600	56157	19232	37.54	134344	19.29	109790	22.36
(十一)其他部门事业费	642661	47507	5990	34.41	116727	18.16	92527	26.15
(十二)政策性补贴支出	196944	315	-43744	108.61	44595	22.64	44306	0.65
(十三)专项支出	350765	11179	7380	79.78	19200	5.47	12089	58.82
(十四)其他各项支出	1904320	165043	93260	67.61	305173	16.03	222629	37.08
全省一般预算支出合计	**11025852**	**829593**	**290152**	**42.46**	**1929398**	**17.50**	**1513280**	**27.50**
其中：生产建设性支出		154162	86184	28.31	295593		230731	28.11
非生产建设性支出		675431	203968	46.14	1633805		1282549	27.39
全省基金预算支出	**949919**	**74593**	**58444**	**128.79**	**119545**	**12.58**	**72125**	**65.75**

2004 年 3 月份分级财政收支完成情况

单位：万元

级 次	收 入					
	年度预算	累计数	占预算%	上年同期	比上年增减%	非税收入比重%
全省合计	**7444508**	**1929472**	**25.92**	**1544322**	**24.94**	**26.59**
省 级	1031100	269925	26.18	207145	30.31	23.68
市地合计	6413408	1659547	25.88	1337177	24.11	27.07
济南	842593	193204	22.93	173657	11.26	23.66
青岛	1170021	345775	29.55	275638	25.45	18.97
淄博	446310	96381	21.60	76706	25.65	20.14
枣庄	188683	48811	25.87	35746	36.55	35.59
烟台	590200	151860	25.73	117299	29.46	23.89
潍坊	473506	102670	21.68	79899	28.50	25.43
济宁	510651	129226	25.31	100402	28.71	25.76
临沂	325467	87028	26.74	67880	28.21	47.51
泰安	286776	78914	27.52	66536	18.60	48.17
聊城	214092	43767	20.44	36751	19.09	26.60
菏泽	156811	32190	20.53	25268	27.39	29.13
德州	244648	79902	32.66	66035	21.00	38.00
滨州	187496	44714	23.85	30820	45.08	22.13
东营	249188	84672	33.98	66357	27.60	19.57
威海	345961	92320	26.69	79217	16.54	42.42
日照	99087	26295	26.54	21954	19.77	26.16
莱芜	81918	21818	26.63	17012	28.25	9.93

续表

级 次	支 出					
	年度预算	累计数	占预算%	上年同期	比上年增减%	生产建设性支出比重%
全省合计	**11025852**	**1929398**	**17.50**	**1513280**	**27.50**	**15.32**
省 级	1830017	257266	14.06	193353	33.06	5.11
市地合计	9195835	1672132	18.18	1319927	26.68	16.89
济南	969042	156420	16.14	131999	18.50	14.63
青岛	1663324	291218	17.51	237384	22.68	24.14
淄博	547495	104843	19.15	71356	46.93	14.97
枣庄	268969	51434	19.12	40040	28.46	11.92
烟台	816500	168394	20.62	130866	28.68	23.50
潍坊	663549	122417	18.45	95461	28.24	15.60
济宁	693940	140909	20.31	110664	27.33	14.73
临沂	590142	83726	14.19	71823	16.57	8.77
泰安	447120	96800	21.65	61835	56.55	10.75
聊城	366134	78768	21.51	60003	31.27	15.08
菏泽	368414	65912	17.89	53736	22.66	5.45
德州	410030	75936	18.52	61449	23.58	20.30
滨州	312915	63356	20.25	49363	28.35	13.01
东营	315591	40604	12.87	29004	39.99	16.94
威海	484764	84044	17.34	75317	11.59	21.17
日照	161106	25141	15.61	22520	11.64	4.86
莱芜	116800	22210	19.02	17107	29.83	23.49

2004年4月份全省地方财政收入完成情况

单位：万元

项　　目	年度预算	本　月　收　入			截止本月累计			
		数额	比上月 + -	比上年增减%	数额	占预算%	上年同期	比上年增减%
（一）增值税(25%部分)	1034199	114349	5296	26.91	441457	42.69	396212	11.42
（二）营业税	1716589	159850	31902	34.74	539514	31.43	428315	25.96
（三）个人所得税	291506	26147	－3272	27.06	107459	36.86	85507	25.67
（四）城市维护建设税	526307	40103	－18646	54.76	170150	32.33	139183	22.25
（五）企业所得税	726494	132482	71423	33.00	314280	43.26	241412	30.18
（六）国有企业计划亏损补贴	－45890	－15637	－14037	812.31	－19302	42.06	－6150	213.85
（七）农业税	214314	3213	－1601	33.21	13482	6.29	13767	－2.07
（八）耕地占用税	83057	5207	－13565	192.36	35093	42.25	19385	81.03
（九）专项收入	320081	25980	－2964	35.79	94005	29.37	77031	22.04
（十）其他各项收入	2577851	219282	－184553	23.25	944310	36.63	704026	34.13
其中：行政性收费收入	935188	64032	－66285	16.92	311144	33.27	238601	30.40
全省一般预算收入合计	**7444508**	**710976**	**－130017**	**28.25**	**2640448**	**35.47**	**2098688**	**25.81**
其中：税收收入	5626462	578494	26392	28.65	1994889	35.46	1657088	20.39
非税收入	1818046	132482	－156409	26.52	645559	35.51	441600	46.19
全省基金预算收入	**946161**	**127827**	**27698**	**120.63**	**326486**	**34.51**	**131497**	**148.28**

2004年4月份全省地方财政支出完成情况

单位：万元

项　目	年度预算	本月支出 数额	本月支出 比上月+－	本月支出 比上年增减%	截止本月累计 数额	截止本月累计 占预算%	截止本月累计 上年同期	截止本月累计 比上年增减%
(一)基本建设支出	621543	38126	21126	-15.54	79541	12.80	78552	1.26
(二)企业挖潜改造资金	460630	28176	-9057	15.03	90853	19.72	72756	24.87
(三)支农支出及农林水事业费	665324	34225	-5538	11.75	124212	18.67	104259	19.14
(四)城市维护费	668486	72279	1002	73.15	212061	31.72	141184	50.20
(五)文体广播、卫生事业费	751837	55094	-6982	5.19	185057	24.61	148764	24.40
(六)教育事业费	1990689	156553	-7897	20.14	603551	30.32	505820	19.32
(七)科学事业费和科技三项费用	210962	7342	-1792	-1.94	26400	12.51	23194	13.82
(八)抚恤救济和社会保障支出	691251	34709	-13766	-8.21	153806	22.25	111558	37.87
(九)行政管理费	1173840	106246	6262	38.29	366628	31.23	292669	25.27
(十)公检法司支出	696600	61958	5801	32.06	196302	28.18	156708	25.27
(十一)其他部门事业费	642661	47975	468	31.33	164702	25.63	129056	27.62
(十二)政策性补贴支出	196944	590	275	-9.37	45185	22.94	44957	0.51
(十三)专项支出	350765	12664	1485	33.91	31864	9.08	21546	47.89
(十四)其他各项支出	1904320	108953	-56090	33.30	414126	21.75	304365	36.06
全省一般预算支出合计	**11025852**	**764890**	**-64703**	**22.95**	**2694288**	**24.44**	**2135388**	**26.17**
其中：生产建设性支出		158924	4762	19.24	454517		364011	24.86
非生产建设性支出		605966	-69465	23.96	2239771		1771377	26.44
全省基金预算支出	**949919**	**72398**	**-2195**	**113.44**	**191943**	**20.21**	**106045**	**81.00**

2004年4月份分级财政收支完成情况

单位：万元

级次	收入					
	年度预算	累计数	占预算%	上年同期	比上年增减%	非税收入比重%
全省合计	**7444508**	**2640448**	**35.47**	**2098688**	**25.81**	**24.45**
省级	1031100	399532	38.75	315798	26.52	21.85
市地合计	6413408	2240916	34.94	1782890	25.69	24.91
济南	842593	279568	33.18	230177	21.46	20.81
青岛	1170021	464711	39.72	387434	19.95	15.70
淄博	446310	140413	31.46	110929	26.58	21.64
枣庄	188683	61582	32.64	45480	35.40	31.53
烟台	590200	202691	34.34	156726	29.33	21.44
潍坊	473506	141720	29.93	110458	28.30	21.51
济宁	510651	163486	32.02	130302	25.47	19.38
临沂	325467	108971	33.48	84097	29.58	43.80
泰安	286776	107689	37.55	86043	25.16	46.98
聊城	214092	63250	29.54	49248	28.43	27.29
菏泽	156811	51013	32.53	35338	44.36	37.24
德州	244648	103803	42.43	85434	21.50	38.10
滨州	187496	63841	34.05	40747	56.68	28.14
东营	249188	103558	41.56	78985	31.11	18.52
威海	345961	121665	35.17	100823	20.67	41.20
日照	99087	34387	34.70	28608	20.20	22.97
莱芜	81918	28568	34.87	22061	29.50	8.32

续表

级　次	支　出					
	年度预算	累计数	占预算%	上年同期	比上年增减%	生产建设性支出比重%
全省合计	**11025852**	**2694288**	**24.44**	**2135388**	**26.17**	**16.87**
省　级	1830017	341997	18.69	243311	40.56	7.62
市地合计	9195835	2352291	25.58	1892077	24.32	18.21
济南	969042	210860	21.76	190834	10.49	15.99
青岛	1663324	420641	25.29	361671	16.30	27.08
淄博	547495	143360	26.18	100685	42.38	16.46
枣庄	268969	74046	27.53	56423	31.23	12.07
烟台	816500	230633	28.25	182230	26.56	23.77
潍坊	663549	172473	25.99	132269	30.40	17.00
济宁	693940	192706	27.77	151448	27.24	16.06
临沂	590142	133742	22.66	104978	27.40	8.84
泰安	447120	126336	28.26	93639	34.92	10.47
聊城	366134	108166	29.54	82378	31.30	15.46
菏泽	368414	96286	26.14	75036	28.32	5.48
德州	410030	107717	26.27	88026	22.37	23.11
滨州	312915	80796	25.82	65566	23.23	14.19
东营	315591	69352	21.98	51810	33.86	20.24
威海	484764	117153	24.17	101534	15.38	22.94
日照	161106	37547	23.31	31268	20.08	5.65
莱芜	116800	30477	26.09	22282	36.78	22.29

2004年5月份全省地方财政收入完成情况

单位：万元

项　　目	年度预算	本月收入			截止本月累计			
		数额	比上月+-	比上年增减%	数额	占预算%	上年同期	比上年增减%
(一)增值税(25%部分)	1034199	99275	-15074	-4.14	540732	52.29	499778	8.19
(二)营业税	1716589	116001	-43849	26.50	655515	38.19	520017	26.06
(三)个人所得税	291506	23652	-2495	17.74	131111	44.98	105595	24.16
(四)城市维护建设税	526307	38764	-1339	21.40	208914	39.69	171113	22.09
(五)企业所得税	726494	49891	-82591	20.25	364171	50.13	282902	28.73
(六)国有企业计划亏损补贴	-45890	-1194	14443	-28.50	-20496	44.66	-7820	162.10
(七)农业税	214314	24164	20951	31.57	37646	17.57	32133	17.16
(八)耕地占用税	83057	12608	7401	146.35	47701	57.43	24503	94.67
(九)专项收入	320081	23798	-2182	7.49	117803	36.80	99170	18.79
(十)其他各项收入	2577851	241542	22260	21.99	1185852	46.00	902028	31.47
其中:行政性收费收入	935188	85605	21573	19.28	396749	42.42	310369	27.83
全省一般预算收入合计	**7444508**	**628501**	**-82475**	**18.42**	**3268949**	**43.91**	**2629419**	**24.32**
其中:税收收入	5626462	429684	-148810	11.43	2424573	43.09	2042702	18.69
非税收入	1818046	198817	66335	37.00	844376	46.44	586717	43.92
全省基金预算收入	**946161**	**87019**	**-40808**	**14.54**	**413505**	**43.70**	**207469**	**99.31**

2004年5月份全省地方财政支出完成情况

单位：万元

项目	年度预算	本月支出			截止本月累计			
		数额	比上月+－	比上年增减%	数额	占预算%	上年同期	比上年增减%
(一) 基本建设支出	621543	45458	7332	－15.56	124999	20.11	132385	－5.58
(二) 企业挖潜改造资金	460630	22654	－5522	－31.40	113507	24.64	105781	7.30
(三) 支农支出及农林水事业费	665324	43382	9157	12.20	167594	25.19	142923	17.26
(四) 城市维护费	668486	68248	－4031	7.10	280309	41.93	204905	36.80
(五) 文体广播、卫生事业费	751837	52414	－2680	－21.10	237471	31.59	215191	10.35
(六) 教育事业费	1990689	145894	－10659	2.75	749445	37.65	647805	15.69
(七) 科学事业费和科技三项费用	210962	10633	3291	－33.67	37033	17.55	39225	－5.59
(八) 抚恤救济和社会保障支出	691251	23088	－11621	－13.68	176894	25.59	138305	27.90
(九) 行政管理费	1173840	89894	－16352	3.59	456522	38.89	379447	20.31
(十) 公检法司支出	696600	49447	－12511	－24.37	245749	35.28	222092	10.65
(十一) 其他部门事业费	642661	50871	2896	－5.32	215573	33.54	182785	17.94
(十二) 政策性补贴支出	196944	350	－240	－99.22	45535	23.12	90041	－49.43
(十三) 专项支出	350765	10389	－2275	－5.85	42253	12.05	32581	29.69
(十四) 其他各项支出	1904320	118075	9122	6.14	532201	27.95	415605	28.05
全省一般预算支出合计	**11025852**	**730797**	**－34093**	**－10.19**	**3425085**	**31.06**	**2949071**	**16.14**
其中：生产建设性支出		166606	7682	－6.64	621123		542472	14.50
非生产建设性支出		564191	－41775	－11.18	2803962		2406599	16.51
全省基金预算支出	**949919**	**97556**	**25158**	**12.84**	**289499**	**30.48**	**192499**	**50.39**

2004年5月份分级财政收支完成情况

单位：万元

级　次	收　入					
	年度预算	累计数	占预算%	上年同期	比上年增减%	非税收入比重%
全省合计	**7444508**	**3268949**	**43.91**	**2629419**	**24.32**	**25.83**
省　级	1031100	484980	47.04	388063	24.97	23.96
市地合计	6413408	2783969	43.41	2241356	24.21	26.16
济南	842593	341381	40.52	280767	21.59	22.48
青岛	1170021	538151	45.99	468414	14.89	14.60
淄博	446310	180175	40.37	142172	26.73	25.45
枣庄	188683	78873	41.80	58297	35.30	31.00
烟台	590200	251228	42.57	194352	29.26	20.69
潍坊	473506	197655	41.74	154278	28.12	26.85
济宁	510651	206023	40.35	165165	24.74	20.88
临沂	325467	146173	44.91	114665	27.48	33.79
泰安	286776	132391	46.17	106935	23.81	47.48
聊城	214092	77509	36.20	64217	20.70	29.55
菏泽	156811	65068	41.49	45000	44.60	40.62
德州	244648	126281	51.62	103909	21.53	46.79
滨州	187496	80673	43.03	52473	53.74	29.60
东营	249188	118146	47.41	93004	27.03	18.43
威海	345961	159869	46.21	130442	22.56	43.71
日照	99087	47251	47.69	38281	23.43	30.33
莱芜	81918	37122	45.32	28985	28.07	10.64

续表

级　次	支　出					
	年度预算	累计数	占预算%	上年同期	比上年增减%	生产建设性支出比重%
全省合计	**11025852**	**3425085**	**31.06**	**2949071**	**16.14**	**18.13**
省　级	1830017	444496	24.29	459190	-3.20	9.91
市地合计	9195835	2980589	32.41	2489881	19.71	19.36
济南	969042	279173	28.81	265711	5.07	19.35
青岛	1663324	526381	31.65	464911	13.22	27.53
淄博	547495	177532	32.43	129998	36.57	15.35
枣庄	268969	97180	36.13	73300	32.58	13.37
烟台	816500	291693	35.72	241861	20.60	25.55
潍坊	663549	213152	32.12	171964	23.95	16.42
济宁	693940	238872	34.42	205318	16.34	16.71
临沂	590142	178111	30.18	150158	18.62	11.60
泰安	447120	148416	33.19	115049	29.00	11.16
聊城	366134	129526	35.38	106294	21.86	14.45
菏泽	368414	118395	32.14	94793	24.90	8.08
德州	410030	138104	33.68	113397	21.79	22.59
滨州	312915	114363	36.55	82327	38.91	17.71
东营	315591	90790	28.77	69490	30.65	23.92
威海	484764	150215	30.99	134478	11.70	24.62
日照	161106	48093	29.85	40623	18.39	5.57
莱芜	116800	40593	34.75	30209	34.37	24.90

2004年6月份全省地方财政收入完成情况

单位：万元

项目	年度预算	本月收入			截止本月累计			
		数额	比上月+-	比上年增减%	数额	占预算%	上年同期	比上年增减%
（一）增值税（25%部分）	1034199	105352	6077	-5.67	646084	62.47	611468	5.66
（二）营业税	1716589	171617	55616	21.23	827132	48.18	661583	25.02
（三）个人所得税	291506	30782	7130	20.69	161893	55.54	131099	23.49
（四）城市维护建设税	526307	59387	20623	17.62	268301	50.98	221604	21.07
（五）企业所得税	726494	58969	9078	31.59	423140	58.24	327715	29.12
（六）国有企业计划亏损补贴	-45890	-3618	-2424	-21.77	-24114	52.55	-12445	93.76
（七）农业税	214314	123829	99665	-42.27	161475	75.35	246624	-34.53
（八）耕地占用税	83057	21793	9185	131.99	69494	83.67	33897	105.02
（九）专项收入	320081	35524	11726	11.89	153327	47.90	130919	17.12
（十）其他各项收入	2577851	350254	108712	10.27	1536106	59.59	1219660	25.95
其中：行政性收费收入	935188	117486	31881	8.67	514235	54.99	418480	22.88
全省一般预算收入合计	**7444508**	**953889**	**325388**	**1.19**	**4222838**	**56.72**	**3572124**	**18.22**
其中：税收收入	5626462	728821	299137	-2.72	3153394	56.05	2791868	12.95
非税收入	1818046	225068	26251	16.29	1069444	58.82	780256	37.06
全省基金预算收入	**946161**	**74337**	**-12682**	**-27.02**	**487842**	**51.56**	**309326**	**57.71**

2004年6月份全省地方财政支出完成情况

单位：万元

项　　目	年度预算	本　月　支　出			截止本月累计			
		数额	比上月 + -	比上年增减%	数额	占预算%	上年同期	比上年增减%
(一) 基本建设支出	621543	51525	6067	11.76	176524	28.40	178488	-1.10
(二) 企业挖潜改造资金	460630	42587	19933	-8.18	156094	33.89	152161	2.58
(三) 支农支出及农林水事业费	665324	67200	23818	26.57	234794	35.29	196017	19.78
(四) 城市维护费	668486	96101	27853	40.07	376410	56.31	273512	37.62
(五) 文体广播、卫生事业费	751837	73463	21049	30.61	310934	41.36	271439	14.55
(六) 教育事业费	1990689	204989	59095	19.22	954434	47.94	819751	16.43
(七) 科学事业费和科技三项费用	210962	21327	10694	42.56	58360	27.66	54185	7.71
(八) 抚恤救济和社会保障支出	691251	38695	15607	48.21	215589	31.19	164413	31.13
(九) 行政管理费	1173840	116584	26690	26.66	573106	48.82	471493	21.55
(十) 公检法司支出	696600	81325	31878	37.59	327074	46.95	281197	16.31
(十一) 其他部门事业费	642661	86346	35475	70.63	301919	46.98	233389	29.36
(十二) 政策性补贴支出	196944	70272	69922	3206.92	115807	58.80	92166	25.65
(十三) 专项支出	350765	23413	13024	21.50	65666	18.72	51851	26.64
(十四) 其他各项支出	1904320	184678	66603	25.48	716879	37.64	562788	27.38
全省一般预算支出合计	**11025852**	**1158505**	**427708**	**35.69**	**4583590**	**41.57**	**3802850**	**20.53**
其中：生产建设性支出		243691	77085	17.11	864814		750562	15.22
非生产建设性支出		914814	350623	41.68	3718776		3052288	21.84
全省基金预算支出	**949919**	**112376**	**14820**	**87.60**	**401875**	**42.31**	**252401**	**59.22**

2004年6月份分级财政收支完成情况

单位：万元

级　次	收　入						
	年度预算	累计数	占预算%	上年同期	比上年增减%	按可比口径增长%	非税收入比重%
全省合计	**7444508**	**4222838**	**56.72**	**3572124**	**18.22**	**27.97**	**25.33**
省　级	1031100	590742	57.29	465350	26.95	26.95	26.45
市地合计	6413408	3632096	56.63	3106774	16.91	28.13	25.14
济南	842593	428271	50.83	369218	15.99	19.87	23.94
青岛	1170021	692227	59.16	608452	13.77	21.83	14.00
淄博	446310	234449	52.53	184795	26.87	32.70	26.30
枣庄	188683	109917	58.25	90996	20.79	30.58	31.94
烟台	590200	324585	55.00	267235	21.46	30.41	21.29
潍坊	473506	256122	54.09	223310	14.69	32.80	21.87
济宁	510651	271382	53.14	235335	15.32	28.01	22.57
临沂	325467	184275	56.62	164806	11.81	26.83	34.08
泰安	286776	172153	60.03	150708	14.23	30.17	39.62
聊城	214092	112602	52.60	106108	6.12	24.41	29.62
菏泽	156811	89221	56.90	75944	17.48	38.01	35.51
德州	244648	188349	76.99	159819	17.85	30.76	37.91
滨州	187496	108111	57.66	83577	29.35	45.02	25.00
东营	249188	151309	60.72	122586	23.43	26.72	19.27
威海	345961	202163	58.44	167162	20.94	43.02	41.15
日照	99087	58954	59.50	56796	3.80	29.77	29.71
莱芜	81918	48006	58.60	39927	20.23	30.02	13.16

续表

级　次	支　出					
	年度预算	累计数	占预算%	上年同期	比上年增减%	生产建设性支出比重%
全省合计	**11025852**	**4583590**	**41.57**	**3802850**	**20.53**	**18.87**
省　级	1830017	740809	40.48	626032	18.33	10.48
市地合计	9195835	3842781	41.79	3176818	20.96	20.48
济南	969042	370288	38.21	334350	10.75	23.19
青岛	1663324	664058	39.92	577141	15.06	28.67
淄博	547495	232078	42.39	175110	32.53	15.71
枣庄	268969	123057	45.75	94433	30.31	14.36
烟台	816500	373786	45.78	300085	24.56	26.28
潍坊	663549	279512	42.12	230279	21.38	17.71
济宁	693940	306989	44.24	251159	22.23	18.92
临沂	590142	237118	40.18	192676	23.07	11.53
泰安	447120	190285	42.56	156172	21.84	12.09
聊城	366134	160904	43.95	131046	22.78	15.26
菏泽	368414	144795	39.30	118197	22.50	7.63
德州	410030	173332	42.27	145272	19.32	21.88
滨州	312915	144741	46.26	102903	40.66	17.49
东营	315591	121516	38.50	95392	27.39	22.93
威海	484764	204912	42.27	176628	16.01	28.23
日照	161106	62879	39.03	55936	12.41	6.25
莱芜	116800	52531	44.98	40039	31.20	23.21

2004年7月份全省地方财政收入完成情况

单位：万元

项目	年度预算	本月收入			截止本月累计				
		数额	比上月+-	比上年增减%	数额	占预算%	上年同期	比上年增减%	按可比口径增长%
（一）增值税(25%部分)	1034199	75076	-30276	-22.70	721160	69.73	708592	1.77	20.87
（二）营业税	1716589	157404	-14213	29.60	984536	57.35	783038	25.73	
（三）个人所得税	291506	23045	-7737	28.03	184938	63.44	149099	24.04	
（四）城市维护建设税	526307	35337	-24050	21.47	303638	57.69	250696	21.12	
（五）企业所得税	726494	137283	78314	37.15	560423	77.14	427812	31.00	
（六）国有企业计划亏损补贴	-45890	-782	2836	-94.26	-24896	54.25	-26076	-4.53	
（七）农业税	214314	28195	-95634	-29.44	189670	88.50	286583	-33.82	32.37
（八）耕地占用税	83057	5616	-16177	187.56	75110	90.43	35850	109.51	
（九）专项收入	320081	30763	-4761	76.47	184090	57.51	148351	24.09	
（十）其他各项收入	2577851	158774	-191480	21.33	1694880	65.75	1350522	25.50	
其中：行政性收费收入	935188	58814	-58672	106.02	573049	61.28	447028	28.19	
全省一般预算收入合计	**7444508**	**650711**	**-303178**	**19.98**	**4873549**	**65.47**	**4114467**	**18.45**	**28.94**
其中：税收收入	5626462	530985	-197836	11.21	3684379	65.48	3269328	12.70	25.66
非税收入	1818046	119726	-105342	84.53	1189170	65.41	845139	40.71	
全省基金预算收入	**946161**	**84275**	**9938**	**-12.17**	**572117**	**60.47**	**405281**	**41.17**	

2004年7月份全省地方财政支出完成情况

单位：万元

项　目	年度预算	本月支出			截止本月累计			
		数额	比上月+－	比上年增减%	数额	占预算%	上年同期	比上年增减%
(一)基本建设支出	621543	67130	15605	129.40	243654	39.20	207751	17.28
(二)企业挖潜改造资金	460630	24874	－17713	7.70	180968	39.29	175256	3.26
(三)支农支出及农林水事业费	665324	38876	－28324	1.72	273670	41.13	234235	16.84
(四)城市维护费	668486	62092	－34009	17.78	438502	65.60	326232	34.41
(五)文体广播、卫生事业费	751837	49981	－23482	0.78	360915	48.00	321035	12.42
(六)教育事业费	1990689	133089	－71900	11.75	1087523	54.63	938849	15.84
(七)科学事业费和科技三项费用	210962	10375	－10952	18.57	68735	32.58	62935	9.22
(八)抚恤救济和社会保障支出	691251	67714	29019	100.57	283303	40.98	198174	42.96
(九)行政管理费	1173840	86175	－30409	3.44	659281	56.16	554799	18.83
(十)公检法司支出	696600	47102	－34223	－7.90	374176	53.71	332338	12.59
(十一)其他部门事业费	642661	36853	－49493	－2.14	338772	52.71	271049	24.99
(十二)政策性补贴支出	196944	392	－69880	－32.06	116199	59.00	92743	25.29
(十三)专项支出	350765	12826	－10587	9.93	78492	22.38	63518	23.57
(十四)其他各项支出	1904320	117168	－67510	22.62	834047	43.80	658339	26.69
全省一般预算支出合计	**11025852**	**754647**	**－403858**	**18.95**	**5338237**	**48.42**	**4437253**	**20.30**
其中：生产建设性支出		181320	－62371	33.69	1046134		886188	18.05
非生产建设性支出		573327	－341487	14.95	4292103		3551065	20.87
全省基金预算支出	**949919**	**97128**	**－15248**	**41.70**	**499003**	**52.53**	**320947**	**55.48**

2004年7月份分级财政收支完成情况

单位：万元

级次	收入						
	年度预算	累计数	占预算%	上年同期	比上年增减%	按可比口径增长%	非税收入比重%
全省合计	**7444508**	**4873549**	**65.47**	**4114467**	**18.45**	**28.94**	**24.40**
省级	1031100	728150	70.62	552950	31.68	31.69	26.69
市地合计	6413408	4145399	64.64	3561517	16.39	28.48	24.00
济南	842593	508597	60.36	432288	17.65	21.56	22.25
青岛	1170021	781022	66.75	693875	12.56	22.69	13.72
淄博	446310	265707	59.53	211344	25.72	31.47	23.48
枣庄	188683	124070	65.76	102265	21.32	30.96	30.60
烟台	590200	374758	63.50	314775	19.06	29.21	21.93
潍坊	473506	291068	61.47	255897	13.74	32.60	21.00
济宁	510651	315509	61.79	269622	17.02	29.03	21.07
临沂	325467	209870	64.48	181404	15.69	33.67	31.47
泰安	286776	194139	67.70	168645	15.12	31.32	37.90
聊城	214092	129227	60.36	127264	1.54	20.17	28.62
菏泽	156811	114320	72.90	101628	12.49	40.24	31.81
德州	244648	188970	77.24	162938	15.98	28.29	37.79
滨州	187496	124379	66.34	95095	30.79	46.75	24.79
东营	249188	168942	67.80	136692	23.59	27.11	18.63
威海	345961	230873	66.73	194945	18.43	39.12	39.97
日照	99087	67170	67.79	66132	1.57	29.51	27.21
莱芜	81918	56778	69.31	46708	21.56	31.06	12.60

续表

级　次	支　出					
	年度预算	累计数	占预算%	上年同期	比上年增减%	生产建设性支出比重%
全省合计	**11025852**	**5338237**	**48.42**	**4437253**	**20.30**	**19.60**
省　级	1830017	850786	46.49	701769	21.23	16.60
市地合计	9195835	4487451	48.80	3735484	20.13	20.16
济南	969042	427809	44.15	394418	8.47	22.94
青岛	1663324	764637	45.97	658685	16.09	27.34
淄博	547495	269440	49.21	206439	30.52	15.74
枣庄	268969	145430	54.07	114992	26.47	14.28
烟台	816500	435972	53.40	354742	22.90	26.50
潍坊	663549	324244	48.87	272189	19.12	17.24
济宁	693940	351950	50.72	297509	18.30	18.77
临沂	590142	279738	47.40	222114	25.94	11.52
泰安	447120	222019	49.66	183687	20.87	13.50
聊城	366134	192490	52.57	160270	20.10	15.65
菏泽	368414	177646	48.22	146122	21.57	7.16
德州	410030	203690	49.68	172883	17.82	21.99
滨州	312915	165613	52.93	122583	35.10	16.40
东营	315591	142122	45.03	114007	24.66	23.42
威海	484764	247103	50.97	203772	21.26	27.71
日照	161106	77611	48.17	65651	18.22	5.67
莱芜	116800	59937	51.32	45421	31.96	23.11

2004年8月份全省地方财政收入完成情况

单位：万元

项目	年度预算	本月收入			截止本月累计				
		数额	比上月+－	比上年增减%	数额	占预算%	上年同期	比上年增减%	按可比口径增长%
(一) 增值税(25%部分)	1034199	82927	7851	－24.28	804087	77.75	818106	－1.71	21.51
(二) 营业税	1716589	117195	－40209	27.26	1101731	64.18	875128	25.89	
(三) 个人所得税	291506	31947	8902	32.70	216885	74.40	173174	25.24	
(四) 城市维护建设税	526307	35762	425	17.75	339400	64.49	281067	20.75	
(五) 企业所得税	726494	27323	－109960	33.80	587746	80.90	448233	31.13	
(六) 国有企业计划亏损补贴	－45890	－1334	－552	－55.02	－26230	57.16	－29042	－9.68	
(七) 农业税	214314	6762	－21433	－73.01	196432	91.66	311640	－36.97	26.06
(八) 耕地占用税	83057	7620	2004	101.48	82730	99.61	39632	108.75	
(九) 专项收入	320081	27676	－3087	40.24	211766	66.16	168086	25.99	
(十) 其他各项收入	2577851	150538	－8236	2.70	1845418	71.59	1497104	23.27	
其中：行政性收费收入	935188	50173	－8641	－6.79	623222	66.64	500856	24.43	
全省一般预算收入合计	**7444508**	**486416**	**－164295**	**3.79**	**5359965**	**72.00**	**4583128**	**16.95**	**28.15**
其中：税收收入	5626462	360376	－170609	2.51	4044755	71.89	3620879	11.71	25.71
非税收入	1818046	126040	6314	7.63	1315210	72.34	962249	36.68	
全省基金预算收入	**946161**	**114011**	**29736**	**9.77**	**686128**	**72.52**	**509149**	**34.76**	

2004年8月份全省地方财政支出完成情况

单位：万元

项　　目	年度预算	本月支出			截止本月累计			
		数额	比上月+－	比上年增减%	数额	占预算%	上年同期	比上年增减%
(一)基本建设支出	621543	26642	－40488	－49.72	270296	43.49	260734	3.67
(二)企业挖潜改造资金	460630	15633	－9241	－29.71	196601	42.68	197496	－0.45
(三)支农支出及农林水事业费	665324	40065	1189	17.64	313735	47.16	268292	16.94
(四)城市维护费	668486	61807	－285	32.84	500309	74.84	372760	34.22
(五)文体广播、卫生事业费	751837	52675	2694	24.05	413590	55.01	363498	13.78
(六)教育事业费	1990689	140123	7034	6.69	1227646	61.67	1070183	14.71
(七)科学事业费和科技三项费用	210962	8645	－1730	－3.78	77380	36.68	71920	7.59
(八)抚恤救济和社会保障支出	691251	53781	－13933	－8.40	337084	48.76	256885	31.22
(九)行政管理费	1173840	95580	9405	14.76	754861	64.31	638087	18.30
(十)公检法司支出	696600	57406	10304	19.80	431582	61.96	380256	13.50
(十一)其他部门事业费	642661	46453	9600	1.11	385225	59.94	316994	21.52
(十二)政策性补贴支出	196944	1960	1568	－2.83	118159	60.00	94760	24.69
(十三)专项支出	350765	14729	1903	68.33	93221	26.58	72268	28.99
(十四)其他各项支出	1904320	101013	－16155	23.71	935060	49.10	739990	26.36
全省一般预算支出合计	**11025852**	**716512**	**－38135**	**7.44**	**6054749**	**54.91**	**5104123**	**18.62**
其中：生产建设性支出		128322	－52998	－11.84	1174456		1031748	13.83
非生产建设性支出		588190	14863	12.83	4880293		4072375	19.84
全省基金预算支出	**949919**	**70618**	**－26510**	**6.81**	**569621**	**59.97**	**387061**	**47.17**

2004年8月份分级财政收支完成情况

单位：万元

级次	收入						
	年度预算	累计数	占预算%	上年同期	比上年增减%	按可比口径增长%	非税收入比重%
全省合计	**7444508**	**5359965**	**72.00**	**4583128**	**16.95**	**28.15**	**24.54**
省级	1031100	817309	79.27	638895	27.93	27.93	26.68
市地合计	6413408	4542656	70.83	3944233	15.17	28.19	24.15
济南	842593	555721	65.95	472148	17.70	21.73	22.50
青岛	1170021	851541	72.78	766260	11.13	23.13	13.61
淄博	446310	295603	66.23	234308	26.16	33.55	24.09
枣庄	188683	137938	73.11	113844	21.16	30.48	29.91
烟台	590200	417834	70.80	350796	19.11	30.16	22.89
潍坊	473506	316655	66.87	281811	12.36	32.04	21.45
济宁	510651	348147	68.18	300122	16.00	28.36	22.16
临沂	325467	233868	71.86	206106	13.47	32.53	30.95
泰安	286776	211471	73.74	183644	15.15	30.54	37.95
聊城	214092	142570	66.59	138693	2.80	20.48	29.21
菏泽	156811	124904	79.65	114500	9.09	37.54	32.34
德州	244648	200678	82.03	181378	10.64	23.40	38.06
滨州	187496	134932	71.97	103863	29.91	45.86	24.83
东营	249188	183325	73.57	150705	21.64	25.24	19.61
威海	345961	248774	71.91	218893	13.65	37.66	38.00
日照	99087	75336	76.03	75326	0.01	29.27	27.26
莱芜	81918	63359	77.34	51836	22.23	31.91	11.73

续表

级次	支出					
	年度预算	累计数	占预算%	上年同期	比上年增减%	生产建设性支出比重%
全省合计	**11025852**	**6054749**	**54.91**	**5104123**	**18.62**	**19.40**
省级	1830017	938676	51.29	825286	13.74	16.61
市地合计	9195835	5116073	55.63	4278837	19.57	19.91
济南	969042	490938	50.66	454515	8.01	22.98
青岛	1663324	876780	52.71	758473	15.60	27.29
淄博	547495	311105	56.82	232411	33.86	15.68
枣庄	268969	166528	61.91	131697	26.45	14.99
烟台	816500	498710	61.08	407120	22.50	25.36
潍坊	663549	368201	55.49	311303	18.28	17.11
济宁	693940	394159	56.80	343109	14.88	17.81
临沂	590142	310541	52.62	254372	22.08	10.01
泰安	447120	254576	56.94	206292	23.41	15.05
聊城	366134	217703	59.46	184851	17.77	15.22
菏泽	368414	207266	56.26	170812	21.34	7.14
德州	410030	231052	56.35	193442	19.44	22.06
滨州	312915	186712	59.67	139984	33.38	15.34
东营	315591	165193	52.34	129502	27.56	24.49
威海	484764	280724	57.91	232987	20.49	27.17
日照	161106	89499	55.55	75051	19.25	5.75
莱芜	116800	66386	56.84	52916	25.46	21.51

2004年9月份全省地方财政收入完成情况

单位：万元

项　　目	年度预算	本月收入			截止本月累计				
		数额	比上月+－	比上年增减%	数额	占预算%	上年同期	比上年增减%	按可比口径增长%
(一) 增值税(25%部分)	1034199	87975	5048	－27.00	892062	86.26	938620	－4.96	20.89
(二) 营业税	1716589	129683	12488	10.66	1231414	71.74	992317	24.09	
(三) 个人所得税	291506	23428	－8519	5.76	240313	82.44	195327	23.03	
(四) 城市维护建设税	526307	44942	·9180	16.68	384342	73.03	319585	20.26	
(五) 企业所得税	726494	30621	3298	－11.12	618367	85.12	482687	28.11	
(六) 国有企业计划亏损补贴	－45890	－1654	－320	－68.72	－27884	60.76	－34330	－18.78	
(七) 农业税	214314	19467	12705	79.78	215899	100.74	322468	－33.05	33.90
(八) 耕地占用税	83057	17425	9805	93.16	100155	120.59	48653	105.86	
(九) 专项收入	320081	29970	2294	28.60	241736	75.52	191391	26.30	
(十) 其他各项收入	2577851	268276	117738	1.93	2113694	81.99	1760301	20.08	
其中：行政性收费收入	935188	93122	42949	－21.61	716344	76.60	619642	15.61	
全省一般预算收入合计	**7444508**	**650133**	**163717**	**2.56**	**6010098**	**80.73**	**5217019**	**15.20**	**26.41**
其中：税收收入	5626462	452186	91810	4.15	4496941	79.92	4055061	10.90	25.24
非税收入	1818046	197947	71907	－0.88	1513157	83.23	1161958	30.22	
全省基金预算收入	**946161**	**159220**	**45209**	**128.25**	**845348**	**89.35**	**578905**	**46.03**	

2004年9月份全省地方财政支出完成情况

单位：万元

项目	年度预算	本月支出			截止本月累计			
		数额	比上月+-	比上年增减%	数额	占预算%	上年同期	比上年增减%
(一)基本建设支出	621543	44601	17959	-8.49	314897	50.66	309474	1.75
(二)企业挖潜改造资金	460630	17014	1381	-44.00	213615	46.37	227876	-6.26
(三)支农支出及农林水事业费	665324	50255	10190	22.25	363990	54.71	309402	17.64
(四)城市维护费	668486	70789	8982	4.82	571098	85.43	440296	29.71
(五)文体广播、卫生事业费	751837	70738	18063	18.69	484328	64.42	423096	14.47
(六)教育事业费	1990689	164886	24763	13.15	1392532	69.95	1215905	14.53
(七)科学事业费和科技三项费用	210962	11990	3345	-9.60	89370	42.36	85183	4.92
(八)抚恤救济和社会保障支出	691251	58732	4951	-1.91	395816	57.26	316760	24.96
(九)行政管理费	1173840	104683	9103	5.17	859544	73.22	737621	16.53
(十)公检法司支出	696600	85872	28466	52.69	517454	74.28	436494	18.55
(十一)其他部门事业费	642661	66874	20421	50.60	452099	70.35	361398	25.10
(十二)政策性补贴支出	196944	31735	29775	-29.21	149894	76.11	139592	7.38
(十三)专项支出	350765	17920	3191	18.20	111141	31.69	87429	27.12
(十四)其他各项支出	1904320	126841	25828	2.30	1061901	55.76	863980	22.91
全省一般预算支出合计	**11025852**	**922930**	**206418**	**8.53**	**6977679**	**63.28**	**5954506**	**17.18**
其中：生产建设性支出		167838	39516	-5.10	1342294		1208608	11.06
非生产建设性支出		755092	166902	12.11	5635385		4745898	18.74
全省基金预算支出	**949919**	**113418**	**42800**	**-1.20**	**683039**	**71.90**	**501860**	**36.10**

2004年9月份分级财政收支完成情况

单位：万元

级次	收入						
	年度预算	累计数	占预算%	上年同期	比上年增减%	按可比口径增长%	非税收入比重%
全省合计	**7444508**	**6010098**	**80.73**	**5217019**	**15.20**	**26.41**	**25.18**
省级	1031100	904718	87.74	721017	25.48	25.49	27.60
市地合计	6413408	5105380	79.60	4496002	13.55	26.57	24.75
济南	842593	604947	71.80	534958	13.08	17.07	22.56
青岛	1170021	954729	81.60	877035	8.86	21.23	14.97
淄博	446310	332758	74.56	263279	26.39	33.39	23.96
枣庄	188683	152724	80.94	125213	21.97	30.98	29.18
烟台	590200	459678	77.89	388778	18.24	30.91	22.85
潍坊	473506	362081	76.47	324450	11.60	31.90	24.51
济宁	510651	403781	79.07	353166	14.33	26.46	23.98
临沂	325467	288851	88.75	256947	12.42	30.48	30.43
泰安	286776	231550	80.74	206504	12.13	26.06	37.89
聊城	214092	157939	73.77	155645	1.47	17.40	29.97
菏泽	156811	134459	85.75	123778	8.63	36.43	32.14
德州	244648	224150	91.62	201937	11.00	22.02	39.83
滨州	187496	152785	81.49	118011	29.47	44.76	27.57
东营	249188	203708	81.75	166694	22.20	25.84	20.12
威海	345961	283555	81.96	257578	10.09	35.09	35.09
日照	99087	83975	84.75	83956	0.02	28.98	26.37
莱芜	81918	73710	89.98	58073	26.93	36.60	12.17

续表

级　次	支　出					
	年度预算	累计数	占预算%	上年同期	比上年增减%	生产建设性支出比重%
全省合计	**11025852**	**6977679**	**63.28**	**5954506**	**17.18**	**19.24**
省　级	1830017	1085797	59.33	1020830	6.36	16.39
市地合计	9195835	5891882	64.07	4933676	19.42	19.76
济南	969042	566398	58.45	526550	7.57	23.83
青岛	1663324	1003138	60.31	872913	14.92	27.84
淄博	547495	354470	64.74	265058	33.73	15.82
枣庄	268969	189851	70.58	152033	24.87	14.84
烟台	816500	554587	67.92	466990	18.76	24.75
潍坊	663549	419974	63.29	350059	19.97	16.82
济宁	693940	465930	67.14	401190	16.14	17.67
临沂	590142	358654	60.77	296549	20.94	9.52
泰安	447120	322749	72.18	241639	33.57	13.59
聊城	366134	245363	67.01	210726	16.44	14.70
菏泽	368414	236298	64.14	195578	20.82	7.19
德州	410030	263885	64.36	229443	15.01	21.43
滨州	312915	201721	64.47	160662	25.56	14.85
东营	315591	195646	61.99	152349	28.42	23.15
威海	484764	326902	67.44	266669	22.59	26.93
日照	161106	101357	62.91	86101	17.72	5.99
莱芜	116800	84959	72.74	59167	43.59	21.81

2004年10月份全省地方财政收入完成情况

单位：万元

项目	年度预算	本月收入			截止本月累计				
		数额	比上月+－	比上年增减%	数额	占预算%	上年同期	比上年增减%	按可比口径增长%
（一）增值税（25%部分）	1034199	99983	12008	－0.67	992045	95.92	1039280	－4.54	22.58
（二）营业税	1716589	174896	45213	24.47	1406310	81.92	1132825	24.14	
（三）个人所得税	291506	23387	－41	30.48	263700	90.46	213251	23.66	
（四）城市维护建设税	526307	46449	1507	31.47	430791	81.85	354916	21.38	
（五）企业所得税	726494	153085	122464	74.59	771452	106.19	570370	35.25	
（六）国有企业计划亏损补贴	－45890	－3011	－1357	5.98	－30895	67.32	－37171	－16.88	
（七）农业税	214314	9803	－9664	－34.01	225702	105.31	337323	－33.09	33.82
（八）耕地占用税	83057	13532	－3893	128.04	113687	136.88	54587	108.27	
（九）专项收入	320081	28875	－1095	38.01	270611	84.54	212314	27.46	
（十）其他各项收入	2577851	225749	－42527	24.77	2339443	90.75	1941235	20.51	
其中：行政性收费收入	935188	67022	－26100	23.81	783366	83.77	673776	16.27	
全省一般预算收入合计	**7444508**	**772748**	**122615**	**28.38**	**6782846**	**91.11**	**5818930**	**16.57**	**27.76**
其中：税收收入	5626462	620513	168327	28.63	5117454	90.95	4537464	12.78	27.10
非税收入	1818046	152235	－45712	27.38	1665392	91.60	1281466	29.96	
全省基金预算收入	**946161**	**173353**	**14133**	**555.67**	**1018701**	**107.67**	**605344**	**68.28**	

2004年10月份全省地方财政支出完成情况

单位：万元

项　目	年度预算	本月支出			截止本月累计			
		数额	比上月 + -	比上年增减%	数额	占预算%	上年同期	比上年增减%
(一) 基本建设支出	621543	11640	-32961	-79.97	326537	52.54	367585	-11.17
(二) 企业挖潜改造资金	460630	28551	11537	11.21	242166	52.57	253548	-4.49
(三) 支农支出及农林水事业费	665324	45593	-4662	13.33	409583	61.56	349633	17.15
(四) 城市维护费	668486	65334	-5455	31.91	636432	95.20	489824	29.93
(五) 文体广播、卫生事业费	751837	61642	-9096	10.22	545970	72.62	479022	13.98
(六) 教育事业费	1990689	154897	-9989	17.84	1547429	77.73	1347355	14.85
(七) 科学事业费和科技三项费用	210962	15831	3841	27.45	105201	49.87	97604	7.78
(八) 抚恤救济和社会保障支出	691251	67212	8480	130.68	463028	66.98	345897	33.86
(九) 行政管理费	1173840	102360	-2323	21.52	961904	81.95	821853	17.04
(十) 公检法司支出	696600	55338	-30534	9.28	572792	82.23	487131	17.58
(十一) 其他部门事业费	642661	56010	-10864	20.58	508109	79.06	407850	24.58
(十二) 政策性补贴支出	196944	645	-31090	-54.32	150539	76.44	141004	6.76
(十三) 专项支出	350765	14488	-3432	-9.22	125629	35.82	103389	21.51
(十四) 其他各项支出	1904320	118151	-8690	-2.75	1180052	61.97	985469	19.75
全省一般预算支出合计	**11025852**	**797692**	**-125238**	**10.38**	**7775371**	**70.52**	**6677164**	**16.45**
其中：生产建设性支出		143304	-24534	-13.94	1485598		1375126	8.03
非生产建设性支出		654388	-100704	17.67	6289773		5302038	18.63
全省基金预算支出	**949919**	**154321**	**40903**	**152.63**	**837360**	**88.15**	**562946**	**48.75**

2004年10月份分级财政收支完成情况

单位：万元

级　次	收　入						
	年度预算	累计数	占预算%	上年同期	比上年增减%	按可比口径增长%	非税收入比重%
全省合计	**7444508**	**6782846**	**91.11**	**5818930**	**16.57**	**27.76**	**24.55**
省　级	1031100	1036468	100.52	797064	30.04	30.05	26.36
市地合计	6413408	5746378	89.60	5021866	14.43	27.38	24.23
济南	842593	700247	83.11	600110	16.69	20.57	21.45
青岛	1170021	1076312	91.99	988648	8.87	21.22	14.26
淄博	446310	383581	85.94	301992	27.02	33.94	25.73
枣庄	188683	169225	89.69	138520	22.17	30.99	29.48
烟台	590200	507414	85.97	434284	16.84	30.34	22.73
潍坊	473506	410381	86.67	364365	12.63	31.88	24.23
济宁	510651	456823	89.46	393148	16.20	27.90	23.43
临沂	325467	313738	96.40	276625	13.42	30.91	30.90
泰安	286776	258504	90.14	232096	11.38	24.39	37.28
聊城	214092	176461	82.42	170660	3.40	18.32	30.15
菏泽	156811	145009	92.47	134881	7.51	34.31	31.19
德州	244648	252128	103.06	226306	11.41	23.19	39.92
滨州	187496	173576	92.58	132613	30.89	46.67	26.51
东营	249188	228825	91.83	183402	24.77	28.81	20.13
威海	345961	318738	92.13	286357	11.31	37.80	31.41
日照	99087	91597	92.44	93649	-2.19	26.37	25.18
莱芜	81918	83819	102.32	64210	30.54	40.15	12.39

续表

级次	支出					
	年度预算	累计数	占预算%	上年同期	比上年增减%	生产建设性支出比重%
全省合计	**11025852**	**7775371**	**70.52**	**6677164**	**16.45**	**19.11**
省级	1830017	1224060	66.89	1173159	4.34	15.23
市地合计	9195835	6551311	71.24	5504005	19.03	19.83
济南	969042	653337	67.42	593732	10.04	26.18
青岛	1663324	1105622	66.47	973064	13.62	27.18
淄博	547495	394259	72.01	297851	32.37	16.55
枣庄	268969	209959	78.06	167939	25.02	14.84
烟台	816500	610598	74.78	516751	18.16	24.34
潍坊	663549	474954	71.58	388685	22.20	16.95
济宁	693940	512669	73.88	443743	15.53	18.15
临沂	590142	392349	66.48	331290	18.43	9.43
泰安	447120	344918	77.14	266854	29.25	13.41
聊城	366134	274679	75.02	233402	17.68	14.92
菏泽	368414	264656	71.84	222831	18.77	7.22
德州	410030	291523	71.10	256555	13.63	21.03
滨州	312915	232089	74.17	178121	30.30	14.38
东营	315591	214292	67.90	172976	23.89	21.85
威海	484764	368441	76.00	296217	24.38	27.22
日照	161106	112093	69.58	98032	14.34	5.76
莱芜	116800	94873	81.23	65962	43.83	18.20

2004年11月份全省地方财政收入完成情况

单位：万元

项目	年度预算	本月收入			截止本月累计				
		数额	比上月+－	比上年增减%	数额	占预算%	上年同期	比上年增减%	按可比口径增长%
(一) 增值税(25%部分)	1034199	92141	－7842	－12.74	1084186	104.83	1144879	－5.30	23.18
(二) 营业税	1716589	141883	－33013	21.64	1548193	90.19	1249466	23.91	
(三) 个人所得税	291506	23786	399	26.72	287486	98.62	232021	23.91	
(四) 城市维护建设税	526307	51221	4772	56.55	482012	91.58	387634	24.35	
(五) 企业所得税	726494	36096	－116989	41.84	807548	111.16	595819	35.54	
(六) 国有企业计划亏损补贴	－45890	－2119	892	60.53	－33014	71.94	－38491	－14.23	
(七) 农业税	214314	17851	8048	－48.43	243553	113.64	371940	－34.52	30.96
(八) 耕地占用税	83057	17592	4060	98.76	131279	158.06	63438	106.94	
(九) 专项收入	320081	27798	－1077	38.76	298409	93.23	232347	28.43	
(十) 其他各项收入	2577851	194443	－31306	19.10	2533886	98.29	2104490	20.40	
其中：行政性收费收入	935188	47987	－19035	－16.40	831353	88.90	731175	13.70	
全省一般预算收入合计	**7444508**	**600692**	**－172056**	**14.50**	**7383538**	**99.18**	**6343543**	**16.39**	**27.98**
其中：税收收入	5626462	468777	－151736	16.14	5586231	99.28	4941102	13.06	27.93
非税收入	1818046	131915	－20320	9.04	1797307	98.86	1402441	28.16	
全省基金预算收入	**946161**	**204553**	**31200**	**－0.62**	**1223254**	**129.29**	**811168**	**50.80**	

2004年11月份全省地方财政支出完成情况

单位：万元

项　目	年度预算	本月支出			截止本月累计			
		数额	比上月+－	比上年增减%	数额	占预算%	上年同期	比上年增减%
(一)基本建设支出	621543	46332	34692	4.53	372869	59.99	411911	-9.48
(二)企业挖潜改造资金	460630	66184	37633	107.21	308350	66.94	285488	8.01
(三)支农支出及农林水事业费	665324	58005	12412	25.74	467588	70.28	395765	18.15
(四)城市维护费	668486	53131	-12203	0.36	689563	103.15	542765	27.05
(五)文体广播、卫生事业费	751837	71692	10050	3.05	617662	82.15	548591	12.59
(六)教育事业费	1990689	176420	21523	22.59	1723849	86.60	1491266	15.60
(七)科学事业费和科技三项费用	210962	25153	9322	24.83	130354	61.79	117753	10.70
(八)抚恤救济和社会保障支出	691251	63592	-3620	97.36	526620	76.18	378118	39.27
(九)行政管理费	1173840	113935	11575	8.19	1075839	91.65	927167	16.04
(十)公检法司支出	696600	70642	15304	39.97	643434	92.37	537599	19.69
(十一)其他部门事业费	642661	63377	7367	29.86	571486	88.92	456654	25.15
(十二)政策性补贴支出	196944	33906	33261	2965.64	184445	93.65	142110	29.79
(十三)专项支出	350765	29552	15064	54.01	155181	44.24	122577	26.60
(十四)其他各项支出	1904320	197191	79040	59.18	1377243	72.32	1109347	24.15
全省一般预算支出合计	**11025852**	**1069112**	**271420**	**35.34**	**8844483**	**80.22**	**7467111**	**18.45**
其中：生产建设性支出		225011	81707	31.55	1710609		1546175	10.63
非生产建设性支出		844101	189713	36.39	7133874		5920936	20.49
全省基金预算支出	**949919**	**98823**	**-55498**	**21.78**	**936183**	**98.55**	**644097**	**45.35**

2004年11月份分级财政收支完成情况

单位：万元

级次	收入						
	年度预算	累计数	占预算%	上年同期	比上年增减%	按可比口径增长%	非税收入比重%
全省合计	**7444508**	**7383538**	**99.18**	**6343543**	**16.39**	**27.98**	**24.34**
省级	1031100	1105401	107.21	861585	28.30	28.51	26.79
市地合计	6413408	6278137	97.89	5481958	14.52	27.89	23.91
济南	842593	772480	91.68	650354	18.78	22.78	21.97
青岛	1170021	1182142	101.04	1086059	8.85	21.53	14.14
淄博	446310	423484	94.89	338185	25.22	32.92	25.69
枣庄	188683	187486	99.37	150013	24.98	33.35	29.88
烟台	590200	555336	94.09	477740	16.24	30.91	23.00
潍坊	473506	446903	94.38	393364	13.61	32.88	23.49
济宁	510651	476958	93.40	422854	12.79	24.06	22.26
临沂	325467	347215	106.68	300033	15.73	32.86	29.92
泰安	286776	280623	97.85	261113	7.47	20.59	37.98
聊城	214092	196152	91.62	184671	6.22	20.48	30.89
菏泽	156811	154404	98.47	146054	5.72	32.72	31.29
德州	244648	255179	104.30	234163	8.97	21.25	37.28
滨州	187496	191885	102.34	150056	27.88	46.10	25.75
东营	249188	254179	102.00	199970	27.11	31.18	20.41
威海	345961	360211	104.12	315640	14.12	43.80	30.25
日照	99087	99717	100.64	101757	-2.00	28.12	24.46
莱芜	81918	93783	114.48	69932	34.11	43.29	12.23

续表

级次	支出					
	年度预算	累计数	占预算%	上年同期	比上年增减%	生产建设性支出比重%
全省合计	**11025852**	**8844483**	**80.22**	**7467111**	**18.45**	**19.34**
省级	1830017	1428971	78.09	1286671	11.06	17.20
市地合计	9195835	7415512	80.64	6180440	19.98	19.75
济南	969042	741110	76.48	650064	14.01	25.04
青岛	1663324	1234843	74.24	1100508	12.21	27.86
淄博	547495	447643	81.76	343249	30.41	17.09
枣庄	268969	237966	88.47	187140	27.16	14.88
烟台	816500	692330	84.79	580602	19.24	23.58
潍坊	663549	526641	79.37	436579	20.63	16.80
济宁	693940	576430	83.07	492977	16.93	17.82
临沂	590142	494334	83.77	372049	32.87	10.02
泰安	447120	385149	86.14	299199	28.73	14.76
聊城	366134	312198	85.27	261973	19.17	14.93
菏泽	368414	297082	80.64	251115	18.31	7.28
德州	410030	319712	77.97	283576	12.74	20.91
滨州	312915	263310	84.15	199925	31.70	15.23
东营	315591	240142	76.09	199037	20.65	21.89
威海	484764	408417	84.25	337803	20.90	25.94
日照	161106	128870	79.99	107716	19.64	6.34
莱芜	116800	109335	93.61	76928	42.13	18.84

2004年12月份全省地方财政收入完成情况

单位：万元

项目	年度预算	本月收入			截止本月累计				
		数额	比上月+-	比上年增减%	数额	占预算%	上年同期	比上年增减%	按可比口径增长%
(一)增值税(25%部分)	1034199	76204	-15937	-34.28	1160390	112.20	1260824	-7.97	22.85
(二)营业税	1716589	216309	74426	9.46	1764502	102.79	1447077	21.94	
(三)个人所得税	291506	32151	8365	13.85	319637	109.65	260262	22.81	
(四)城市维护建设税	526307	67254	16033	19.28	549266	104.36	444019	23.70	
(五)企业所得税	726494	53076	16980	-22.59	860624	118.46	664382	29.54	
(六)国有企业计划亏损补贴	-45890	-10857	-8738	4.36	-43871	95.60	-48894	-10.27	
(七)农业税	214314	7549	-10302	-85.51	251102	117.17	424030	-40.78	
(八)耕地占用税	83057	51940	34348	120.67	183219	220.59	86975	110.66	
(九)专项收入	320081	55513	27715	3.50	353922	110.57	285982	23.76	
(十)其他各项收入	2574868	350629	156186	67.98	2884515	112.03	2313220	24.70	
其中：行政性收费收入	935188	78568	30581	199.72	909921	97.30	757389	20.14	
全省一般预算收入合计	**7441525**	**899768**	**299076**	**13.27**	**8283306**	**111.31**	**7137877**	**16.05**	**28.88**
其中：税收收入	5626462	688100	219323	7.23	6274331	111.51	5582820	12.39	26.66
非税收入	1818046	211668	79753	38.69	2008975	110.50	1555057	29.19	
全省基金预算收入	**946161**	**454516**	**249963**	**42.40**	**1677770**	**177.32**	**1130347**	**48.43**	

2004年12月份全省地方财政支出完成情况

单位：万元

项　　目	年度预算	本月支出			截止本月累计			
		数额	比上月 + -	比上年增减%	数额	占预算%	上年同期	比上年增减%
(一)基本建设支出	621543	227461	181129	1.16	600330	96.59	636760	-5.72
(二)企业挖潜改造资金	460630	201792	135608	13.73	510142	110.75	462915	10.20
(三)支农支出及农林水事业费	665324	263485	205480	18.50	731073	109.88	618116	18.27
(四)城市维护费	668486	196390	143259	37.91	885953	132.53	685165	29.31
(五)文体广播、卫生事业费	751837	201432	129740	30.07	819094	108.95	703457	16.44
(六)教育事业费	1990689	324435	148015	8.07	2048284	102.89	1791484	14.33
(七)科学事业费和科技三项费用	210962	93416	68263	14.91	223770	106.07	199045	12.42
(八)抚恤救济和社会保障支出	691251	222531	158939	-10.48	749151	108.38	626701	19.54
(九)行政管理费	1173840	237089	123154	20.86	1312928	111.85	1123337	16.88
(十)公检法司支出	696600	164120	93478	26.87	807554	115.93	666962	21.08
(十一)其他部门事业费	642661	169100	105723	-0.89	740586	115.24	627273	18.06
(十二)政策性补贴支出	196944	12295	-21611	-76.52	196740	99.90	194468	1.17
(十三)专项支出	350765	173078	143526	26.75	328259	93.58	259129	26.68
(十四)其他各项支出	1904320	562609	365418	39.87	1939852	101.87	1511583	28.33
全省一般预算支出合计	**11025852**	**3049233**	**1980121**	**15.53**	**11893716**	**107.87**	**10106395**	**17.69**
其中：生产建设性支出		930171	705160	12.43	2640780		2373513	11.26
非生产建设性支出		2119062	1274961	16.95	9252936		7732882	19.66
全省基金预算支出	**949919**	**705376**	**606553**	**62.29**	**1641559**	**172.81**	**1078737**	**52.17**

2004 年 12 月份分级财政收支完成情况

单位：万元

级 次	收 入						
	年度预算	累计数	占预算%	上年同期	比上年增减%	按可比口径增长%	非税收入比重%
全省合计	**7441525**	**8283306**	**111.31**	**7137877**	**16.05**	**28.87**	**24.25**
省 级	1031100	1201237	116.50	970973	23.71	23.71	26.65
市地合计	6410425	7082069	110.48	6166904	14.84	29.79	23.85
济南	842593	890364	105.67	761064	16.99	21.03	24.18
青岛	1170021	1305136	111.55	1201483	8.63	28.49	13.03
淄博	446310	500365	112.11	402536	24.30	32.80	25.91
枣庄	188683	207068	109.74	164942	25.54	35.15	29.30
烟台	590200	640214	108.47	551744	16.03	33.84	23.52
潍坊	477506	525808	110.12	457381	14.96	34.59	22.72
济宁	510651	540556	105.86	477748	13.15	24.36	26.94
临沂	325467	375770	115.46	319872	17.48	34.66	29.77
泰安	286776	312132	108.84	275896	13.13	26.27	35.64
聊城	214092	224328	104.78	202356	10.86	23.34	32.83
菏泽	156811	172245	109.84	159653	7.89	31.36	32.61
德州	237665	243230	102.34	227135	7.09	21.19	34.23
滨州	187496	220066	117.37	175691	25.26	43.73	24.78
东营	249188	283130	113.62	230429	22.87	27.45	19.66
威海	345961	426409	123.25	371697	14.72	42.85	25.85
日照	99087	112298	113.33	111450	0.76	34.08	25.04
莱芜	81918	102950	125.67	75827	35.77	46.44	12.60

续表

级　　次	支　　出					
	年度预算	累计数	占预算%	上年同期	比上年增减%	生产建设性支出比重%
全省合计	**11025852**	**11893716**	**107.87**	**10106395**	**17.69**	**22.20**
省　级	1830017	1870583	102.22	1783849	4.86	23.01
市地合计	9195835	10023133	109.00	8322546	20.43	22.05
济南	969042	1016953	104.94	884597	14.96	24.38
青岛	1663324	1646214	98.97	1471757	11.85	31.93
淄博	547495	625512	114.25	479232	30.52	20.56
枣庄	268969	307196	114.21	240442	27.76	17.81
烟台	816500	920456	112.73	755238	21.88	26.97
潍坊	663549	736213	110.95	592469	24.26	19.89
济宁	693940	732335	105.53	614106	19.25	21.43
临沂	590142	675203	114.41	530218	27.34	10.56
泰安	447120	514985	115.18	414623	24.21	16.75
聊城	366134	405597	110.78	332688	21.92	16.35
菏泽	368414	402292	109.20	328670	22.40	9.88
德州	410030	402649	98.20	367280	9.63	21.67
滨州	312915	368746	117.84	277587	32.84	20.38
东营	315591	354580	112.35	287115	23.50	22.73
威海	484764	585202	120.72	471261	24.18	26.22
日照	161106	184185	114.33	161033	14.38	8.07
莱芜	116800	144815	123.99	114230	26.77	18.56

政府采购信息统计部分

2004年全省政府采购信息统计总表

单位：万元

项目	全省			
	合计	货物	工程	服务
一、预算情况	1529943	605019	820377	104547
预算内	734334	317235	360293	56806
预算外	374444	110838	230293	33314
自筹资金	421164	176946	229791	14427
二、执行情况				
1. 采购金额	1300287	527913	687946	84429
预算内	618415	271922	300735	45757
预算外	319008	96815	195220	26972
自筹资金	362865	159175	191990	11699
2. 节约资金	229656	77106	132431	20118
预算内	115920	45313	59559	11049
预算外	55437	14023	35072	6341
自筹资金	58299	17770	37801	2729
3. 节约率%	15	13	16	19
预算内	16	14	17	19
预算外	15	13	15	19
自筹资金	14	10	16	19
4. 采购次数	23506	16116	4334	3056
三、采购组织形式	1300287	527913	687946	84429
1. 集中采购	1249290	491534	673845	83910
政府集中采购	1160334	472477	604847	83010
部门集中采购	88956	19057	68998	901
2. 分散采购	500997	36378	14100	518
四、采购方式	1300287	527913	687946	84429
公开招标	682077	176104	453626	52347
邀请招标	204898	40912	151706	12280
竞争性谈判	234434	159239	63173	12022
询价	149111	126619	17928	4564
单一来源	29767	25039	1513	3215
其他				
五、财政直接支付金额	674164	240319	409940	23906

续表 1

项　　目	省级			
	合　计	货　物	工　程	服　务
一、预算情况	118110	86799	455	30856
预算内	59855	44888	150	14818
预算外	18496	3749		14747
自筹资金	39759	38163	305	1292
二、执行情况				
1. 采购金额	103908	79173	403	24331
预算内	51732	39948	130	11654
预算外	14188	2604		11584
自筹资金	37988	36622	273	1093
2. 节约资金	14202	7626	51	6525
预算内	8123	4940	20	3163
预算外	4308	1145		3162
自筹资金	1772	1541	31	199
3. 节约率%	13	10	11	21
预算内	14	11	13	21
预算外	23	31		21
自筹资金	4	4	10	15
4. 采购次数	799	787	7	5
三、采购组织形式	103908	79173	403	24331
1. 集中采购	103832	79098	403	24331
政府集中采购	94674	69940	403	24331
部门集中采购	9158	9158		
2. 分散采购	76	76		
四、采购方式	103908	79173	403	24331
公开招标	60996	39696	217	21083
邀请招标	2209	1		2208
竞争性谈判	28069	28051	18	
询价	6273	6273		
单一来源	6361	5152	168	1041
其他				
五、财政直接支付金额	24758	24558	130	70

续表2

项　目	青岛			
	合　计	货　物	工　程	服　务
一、预算情况	134146	88957	37200	7989
预算内	94232	66981	21101	6150
预算外	22677	6863	14627	1187
自筹资金	17237	15113	1472	652
二、执行情况				
1. 采购金额	113165	75818	30602	6744
预算内	78686	56203	17179	5305
预算外	18784	5702	12154	928
自筹资金	15695	13914	1270	511
2. 节约资金	20981	13139	6598	1245
预算内	15545	10778	3922	845
预算外	3893	1161	2473	259
自筹资金	1543	1200	203	141
3. 节约率%	16	15	18	16
预算内	16	16	19	14
预算外	17	17	17	22
自筹资金	9	8	14	22
4. 采购次数	1717	1496	140	81
三、采购组织形式	113165	75818	30602	6744
1. 集中采购	109933	72589	30600	6744
政府集中采购	100275	71957	21573	6744
部门集中采购	9659	632	9027	
2. 分散采购	3232	3230	2	
四、采购方式	113165	75818	30602	6744
公开招标	53492	36245	13053	4193
邀请招标	3656	2443	453	760
竞争性谈判	41102	23569	16391	1143
询价	12398	11369	632	396
单一来源	2517	2192	73	252
其他				
五、财政直接支付金额	36793	26361	7951	2481

续表 3

项目	济南			
	合计	货物	工程	服务
一、预算情况	116641	45742	69800	1100
预算内	29367	23166	5434	768
预算外	72172	8231	63649	293
自筹资金	15102	14345	717	39
二、执行情况				
1. 采购金额	103168	40947	61298	924
预算内	25472	20478	4347	648
预算外	64264	7555	56456	253
自筹资金	13432	12915	494	23
2. 节约资金	13473	4795	8502	176
预算内	3895	2688	1087	120
预算外	7908	676	7193	40
自筹资金	1670	1431	223	17
3. 节约率%	12	10	12	16
预算内	13	12	20	16
预算外	11	8	11	14
自筹资金	11	10	31	42
4. 采购次数	2217	2093	85	39
三、采购组织形式	103168	40947	61298	924
1. 集中采购	102679	40481	61288	910
政府集中采购	102677	40479	61288	910
部门集中采购	2	2		
2. 分散采购	490	466	10	14
四、采购方式	103168	40947	61298	924
公开招标	1417	656	753	9
邀请招标	56794	1117	55532	144
竞争性谈判	18339	14281	3636	422
询价	16281	15072	1159	50
单一来源	10338	9821	218	299
其他				
五、财政直接支付金额	90011	31836	57687	488

续表 4

项目	淄博			
	合计	货物	工程	服务
一、预算情况	64073	25072	29825	9176
预算内	23791	11050	6235	6506
预算外	28500	8115	18135	2250
自筹资金	11782	5907	5454	421
二、执行情况				
1. 采购金额	54519	22599	24168	7752
预算内	20397	9888	5038	5471
预算外	24086	7426	14697	1964
自筹资金	10036	5285	4434	317
2. 节约资金	9555	2473	5657	1425
预算内	3394	1162	1198	1035
预算外	4414	689	3439	286
自筹资金	1747	622	1021	104
3. 节约率%	15	10	19	16
预算内	14	11	19	16
预算外	15	8	19	13
自筹资金	15	11	19	25
4. 采购次数	1032	831	68	133
三、采购组织形式	54519	22599	24168	7752
1. 集中采购	41340	19635	14026	7679
政府集中采购	38083	19431	10974	7679
部门集中采购	3256	204	3052	
2. 分散采购	13179	2964	10142	73
四、采购方式	54519	22599	24168	7752
公开招标	24610	6275	12863	5472
邀请招标	12152	2540	9499	114
竞争性谈判	3572	2793	63	716
询价	13332	10247	1743	1342
单一来源	852	744		108
其他				
五、财政直接支付金额	16832	7824	6295	2713

续表5

项目	枣庄			
	合计	货物	工程	服务
一、预算情况	51987	25580	21736	4671
预算内	18904	11420	5564	1920
预算外	30608	12651	16098	1859
自筹资金	2475	1509	74	892
二、执行情况				
1. 采购金额	43570	22092	17349	4129
预算内	15860	9847	4357	1656
预算外	25597	11001	12932	1664
自筹资金	2113	1244	60	809
2. 节约资金	8417	3488	4387	542
预算内	3044	1573	1207	264
预算外	5011	1650	3166	195
自筹资金	362	265	14	83
3. 节约率%	16	14	20	12
预算内	16	14	22	14
预算外	16	13	20	10
自筹资金	15	18	19	9
4. 采购次数	8790	4400	2485	1905
三、采购组织形式	43570	22092	17349	4129
1. 集中采购	42651	21341	17344	3966
政府集中采购	42545	21293	17286	3966
部门集中采购	106	48	58	
2. 分散采购	919	751	5	163
四、采购方式	43570	22092	17349	4129
公开招标	27977	10280	15612	2085
邀请招标	8017	6990	553	474
竞争性谈判	3146	1497	577	1072
询价	4289	3218	607	464
单一来源	141	107		34
其他				
五、财政直接支付金额	21517	11627	8296	1594

续表6

项　　目	烟台			
	合　计	货　物	工　程	服　务
一、预算情况	191420	50256	133735	7429
预算内	77965	24864	47894	5208
预算外	14538	5774	8114	650
自筹资金	98917	19618	77727	1571
二、执行情况				
1. 采购金额	160029	44247	110062	5720
预算内	64451	21942	38528	3981
预算外	12358	5313	6566	478
自筹资金	83220	16992	64967	1261
2. 节约资金	31391	6009	23673	1708
预算内	13514	2922	9366	1226
预算外	2180	461	1547	172
自筹资金	15697	2626	12760	310
3. 节约率%	16	12	18	23
预算内	17	12	20	24
预算外	15	8	19	26
自筹资金	16	13	16	20
4. 采购次数	1497	1146	297	54
三、采购组织形式	160029	44247	110062	5720
1. 集中采购	155015	40208	109091	5716
政府集中采购	154991	40207	109091	5694
部门集中采购	23	1		22
2. 分散采购	5014	4039	971	5
四、采购方式	160029	44247	110062	5720
公开招标	111769	11588	96416	3765
邀请招标	5045	1012	2926	1108
竞争性谈判	23241	15448	7124	668
询价	18118	14450	3518	150
单一来源	1855	1748	77	30
其他				
五、财政直接支付金额	81995	31289	47856	2850

续表 7

项　目	潍坊			
	合　计	货　物	工　程	服　务
一、预算情况	262892	41858	216950	4084
预算内	109162	23353	82791	3018
预算外	55923	8841	46650	432
自筹资金	97806	9664	87508	634
二、执行情况				
1. 采购金额	223418	36979	182982	3457
预算内	93019	20057	70391	2572
预算外	49246	8277	40586	383
自筹资金	81152	8645	72005	502
2. 节约资金	39474	4879	33968	628
预算内	16143	3296	12401	446
预算外	6677	564	6064	50
自筹资金	16654	1019	15503	132
3. 节约率%	15	12	16	15
预算内	15	14	15	15
预算外	12	6	13	12
自筹资金	17	11	18	21
4. 采购次数	1243	811	371	61
三、采购组织形式	223418	36979	182982	3457
1. 集中采购	219016	32582	182977	3457
政府集中采购	166199	28994	133957	3249
部门集中采购	52817	3588	49021	208
2. 分散采购	4402	4397	5	
四、采购方式	223418	36979	182982	3457
公开招标	137574	16492	118873	2209
邀请招标	54467	4530	49911	27
竞争性谈判	23069	8246	14130	693
询价	7627	7558	5	64
单一来源	681	153	63	464
其他				
五、财政直接支付金额	133755	21716	109742	2297

续表 8

项　　目	济宁			
	合　计	货　物	工　程	服　务
一、预算情况	58339	44821	7265	6253
预算内	28588	20643	5906	2040
预算外	15440	11582	820	3039
自筹资金	14311	12596	540	1175
二、执行情况				
1. 采购金额	48311	37379	6115	4817
预算内	22668	16285	4994	1388
预算外	12498	9331	701	2466
自筹资金	13145	11763	420	962
2. 节约资金	10028	7442	1150	1436
预算内	5920	4358	911	652
预算外	2942	2251	119	572
自筹资金	1165	833	120	212
3. 节约率%	17	17	16	23
预算内	21	21	15	32
预算外	19	19	15	19
自筹资金	8	7	22	18
4. 采购次数	1074	972	42	60
三、采购组织形式	48311	37379	6115	4817
1. 集中采购	47259	36620	5893	4745
政府集中采购	47187	36548	5893	4745
部门集中采购	72	72		
2. 分散采购	1052	758	222	73
四、采购方式	48311	37379	6115	4817
公开招标	9468	4220	2924	2325
邀请招标	4959	4218	433	309
竞争性谈判	17030	14206	1723	1100
询价	14629	13662	341	626
单一来源	2225	1073	695	457
其他				
五、财政直接支付金额	2464	1681	252	531

续表 9

项　目	临沂			
	合 计	货 物	工 程	服 务
一、预算情况	49960	34385	6846	8730
预算内	27053	19943	3184	3926
预算外	16488	10779	2655	3054
自筹资金	6419	3663	1007	1749
二、执行情况				
1. 采购金额	42112	29265	5684	7163
预算内	22328	16463	2644	3222
预算外	14246	9535	2204	2506
自筹资金	5539	3267	836	1435
2. 节约资金	7848	5120	1162	1567
预算内	4726	3481	541	705
预算外	2243	1244	451	548
自筹资金	880	395	171	314
3. 节约率%	16	15	17	18
预算内	17	17	17	18
预算外	14	12	17	18
自筹资金	14	11	17	18
4. 采购次数	167	127	21	19
三、采购组织形式	42112	29265	5684	7163
1. 集中采购	26852	15142	4547	7163
政府集中采购	24538	14147	3228	7163
部门集中采购	2314	995	1319	
2. 分散采购	15260	14123	1137	
四、采购方式	42112	29265	5684	7163
公开招标	16162	15025	1137	
邀请招标	17560	7070	4547	5943
竞争性谈判	3369	2149		1220
询价	4390	4390		
单一来源	632	632		
其他				
五、财政直接支付金额	18620	13657	2814	2149

续表 10

项　目	泰安			
	合 计	货 物	工 程	服 务
一、预算情况	39260	15057	19528	4675
预算内	30416	10388	17200	2828
预算外	3738	2144	360	1234
自筹资金	5106	2525	1968	613
二、执行情况				
1. 采购金额	33068	13068	16305	3695
预算内	25758	9137	14367	2254
预算外	3196	1869	304	1023
自筹资金	4114	2062	1634	418
2. 节约资金	6192	1989	3223	980
预算内	4658	1251	2833	574
预算外	542	275	56	211
自筹资金	992	463	334	195
3. 节约率%	16	13	17	21
预算内	15	12	16	20
预算外	14	13	16	17
自筹资金	19	18	17	32
4. 采购次数				
三、采购组织形式	33068	13068	16305	3695
1. 集中采购	32966	12966	16305	3695
政府集中采购	28133	11889	12630	3614
部门集中采购	4833	1077	3675	81
2. 分散采购	102	102		
四、采购方式	33068	13068	16305	3695
公开招标	15957	6139	6805	3013
邀请招标	6134	2018	4053	63
竞争性谈判	1589	1077	512	
询价	8883	3625	4753	505
单一来源	505	209	182	114
其他				
五、财政直接支付金额				

续表 11

项目	聊城			
	合计	货物	工程	服务
一、预算情况	108441	16298	87809	4335
预算内	77089	8826	66894	1368
预算外	19298	4543	13725	1030
自筹资金	12055	2929	7190	1936
二、执行情况				
1. 采购金额	91324	14034	73519	3771
预算内	65873	7441	57182	1251
预算外	15303	3843	10585	876
自筹资金	10147	2751	5752	1645
2. 节约资金	17117	2264	14290	563
预算内	11215	1386	9712	118
预算外	3995	700	3140	155
自筹资金	1907	178	1438	291
3. 节约率%	16	14	16	13
预算内	15	16	15	9
预算外	21	15	23	15
自筹资金	16	6	20	15
4. 采购次数	387	196	157	34
三、采购组织形式	91324	14034	73519	3771
1. 集中采购	91324	14034	73519	3771
政府集中采购	91324	14034	73519	3771
部门集中采购				
2. 分散采购				
四、采购方式	91324	14034	73519	3771
公开招标	66236	5639	58487	2109
邀请招标	16621	2085	13489	1048
竞争性谈判	1456	842		614
询价	6395	4853	1543	
单一来源	616	616		
其他				
五、财政直接支付金额	87563	12456	72452	2655

续表 12

项目	菏泽			
	合计	货物	工程	服务
一、预算情况	24618	11096	11640	1882
预算内	13644	4068	8294	1282
预算外	8709	5993	2137	579
自筹资金	2265	1035	1209	22
二、执行情况				
1. 采购金额	20600	9729	9330	1541
预算内	11399	3651	6629	1119
预算外	7245	5154	1689	402
自筹资金	1957	924	1013	20
2. 节约资金	4018	1367	2310	341
预算内	2245	417	1666	163
预算外	1464	839	449	176
自筹资金	308	111	196	2
3. 节约率%	16	12	20	18
预算内	16	10	20	13
预算外	17	14	21	30
自筹资金	14	11	16	8
4. 采购次数	877	743	111	23
三、采购组织形式	20600	9729	9330	1541
1. 集中采购	19229	8962	8725	1541
政府集中采购	19229	8962	8725	1541
部门集中采购				
2. 分散采购	1371	766	605	
四、采购方式	20600	9729	9330	1541
公开招标	7314	989	4982	1343
邀请招标	741	591	150	
竞争性谈判	5486	2346	2984	157
询价	6935	5719	1178	39
单一来源	124	85	37	3
其他				
五、财政直接支付金额	11255	6499	4130	626

续表 13

项　目	德州			
	合　计	货　物	工　程	服　务
一、预算情况	15753	9575	5313	865
预算内	14765	9335	4566	865
预算外	805	105	700	0
自筹资金	182	135	47	0
二、执行情况				
1. 采购金额	13484	7950	4848	686
预算内	12565	7744	4135	686
预算外	767	93	674	0
自筹资金	153	113	40	0
2. 节约资金	2269	1626	465	178
预算内	2201	1591	431	178
预算外	38	12	26	0
自筹资金	30	22	8	0
3. 节约率%	14	17	9	21
预算内	15	17	9	21
预算外	5	12	4	
自筹资金	16	16	16	
4. 采购次数	245	148	30	67
三、采购组织形式	13484	7950	4848	686
1. 集中采购	13360	7846	4828	686
政府集中采购	10873	7846	2718	309
部门集中采购	2487		2110	377
2. 分散采购	124	104	20	0
四、采购方式	13484	7950	4848	686
公开招标	3785	1800	1985	0
邀请招标	130	130		0
竞争性谈判	7229	4341	2758	130
询价	2206	1638	105	462
单一来源	135	41		94
其他				
五、财政直接支付金额	10352	5487	4244	621

续表 14

项目	滨州			
	合计	货物	工程	服务
一、预算情况	35092	28149	6187	755
预算内	5826	4798	500	528
预算外	6627	5250	1231	146
自筹资金	22639	18101	4456	82
二、执行情况				
1. 采购金额	30490	24657	5428	405
预算内	5059	4326	428	305
预算外	5813	4660	1093	60
自筹资金	19618	15671	3907	40
2. 节约资金	4601	3492	759	350
预算内	767	472	72	222
预算外	814	590	138	85
自筹资金	3021	2430	549	43
3. 节约率%	13	12	12	46
预算内	13	10	14	42
预算外	12	11	11	59
自筹资金	13	13	12	52
4. 采购次数	659	447	9	203
三、采购组织形式	30490	24657	5428	405
1. 集中采购	24921	20262	4445	214
政府集中采购	23302	19071	4017	214
部门集中采购	1619	1191	428	
2. 分散采购	5570	4395	983	191
四、采购方式	30490	24657	5428	405
公开招标	4634	1139	3459	36
邀请招标	330		330	
竞争性谈判	19023	17064	1639	320
询价	6503	6454		50
单一来源				
其他				
五、财政直接支付金额	2687	2654		33

续表 15

项　　目	东营			
	合　计	货　物	工　程	服　务
一、预算情况	150599	33648	111909	5041
预算内	64577	11048	50846	2682
预算外	37413	8525	27403	1484
自筹资金	48609	14074	33660	874
二、执行情况				
1. 采购金额	132441	30270	97943	4228
预算内	55578	9643	43767	2169
预算外	33221	7856	23999	1366
自筹资金	43641	12771	30177	693
2. 节约资金	18158	3378	13967	813
预算内	8999	1406	7079	514
预算外	4191	669	3404	118
自筹资金	4968	1304	3483	181
3. 节约率%	12	10	12	16
预算内	14	13	14	19
预算外	11	8	12	8
自筹资金	10	9	10	21
4. 采购次数	1384	855	263	266
三、采购组织形式	132441	30270	97943	4228
1. 集中采购	132279	30108	97943	4228
政府集中采购	129853	28179	97634	4040
部门集中采购	2426	1929	309	188
2. 分散采购	162	162		
四、采购方式	132441	30270	97943	4228
公开招标	100277	7224	90128	2925
邀请招标	2213	1197	1016	
竞争性谈判	22927	15185	6799	944
询价	6163	6059		104
单一来源	861	605		256
其他				
五、财政直接支付金额	75177	15558	57579	2040

续表 16

项目	威海			
	合计	货物	工程	服务
一、预算情况	71054	25924	41034	4097
预算内	33836	8604	23353	1880
预算外	15927	3682	12045	200
自筹资金	21291	13638	5636	2017
二、执行情况				
1. 采购金额	55059	20902	31160	2996
预算内	26417	7160	17986	1271
预算外	12113	2957	9036	120
自筹资金	16529	10786	4139	1604
2. 节约资金	15996	5021	9874	1101
预算内	7420	1444	5367	608
预算外	3814	725	3009	80
自筹资金	4762	2852	1497	413
3. 节约率%	23	19	24	27
预算内	22	17	23	32
预算外	24	20	25	40
自筹资金	22	21	27	20
4. 采购次数	548	335	178	35
三、采购组织形式	55059	20902	31160	2996
1. 集中采购	55059	20902	31160	2996
政府集中采购	55059	20902	31160	2996
部门集中采购				
2. 分散采购				
四、采购方式	55059	20902	31160	2996
公开招标	34077	10312	23539	226
邀请招标	5631	1891	3686	54
竞争性谈判	6734	2517	1820	2398
询价	7386	5017	2116	253
单一来源	1231	1166		65
其他				
五、财政直接支付金额	43192	17010	25167	1015

续表 17

项目	日照			
	合计	货物	工程	服务
一、预算情况	21037	11786	6783	2468
预算内	9398	4482	4017	899
预算外	6604	3549	1944	1111
自筹资金	5035	3755	822	458
二、执行情况				
1. 采购金额	17589	10279	5345	1965
预算内	7704	3761	3231	713
预算外	5654	3223	1544	887
自筹资金	4231	3295	570	365
2. 节约资金	3448	1507	1438	503
预算内	1693	721	786	186
预算外	950	326	400	224
自筹资金	804	460	252	92
3. 节约率%	16	13	21	20
预算内	18	16	20	21
预算外	14	9	21	20
自筹资金	16	12	31	20
4. 采购次数	733	614	49	70
三、采购组织形式	17589	10279	5345	1965
1. 集中采购	17589	10279	5345	1965
政府集中采购	17564	10279	5345	1940
部门集中采购	25			25
2. 分散采购				
四、采购方式	17589	10279	5345	1965
公开招标	3439	1441	481	1516
邀请招标	5806	3019	2787	
竞争性谈判	3729	1345	1994	390
询价	3920	3779	82	59
单一来源	694	694		
其他				
五、财政直接支付金额	17194	10105	5345	1744

续表 18

项目	莱芜			
	合计	货物	工程	服务
一、预算情况	16520	10016	6363	141
预算内	15866	9380	6363	122
预算外	481	462		19
自筹资金	174	174		
二、执行情况				
1. 采购金额	14032	8525	5404	103
预算内	13447	7951	5404	92
预算外	429	417		11
自筹资金	156	156		
2. 节约资金	2488	1491	959	37
预算内	2418	1429	959	30
预算外	52	45		7
自筹资金	17	17		
3. 节约率%	15	15	15	27
预算内	15	15	15	25
预算外	11	10		40
自筹资金	10	10		
4. 采购次数	137	115	21	1
三、采购组织形式	14032	8525	5404	103
1. 集中采购	13987	8480	5404	103
政府集中采购	13827	8320	5404	103
部门集中采购	160	160		
2. 分散采购	45	45		
四、采购方式	14032	8525	5404	103
公开招标	2895	945	1911	39
邀请招标	2431	60	2341	30
竞争性谈判	5323	4284	1005	34
询价	3383	3236	147	
单一来源				
其他				
五、财政直接支付金额				

2004年全省政府采购重要品目统计表

采购项目	全省		
	计量单位	数量	采购金额
合　计		**10362023**	**1300287**
一、货物类		5217221	527913
土地	平方米	15	140
建筑物	平方米	1915	1619
一般设备		176292	126284
办公消耗用品		150167	21450
建筑、装饰材料		29438	22154
专用设备		981266	88842
系统集成、网络设备		34145	57003
交通工具		477142	144212
其他货物		3366841	66210
二、工程类		4529792	687946
建筑物	平方米	1550257	133744
市政建设工程	平方米	2258372	184280
环保、绿化工程	个	18194	98549
水利、防洪工程	个	101	30478
交通运输工程	个	48278	105631
修缮、装饰工程		20448	45985
其他各类工程		634141	89279
三、服务类		615010	84429
印刷、出版		98599	6048
系统集成、网络工程		89	5100
信息技术、信息管理软件的开发设计		103	2831
维修		3690	9564
租赁		32	349
会议		711	2172
培训		3	1013
其他服务		511783	57352

续表1

采购项目	省级		
	计量单位	数量	采购金额
合　计		**996083**	**103908**
一、货物类		970882	79173
土地	平方米		
建筑物	平方米		
一般设备		5139	11270
办公消耗用品			
建筑、装饰材料			
专用设备		938228	26932
系统集成、网络设备		2438	7265
交通工具		1409	24581
其他货物		23668	9125
二、工程类		2	403
建筑物	平方米		
市政建设工程	平方米		
环保、绿化工程	个		
水利、防洪工程	个		
交通运输工程	个		
修缮、装饰工程		2	247
其他各类工程			156
三、服务类		25199	24331
印刷、出版			
系统集成、网络工程			
信息技术、信息管理软件的开发设计			
维修			
租赁			
会议			
培训			
其他服务		25199	24331

续表2

采购项目	青岛		
	计量单位	数量	采购金额
合计		**225924**	**113165**
一、货物类		199542	75818
土地	平方米		
建筑物	平方米	1868	1430
一般设备		56556	20139
办公消耗用品		28408	4439
建筑、装饰材料		5083	992
专用设备		31742	11642
系统集成、网络设备		27936	14148
交通工具		629	11940
其他货物		47320	11088
二、工程类		18843	30602
建筑物	平方米	18726	6535
市政建设工程	平方米		
环保、绿化工程	个	7	4181
水利、防洪工程	个	3	123
交通运输工程	个	11	9352
修缮、装饰工程		53	4873
其他各类工程		43	5539
三、服务类		7539	6744
印刷、出版		7216	605
系统集成、网络工程		7	646
信息技术、信息管理软件的开发设计		5	349
维修		37	855
租赁		1	95
会议			
培训			
其他服务		273	4194

续表 3

采购项目	济南		
	计量单位	数量	采购金额
合 计		**4516350**	**103168**
一、货物类		3328926	40947
土地	平方米		
建筑物	平方米	46	46
一般设备		21682	6696
办公消耗用品		35367	169
建筑、装饰材料		18695	3336
专用设备		2452	9514
系统集成、网络设备		359	5820
交通工具		665	9725
其他货物		3249660	5640
二、工程类		700897	61298
建筑物	平方米	517	1435
市政建设工程	平方米	4536	4821
环保、绿化工程	个	5125	5705
水利、防洪工程	个	2	1600
交通运输工程	个	48162	21989
修缮、装饰工程		14506	1424
其他各类工程		628048	24324
三、服务类		486527	924
印刷、出版		34905	18
系统集成、网络工程		35	268
信息技术、信息管理软件的开发设计		1	119
维修		7	13
租赁			
会议		447	2
培训			
其他服务		451132	504

续表 4

采购项目	淄博		
	计量单位	数量	采购金额
合计		**273481**	**54519**
一、货物类		266984	22599
土地	平方米		
建筑物	平方米		
一般设备		7179	2423
办公消耗用品		2498	34
建筑、装饰材料			218
专用设备		3820	4206
系统集成、网络设备		1352	6192
交通工具		250590	9075
其他货物		1545	451
二、工程类		126	24168
建筑物	平方米	32	5345
市政建设工程	平方米	5	11698
环保、绿化工程	个	2	1368
水利、防洪工程	个		
交通运输工程	个	2	360
修缮、装饰工程		10	254
其他各类工程		75	5143
三、服务类		6371	7752
印刷、出版		6008	43
系统集成、网络工程		3	7
信息技术、信息管理软件的开发设计		15	6
维修		19	592
租赁			73
会议		13	177
培训			
其他服务		313	6854

续表5

采 购 项 目	枣庄		
	计量单位	数量	采购金额
合 计		**390113**	**43570**
一、货物类		24029	22092
土地	平方米		
建筑物	平方米		
一般设备		6238	7382
办公消耗用品		12640	998
建筑、装饰材料		50	1745
专用设备		1737	1695
系统集成、网络设备			246
交通工具		751	7248
其他货物		2613	2778
二、工程类		331767	17349
建筑物	平方米	322695	9951
市政建设工程	平方米		130
环保、绿化工程	个		
水利、防洪工程	个		420
交通运输工程	个		
修缮、装饰工程		5072	763
其他各类工程		4000	6085
三、服务类		34317	4129
印刷、出版		4793	720
系统集成、网络工程			480
信息技术、信息管理软件的开发设计			
维修		5	514
租赁			
会议		231	237
培训			208
其他服务		29288	1970

续表 6

采 购 项 目	烟台		
	计量单位	数量	采购金额
合 计		**455546**	**160029**
一、货物类		60844	44247
土地	平方米		
建筑物	平方米	1	9
一般设备		11220	7049
办公消耗用品		14580	4743
建筑、装饰材料		2029	7697
专用设备		390	7273
系统集成、网络设备		438	3532
交通工具		465	8327
其他货物		31721	5617
二、工程类		346090	110062
建筑物	平方米	240522	41274
市政建设工程	平方米	92574	29227
环保、绿化工程	个	12830	8965
水利、防洪工程	个	20	4893
交通运输工程	个	13	2280
修缮、装饰工程		78	9206
其他各类工程		53	14217
三、服务类		48612	5720
印刷、出版		45210	506
系统集成、网络工程		3	108
信息技术、信息管理软件的开发设计		3	1593
维修		2325	864
租赁			
会议		1	100
培训		1	20
其他服务		1069	2530

续表 7

采购项目	潍坊		
	计量单位	数量	采购金额
合计		**2580211**	**223418**
一、货物类		3426	36979
土地	平方米		
建筑物	平方米		
一般设备		2045	3291
办公消耗用品		57	4191
建筑、装饰材料		45	640
专用设备		157	4462
系统集成、网络设备		30	7403
交通工具		817	11131
其他货物		275	5860
二、工程类		2575510	182982
建筑物	平方米	747807	35300
市政建设工程	平方米	1826015	83295
环保、绿化工程	个	63	25819
水利、防洪工程	个	31	11616
交通运输工程	个	35	21684
修缮、装饰工程		5	352
其他各类工程		1554	4916
三、服务类		1275	3457
印刷、出版		1	27
系统集成、网络工程			60
信息技术、信息管理软件的开发设计			
维修		1244	409
租赁			
会议		19	613
培训			
其他服务		11	2348

续表 8

采购项目	济宁		
	计量单位	数量	采购金额
合计		**34245**	**48312**
一、货物类		25305	37380
土地	平方米		
建筑物	平方米		
一般设备		14632	14399
办公消耗用品		3562	1115
建筑、装饰材料			995
专用设备		1198	2107
系统集成、网络设备		114	2031
交通工具		1136	15147
其他货物		4663	1585
二、工程类		7484	6115
建筑物	平方米	7437	1849
市政建设工程	平方米		780
环保、绿化工程	个	3	1915
水利、防洪工程	个		
交通运输工程	个		583
修缮、装饰工程		27	687
其他各类工程		17	301
三、服务类		1456	4817
印刷、出版		18	295
系统集成、网络工程		5	235
信息技术、信息管理软件的开发设计			35
维修			293
租赁			
会议			465
培训			
其他服务		1433	3494

续表 9

采 购 项 目	临沂		
	计量单位	数量	采购金额
合 计		**15579**	**42112**
一、货物类		15579	29265
土地	平方米		
建筑物	平方米		
一般设备		14682	13302
办公消耗用品			
建筑、装饰材料			
专用设备			2218
系统集成、网络设备			
交通工具		897	11822
其他货物			1923
二、工程类			5684
建筑物	平方米		
市政建设工程	平方米		4014
环保、绿化工程	个		
水利、防洪工程	个		
交通运输工程	个		
修缮、装饰工程			364
其他各类工程			1305
三、服务类			7163
印刷、出版			860
系统集成、网络工程			1324
信息技术、信息管理软件的开发设计			
维修			3009
租赁			
会议			
培训			
其他服务			1971

续表 10

采 购 项 目	泰安		
	计量单位	数量	采购金额
合 计			**33068**
一、货物类			13068
土地	平方米		
建筑物	平方米		
一般设备			1876
办公消耗用品			408
建筑、装饰材料			935
专用设备			2163
系统集成、网络设备			2070
交通工具			5013
其他货物			603
二、工程类			16305
建筑物	平方米		1899
市政建设工程	平方米		3314
环保、绿化工程	个		2254
水利、防洪工程	个		997
交通运输工程	个		3846
修缮、装饰工程			451
其他各类工程			3544
三、服务类			3695
印刷、出版			192
系统集成、网络工程			10
信息技术、信息管理软件的开发设计			36
维修			2310
租赁			2
会议			167
培训			782
其他服务			196

续表 11

采 购 项 目	聊城		
	计量单位	数量	采购金额
合 计		**121092**	**91324**
一、货物类		55585	14034
土地	平方米		
建筑物	平方米		
一般设备		2547	4084
办公消耗用品		52473	1426
建筑、装饰材料			
专用设备		35	843
系统集成、网络设备			
交通工具		285	5127
其他货物		245	2555
二、工程类		65248	73519
建筑物	平方米	62415	3254
市政建设工程	平方米	2415	6532
环保、绿化工程	个	34	24853
水利、防洪工程	个	16	4126
交通运输工程	个	33	27580
修缮、装饰工程		34	6549
其他各类工程		301	626
三、服务类		259	3771
印刷、出版		105	525
系统集成、网络工程			
信息技术、信息管理软件的开发设计		71	326
维修			
租赁		19	43
会议			
培训			
其他服务		64	2879

续表 12

采 购 项 目	菏泽		
	计量单位	数量	采购金额
合 计		**223371**	**20600**
一、货物类		223368	9729
土地	平方米		
建筑物	平方米		134
一般设备		5034	2598
办公消耗用品			3341
建筑、装饰材料			968
专用设备		85	295
系统集成、网络设备		51	317
交通工具		218132	1547
其他货物		66	530
二、工程类		1	9330
建筑物	平方米		927
市政建设工程	平方米		3018
环保、绿化工程	个		1094
水利、防洪工程	个	1	791
交通运输工程	个		458
修缮、装饰工程			267
其他各类工程			2776
三、服务类		2	1541
印刷、出版			130
系统集成、网络工程			392
信息技术、信息管理软件的开发设计			170
维修			52
租赁			
会议			405
培训		2	3
其他服务			389

续表 13

采 购 项 目	德州		
	计量单位	数量	采购金额
合 计		**16016**	**13484**
一、货物类		13995	7950
土地	平方米		
建筑物	平方米		
一般设备		10256	5650
办公消耗用品			
建筑、装饰材料		650	126
专用设备		2	29
系统集成、网络设备		1	2
交通工具		36	385
其他货物		3050	1758
二、工程类		537	4848
建筑物	平方米	2	2540
市政建设工程	平方米	1	921
环保、绿化工程	个		418
水利、防洪工程	个		
交通运输工程	个		300
修缮、装饰工程		534	41
其他各类工程			628
三、服务类		1484	686
印刷、出版			20
系统集成、网络工程		1	9
信息技术、信息管理软件的开发设计			41
维修		37	16
租赁			
会议			
培训			
其他服务		1446	601

续表 14

采 购 项 目	滨州		
	计量单位	数量	采购金额
合　计		**3446**	**30490**
一、货物类		3242	24657
土地	平方米		
建筑物	平方米		
一般设备		2704	5453
办公消耗用品			212
建筑、装饰材料			
专用设备		24	3781
系统集成、网络设备		5	1980
交通工具		482	9254
其他货物		27	3977
二、工程类		6	5428
建筑物	平方米		330
市政建设工程	平方米		
环保、绿化工程	个		
水利、防洪工程	个		581
交通运输工程	个		
修缮、装饰工程			983
其他各类工程		6	3534
三、服务类		198	405
印刷、出版			
系统集成、网络工程			17
信息技术、信息管理软件的开发设计			3
维修			
租赁			
会议			7
培训			
其他服务		198	378

续表 15

采购项目	东营		
	计量单位	数量	采购金额
合计		**178888**	**132441**
一、货物类		2860	30270
土地	平方米		
建筑物	平方米		
一般设备		2187	5808
办公消耗用品		27	221
建筑、装饰材料		1	113
专用设备		95	4110
系统集成、网络设备		38	4414
交通工具		402	7773
其他货物		110	7831
二、工程类		175736	97943
建筑物	平方米	86035	18181
市政建设工程	平方米	89566	22352
环保、绿化工程	个	49	11843
水利、防洪工程	个	13	5020
交通运输工程	个	22	17200
修缮、装饰工程		27	10584
其他各类工程		24	12764
三、服务类		292	4228
印刷、出版		18	1020
系统集成、网络工程		11	256
信息技术、信息管理软件的开发设计		7	151
维修			400
租赁		12	136
会议			
培训			
其他服务		244	2265

续表 16

采购项目	威海		
	计量单位	数量	采购金额
合计		**325824**	**55059**
一、货物类		19398	20902
土地	平方米		
建筑物	平方米		
一般设备		11257	7265
办公消耗用品		553	90
建筑、装饰材料		2885	4390
专用设备		1275	4687
系统集成、网络设备		1366	1044
交通工具		202	2090
其他货物		1860	1337
二、工程类		305403	31160
建筑物	平方米	61968	4706
市政建设工程	平方米	243259	10405
环保、绿化工程	个	74	7752
水利、防洪工程	个	15	225
交通运输工程	个		
修缮、装饰工程		85	7992
其他各类工程		2	80
三、服务类		1023	2996
印刷、出版		319	813
系统集成、网络工程		22	1281
信息技术、信息管理软件的开发设计		1	3
维修		16	148
租赁			
会议			
培训			
其他服务		665	751

续表 17

采购项目	日照		
	计量单位	数量	采购金额
合计		**5271**	**17589**
一、货物类		2833	10279
土地	平方米		
建筑物	平方米		
一般设备		2574	2358
办公消耗用品		2	64
建筑、装饰材料			
专用设备		26	2884
系统集成、网络设备		13	359
交通工具		212	3534
其他货物		6	1080
二、工程类		2135	5345
建筑物	平方米	2100	118
市政建设工程	平方米	1	1200
环保、绿化工程	个	1	198
水利、防洪工程	个		
交通运输工程	个		
修缮、装饰工程		15	758
其他各类工程		18	3071
三、服务类		303	1965
印刷、出版		2	235
系统集成、网络工程		2	6
信息技术、信息管理软件的开发设计			
维修			90
租赁			
会议			
培训			
其他服务		299	1634

续表 18

采 购 项 目	莱芜		
	计量单位	数量	采购金额
合 计		**582**	**14032**
一、货物类		423	8525
土地	平方米	15	140
建筑物	平方米		
一般设备		360	5241
办公消耗用品			
建筑、装饰材料			
专用设备			
系统集成、网络设备		4	180
交通工具		32	492
其他货物		12	2471
二、工程类		6	5404
建筑物	平方米		100
市政建设工程	平方米		2572
环保、绿化工程	个	6	2183
水利、防洪工程	个		88
交通运输工程	个		
修缮、装饰工程			190
其他各类工程			270
三、服务类		153	103
印刷、出版		4	39
系统集成、网络工程			
信息技术、信息管理软件的开发设计			
维修			
租赁			
会议			
培训			
其他服务		149	64

2004 年全省计算机、小汽车政府采购统计表

单位：台、辆

全省					
项目	采购数量	采购金额	项目	采购数量	采购金额
计算机总量	67972	43596	小汽车总量	7623	112546
其中：联想	22034	15462	其中：桑塔纳	2066	22602
方正	9309	4247	捷达	292	2943
IBM	1155	2399	奥迪	77	2308
TCL	386	166	别克	735	16859
长城	619	261	广州本田	608	14456
清华同方	5388	2442	帕萨特	635	14171
华硕	15	23	长安奥托	30	145
海信	15018	8110	宝来	4	61
海尔	8108	3131	福特（长安）	103	1411
七喜	264	177	奇瑞	32	720
恒生			丰田	19	1510
实达	703	347	神龙富康	9	85
宏基	243	152	海南马自达	12	200
神舟	82	42	红旗	149	2336
DELL	1591	2144	波罗	1	12
新蓝	28	13	赛欧	190	1803
八亿时空	34	18	亚阁	72	1714
蓝星			夏利	16	68
易纬	2	1	帕拉丁	13	254
BenQ	2	2	中华	54	713
惠普	662	738	其他国产品牌	2403	25368
其他	2329	3720	进口品牌	103	2806

续表 1

省级					
项目	采购数量	采购金额	项目	采购数量	采购金额
计算机总量	1929	1147	小汽车总量	979	14904
其中：联想	355	214	其中：桑塔纳	356	3816
方正	611	115	捷达	117	1126
IBM	81	107	奥迪	40	1096
TCL			别克	83	2176
长城			广州本田	138	3199
清华同方	387	192	帕萨特	34	776
华硕	4	5	长安奥托		
海信			宝来		
海尔	5	4	福特(长安)	10	203
七喜			奇瑞		
恒生			丰田	2	69
实达			神龙富康		
宏基			海南马自达		
神舟			红旗	3	48
DELL	391	413	波罗		
新蓝			赛欧	135	1364
八亿时空			亚阁	6	138
蓝星			夏利		
易纬			帕拉丁		
BenQ			中华		
惠普	4	1	其他国产品牌	48	683
其他	91	96	进口品牌	7	211

续表 2

青岛

项目	采购数量	采购金额	项目	采购数量	采购金额
计算机总量	12002	7017	小汽车总量	531	9317
其中：联想	5111	3622	其中：桑塔纳	87	1204
方正	3612	1489	捷达	9	101
IBM	245	358	奥迪	5	209
TCL	25	9	别克	65	1642
长城			广州本田	58	1386
清华同方	855	349	帕萨特	27	586
华硕	3	4	长安奥托	1	5
海信	1388	641	宝来		
海尔	364	125	福特(长安)	2	49
七喜	1		奇瑞	4	71
恒生			丰田	1	50
实达			神龙富康	3	26
宏基	1	1	海南马自达	5	82
神舟	15	8	红旗	2	40
DELL	155	151	波罗		
新蓝			赛欧		
八亿时空			亚阁	4	91
蓝星			夏利		
易纬			帕拉丁	7	109
BenQ	1	1	中华		
惠普	117	177	其他国产品牌	215	2828
其他	109	81	进口品牌	36	839

续表 3

济南					
项目	采购数量	采购金额	项目	采购数量	采购金额
计算机总量	4295	3118	小汽车总量	487	7361
其中：联想	1803	1228	其中：桑塔纳	204	2612
方正	544	266	捷达	11	127
IBM	226	373	奥迪		
TCL	6	4	别克	11	279
长城	229	86	广州本田	16	368
清华同方	511	203	帕萨特	49	1078
华硕	2	2	长安奥托		
海信	23	17	宝来	1	18
海尔	18	8	福特(长安)	11	106
七喜	6	3	奇瑞	4	49
恒生			丰田	1	43
实达	33	10	神龙富康	1	9
宏基	15	10	海南马自达	4	63
神舟	25	12	红旗	10	151
DELL	425	414	波罗		
新蓝			赛欧		
八亿时空			亚阁	4	93
蓝星			夏利	9	35
易纬			帕拉丁		
BenQ	1	1	中华	7	109
惠普	39	38	其他国产品牌	128	1709
其他	389	443	进口品牌	16	514

续表 4

淄博					
项目	采购数量	采购金额	项目	采购数量	采购金额
计算机总量	949	623	小汽车总量	324	5380
其中：联想	370	287	其中：桑塔纳	64	867
方正	19	8	捷达	12	131
IBM	11	18	奥迪	1	25
TCL			别克	18	403
长城			广州本田	33	761
清华同方	306	174	帕萨特	37	882
华硕			长安奥托	2	9
海信	73	32	宝来		
海尔			福特(长安)	4	50
七喜			奇瑞	11	111
恒生			丰田	1	48
实达			神龙富康		
宏基			海南马自达	2	29
神舟	2	1	红旗	20	334
DELL	1	1	波罗		
新蓝	2	1	赛欧	1	6
八亿时空			亚阁	3	68
蓝星			夏利		
易纬			帕拉丁		
BenQ			中华	1	18
惠普			其他国产品牌	109	1539
其他	165	102	进口品牌	5	99

续表 5

枣庄

项目	采购数量	采购金额	项目	采购数量	采购金额
计算机总量	4339	4795	小汽车总量	748	7180
其中：联想	2177	1529	其中：桑塔纳	422	3110
方正	371	200	捷达	2	23
IBM	98	140	奥迪	1	25
TCL	6	4	别克	24	413
长城	227	103	广州本田	39	855
清华同方	157	104	帕萨特	31	707
华硕			长安奥托		
海信	14	9	宝来		
海尔	365	189	福特(长安)	4	52
七喜	36	14	奇瑞	1	15
恒生			丰田		
实达			神龙富康	5	50
宏基	17	11	海南马自达		
神舟			红旗	12	180
DELL	72	67	波罗		
新蓝	1	1	赛欧	2	15
八亿时空	1	1	亚阁	5	140
蓝星			夏利		
易纬			帕拉丁		
BenQ			中华		
惠普	92	125	其他国产品牌	199	1549
其他	705	2299	进口品牌	1	46

续表 6

烟台

项目	采购数量	采购金额	项目	采购数量	采购金额
计算机总量	5565	2425	小汽车总量	342	6355
其中：联想	1507	807	其中：桑塔纳	37	477
方正	927	395	捷达	5	56
IBM	70	87	奥迪	2	64
TCL	85	29	别克	69	1611
长城			广州本田	20	457
清华同方	946	283	帕萨特	61	1392
华硕	5	10	长安奥托	2	9
海信	412	142	宝来		
海尔	838	346	福特(长安)	18	169
七喜			奇瑞	1	16
恒生			丰田		
实达	264	84	神龙富康		
宏基			海南马自达		
神舟	1	1	红旗	10	150
DELL	53	48	波罗		
新蓝			赛欧	43	343
八亿时空			亚阁	2	46
蓝星			夏利		
易纬			帕拉丁	2	48
BenQ			中华	10	158
惠普	5	9	其他国产品牌	56	1170
其他	452	185	进口品牌	4	189

续表 7

潍坊

项目	采购数量	采购金额	项目	采购数量	采购金额
计算机总量	1856	1307	小汽车总量	688	9708
其中：联想	1103	751	其中：桑塔纳	133	1476
方正	260	135	捷达	26	244
IBM	70	154	奥迪	4	100
TCL	20	8	别克	77	1688
长城			广州本田	64	1396
清华同方	10	5	帕萨特	71	1569
华硕			长安奥托		
海信			宝来		
海尔	98	48	福特(长安)	5	41
七喜	3	1	奇瑞		
恒生			丰田		
实达			神龙富康		
宏基	15	5	海南马自达		
神舟			红旗	8	124
DELL	223	150	波罗		
新蓝			赛欧		
八亿时空			亚阁	26	590
蓝星			夏利		
易纬			帕拉丁	1	22
BenQ			中华	4	63
惠普	50	40	其他国产品牌	260	2225
其他	4	10	进口品牌	9	171

续表 8

济宁

项目	采购数量	采购金额	项目	采购数量	采购金额
计算机总量	6821	3539	小汽车总量	1092	14404
其中：联想	1647	958	其中：桑塔纳	316	3620
方正	623	347	捷达	11	122
IBM	43	45	奥迪	2	48
TCL	89	27	别克	250	5376
长城	110	49	广州本田	5	112
清华同方	1053	530	帕萨特	107	2415
华硕			长安奥托	15	76
海信	116	53	宝来	1	15
海尔	2902	1392	福特(长安)	8	152
七喜	121	55	奇瑞	1	15
恒生			丰田		
实达			神龙富康		
宏基	73	37	海南马自达		13
神舟			红旗	19	315
DELL	17	19	波罗		
新蓝			赛欧		
八亿时空			亚阁		
蓝星			夏利		
易纬			帕拉丁	3	75
BenQ			中华	2	33
惠普	14	10	其他国产品牌	347	1691
其他	13	17	进口品牌	5	326

续表 9

临沂

项目	采购数量	采购金额	项目	采购数量	采购金额
计算机总量	10362	5869	小汽车总量	897	11822
其中：联想	2356	1579	其中：桑塔纳	115	1265
方正	871	405	捷达	9	113
IBM	67	60	奥迪	1	25
TCL	43	19	别克	24	552
长城	49	21	广州本田	70	1609
清华同方	93	39	帕萨特	42	840
华硕			长安奥托		
海信	6321	3413	宝来		
海尔	67	26	福特(长安)	18	414
七喜	26	11	奇瑞	3	363
恒生			丰田	6	985
实达	64	27	神龙富康		
宏基	17	18	海南马自达		
神舟	34	15	红旗	47	705
DELL	58	36	波罗	1	12
新蓝	24	11	赛欧	9	75
八亿时空	23	10	亚阁		
蓝星			夏利		
易纬			帕拉丁		
BenQ			中华	6	98
惠普	249	179	其他国产品牌	546	4766
其他			进口品牌		

续表 10

泰安					
项目	采购数量	采购金额	项目	采购数量	采购金额
计算机总量			小汽车总量		
其中：联想			其中：桑塔纳		
方正			捷达		
IBM			奥迪		
TCL			别克		
长城			广州本田		
清华同方			帕萨特		
华硕			长安奥托		
海信			宝来		
海尔			福特(长安)		
七喜			奇瑞		
恒生			丰田		
实达			神龙富康		
宏基			海南马自达		
神舟			红旗		
DELL			波罗		
新蓝			赛欧		
八亿时空			亚阁		
蓝星			夏利		
易纬			帕拉丁		
BenQ			中华		
惠普			其他国产品牌		
其他			进口品牌		

续表 11

聊城

项目	采购数量	采购金额	项目	采购数量	采购金额
计算机总量	2033	1443	小汽车总量	285	5127
其中：联想	924	646	其中：桑塔纳	69	898
方正	448	286	捷达	21	242
IBM	105	143	奥迪	10	366
TCL	84	52	别克	28	487
长城			广州本田	64	1466
清华同方	204	129	帕萨特	32	584
华硕			长安奥托		
海信	114	85	宝来		
海尔			福特(长安)		
七喜			奇瑞		
恒生			丰田		
实达			神龙富康		
宏基			海南马自达		
神舟			红旗		
DELL			波罗		
新蓝			赛欧		
八亿时空			亚阁		
蓝星			夏利		
易纬			帕拉丁		
BenQ			中华		
惠普			其他国产品牌	61	1084
其他	154	105	进口品牌		

续表 12

菏泽

项目	采购数量	采购金额	项目	采购数量	采购金额
计算机总量	471	268	小汽车总量	78	874
其中：联想	345	212	其中：桑塔纳	18	224
方正	25	13	捷达		
IBM	2	5	奥迪		
TCL			别克	6	120
长城			广州本田	1	20
清华同方	18	9	帕萨特	7	138
华硕			长安奥托		
海信			宝来		
海尔	68	26	福特（长安）		
七喜			奇瑞	2	14
恒生			丰田		
实达			神龙富康		
宏基	5	3	海南马自达		
神舟			红旗	2	33
DELL			波罗		
新蓝			赛欧		
八亿时空			亚阁		
蓝星			夏利	1	6
易纬			帕拉丁		
BenQ			中华		
惠普			其他国产品牌	41	318
其他	8	3	进口品牌		

续表 13

德州

项目	采购数量	采购金额	项目	采购数量	采购金额
计算机总量	5953	2947	小汽车总量	36	385
其中：联想	391	220	其中：桑塔纳	3	38
方正	1	1	捷达	1	11
IBM			奥迪		
TCL			别克		
长城			广州本田		
清华同方	631	309	帕萨特	4	93
华硕			长安奥托		
海信	4929	2415	宝来		
海尔			福特(长安)		
七喜			奇瑞		
恒生			丰田		
实达			神龙富康		
宏基			海南马自达		
神舟			红旗		
DELL			波罗		
新蓝			赛欧		
八亿时空			亚阁		
蓝星			夏利		
易纬			帕拉丁		
BenQ			中华		
惠普			其他国产品牌	28	243
其他	1	2	进口品牌		

续表 14

滨州

项目	采购数量	采购金额	项目	采购数量	采购金额
计算机总量	1114	760	小汽车总量	461	7580
其中：联想	439	359	其中：桑塔纳	100	1207
方正	190	96	捷达	11	129
IBM	3	8	奥迪	5	150
TCL			别克	46	1120
长城	2	1	广州本田	49	1117
清华同方	25	12	帕萨特	52	1181
华硕			长安奥托	1	8
海信	52	18	宝来	1	13
海尔	22	9	福特(长安)	2	31
七喜			奇瑞	1	14
恒生			丰田	1	20
实达	341	226	神龙富康		
宏基	35	23	海南马自达	1	13
神舟	1	4	红旗	3	56
DELL			波罗		
新蓝			赛欧		
八亿时空			亚阁	18	411
蓝星			夏利		
易纬			帕拉丁		
BenQ			中华	19	140
惠普	4	5	其他国产品牌	133	1656
其他			进口品牌	18	314

续表 15

东营

项目	采购数量	采购金额	项目	采购数量	采购金额
计算机总量	1429	4319	小汽车总量	381	7610
其中：联想	989	1604	其中：桑塔纳	92	1140
方正	22	69	捷达	57	517
IBM	10	770	奥迪	5	175
TCL			别克	17	609
长城			广州本田	28	1169
清华同方	116	63	帕萨特	32	861
华硕			长安奥托	9	38
海信	36	603	宝来		
海尔			福特(长安)	16	88
七喜	10	73	奇瑞	1	4
恒生			丰田	4	149
实达	1		神龙富康		
宏基	1	1	海南马自达		
神舟			红旗	6	89
DELL	85	753	波罗		
新蓝			赛欧		
八亿时空			亚阁	4	138
蓝星			夏利	1	4
易纬			帕拉丁		
BenQ			中华	4	81
惠普	39	107	其他国产品牌	105	2548
其他	120	275	进口品牌		

续表 16

威海					
项目	采购数量	采购金额	项目	采购数量	采购金额
计算机总量	6290	2667	小汽车总量	57	891
其中：联想	2062	1094	其中：桑塔纳	10	137
方正	720	390	捷达		
IBM	112	113	奥迪		
TCL	24	13	别克	4	51
长城			广州本田		
清华同方	44	20	帕萨特	12	245
华硕	1	1	长安奥托		
海信	129	55	宝来	1	16
海尔	2802	689	福特(长安)		
七喜	61	19	奇瑞		
恒生			丰田	1	51
实达			神龙富康		
宏基	64	42	海南马自达		
神舟			红旗	1	16
DELL	107	86	波罗		
新蓝	1	1	赛欧		
八亿时空	10	7	亚阁		
蓝星			夏利	5	23
易纬	2	1	帕拉丁		
BenQ			中华		
惠普	49	46	其他国产品牌	21	255
其他	102	90	进口品牌	2	97

续表 17

日照

项目	采购数量	采购金额	项目	采购数量	采购金额
计算机总量	2495	1275	小汽车总量	212	3316
其中：联想	411	296	其中：桑塔纳	24	300
方正	58	29	捷达		
IBM	12	19	奥迪	1	25
TCL	4	2	别克	12	299
长城	2	1	广州本田	23	542
清华同方	20	14	帕萨特	35	788
华硕			长安奥托		
海信	1411	628	宝来		
海尔	559	269	福特(长安)	5	56
七喜			奇瑞	3	47
恒生			丰田	2	96
实达			神龙富康		
宏基			海南马自达		
神舟	4	2	红旗	6	95
DELL	4	7	波罗		
新蓝			赛欧		
八亿时空			亚阁		
蓝星			夏利		
易纬			帕拉丁		
BenQ			中华	1	14
惠普			其他国产品牌	100	1055
其他	10	9	进口品牌		

续表 18

莱芜

项目	采购数量	采购金额	项目	采购数量	采购金额
计算机总量	69	77	小汽车总量	25	330
其中：联想	44	58	其中：桑塔纳	16	212
方正	7	5	捷达		
IBM			奥迪		
TCL			别克	1	33
长城			广州本田		
清华同方	12	8	帕萨特	2	39
华硕			长安奥托		
海信			宝来		
海尔			福特(长安)		
七喜		1	奇瑞		
恒生			丰田		
实达			神龙富康		
宏基		2	海南马自达		
神舟			红旗		
DELL			波罗		
新蓝			赛欧		
八亿时空			亚阁		
蓝星			夏利		
易纬			帕拉丁		
BenQ			中华		
惠普			其他国产品牌	6	47
其他	6	3	进口品牌		

全国财政
经济资料部分

2004年各省、自治区、直辖市行政区划基本情况表

单位：个

地　区	地级区划数	其中：地级市	县级区划数	其中：县级市	地县级市个数	市辖区数	乡镇数
全国合计	**333**	**283**	**2862**	**374**	**1464**	**852**	**43258**
北京			18		2	16	311
天津			18		3	15	240
河北	11	11	172	22	108	36	2209
山西	11	11	119	11	85	23	1388
内蒙古	12	9	101	11	17	21	1427
辽宁	14	14	100	17	19	56	1530
吉林	9	8	60	20	18	19	1005
黑龙江	13	12	130	19	45	65	1297
上海			19		1	18	220
江苏	13	13	106	27	25	54	1488
浙江	11	11	90	22	35	32	1569
安徽	17	17	105	5	56	44	1776
福建	9	9	85	14	45	26	1104
江西	11	11	99	10	70	19	1549
山东	17	17	140	31	60	49	1941
河南	17	17	159	21	88	50	2451
湖北	13	12	102	24	37	38	1236
湖南	14	13	122	16	65	34	2576
广东	21	21	121	23	41	54	1612
广西	14	14	109	7	56	34	1396
海南	2	2	20	6	4	4	218
重庆			40	4	17	15	1150
四川	21	18	181	14	120	43	5018
贵州	9	4	88	9	56	10	1540
云南	16	8	129	9	79	12	1559
西藏	7	1	73	1	71	1	692
陕西	10	10	107	3	80	24	1747
甘肃	14	12	86	4	58	17	1350
青海	8	1	43	2	30	4	429
宁夏	5	5	21	2	11	8	226
新疆	14	2	99	20	62	11	1004

2004年各省、自治区、直辖市人口基本情况表

单位：万人

地　区	总人口	非农业人口		农业人口	
		人数	占总人口%	人数	占总人口%
全国合计	**129988**	**35734**	**27.49**	**94254**	**72.51**
北京	1493	1133	75.89	360	24.11
天津	1024	639	62.40	385	37.60
河北	6809	1419	20.84	5390	79.16
山西	3335	990	29.69	2345	70.31
内蒙古	2384	1032	43.29	1352	56.71
辽宁	4217	1878	44.53	2339	55.47
吉林	2709	1269	46.84	1440	53.16
黑龙江	3817	1918	50.25	1899	49.75
上海	1742	1394	80.02	348	19.98
江苏	7433	2185	29.40	5248	70.60
浙江	4720	985	20.87	3735	79.13
安徽	6461	1263	19.55	5198	80.45
福建	3511	825	23.50	2686	76.50
江西	4284	1017	23.74	3267	76.26
山东	9180	2137	23.28	7043	76.72
河南	9717	1748	17.99	7969	82.01
湖北	6016	2051	34.09	3965	65.91
湖南	6698	1242	18.54	5456	81.46
广东	8304	2049	24.67	6255	75.33
广西	4889	766	15.67	4123	84.33
海南	818	298	36.43	520	63.57
重庆	3122	697	22.33	2425	77.67
四川	8725	1839	21.08	6886	78.92
贵州	3904	650	16.65	3254	83.35
云南	4415	877	19.86	3538	80.14
西藏	274	50	18.25	224	81.75
陕西	3705	914	24.67	2791	75.33
甘肃	2619	555	21.19	2064	78.81
青海	539	185	34.32	354	65.68
宁夏	588	176	29.93	412	70.07
新疆	1963	987	50.28	976	49.72

2004年各省、自治区、直辖市国民经济主要指标

单位：亿元

地　区	总人口（万人）	工　业总产值	农　业总产值	国　内生产总值	固定资产投资额	社会消费品零售总额
全国合计	**129988**		**18138.4**	**136875.9**	**70072.7**	**53950.1**
北京	1493		92.7	4283.3	2528.3	2191.8
天津	1024		95.3	2931.9	1256.7	1052.7
河北	6809		1135.7	8768.8	3215.3	2522.9
山西	3335		290.5	3042.4	1442.8	884.8
内蒙古	2384		411.5	2712.1	1788.0	892.0
辽宁	4217		611.3	6872.7	2979.6	2642.8
吉林	2709		486.2	2958.2	1171.6	1252.6
黑龙江	3817		620.2	5303.0	1430.8	1555.4
上海	1742		109.3	7450.3	3050.2	2454.6
江苏	7433		1242.4	15403.2	6496.0	4159.7
浙江	4720		592.6	11243.0	5756.2	3645.4
安徽	6461		842.0	4812.7	1919.4	1503.1
福建	3511		525.8	6053.1	1893.1	1995.8
江西	4284		491.1	3495.9	1723.7	1059.9
山东	9180		1891.7	15490.7	7629.0	4483.4
河南	9717		1602.9	8815.1	3099.4	2808.2
湖北	6016		921.6	6309.9	2265.1	2667.5
湖南	6698		874.0	5612.3	2072.8	2069.8
广东	8304		960.0	16039.5	5765.6	6370.4
广西	4889		623.1	3320.1	1247.0	973.4
海南	818		170.9	769.4	329.6	220.2
重庆	3122		333.0	2665.4	1537.1	955.0
四川	8725		987.7	6556.0	2856.8	2384.0
贵州	3904		317.7	1591.9	861.2	517.6
云南	4415		516.9	2959.5	1244.3	884.9
西藏	274		26.6	211.5	167.8	63.7
陕西	3705		413.7	2883.5	1508.6	966.5
甘肃	2619		331.4	1558.9	733.9	535.8
青海	539		34.2	465.7	291.5	115.6
宁夏	588		71.3	460.4	373.9	137.8
新疆	1963		515.0	2200.2	1138.7	482.1

续表

地　区	进出口总　值(亿美元)	出　口总　值(亿美元)	实际利用外资(万美元)	一般预算收入	一般预算支出	职工平均工资(元)	农民人均纯收入(元)
全国合计	**11547.9**	**5933.7**	**6062998**	**11693.4**	**20592.8**	**16024**	**2936.4**
北京	946.6	131.2	255974	744.5	898.3	29674	6170.3
天津	420.4	204.9	172091	246.2	375.0	21754	5019.5
河北	135.3	97.1	69954	407.8	785.6	12925	3171.1
山西	53.8	72.0	9022	256.4	519.1	12943	2589.6
内蒙古	37.2	18.9	34297	196.8	564.1	13324	2606.4
辽宁	344.4	195.9	540677	529.6	931.4	14921	3307.1
吉林	67.9	19.2	19237	166.3	507.8	12431	2999.6
黑龙江	67.9	37.2	33917	289.4	697.6	12557	3005.2
上海	1600.2	697.3	631087	1106.2	1382.5	30085	7066.3
江苏	1708.6	880.4	894830	980.5	1312.0	18202	4753.9
浙江	852.3	611.7	573256	805.9	1062.9	23506	5944.1
安徽	72.1	35.6	42850	274.6	601.5	12928	2499.3
福建	475.5	305.5	192384	333.5	516.7	15603	4089.4
江西	35.3	26.1	204487	205.8	454.1	11860	2786.8
山东	606.7	371.9	866423	828.3	1189.4	14332	3507.4
河南	66.2	44.0	42211	428.8	880.0	12114	2553.2
湖北	67.7	32.5	174441	310.4	646.3	11855	2890.0
湖南	54.3	31.4	141803	320.6	719.5	13928	2837.8
广东	3571.3	1923.9	1001158	1418.5	1853.0	22116	4365.9
广西	42.8	23.2	29579	237.8	507.5	13579	2305.2
海南	34.0	8.3	11926	57.0	127.2	12652	2817.6
重庆	38.6	18.8	25196	200.6	395.7	14357	2510.4
四川	68.7	34.9	36503	385.8	895.3	14063	2518.9
贵州	15.1	12.7	6271	149.3	418.4	12431	1721.6
云南	37.5	20.2	14153	263.4	663.6	14581	1864.2
西藏	2.0	1.2		10.0	133.8	30873	1861.3
陕西	36.4	26.2	14132	215.0	516.3	13024	1866.5
甘肃	17.7	10.4	3539	104.2	356.9	13623	1852.2
青海	5.8	4.6		27.0	137.3	17229	1957.7
宁夏	9.1	7.4	6704	37.5	123.0	14620	2320.1
新疆	56.4	29.2	3996	155.7	421.0	14484	2244.9

2004年各省、自治区、直辖市国内生产总值情况表

单位：亿元

地区	国内生产总值				
	合计	第一产业	第二产业		
			小计	工业	建筑业
全国合计	**136875.9**	**20768.1**	**72387.2**	**62815.1**	**9572.1**
北京	4283.3	102.9	1610.4	1290.2	320.2
天津	2931.9	102.3	1560.2	1436.7	123.4
河北	8768.8	1370.4	4635.2	4086.4	548.8
山西	3042.4	253.4	1810.1	1568.5	241.6
内蒙古	2712.1	506.1	1332.5	1015.7	316.8
辽宁	6872.7	769.9	3278.9	2833.0	445.9
吉林	2958.2	561.0	1379.3	1142.1	237.2
黑龙江	5303.0	587.8	3155.3	2814.4	340.9
上海	7450.3	96.7	3788.2	3492.9	295.3
江苏	15403.2	1315.4	8716.1	7714.4	1001.7
浙江	11243.0	816.0	6045.0	5381.4	663.6
安徽	4812.7	932.4	2169.8	1736.0	433.8
福建	6053.1	777.9	2950.3	2532.7	417.7
江西	3495.9	711.7	1595.7	1110.7	485.0
山东	15490.7	1778.3	8724.5	7799.3	925.2
河南	8815.1	1647.5	4515.4	3862.2	653.2
湖北	6309.9	1020.1	2994.7	2593.9	400.8
湖南	5612.3	1155.9	2214.4	1781.1	433.3
广东	16039.5	1245.4	8890.3	8011.2	879.1
广西	3320.1	811.4	1288.3	1044.8	243
海南	769.4	283.8	180.4	119.7	60.7
重庆	2665.4	431.3	1181.2	927.5	253.7
四川	6556.0	1394.3	2690.0	2165.2	524.8
贵州	1591.9	334.1	714.7	574.6	140.0
云南	2959.5	604.3	1314.2	1053.4	260.8
西藏	211.5	43.3	57.6	15.4	42.2
陕西	2883.5	395.0	1416.8	1064.8	352.0
甘肃	1558.9	281.4	758.2	576.2	182.0
青海	465.7	57.8	227.1	158.6	68.4
宁夏	460.4	65.1	239.4	186.3	53.1
新疆	2200.2	444.7	1010.1	745.0	265.1

续表

地区	国内生产总值			国内生产总值比上年增长%	人均国内生产总值(元/人)
	第三产业				
	小计	其中：交通运输仓储邮电通信业	其中：批发和零售贸易餐饮业		
全国合计	**43720.6**	**7694.2**	**10098.5**	**9.5**	**10561**
北京	2570	283.1	305.03	13.2	37058
天津	1269.4	285.1	242.07	15.7	31550
河北	2763.2	724.3	689.24	12.5	12918
山西	979	235.8	201.24	14.1	9150
内蒙古	873.5	243	203.36	19.4	11305
辽宁	2823.9	613	896	12.8	16297
吉林	1017.9	180.2	368.3	12.2	10932
黑龙江	1559.9	306.2	479.7	11.7	13897
上海	3565.3	489	706.65	13.6	55307
江苏	5371.7	945.4	1404.7	14.9	20705
浙江	4382	835	1335.4	14.3	23942
安徽	1710.4	312.2	457.8	12.5	7768
福建	2324.9	601.4	559.35	12.1	17218
江西	1188.5	300.3	274.17	13.2	8189
山东	4987.9	990.7	1283.28	15.3	16925
河南	2652.3	678.7	668.02	13.7	9470
湖北	2295.2	395.8	622.19	11.3	10500
湖南	2242	425.4	527.61	12	9117
广东	5903.8	1351.6	1378.72	14.2	19707
广西	1220.5	286.4	376.49	11.8	7196
海南	305.1	66.8	94.16	10.4	9450
重庆	1052.8	153.8	227.51	12.2	9608
四川	2471.8	480.5	593.37	12.7	8113
贵州	543.1	99.6	114.9	11.4	4215
云南	1041	212.6	247.43	11.5	6733
西藏	110.6	17.78	22.31	12.2	7779
陕西	1071.7	277.5	168	12.9	7757
甘肃	519.4	84.3	158.92	10.9	5970
青海	180.9	36.7	31.97	12.3	8606
宁夏	155.8	29.9	31.75	11	7880
新疆	745.4	138.5	178.05	11.1	11199

2004 年各省、自治区、直辖市国内生产总值构成情况表

单位：%

地　区	第一产业	第二产业			第三产业		
		小计	工业	建筑业	小计	其中：交通运输仓储邮电通信业	其中：批发和零售贸易餐饮业
全国合计	**15.2**	**52.9**	**45.9**	**7**	**31.9**	**5.6**	**7.4**
北京	2.4	37.6	30.1	7.5	60.0	6.6	7.1
天津	3.5	53.2	49.0	4.2	43.3	9.7	8.3
河北	15.6	52.9	46.6	6.3	31.5	8.3	7.9
山西	8.3	59.5	51.6	7.9	32.2	7.7	6.6
内蒙古	18.7	49.1	37.4	11.7	32.2	9.0	7.5
辽宁	11.2	47.7	41.2	6.5	41.1	8.9	13.0
吉林	19.0	46.6	38.6	8.0	34.4	6.1	12.5
黑龙江	11.1	59.5	53.1	6.4	29.4	5.8	9.0
上海	1.3	50.8	46.9	3.9	47.9	6.6	9.5
江苏	8.5	56.6	50.1	6.5	34.9	6.1	9.1
浙江	7.3	53.8	47.9	5.9	39.0	7.4	11.9
安徽	19.4	45.1	36.1	9.0	35.5	6.5	9.5
福建	12.9	48.7	41.8	6.9	38.4	9.9	9.2
江西	20.4	45.6	31.7	13.9	34.0	8.6	7.8
山东	11.5	56.3	50.3	6.0	32.2	6.4	8.3
河南	18.7	51.2	43.8	7.4	30.1	7.7	7.6
湖北	16.2	47.5	41.1	6.4	36.4	6.3	9.9
湖南	20.6	39.5	31.8	7.7	39.9	7.6	9.4
广东	7.8	55.4	49.9	5.5	36.8	8.4	8.6
广西	24.4	38.8	31.5	7.3	36.8	8.6	11.3
海南	36.9	23.4	15.5	7.9	39.7	8.7	12.2
重庆	16.2	44.3	34.8	9.5	39.5	5.8	8.5
四川	21.3	41.0	33.0	8.0	37.7	7.3	9.1
贵州	21.0	44.9	36.1	8.8	34.1	6.3	7.2
云南	20.4	44.4	35.6	8.8	35.2	7.2	8.4
西藏	20.5	27.2	7.3	19.9	52.3	8.4	10.5
陕西	13.7	49.1	36.9	12.2	37.2	9.6	5.8
甘肃	18.1	48.6	36.9	11.7	33.3	5.4	10.2
青海	12.4	48.8	34.1	14.7	38.8	7.9	6.9
宁夏	14.2	52.0	40.5	11.5	33.8	6.5	6.9
新疆	20.2	45.9	33.9	12.0	33.9	6.3	8.1

2004年各省、自治区、直辖市财政收入完成预算情况表

单位：亿元

地　　区	预算数	决算数	超、短收(+、-)	决算数为预算数%
地　方　合　计	**10466.87**	**11693.37**	**1226.50**	**111.72**
北京市	648.38	744.49	96.11	114.82
天津市	232.54	246.18	13.64	105.86
河北省	345.26	407.83	62.57	118.12
山西省	206.79	256.36	49.57	123.97
内蒙古自治区	161.96	196.76	34.80	121.49
辽宁省	469.07	529.64	60.57	112.91
其中：大连市	107.88	117.17	9.29	108.61
吉林省	158.61	166.28	7.67	104.84
黑龙江省	258.29	289.42	31.13	112.05
上海市	1010.10	1106.19	96.09	109.51
江苏省	876.40	980.49	104.10	111.88
浙江省	712.79	805.95	93.16	113.07
其中：宁波市	125.50	151.75	26.25	120.91
安徽省	228.25	274.63	46.38	120.32
福建省	314.33	333.52	19.19	106.11
其中：厦门市	59.91	65.02	5.11	108.53
江西省	183.67	205.77	22.10	112.03
山东省	759.31	828.33	69.02	109.09
其中：青岛市	118.01	130.51	12.50	110.60
河南省	350.76	428.78	78.02	122.24
湖北省	277.00	310.45	33.45	112.07
湖南省	289.85	320.63	30.77	110.62
广东省	1326.59	1418.51	91.92	106.93
其中：深圳市	313.74	321.47	7.73	102.46
广西壮族自治区	213.84	237.77	23.93	111.19
海南省	54.14	57.04	2.89	105.34
重庆市	177.55	200.62	23.08	113.00
四川省	348.00	385.78	37.78	110.86
贵州省	137.52	149.29	11.76	108.55
云南省	242.70	263.36	20.66	108.51
西藏自治区	7.22	10.02	2.80	138.84
陕西省	183.41	214.96	31.55	117.20
甘肃省	93.56	104.16	10.60	111.33
青海省	25.48	27.00	1.52	105.97
宁夏回族自治区	31.64	37.47	5.83	118.43
新疆维吾尔自治区	141.88	155.70	13.82	109.74

2004年各省、自治区、直辖市财政收入分类情况表

单位：亿元

地　区	合　计	一、增值税	二、营业税	三、企业所得税	四、企业所得税退税	五、个人所得税
地方合计	**116933709**	**16566714**	**34709830**	**13733391**	**-671**	**6948198**
北京市	7444874	688797	3331645	1216973		733357
天津市	2461800	351718	783942	321246		159822
河北省	4078273	833059	855106	381060	-2	221514
山西省	2563634	699739	483454	224324	-271	104033
内蒙古自治区	1967589	306760	550223	86995	-40	73640
辽宁省	5296405	768327	1416704	499919		281574
其中：大连市	1171712	102312	450024	119511		75647
吉林省	1662807	321945	407799	123628		92653
黑龙江省	2894200	734993	522784	121106		132963
上海市	11061932	1315512	4424582	2049897		886865
江苏省	9804939	1481339	2824927	1385871		528318
浙江省	8059479	766154	2862683	1477859	-11	562055
其中：宁波市	1517490	95872	560085	343684		124382
安徽省	2746284	389776	602792	258301		102995
福建省	3335230	302590	1017528	479272		245318
其中：厦门市	650153	24367	240407	118274		56406
江西省	2057667	254350	553126	135057	-12	92291
山东省	8283306	1160390	1764502	860624		319637
其中：青岛市	1305136	86505	418990	175130		63718
河南省	4287799	657752	928070	384296	-12	193216
湖北省	3104464	496643	722562	282533	-1	137089
湖南省	3206279	434071	786115	176657	-16	142830
广东省	14185056	1688797	4847764	1944269		1115740
其中：深圳市	3214680	332408	1400768	423118		330048
广西壮族自治区	2377721	311157	613483	151845		122809
海南省	570358	69873	190337	33856		31467
重庆市	2006241	259481	585417	111487		89359
四川省	3857848	523617	1102487	310529		176902
贵州省	1492855	239062	379489	121020	-71	70546
云南省	2633618	455618	565676	277797	-6	100448
西藏自治区	100188	10725	43139	7514		3542
陕西省	2149586	394394	619259	144941		82201
甘肃省	1041600	216152	270531	63182	-142	43112
青海省	269960	59845	85068	16940		8447
宁夏回族自治区	374677	62782	134373	21364		18664
新疆维吾尔自治区	1557040	311296	434263	63029	-87	74791

续表1

地　　区	六、资源税	七、固定资产投资方向调节税	八、城市维护建设税	九、房产税	十、印花税	十一、城镇土地使用税	十二、土地增值税
地　方　合　计	**988015**	**33950**	**6697446**	**3663167**	**1236184**	**1062260**	**750391**
北京市	2466	312	347203	319733	89476	32732	18496
天津市	3540		130921	80947	30489	8711	
河北省	81144	368	229806	95302	32126	39373	2664
山西省	87022	32	168322	54051	22838	24781	214
内蒙古自治区	25921	1968	107499	69883	18570	52895	5941
辽宁省	82991	4742	317325	219674	60937	83446	48873
其中：大连市	5530		59797	66373	22425	9865	16989
吉林省	14399	69	115747	70680	14600	22149	5831
黑龙江省	122310	335	278142	101061	16817	38798	2744
上海市		1	434552	270791	169841	21284	96549
江苏省	23504	408	586375	291913	130332	44365	124041
浙江省	14006	2381	517544	219382	92948	23574	83269
其中：宁波市	195	866	114733	40380	23107	5325	25553
安徽省	34280		160472	61584	22469	33181	18293
福建省	17485	52	159994	144535	43997	22900	16100
其中：厦门市	106		33070	42876	13427	5690	
江西省	16468	140	102861	39378	12241	19208	14245
山东省	135148	14679	549266	267768	62914	211717	90831
其中：青岛市	6469	1774	93509	61732	16850	30115	24680
河南省	44902	655	246031	102821	27188	51925	17033
湖北省	23839		208537	88232	31639	45121	9264
湖南省	10566		196356	75816	23632	25119	4791
广东省	19573	232	552389	547713	198600	70368	94499
其中：深圳市			34130	126029	68191		
广西壮族自治区	14054	1793	113492	62593	10640	24919	27161
海南省	6445		33901	28599	5174	5359	8870
重庆市	24742		111971	46536	17915	15877	15688
四川省	31189		235158	110173	32812	43568	32069
贵州省	11999	109	104899	38307	6800	15380	4529
云南省	17920	4391	283606	69715	19933	25917	3371
西藏自治区	2297		3768		641		246
陕西省	43030	594	155791	67895	16239	29278	513
甘肃省	15912	3	83106	37841	8222	12857	103
青海省	7448	74	18052	9153	2288	904	36
宁夏回族自治区	1490		24260	13189	3558	4145	1043
新疆维吾尔自治区	51925	612	120100	57902	10308	12409	3084

续表2

地　　区	十三、车船使用和牌照税	十四、屠宰税	十五、筵席税	十六、农业税	十七、农业特产税	十八、牧业税	十九、耕地占用税	二十、契税
地　方　合　计	**357578**	**262**	**21**	**1978986**	**432861**	**8102**	**1200850**	**5401041**
北京市	28544	1		40			18363	436836
天津市	7008			3585			10698	123768
河北省	7461			135580	776		23155	104314
山西省	3365	87		26028	199		7930	25036
内蒙古自治区	7622	6	21	49968	5018	348	39170	37982
辽宁省	14369	2		51615	9279		21174	233455
其中：大连市	5085			226	1751		6925	59495
吉林省	5200	1		20091	5744		19614	64954
黑龙江省	8717			9665	8221		15908	75013
上海市	14093						36646	870043
江苏省	20893			151717			138728	604384
浙江省	21421	3		9121	5		213678	587082
其中：宁波市	3144			52	5		46551	103757
安徽省	9099			188656			62454	103944
福建省	12105			7835	39307		27668	168277
其中：厦门市	1405						4391	42509
江西省	5612			82209	3742		7313	112631
山东省	49347			251102	12699		183219	340488
其中：青岛市	4156			20853	223		43722	86704
河南省	7314			240728	26990		28458	113783
湖北省	11556			142595	16203		36310	139727
湖南省	7010			105097	33824		64694	100445
广东省	71767	157		35150	4862		92377	631259
其中：深圳市	12000			262			845	130000
广西壮族自治区	4693			56856	22719		33286	64203
海南省	2860	1		4103	5624		2796	17482
重庆市	3551			49115	10852		24488	83035
四川省	9799			104290	16388	22	33210	181796
贵州省	2335	3		41071	51952		14687	24278
云南省	12132			43493	150975		18569	44081
西藏自治区							45	
陕西省	5417	1		63326	5828		19183	42023
甘肃省	2187			43898	1636	739	3912	20131
青海省	476			6032		2627	929	3815
宁夏回族自治区	626			5440			559	12209
新疆维吾尔自治区	999			50580	18	4366	1629	34567

续表3

地　　区	二十一、国有资产经营收益	二十二、国有企业计划亏损补贴	二十三、行政性收费收入	二十四、罚没收入	二十五、海域场地矿区使用费收入	二十六、专项收入	二十七、其他收入
地　方　合　计	**2227250**	**-1819751**	**9046327**	**5226014**	**54108**	**4907372**	**1523813**
北京市	9035	-506057	216127	132182	10999	277055	40559
天津市		-25000	294509	65998	1851	72140	35907
河北省	71622	-12545	342481	322612	5696	226207	79394
山西省	9287	-18313	183247	157007	4	278083	23135
内蒙古自治区	147494	-3990	170085	73347		112404	27859
辽宁省	129939	-28718	570059	242436	8012	224418	35853
其中：大连市	32571	-9606	67971	29221	724	38303	10573
吉林省	27024	-53227	181615	107155	210	79446	15480
黑龙江省	198379	-20653	175977	107189		215993	27738
上海市		-275106	294492	162529		258817	30544
江苏省	106001	-132037	646970	418164	1784	381625	45317
浙江省	7476	-462042	253018	428669	562	344491	34151
其中：宁波市	4000	-124394	34482	51556		60336	3819
安徽省	39153	-21107	390957	139479		117114	32392
福建省	50214	-2472	253209	180686	2562	98182	47886
其中：厦门市	11699		20493	13692	754	15482	5105
江西省	47203	-2025	244351	166109		73792	77377
山东省	264645	-43871	909921	437059	8371	353922	78928
其中：青岛市	31420	-9859	55122	34909	7323	43825	7266
河南省	199377	-13681	511317	233684	718	241639	43595
湖北省	30002	-26059	354361	214353	291	83699	55968
湖南省	78839	-35596	421000	243371	1217	151525	158916
广东省	187595	-22599	949476	497651	6898	440758	209761
其中：深圳市	28759		107502	118882		72810	28928
广西壮族自治区	167380	-9772	250825	161469	3486	90047	78583
海南省	21785		49111	25891	1100	18440	7284
重庆市	48055	-21114	333932	88337	31	84495	22991
四川省	120976	-25899	422434	190946	191	159445	45746
贵州省	29492	-3825	129896	80148		70729	60020
云南省	31124	-17891	136204	125373		135221	129951
西藏自治区	1169	-9123	10505	7941		3106	14673
陕西省	140277	-14531	117248	94826	125	100424	21304
甘肃省	17422	-12192	79494	39755		72133	21606
青海省	3298	-41	12752	6385		15108	10324
宁夏回族自治区	8343		24954	14589		19100	3989
新疆维吾尔自治区	34644	-265	115800	60674		107814	6582

2004 年各省、自治区、直辖市财政收入明细表

单位：万元

地　区	总计	一、增值税					
		合计	国有企业增值税	集体企业增值税	股份制企业增值税	联营企业增值税	港澳台和外商投资企业增值税
地　方　合　计	**116933709**	**16566714**	**3902587**	**1125028**	**8259080**	**90808**	**4143546**
北京市	7444874	688797	145638	38863	345092	3058	252790
天津市	2461800	351718	78468	27766	127663	2375	166504
河北省	4078273	833059	174401	55732	428357	3201	121447
山西省	2563634	699739	156938	86357	345664	1163	38551
内蒙古自治区	1967589	306760	85801	6440	181959	237	18568
辽宁省	5296405	768327	141668	78097	417758	1031	144087
其中：大连市	1171712	102312	18958	9490	51563	218	53588
吉林省	1662807	321945	72151	14458	163116	349	67825
黑龙江省	2894200	734993	79368	18322	598884	85	33763
上海市	11061932	1315512	193641	73619	466918	14505	702544
江苏省	9804939	1481339	272110	198248	560078	7237	575221
浙江省	8059479	766154	193453	113526	615234	3393	237715
其中：宁波市	1517490	95872	38755	19083	119562	924	62267
安徽省	2746284	389776	97606	19347	223786	872	57226
福建省	3335230	302590	94084	23965	103794	3325	193627
其中：厦门市	650153	24367	17771	1544	4956	699	62487
江西省	2057667	254350	61404	10093	135550	62	37317
山东省	8283306	1160390	276394	67222	644908	3094	220412
其中：青岛市	1305136	86505	44268	7435	61562	291	50418
河南省	4287799	657752	170682	48561	378308	999	57088
湖北省	3104464	496643	171629	14847	241701	1681	70307
湖南省	3206279	434071	186883	22438	153216	535	39342
广东省	14185056	1688797	256720	80627	635836	28737	873756
其中：深圳市	3214680	332408	63789	5141	109776	25344	174917
广西壮族自治区	2377721	311157	74559	16711	145934	139	45959
海南省	570358	69873	14854	587	46564	1373	7887
重庆市	2006241	259481	81279	12483	100222	1164	56548
四川省	3857848	523617	145983	22916	300120	1442	50474
贵州省	1492855	239062	91945	8913	119416	767	7439
云南省	2633618	455618	204759	26670	203765	551	18893
西藏自治区	100188	10725	4043	764	3476	41	235
陕西省	2149586	394394	195197	18758	152159	8337	29480
甘肃省	1041600	216152	81080	10033	115286	61	7743
青海省	269960	59845	16917	1391	40006	17	1413
宁夏回族自治区	374677	62782	20056	1722	38538	487	2588
新疆维吾尔自治区	1557040	311296	62876	5552	225772	490	6797

续表 1

地区	一、增值税							
	私营企业增值税	其他增值税	增值税税款滞纳金罚款收入	福利企业增值税退税	软件集成电路增值税退税	三线搬迁增值税退税	民贸企业增值税退税	宣传文化单位增值税退税
地方合计	**2573579**	**930721**	**73420**	**-471242**	**-113528**	**-55073**	**-1710**	**-49969**
北京市	69367	23716	2413	-10353	-40940			-15762
天津市	45121	9046	1010	-9951	-339			-379
河北省	122912	41930	2731	-20148	-1466	-7356	-22	-1725
山西省	85689	30223	4605	-18179	-72	-142		-1214
内蒙古自治区	11599	17544	651	-4687	-2		-55	-328
辽宁省	83580	47743	2603	-36019	-2226	-292	-80	-391
其中：大连市	25886	5564	601	-6455	-990			
吉林省	23225	11861	920	-7417	-134		-3	-396
黑龙江省	18903	18839	1062	-6949	-1632			-612
上海市	374745	8802	1629	-36015	-9659	-2195		-2105
江苏省	444829	68569	8711	-90275	-18331	-71	-272	-3327
浙江省	356244	87515	9772	-77135	-4860	-26	-124	-1430
其中：宁波市	93723	23629	2471	-20402	-201	-4		-157
安徽省	40814	13252	1071	-5823	-861			-908
福建省	71957	49779	3247	-6051	-963	-96		-751
其中：厦门市	8718	24715	424	-278	-554	-36		-10
江西省	19331	18991	893	-2854	-78	-346		-1193
山东省	185331	29898	5536	-24443	-2277	-23		-2273
其中：青岛市	24461	4190	740	-2673	-465			-152
河南省	29535	37579	2894	-20480	-608	-2153		-3256
湖北省	29562	20014	1537	-6398	-480	-2874	-33	-1714
湖南省	43365	42673	718	-10480	-1871	-3579	-32	-1985
广东省	316610	182284	14011	-3213	-23296	-75	-15	-731
其中：深圳市	97724	19302	2927	-100	-19475			
广西壮族自治区	29753	26264	1225	-4535	-90	-30	-66	-1136
海南省	1707	6870	171	-617		-5	-32	-309
重庆市	26971	22203	808	-8329	-420	-5810		-1507
四川省	42971	33622	1345	-10183	-1402	-11414	-68	-1918
贵州省	21184	16165	576	-11439	-147	-8607	-134	-880
云南省	40956	18860	971	-30760	-252	-3149	-346	-932
西藏自治区	756	1704	67					-4
陕西省	7188	17021	782	-3411	-707	-4098		-1534
甘肃省	8139	8891	404	-1375	-403	-2532	-28	-469
青海省	1254	3124	175	-339		-45	-9	-120
宁夏回族自治区	3584	4343	274	-2049	-11	-98	-39	-98
新疆维吾尔自治区	16397	11396	608	-1335	-1	-57	-352	-582

续表 2

地区	一、增值税					二、营业税		
	森工综合利用增值税退税	其他增值税退税	免抵调增增值税	出口货物退增值税	免抵调减增值税	合计	金融保险业营业税（地方）	一般营业税
地方合计	**-26878**	**-196821**	**1860758**	**-3615491**	**-1862101**	**34709830**	**4294952**	**30344006**
北京市	-497	-3821	22358	-120767	-22358	3331645	313616	3015722
天津市	-139	-6679	86847	-86845	-88750	783942	98520	683239
河北省	-864	-3735	32724	-82336	-32724	855106	153804	699844
山西省	-10	-5596	27406	-24242	-27402	483454	90783	391915
内蒙古自治区	-904	-2364	14426	-7699	-14426	550223	60509	481251
辽宁省	-588	-7698	94018	-100946	-94018	1416704	183798	1229928
其中：大连市		-1616	50000	-54495	-50000	450024	54861	394323
吉林省	-2278	-6689	6581	-15043	-6581	407799	67832	339659
黑龙江省	-2683	-6766	4411	-15591	-4411	522784	81717	440453
上海市		-1997	209400	-468920	-209400	4424582	415839	4005708
江苏省	-1186	-9346	276893	-530855	-276894	2824927	339349	2477649
浙江省	-2384	-36416	222678	-728323	-222678	2862683	394120	2462113
其中：宁波市		-1792	39610	-241986	-39610	560085	72650	486564
安徽省	-1099	-2673	15267	-52834	-15267	602792	86256	515518
福建省	-1339	-3676	95750	-228312	-95750	1017528	136797	877834
其中：厦门市		-235	48400	-95834	-48400	240407	21051	218670
江西省	-1830	-1076	6369	-21914	-6369	553126	64062	488668
山东省	-1169	-10007	156368	-232213	-156368	1764502	280725	1476627
其中：青岛市	-14	-1316	51250	-102240	-51250	418990	46144	371854
河南省	-554	-7597	25235	-33249	-25232	928070	155886	770176
湖北省	-1913	-7041	12583	-34182	-12583	722562	100810	621341
湖南省	-2361	-3463	20521	-31325	-20524	786115	100098	685040
广东省	-708	-33976	445843	-637769	-445844	4847764	536673	4303194
其中：深圳市	-91	-27284	153999	-119562	-153999	1400768	169699	1227558
广西壮族自治区	-1055	-2171	13761	-20303	-13762	613483	63726	547457
海南省	-37	-83	2226	-9058	-2225	190337	13397	176415
重庆市	-170	-1211	8956	-24750	-8956	585417	68156	516490
四川省	-439	-13089	15499	-36743	-15499	1102487	151465	948575
贵州省	-275	-2754	4731	-3107	-4731	379489	43023	335903
云南省	-1363	-5272	9754	-17754	-9733	565676	75731	488158
西藏自治区			43	-357	-43	43139	2493	40611
陕西省	-335	-3168	16175	-21275	-16175	619259	85461	532782
甘肃省	-278	-2510	4986	-7890	-4986	270531	38831	230747
青海省	-371	-943	1922	-2625	-1922	85068	9796	75106
宁夏回族自治区		-1284	4142	-5231	-4142	134373	19508	114549
新疆维吾尔自治区	-49	-3720	2885	-13033	-2348	434263	62171	371334

续表 3

地　　区	二、营业税		三、企业所得税	其中：跨地区经营企业所得税	四、企业所得税退税	五、个人所得税	其中：利息所得税	六、资源税
	营业税税款滞纳金罚款收入	营业税退税						
地　方　合　计	**72317**	**-1445**	**13733391**	**514495**	**-671**	**6948198**	**1282588**	**988015**
北京市	2459	-152	1216973	38357		733357	76568	2466
天津市	2183		321246	8116		159822	24165	3540
河北省	1458		381060	13407	-2	221514	71580	81144
山西省	803	-47	224324	10646	-271	104033	36240	87022
内蒙古自治区	8467	-4	86995	1273	-40	73640	14857	25921
辽宁省	3256	-278	499919	13708		281574	73334	82991
其中：大连市	840		119511	3369		75647	15564	5530
吉林省	308		123628	1837		92653	27730	14399
黑龙江省	616	-2	121106	2528		132963	43113	122310
上海市	3035		2049897	60496		886865	74291	
江苏省	7929		1385871	33839		528318	99063	23504
浙江省	6450		1477859	32122	-11	562055	77281	14006
其中：宁波市	871		343684	6280		124382	13070	195
安徽省	1018		258301	12801		102995	31941	34280
福建省	2895	2	479272	33147		245318	36117	17485
其中：厦门市	686		118274	5820		56406	4353	106
江西省	865	-469	135057	8115	-12	92291	23237	16468
山东省	7150		860624	45452		319637	84391	135148
其中：青岛市	992		175130	3988		63718	11328	6469
河南省	2033	-25	384296	13549	-12	193216	61206	44902
湖北省	565	-154	282533	18736	-1	137089	36267	23839
湖南省	977		176657	12052	-16	142830	35420	10566
广东省	7897		1944269	66288		1115740	156542	19573
其中：深圳市	3511		423118	21970		330048	21173	
广西壮族自治区	2300		151845	12798		122809	22600	14054
海南省	525		33856	2545		31467	6331	6445
重庆市	771		111487	7615		89359	22139	24742
四川省	2469	-22	310529	14048		176902	52553	31189
贵州省	570	-7	121020	13957	-71	70546	10082	11999
云南省	1793	-6	277797	7883	-6	100448	20355	17920
西藏自治区	50	-15	7514	1010		3542	393	2297
陕西省	1016		144941	9482		82201	28180	43030
甘肃省	1195	-242	63182	5693	-142	43112	13892	15912
青海省	166		16940	6385		8447	2862	7448
宁夏回族自治区	317	-1	21364	1639		18664	4317	1490
新疆维吾尔自治区	781	-23	63029	4971	-87	74791	15541	51925

续表 4

地区	七、固定资产投资方向调节税	八、城市维护建设税	九、房产税	十、印花税				十一、城镇土地使用税
				合计	证券交易印花税	其他印花税	印花税税款滞纳金罚款收入	
地方合计	**33950**	**6697446**	**3663167**	**1236184**	**51554**	**1174014**	**10616**	**1062260**
北京市	312	347203	319733	89476		89165	311	32732
天津市		130921	80947	30489		30418	71	8711
河北省	368	229806	95302	32126		31713	413	39373
山西省	32	168322	54051	22838		22370	468	24781
内蒙古自治区	1968	107499	69883	18570		18392	178	52895
辽宁省	4742	317325	219674	60937		60124	813	83446
其中：大连市		59797	66373	22425		22196	229	9865
吉林省	69	115747	70680	14600		14557	43	22149
黑龙江省	335	278142	101061	16817		16699	118	38798
上海市	1	434552	270791	169841	31965	137317	559	21284
江苏省	408	586375	291913	130332		129153	1179	44365
浙江省	2381	517544	219382	92948		91983	965	23574
其中：宁波市	866	114733	40380	23107		22918	189	5325
安徽省		160472	61584	22469		22338	131	33181
福建省	52	159994	144535	43997		43508	489	22900
其中：厦门市		33070	42876	13427		13288	139	5690
江西省	140	102861	39378	12241		12082	159	19208
山东省	14679	549266	267768	62914		61886	1028	211717
其中：青岛市	1774	93509	61732	16850		16554	296	30115
河南省	655	246031	102821	27188		26753	435	51925
湖北省		208537	88232	31639		31502	137	45121
湖南省		196356	75816	23632		23287	345	25119
广东省	232	552389	547713	198600	19589	177866	1145	70368
其中：深圳市		34130	126029	68191	19589	48404	198	
广西壮族自治区	1793	113492	62593	10640		10552	88	24919
海南省		33901	28599	5174		5142	32	5359
重庆市		111971	46536	17915		17811	104	15877
四川省		235158	110173	32812		32263	549	43568
贵州省	109	104899	38307	6800		6734	66	15380
云南省	4391	283606	69715	19933		19766	167	25917
西藏自治区		3768		641		631	10	
陕西省	594	155791	67895	16239		16022	217	29278
甘肃省	3	83106	37841	8222		7980	242	12857
青海省	74	18052	9153	2288		2254	34	904
宁夏回族自治区		24260	13189	3558		3526	32	4145
新疆维吾尔自治区	612	120100	57902	10308		10220	88	12409

续表 5

地　　区	十二、土地增值税	十三、车船使用和牌照税	十四、屠宰税	十五、筵席税	十六、农业税	十七、农业特产税	十八、牧业税	十九、耕地占用税
地　方　合　计	**750391**	**357578**	**262**	**21**	**1978986**	**432861**	**8102**	**1200850**
北京市	18496	28544	1		40			18363
天津市		7008			3585			10698
河北省	2664	7461			135580	776		23155
山西省	214	3365	87		26028	199		7930
内蒙古自治区	5941	7622	6	21	49968	5018	348	39170
辽宁省	48873	14369	2		51615	9279		21174
其中：大连市	16989	5085			226	1751		6925
吉林省	5831	5200	1		20091	5744		19614
黑龙江省	2744	8717			9665	8221		15908
上海市	96549	14093						36646
江苏省	124041	20893			151717			138728
浙江省	83269	21421	3		9121	5		213678
其中：宁波市	25553	3144			52	5		46551
安徽省	18293	9099			188656			62454
福建省	16100	12105			7835	39307		27668
其中：厦门市		1405						4391
江西省	14245	5612			82209	3742		7313
山东省	90831	49347			251102	12699		183219
其中：青岛市	24680	4156			20853	223		43722
河南省	17033	7314			240728	26990		28458
湖北省	9264	11556			142595	16203		36310
湖南省	4791	7010			105097	33824		64694
广东省	94499	71767	157		35150	4862		92377
其中：深圳市		12000			262			845
广西壮族自治区	27161	4693			56856	22719		33286
海南省	8870	2860	1		4103	5624		2796
重庆市	15688	3551			49115	10852		24488
四川省	32069	9799			104290	16388	22	33210
贵州省	4529	2335	3		41071	51952		14687
云南省	3371	12132			43493	150975		18569
西藏自治区	246							45
陕西省	513	5417	1		63326	5828		19183
甘肃省	103	2187			43898	1636	739	3912
青海省	36	476			6032		2627	929
宁夏回族自治区	1043	626			5440			559
新疆维吾尔自治区	3084	999			50580	18	4366	1629

续表 6

地　　区	二十、契　税	二十一、国有资产经营收益	二十二、国有企业计划亏损补贴	二十三、行政性收费收入				
				合计	烟草行政性收费收入	国土资源行政性收费收入	建设行政性收费收入	铁道行政性收费收入
地　方　合　计	**5401041**	**2227250**	**-1819751**	**9046327**	**1556**	**871801**	**613588**	**177**
北京市	436836	9035	-506057	216127	34	334	3223	
天津市	123768		-25000	294509		2133	636	
河北省	104314	71622	-12545	342481	85	26011	13962	
山西省	25036	9287	-18313	183247	28	12946	20997	
内蒙古自治区	37982	147494	-3990	170085	23	9750	5989	
辽宁省	233455	129939	-28718	570059	87	34869	64168	
其中：大连市	59495	32571	-9606	67971	17	2464	6254	
吉林省	64954	27024	-53227	181615	72	14020	10059	
黑龙江省	75013	198379	-20653	175977	110	10192	9659	
上海市	870043		-275106	294492	52	1633	61623	
江苏省	604384	106001	-132037	646970	13	36338	45881	
浙江省	587082	7476	-462042	253018	5	35280	6166	
其中：宁波市	103757	4000	-124394	34482		207	2256	
安徽省	103944	39153	-21107	390957	92	51723	13162	
福建省	168277	50214	-2472	253209		97194	9322	
其中：厦门市	42509	11699		20493		613	4038	
江西省	112631	47203	-2025	244351		23030	8005	
山东省	340488	264645	-43871	909921	41	91728	35085	
其中：青岛市	86704	31420	-9859	55122	1	1353	2028	
河南省	113783	199377	-13681	511317	204	96530	10057	177
湖北省	139727	30002	-26059	354361	18	30249	10442	
湖南省	100445	78839	-35596	421000	212	59402	34538	
广东省	631259	187595	-22599	949476	84	58084	25396	
其中：深圳市	130000	28759		107502		3000		
广西壮族自治区	64203	167380	-9772	250825	53	18654	15136	
海南省	17482	21785		49111	15	2279	4511	
重庆市	83035	48055	-21114	333932		56049	136226	
四川省	181796	120976	-25899	422434	128	60309	42454	
贵州省	24278	29492	-3825	129896	59	7448	4318	
云南省	44081	31124	-17891	136204	30	13137	4419	
西藏自治区		1169	-9123	10505	8	448	403	
陕西省	42023	140277	-14531	117248	39	3448	6684	
甘肃省	20131	17422	-12192	79494	24	7662	2317	
青海省	3815	3298	-41	12752	13	1507	1886	
宁夏回族自治区	12209	8343		24954	19	2588	1877	
新疆维吾尔自治区	34567	34644	-265	115800	8	6826	4987	

续表7

地区	二十三、行政性收费收入							
	商贸行政性收费收入	文化行政性收费收入	海洋行政性收费收入	广播电影电视行政性收费收入	公安行政性收费收入	司法行政性收费收入	卫生行政性收费收入	药品监督行政性收费收入
地方合计	**11469**	**3846**	**6432**	**12367**	**1645812**	**69211**	**126524**	**24335**
北京市					39954		8762	2320
天津市				380	38245		110	
河北省	29	25		462	79710	1111	3581	164
山西省	8185	46		3	33517	353	3715	43
内蒙古自治区		21		60	35686	927	1815	569
辽宁省	294	123	2897	2041	54256	3405	11526	2502
其中：大连市	2				8035		750	
吉林省		8		397	25530	1535	1760	2471
黑龙江省	17	102			23425	561	5532	513
上海市	16				53815		8676	492
江苏省	36	25	2036	650	168062	4691	2036	1698
浙江省	687	8		326	102933	846	2638	848
其中：宁波市	586	8		326	12830	794	14	126
安徽省	82	416		203	70038	1971	2824	867
福建省	2	36	22		42777	2027	1281	532
其中：厦门市					2260	9	648	
江西省	71	10			50823	1530	1819	
山东省	550	460	90	2209	189041	5773	14690	1807
其中：青岛市	65	2	20	50	4938	209	2209	30
河南省	1	46		87	73206	2058	10202	473
湖北省	91	293		782	55980	1105	1256	53
湖南省	73	171		222	36951	2243	2995	
广东省	1118	1058	1036	2793	160662	31425	12240	2400
其中：深圳市	1000	1000	1000		18009	28000	1000	1000
广西壮族自治区		53		531	66739	46	2894	
海南省	19	530	351	26	9153	53	1478	156
重庆市	14	8		19	15021	11	1676	145
四川省	126	54		214	93506	1691	14172	3682
贵州省	1	39		585	26891	1666	1898	635
云南省	17	142		206	34460	1004	1818	2
西藏自治区		4		84	379	78	222	26
陕西省	1	32		1	19558	1036	2288	1512
甘肃省		114		6	13984	1109	1437	21
青海省	6	15			1609	99	52	
宁夏回族自治区	3	3		80	5033	69	386	95
新疆维吾尔自治区	30	4			24868	788	745	309

续表 8

地　区	二十三、行政性收费收入							
	民政行政性收费收入	农业行政性收费收入	水利行政性收费收入	旅游行政性收费收入	税务行政性收费收入	劳动保障行政性收费收入	工商行政性收费收入	信息产业行政性收费收入
地　方　合　计	**15550**	**80905**	**242550**	**738**	**64295**	**18214**	**1662795**	**27770**
北京市	280	219	－795	22	8726	6707	32148	476
天津市	266	72	2677		307	1088	17537	
河北省	662	4120	14828		59	90	78941	1576
山西省	273	1892	5910		4	122	16117	425
内蒙古自治区	205	4378	2853		187	28	33460	532
辽宁省	700	4064	40480	45	4095	139	114880	1198
其中：大连市	20	335	488		2202	28	14001	220
吉林省	89	1876	7023			280	47204	727
黑龙江省	700	3923	4660	241	1767	904	69564	1080
上海市	1309	1455	1962	2		2781	35543	2350
江苏省	503	3383	5267	119	851	91	115629	1475
浙江省	216	688	1909	12		141	36283	2932
其中：宁波市	6	33		12		27	4678	
安徽省	1620	4049	5317	101	1041	445	49117	641
福建省	282	1187	2343		3674	8	34683	533
其中：厦门市	31	20	18		989	7	4898	147
江西省	250	942	5637		320	174	49414	386
山东省	2383	11819	53555	14	2153	1116	106237	788
其中：青岛市	78	1056	2638			5	5959	121
河南省	546	3262	6200		12226	216	62371	478
湖北省	308	990	20651	1	467	329	78714	1150
湖南省	463	1646	3036		691	813	74048	879
广东省	1526	5889	30526	20	12112	1382	306865	3381
其中：深圳市	1000	1000	1000		1000		30000	1000
广西壮族自治区	256	2693	3500	19		343	56233	2770
海南省	160	1285	411		491	163	15248	276
重庆市	309	2837	5477	1	1213	73	33288	341
四川省	1051	9666	8691	58	6871	328	44350	987
贵州省	213	1481	1471		124	47	28314	443
云南省	316	2115	3084	22	5079	63	30298	1205
西藏自治区	5	12	61			8	4120	
陕西省	44	337	440		46	122	32908	267
甘肃省	114	1356	1660		256	177	21617	
青海省	21	190	579		10	17	3040	176
宁夏回族自治区	17	636	214		225	7	3564	298
新疆维吾尔自治区	463	2443	2923	61	1300	12	31060	

续表 9

地区	二十三、行政性收费收入							
	口岸行政性收费收入	人口和计划生育行政性收费收入	知识产权行政性收费收入	林业行政性收费收入	环保行政性收费收入	法院行政性收费收入	民航行政性收费收入	人事行政性收费收入
地方合计	**5017**	**324102**	**1663**	**46352**	**52501**	**783786**	**58902**	**57951**
北京市		2463		88	1493	57357		4650
天津市		240		194	1	18778		552
河北省		14826		615	1154	24084		1843
山西省		7103		560	4553	18395		2301
内蒙古自治区	2561	182		540	692	10480		579
辽宁省		504		939	2063	53570		2788
其中：大连市		38		94	15	11067		
吉林省	5	1497		1045	1015	20274		1645
黑龙江省	97	1441		1162	1228	18912		3874
上海市	326	387	1588	231	1585		58902	6475
江苏省		19421		3671	4247	72698		2022
浙江省		1846	12	6923	367	29824		1106
其中：宁波市		229	12	571	23	1999		9
安徽省		13915		3025	1087	14555		2270
福建省		15345		1400	499	11978		1043
其中：厦门市		386		298		1907		2
江西省		15653		2479	701	16545		1174
山东省		11429	16	4308	9824	70458		4045
其中：青岛市		116		76	156	16744		1463
河南省		81774		2338	2663	43106		3049
湖北省		700		1331	1357	11724		118
湖南省		5647		2790	540	19404		1363
广东省	179	34559	33	1992	6449	105822		3934
其中：深圳市		1000			1000	5000		1000
广西壮族自治区	825	25756		2710	1952	19903		159
海南省		936		1037	19	105		424
重庆市		25292		630	1058	30135		1279
四川省		21158	4	1855	3400	49874		5712
贵州省		11975		617	628	8220		827
云南省	27	3314	2	2857	1046	11087		1107
西藏自治区				3	126	166		
陕西省		343		51	845	12113		1530
甘肃省		5606	8	231	510	7160		1008
青海省	4	104		42	117	1228		13
宁夏回族自治区		82		52	240	5215		166
新疆维吾尔自治区	993	604		636	1042	20616		895

续表 10

地　区	二十三、行政性收费收入								
	质量监督检验检疫行政性收费收入	保监会行政性收费收入	财政行政性收费收入	证监会行政性收费收入	人防行政性收费收入	新闻出版行政性收费收入	教育行政性收费收入	交通行政性收费收入	其他行政性收费收入
地　方　合　计	**212110**		**59944**		**267912**	**345**	**13361**	**116752**	**1545694**
北京市	4727		2958		14660		1	224	25096
天津市	333		2072		137			25	208726
河北省	17415		568		6705		2	472	49381
山西省	4738		1479		4960	20		2268	32294
内蒙古自治区	3534		467		7662				46905
辽宁省	30920		2782		24010	91	11750	9234	89639
其中：大连市	2933		13		46				18949
吉林省	11731		719		7176	52	1	146	23258
黑龙江省	6958		1258		5109	1	179		2808
上海市	9471		2191		30107			1073	10447
江苏省	2264		246		44989	82	20	36129	72397
浙江省	2103		4925		3434			593	9967
其中：宁波市	3		2511		1909				5313
安徽省	13320		936		4276	16	1	61437	72410
福建省	4313		1212		4654			129	16733
其中：厦门市	202		1		1652				2367
江西省	5649		400		6707	18		238	52376
山东省	23697		1303		14104	36	586	488	250088
其中：青岛市	371		366		1695		4		13369
河南省	10707		3302		14441	11	27	154	71405
湖北省	5719		192		1			67	130273
湖南省	1171		1404		5211		58	130	164899
广东省	23206		16407		21609	4		2210	75075
其中：深圳市	2000		4000		2000			1000	1493
广西壮族自治区	17		66		3219		3		26295
海南省	1620		634					505	7226
重庆市	754		1273		12321			38	8444
四川省	10128		7477		18548	14	103	247	15576
贵州省	2468		527		4205		1	2	24793
云南省	468		1758		3050		513	841	12717
西藏自治区	61								4291
陕西省	5725		843		1385			101	25549
甘肃省	3139		898		2776		31	1	6272
青海省	42		5						1977
宁夏回族自治区	503		371		413		83		2715
新疆维吾尔自治区	5209		1271		2043		2		5662

续表 11

地　区	二十四、罚没收入							
	合计	铁道罚没收入	交通罚没收入	质量技术监督罚没收入	物价罚没收入	公安罚没收入	检察院罚没收入	法院罚没收入
地　方　合　计	**5226014**	**796**	**318485**	**202079**	**116613**	**1758772**	**316995**	**130834**
北京市	132182	1	8503	2447	3848	54578	395	6650
天津市	65998		10747	2625	810	31396	460	1728
河北省	322612	1	25831	19711	8852	109914	18420	4578
山西省	157007		7673	4255	4277	64279	2969	2186
内蒙古自治区	73347		1956	935	940	30455	2647	1870
辽宁省	242436	11	15247	5170	2631	70035	10514	9426
其中：大连市	29221		1780	511	505	4282	1074	560
吉林省	107155	6	2192	4065	2556	32469	12380	4452
黑龙江省	107189	10	5120	2747	3878	34766	19765	3613
上海市	162529	735	5556	5012	981	63721	741	5256
江苏省	418164		39431	21451	12587	146575	19931	11644
浙江省	428669		21461	12433	10023	161179	9843	13065
其中：宁波市	51556		3457	1154	869	19525	955	1666
安徽省	139479		9365	5573	5083	51341	11596	4248
福建省	180686		10320	2965	6174	85507	7179	7232
其中：厦门市	13692		217	214	1254	1900	935	1671
江西省	166109	2	2394	8074	3766	59121	22038	4025
山东省	437059		36429	17206	6051	93298	25839	6993
其中：青岛市	34909		2714	605	234	7322	1107	509
河南省	233684		10902	7572	5586	68562	20289	4288
湖北省	214353		3574	12105	6589	68010	18723	3412
湖南省	243371	3	7266	15935	3498	53737	21651	5306
广东省	497651		31170	11678	6218	173334	29755	10420
其中：深圳市	118882		12922	14		48872	1685	319
广西壮族自治区	161469		16059	5193	4122	56793	9686	3091
海南省	25891		2873	265	292	9836	1721	418
重庆市	88337		8886	5037	2340	20104	6983	2105
四川省	190946		12805	9218	6556	49464	18674	5480
贵州省	80148		2199	2455	2630	32931	5996	916
云南省	125373		5219	4760	1518	54431	7428	5761
西藏自治区	7941		414	99	7	493	185	64
陕西省	94826		6463	4794	2576	32164	3877	796
甘肃省	39755		2617	2804	914	12840	2190	500
青海省	6385	27	1310	502	224	2258	268	130
宁夏回族自治区	14589		2021	182	112	6696	415	239
新疆维吾尔自治区	60674		2482	4811	974	28485	4437	942

续表 12

地　　区	二十四、罚没收入							
	卫生罚没收入	工商罚没收入	海关罚没收入	烟草罚没收入	缉私罚没收入	新疆棉罚没收入	税务部门其他罚没收入	药品监督罚没收入
地　方　合　计	**19645**	**482691**	**41348**	**32614**	**166**	**12**	**44581**	**65525**
北京市	963	14844	3175	905			943	463
天津市	148	5025	1250	187			88	4
河北省	952	24990	5	957			2012	3228
山西省	120	7084	222	287			340	1618
内蒙古自治区	393	11265	156	75			1147	426
辽宁省	649	27274	1345	1067			11766	1733
其中：大连市	70	4281	139	66			331	149
吉林省	421	7497	108	172			704	2061
黑龙江省	369	5947	27	606			477	1491
上海市	2376	29782	3667	848			1688	2103
江苏省	1747	51403	4998	1726			93	11186
浙江省	3689	46959	5135	2495			3571	2054
其中：宁波市	458	6567	1730	364			369	726
安徽省	341	10739	209	675			1079	2776
福建省	555	10093	1569	384			1912	1277
其中：厦门市	112	1831	755	49			266	33
江西省	475	5542	20	2821			899	3136
山东省	701	29097	2321	1177	1	12	1056	2357
其中：青岛市	280	1529	1210	170		12	265	102
河南省	726	20439	102	2322			1173	2422
湖北省	296	11456	964	2001	6		1536	780
湖南省	685	22715	1259	276			1755	1479
广东省	1055	79240	13637	2271	3		7669	17479
其中：深圳市	68	22612	5000	139			2014	8043
广西壮族自治区	447	8955	180	1982	146		538	1026
海南省	68	1210	152	62			262	1318
重庆市	546	8641	88	676			1279	851
四川省	673	17062	289	1801			853	1990
贵州省	236	4505	59	416			184	703
云南省	401	5786	187	5153	10		292	410
西藏自治区	9	21	38	41			162	47
陕西省	225	6400	41	725			531	1510
甘肃省	94	2611	114	166			156	166
青海省	37	183	23	74	1		1	
宁夏回族自治区	39	860	6	226			60	272
新疆维吾尔自治区	209	5066	2	40			355	642

续表 13

地区	二十四、罚没收入		二十五、	二十六、专项收入					
	其他罚没收入	罚没收入退库	海域场地矿区使用费收入	合计	排污费收入	城市水资源费收入	教育费附加收入	矿产资源补偿费收入	探矿权采矿权使用费及价款收入
地方合计	**1695416**	**-558**	**54108**	**4907372**	**832186**	**262800**	**2979806**	**161741**	**297092**
北京市	34467		10999	277055	12920	103762	155186	450	
天津市	11536	-2	1851	72140	13704	1138	55268	2025	5
河北省	103161		5696	226207	49175	32752	108174	10578	10967
山西省	61701	-4	4	278083	61223	7662	71331	12330	106026
内蒙古自治区	21082			112404	9731	5550	50641	5225	34264
辽宁省	85568		8012	224418	61036	3592	140524	6318	11018
其中：大连市	15473		724	38303	11474	1572	24838	122	297
吉林省	38072		210	79446	16671	3717	48089	1852	3327
黑龙江省	28373			215993	18675	6250	130816	35506	7566
上海市	40083	-20		258817	19684	6890	216401	312	
江苏省	95844	-452	1784	381625	78501	11145	281877	3516	
浙江省	136923	-161	562	344491	59671	13	236579	2966	141
其中：宁波市	13778	-62		60336	6267		53988	81	
安徽省	36301	153		117114	17029	2202	65884	4958	4579
福建省	45519		2562	98182	22716	469	61711	2397	5593
其中：厦门市	4455		754	15482	2061		13347	74	
江西省	53796			73792	13920	327	41636	2685	2852
山东省	214521		8371	353922	62721	33240	216057	18957	13078
其中：青岛市	18850		7323	43825	7331	1302	34676	76	440
河南省	89301		718	241639	42199	13138	104359	6094	62325
湖北省	84901		291	83699	18208	85	63349	1524	533
湖南省	109302	-17	1217	151525	32726	518	84944	1059	6333
广东省	113722		6898	440758	68345	291	312633	2142	815
其中：深圳市	17194			72810	8995		63760	55	
广西壮族自治区	53254	-3	3486	90047	20650	1769	51854	2024	59
海南省	7414		1100	18440	1548	1	15637	834	4
重庆市	30801		31	84495	17105	106	45676	1986	2444
四川省	66084	-3	191	159445	25719	3495	98200	3115	5472
贵州省	26918			70729	20044	381	43956	3063	149
云南省	34035	-18		135221	13904	10756	91761	1772	28
西藏自治区	6361			3106	434		2605	67	
陕西省	34724		125	100424	21425	7885	60568	5782	3451
甘肃省	14583			72133	12928	2477	37166	3764	6368
青海省	1347	1		15108	1356	1666	6715	1388	3983
宁夏回族自治区	3461			19100	3710	752	9927	511	
新疆维吾尔自治区	12261	-32		107814	14508	771	70282	16541	5712

续表 14

地区	二十六、专项收入			二十七、其他收入			
	内河航道养护费收入	公路运输管理费收入	水路运输管理费收入	合计	利息收入		
					小计	国库存款利息收入	其他利息收入
地方合计	**95496**	**220747**	**57504**	**1523813**	**427615**	**311923**	**115692**
北京市		4737		40559	21037	18410	2627
天津市				35907	10309	3308	7001
河北省		14431	130	79394	16983	13323	3660
山西省		19511		23135	10423	9496	927
内蒙古自治区		6993		27859	5946	4341	1605
辽宁省	90	1360	480	35853	17899	10158	7741
其中：大连市				10573	8563	3190	5373
吉林省		5790		15480	9136	6474	2662
黑龙江省	46	17072	62	27738	8870	5749	3121
上海市	6560	5088	3882	30544	21367	18677	2690
江苏省	5000	1586		45317	35749	18475	17274
浙江省	26986	1821	16314	34151	26304	23550	2754
其中：宁波市				3819	2818	2243	575
安徽省	6275	4242	11945	32392	12377	7350	5027
福建省	64	5142	90	47886	8687	6664	2023
其中：厦门市				5105	2258	2132	126
江西省	6716	5198	458	77377	11955	9813	2142
山东省		9798	71	78928	18151	16807	1344
其中：青岛市				7266	4519	3742	777
河南省	67	13268	189	43595	14283	8507	5776
湖北省				55968	10773	7895	2878
湖南省	3620	22325		158916	8433	6897	1536
广东省	29954	23832	2746	209761	72525	60147	12378
其中：深圳市				28928	19309	10793	8516
广西壮族自治区	5430	7106	1155	78583	5916	5417	499
海南省			416	7284	3046	1148	1898
重庆市	4203	10675	2300	22991	7779	5386	2393
四川省	485	22704	255	45746	13743	10224	3519
贵州省		3125	11	60020	6349	5572	777
云南省			17000	129951	21019	9232	11787
西藏自治区				14673	8112	941	7171
陕西省		1313		21304	8706	8231	475
甘肃省		9430		21606	3821	3642	179
青海省				10324	1820	1311	509
宁夏回族自治区		4200		3989	2685	2130	555
新疆维吾尔自治区				6582	3412	2648	764

续表 15

地　　区	二十七、其他收入					
	基本建设贷款归还收入	基本建设收入	捐赠收入	动用国储棉、糖、油上交财政收入	动用国家储备粮油上交差价收入	其他收入
地　方　合　计	**2181**	**10927**	**12090**		**230**	**1070770**
北京市		471				19051
天津市						25598
河北省			127			62284
山西省			3			12709
内蒙古自治区		204	4314			17395
辽宁省	10	159	486			17299
其中：大连市		159				1851
吉林省						6344
黑龙江省			1768			17100
上海市						9177
江苏省						9568
浙江省					14	7833
其中：宁波市						1001
安徽省			84			19931
福建省						39199
其中：厦门市						2847
江西省			249			65173
山东省	2052		578			58147
其中：青岛市	2052					695
河南省	8	84	442			28778
湖北省	11					45184
湖南省		2007	424			148052
广东省		95	360		141	136640
其中：深圳市						9619
广西壮族自治区		244			75	72348
海南省		419	56			3763
重庆市		530	227			14455
四川省		291	198			31514
贵州省	100	47	2045			51479
云南省		5716	219			102997
西藏自治区			114			6447
陕西省		242				12356
甘肃省		296	193			17296
青海省		114	45			8345
宁夏回族自治区			10			1294
新疆维吾尔自治区		8	148			3014

2004年各省、自治区、直辖市财政支出分类情况表

单位：万元

地　　区	合计	一、基本建设支出	二、企业挖潜改造资金	三、地质勘探费	四、科技三项费用	五、流动资金
地　方　合　计	**205928063**	**20937024**	**7415067**	**886958**	**2280527**	**12917**
北京市	8982756	739446	428314	11134	78547	
天津市	3750212	693881	271803	13341	91979	
河北省	7855591	618577	149016	25474	68231	
山西省	5190569	430855	25936	19396	42492	770
内蒙古自治区	5641117	759463	202233	37145	33720	
辽宁省	9313979	865445	234889	44886	195315	
其中：大连市	1703078	321521	96930		72051	
吉林省	5077758	414223	102994	36444	36523	397
黑龙江省	6975516	483451	319213	24047	85390	
上海市	13825254	3106700	1933129	1880	16331	
江苏省	13120404	1012157	650180	27203	199149	
浙江省	10629355	732868	537581	29632	252380	
其中：宁波市	2159499	275846	211173		41752	
安徽省	6015280	508578	209463	37288	29904	40
福建省	5166787	410376	192017	12806	67384	398
其中：厦门市	984917	95790	129584		27726	
江西省	4540598	342389	91890	60829	22635	
山东省	11893716	600330	510142	27031	157800	2650
其中：青岛市	1646214	237107	92187	120	31434	
河南省	8799580	672263	215560	25654	68235	
湖北省	6462888	374575	113387	22207	59873	4804
湖南省	7195435	464763	146274	59132	64838	
广东省	18529500	2541273	226959	32865	406516	2715
其中：深圳市	3775720	1030730	82334		188451	
广西壮族自治区	5074721	454371	125615	31095	29566	15
海南省	1272006	149311	3390	3474	5229	
重庆市	3957233	529594	76144	7379	39668	
四川省	8952534	848048	228409	44275	65548	1128
贵州省	4184181	382750	43823	35361	25887	
云南省	6636354	648877	162489	28517	39883	
西藏自治区	1338335	324028	4037	16022	4039	
陕西省	5163052	463151	98463	50934	33044	
甘肃省	3569366	328815	38649	45582	20109	
青海省	1373363	208426	14925	15711	5984	
宁夏回族自治区	1230177	205213	32627	12217	8147	
新疆维吾尔自治区	4210446	622827	25516	47997	26181	

续表1

地　区	六、农业支出	七、林业支出	八、水利和气象支出	九、工业交通等部门的事业费	十、流通部门事业费	十一、文体广播事业费
地　方　合　计	**7103281**	**5939444**	**2477241**	**2447752**	**331239**	**5208493**
北京市	217329	69279	46727	61856	2363	202481
天津市	80147	13247	15923	18401	222	86942
河北省	242201	266509	77190	131799	11631	194480
山西省	189392	214225	56752	81496	8688	145092
内蒙古自治区	199691	494099	62584	52947	5271	127828
辽宁省	342856	145269	109175	125262	16225	182466
其中：大连市	69115	11550	6194	8306	1699	26388
吉林省	161463	168461	40105	63982	11751	131813
黑龙江省	266089	271676	56929	91040	33128	161333
上海市	163284	54616	77460	62300	1633	199405
江苏省	505486	38101	213166	171841	8296	321101
浙江省	511209	58953	180844	223693	12229	321055
其中：宁波市	101588	8515	30349	18319	2670	45724
安徽省	253414	168256	65258	47676	7778	145637
福建省	184204	43736	72245	89636	13325	161246
其中：厦门市	23305	2277	4823	45098	822	28654
江西省	215747	163363	44328	74326	12918	111902
山东省	509248	77199	144626	124050	19770	366895
其中：青岛市	55801	9375	9234	8100	2535	35310
河南省	266272	159966	114381	118862	12584	303103
湖北省	245887	223308	69462	72041	18404	155505
湖南省	340831	326903	73556	111825	25326	178296
广东省	416013	136780	395912	195375	32632	442981
其中：深圳市	33521	6628	14840	11736	443	75106
广西壮族自治区	205701	183397	75790	40452	5350	153117
海南省	44060	35685	23814	5699	1068	28904
重庆市	115066	186579	28501	15887	3912	88630
四川省	328016	649456	95262	87972	18837	224155
贵州省	172806	295119	55227	53042	9876	146772
云南省	291589	331975	95412	81958	17660	182227
西藏自治区	51159	23114	11671	39825	561	35485
陕西省	187379	494857	66103	101895	15313	137498
甘肃省	112281	312117	45598	33411	1899	106267
青海省	48029	96923	14272	17576	305	30827
宁夏回族自治区	61434	106492	15646	14827	1325	29998
新疆维吾尔自治区	174998	129784	33322	36800	959	105052

续表 2

地　　区	十二、教育支出	十三、科学支出	十四、医疗卫生支出	十五、其他部门的事业费	十六、抚恤和社会福利救济	十七、行政事业单位离退休支出
地　方　合　计	**31462978**	**1236936**	**8322510**	**10096612**	**5557421**	**9324555**
北京市	1213881	132556	540662	361204	266954	458358
天津市	553991	22915	183378	94539	72820	12167
河北省	1423523	29857	351422	553749	214497	417532
山西省	802684	18856	223898	248063	155621	306761
内蒙古自治区	662206	17485	174747	303348	116165	363521
辽宁省	1210028	39867	254934	480590	345097	414981
其中：大连市	168534	4437	45385	56072	57477	73922
吉林省	607409	22908	170197	252269	198584	303738
黑龙江省	918029	35636	235805	427570	207361	194808
上海市	1553500	135111	450150	502067	190279	60722
江苏省	2143705	64573	623921	559907	300823	431069
浙江省	2000797	91501	527709	790477	237238	80475
其中：宁波市	261747	6340	89033	192920	43191	1997
安徽省	1055638	22153	221171	202833	202407	369977
福建省	1008963	43837	233252	283742	134465	321619
其中：厦门市	114794	5120	38968	51864	14395	53799
江西省	737127	19979	175879	286068	160805	165841
山东省	2048284	65970	452199	596766	309460	519429
其中：青岛市	264138	2548	41325	96793	49778	5715
河南省	1532898	34715	337404	469196	258495	583450
湖北省	1045080	21229	263743	340577	271333	249806
湖南省	1043285	24080	197383	385264	252096	372878
广东省	2879522	157747	729099	1016108	336839	945966
其中：深圳市	419957	13754	129078	157792	28787	39081
广西壮族自治区	905379	37322	220169	321839	122776	223165
海南省	179249	4907	54270	73589	35194	56553
重庆市	497847	10172	120564	97779	144578	288870
四川省	1225217	41010	342542	279603	301892	543451
贵州省	737679	26408	195474	151199	107443	31872
云南省	1118233	43602	361946	286207	188120	582888
西藏自治区	151132	2898	63727	11928	22661	20140
陕西省	743497	19738	180908	293742	146949	234424
甘肃省	536579	18053	134101	138216	93100	200887
青海省	152629	4247	63398	45322	41265	146440
宁夏回族自治区	161044	7163	43539	45902	27844	61181
新疆维吾尔自治区	613943	20441	194919	196949	94260	361586

续表 3

地　　区	十八、社会保障补助支　出	十九、国防支出	二十、行政管理费	二十一、外交外事支出	二十二、武装警察部队支出	二十三、公检法司支出	二十四、城市维护费
地　方　合　计	**13288419**	**279985**	**19952079**	**114814**	**309307**	**14661212**	**9682286**
北京市	226616	3024	533379	1859		677822	404388
天津市	325213	2565	219009	4669	2364	257858	408127
河北省	485292	10892	802101	8360	4482	554549	315047
山西省	570427	7091	559127	1305	5688	326785	181838
内蒙古自治区	418242	5024	569237	1345	14158	286448	254763
辽宁省	1308715	18571	756115	17847	10302	640022	588260
其中：大连市	142184	1887	124260	3221		87317	98143
吉林省	793450	5449	367524	4029	12240	297489	123435
黑龙江省	967071	10603	567527	2822	14629	412324	275600
上海市	502373	7199	562416	9289		773594	675417
江苏省	453760	22029	1477943	5760	21509	1056325	1202411
浙江省	255527	12593	1176801	6781	22804	982693	621881
其中：宁波市	81606	2665	182736	2311	4546	152144	245646
安徽省	483863	7406	645081	4024	4127	376652	177737
福建省	94099	15872	424795	2027	16580	390099	142780
其中：厦门市	12120	2062	60987	1021		64182	23085
江西省	372631	2572	416770	1025	5535	322542	207709
山东省	439691	11929	1312928	5573	10229	807554	885953
其中：青岛市	84438	271	174683	1487	1152	124751	114987
河南省	628849	7364	974344	791		566884	276353
湖北省	599442	11282	699005	1001	8785	515226	221544
湖南省	749416	11882	709298	2335	10169	483201	286567
广东省	435836	26423	1931009	5901	64588	1903531	861050
其中：深圳市	36152	1718	295003	1140		370732	165308
广西壮族自治区	199286	10752	519762	8281	7587	402346	228064
海南省	114568	2600	124176	1558	3848	83182	44324
重庆市	327589	5585	451604	671	10115	274003	274108
四川省	649986	17665	1139635	3689	15894	625369	254231
贵州省	229059	4734	511020	1851	2820	287496	105264
云南省	333081	15300	677565	4235	20287	438337	191362
西藏自治区	38909	2528	241636	421	2235	72309	4050
陕西省	502175	4180	523074	2059	4225	295266	184078
甘肃省	396647	3839	349975	2585	2230	160554	89606
青海省	120968	1484	133747	750	2065	65004	12967
宁夏回族自治区	57117	1941	87671	1320	2526	65600	43181
新疆维吾尔自治区	208521	9607	487805	651	7286	260148	140191

续表 4

地　　区	二十五、政策性补贴支出	二十六、支援不发达地区支出	二十七、海域开发建设和场地使用费支出	二十八、车辆税费支出	二十九、债务利息支出	三十、专项支出	三十一、其他支出
地　方　合　计	**3784723**	**1725265**	**20829**	**14847**	**176611**	**4115672**	**16761059**
北京市	45178		273	1052		266870	1991204
天津市	25190	39	2011	469		65402	211600
河北省	214981	55916	2787	1468	119	200899	423010
山西省	89723	50567	205	99		147802	278935
内蒙古自治区	163692	66767	63	1041	5297	87151	155436
辽宁省	251748	38174	2563	527	502	196810	476538
其中：大连市	27340	596	958	2		35138	162451
吉林省	481022	32617	109		30082	65182	141869
黑龙江省	429360	42804	180			222590	218501
上海市	10170			59		229155	2547015
江苏省	141875	13733	382	370	43758	309376	1100495
浙江省	52944	34407	487	565		251479	621752
其中：宁波市	2527	5633		80		56595	91846
安徽省	164909	53782	124	492	3840	109329	436443
福建省	67797	38494	2576	217	27991	81087	589122
其中：厦门市	3506	2796	1071	3	26941	13825	136299
江西省	114370	57809	77	12		63116	290404
山东省	196740	14552	2183	3132	2316	328259	1340828
其中：青岛市	3327	2085	1734	58	1585	38032	156124
河南省	287098	79380	671	814	13276	225246	565472
湖北省	154598	51452	273	1271	4263	74401	569124
湖南省	139254	67549	112	730	2716	134432	531044
广东省	128274	121045	3675	334	890	362140	1789502
其中：深圳市	13871	23607		28		76000	559923
广西壮族自治区	54836	87854	853	147	4972	82106	332756
海南省	14373	25995	668	179	41	15480	136618
重庆市	58897	43436		48	4261	75797	179949
四川省	158220	114412	112	431	19995	135807	492267
贵州省	33481	118329	54		7836	56117	355382
云南省	47057	154096	48	47	420	80566	212370
西藏自治区	19624	31378		4		3302	139512
陕西省	73344	77264	56	2	354	59957	169123
甘肃省	50362	104923	157	626	750	64605	176843
青海省	11214	45927	50	355	2932	18777	50844
宁夏回族自治区	16438	35558	80			18607	65539
新疆维吾尔自治区	87954	67006		356		83825	171562

2004 年各省、自治区、直辖市人均财政收支情况

地　区	人口(万人)	收入					支出			
		数额(亿元)	位次	人均收入(元)	位次	占 GDP 比重(%)	数额(亿元)	位次	人均支出(元)	位次
地方合计	**129988**	**11693.4**		**899.6**		**8.56**	**20592.8**		**1584.2**	
北京	1493	744.5	6	4986.5	2	17.38	898.3	7	6016.6	2
天津	1024	246.2	18	2404.1	3	8.40	375.0	26	3662.3	4
河北	6809	407.8	9	599.0	18	4.65	785.6	10	1153.7	23
山西	3335	256.4	17	768.7	12	8.43	519.1	17	1556.4	15
内蒙古	2384	196.8	23	825.3	10	7.25	564.1	16	2366.2	6
辽宁	4217	529.6	7	1256.0	7	7.71	931.4	6	2208.7	9
吉林	2709	166.3	24	613.8	17	5.62	507.8	20	1874.4	12
黑龙江	3817	289.4	14	758.2	13	5.46	697.6	12	1827.5	13
上海	1742	1106.2	2	6350.1	1	14.85	1382.5	2	7936.4	1
江苏	7433	980.5	3	1319.1	6	6.37	1312.0	3	1765.2	14
浙江	4720	805.9	5	1707.5	5	7.17	1062.9	5	2252.0	7
安徽	6461	274.6	15	425.1	28	5.71	601.5	15	931.0	30
福建	3511	333.5	11	949.9	8	5.51	516.7	18	1471.6	18
江西	4284	205.8	21	480.3	24	5.89	454.1	22	1059.9	27
山东	9180	828.3	4	902.3	9	5.35	1189.4	4	1295.6	21
河南	9717	428.8	8	441.3	27	4.86	880.0	9	905.6	31
湖北	6016	310.4	13	516.0	21	4.92	646.3	14	1074.3	24
湖南	6698	320.6	12	478.7	25	5.71	719.5	11	1074.3	25
广东	8304	1418.5	1	1708.2	4	8.84	1853.0	1	2231.4	8
广西	4889	237.8	19	486.3	23	7.16	507.5	21	1038.0	28
海南	818	57.0	28	697.3	14	7.41	127.2	30	1555.0	16
重庆	3122	200.6	22	642.6	15	7.53	395.7	25	1267.5	22
四川	8725	385.8	10	442.2	26	5.88	895.3	8	1026.1	29
贵州	3904	149.3	26	382.4	30	9.38	418.4	24	1071.8	26
云南	4415	263.4	16	596.5	19	8.90	663.6	13	1503.1	17
西藏	274	10.0	31	365.6	31	4.74	133.8	29	4884.4	3
陕西	3705	215.0	20	580.2	20	7.45	516.3	19	1393.5	19
甘肃	2619	104.2	27	397.7	29	6.68	356.9	27	1362.9	20
青海	539	27.0	30	500.9	22	5.80	137.3	28	2548.0	5
宁夏	588	37.5	29	637.2	16	8.14	123.0	31	2092.1	11
新疆	1963	155.7	25	793.2	11	7.08	421.0	23	2144.9	10

2004年各省、自治区、直辖市上划中央两税情况

单位：亿元

地区	上划中央两税				财政收入＋上划中央两税			
	完成数	位次	人均完成（元/人）	人均位次	数额	位次	人均完成（元/人）	人均位次
地方合计	**8115.43**		**624.32**		**19808.80**		**1523.89**	
北京	279.95	9	1875.07	2	1024.43	6	6861.58	2
天津	179.56	18	1753.48	3	425.74	18	4157.59	3
河北	316.65	8	465.04	15	724.47	8	1064.00	17
山西	232.46	13	697.02	9	488.82	16	1465.73	10
内蒙古	108.94	26	456.96	16	305.70	24	1282.29	14
辽宁	346.87	6	822.55	7	876.51	7	2078.52	7
吉林	154.06	20	568.71	14	320.34	21	1182.52	15
黑龙江	261.65	11	685.47	10	551.07	14	1443.71	11
上海	729.20	3	4185.98	1	1835.39	2	10536.11	1
江苏	777.87	2	1046.51	6	1758.36	3	2365.62	6
浙江	602.99	4	1277.53	4	1408.94	4	2985.05	4
安徽	190.77	17	295.26	25	465.40	17	720.32	27
福建	229.09	14	652.50	11	562.61	13	1602.43	8
江西	110.94	25	258.97	28	316.71	22	739.28	26
山东	542.65	5	591.13	13	1370.99	5	1493.45	9
河南	267.80	10	275.60	27	696.58	9	716.87	28
湖北	216.26	15	359.47	24	526.70	15	875.51	22
湖南	245.26	12	366.17	20	565.89	12	844.87	23
广东	949.48	1	1143.41	5	2367.99	1	2851.63	5
广西	124.77	21	255.21	29	362.55	20	741.55	25
海南	29.76	28	363.79	22	86.79	28	1061.04	18
重庆	113.69	23	364.16	21	314.32	23	1006.78	20
四川	213.06	16	244.19	30	598.84	11	686.35	29
贵州	113.08	24	289.66	26	262.37	26	672.05	30
云南	345.83	7	783.30	8	609.19	10	1379.82	13
西藏	3.34	31	121.99	31	13.36	31	487.64	31
陕西	166.47	19	449.30	17	381.42	19	1029.49	19
甘肃	94.58	27	361.14	23	198.74	27	758.85	24
青海	20.69	30	383.95	19	47.69	30	884.80	21
宁夏	25.19	29	428.39	18	62.66	29	1065.60	16
新疆	122.51	22	624.09	12	278.21	25	1417.29	12

注:上划中央两税为增值税75%部分和消费税。

2004年各省、自治区、直辖市财政体制上解、补助情况表

单位：亿元

地区	本年收入	税收返还收入	原体制上解	原体制定额补助	转移支付补助
地方合计	**11693.37**	**4050.57**	**539.34**	**128.14**	**2326.77**
北京市	744.49	158.42	36.63		0.24
天津市	246.18	108.95	28.56		4.56
河北省	407.83	147.81	20.66		117.43
山西省	256.36	79.15	7.03		73.45
内蒙古自治区	196.76	55.99		18.42	126.21
辽宁省(不含单列市)	412.47	147.71	34.87		47.34
大连市	117.17	51.73	19.27		2.30
吉林省	166.28	74.89	1.19	1.07	93.54
黑龙江省	289.42	85.66	7.61		121.25
上海市	1106.19	369.80	120.00		0.16
江苏省	980.49	356.03	80.72		11.33
浙江省(不含单列市)	654.20	250.62	34.92		0.57
宁波市	151.75	70.66	10.56		
安徽省	274.63	92.10	9.36		121.30
福建省(不含单列市)	268.51	97.68		5.42	18.45
厦门市	65.02	40.65	5.42		0.04
江西省	205.77	54.03		0.45	107.04
山东省(不含单列市)	697.82	188.65	2.89	1.59	69.31
青岛市	130.51	59.63	22.14		1.15
河南省	428.78	137.84	15.22		183.88
湖北省	310.45	113.74	26.92		131.64
湖南省	320.63	116.46	12.14		141.99
广东省(不含单列市)	1097.04	398.22	23.90		0.82
深圳市	321.47	115.86	2.92		
广西壮族自治区	237.77	84.41		6.08	117.32
海南省	57.04	14.14		1.71	23.09
重庆市	200.62	56.03	16.41		49.42
四川省	385.78	124.50		3.43	170.49
贵州省	149.29	54.40		7.42	106.15
云南省	263.36	158.68		6.73	88.04
西藏自治区	10.02	4.34		38.80	29.47
陕西省	214.96	66.07		1.20	102.15
甘肃省	104.16	56.86		1.26	79.09
青海省	27.00	9.95		9.86	44.16
宁夏回族自治区	37.47	11.53		5.33	33.85
新疆维吾尔自治区	155.70	37.40		19.37	109.55

2004 年各省、自治区、直辖市各部门基本数字表(行政部分)

单位：人

部　门	年末机构数（个）	年末人数				
		合计	在职人员	离休人员	退休人员	其他人员
地　方　合　计	**229561**	**9533158**	**7267538**	**235070**	**1814658**	**215892**
北京市	1172	195594	131428	6820	56369	977
天津市	1110	105730	72735	3849	27146	2000
河北省	10351	441543	360111	14835	57932	8665
山西省	6219	325563	234755	15037	55167	20604
内蒙古自治区	7183	289939	208144	7517	68265	6013
辽宁省	7901	411831	280640	20393	104477	6321
其中：大连市	739	52678	34994	2778	13856	1050
吉林省	4768	182879	174077	841	6534	1427
黑龙江省	7057	320280	232350	12479	73127	2324
上海市	1007	106932	103913			3019
江苏省	8745	467017	338074	19479	97872	11592
浙江省	6420	309067	228249	8794	62630	9394
其中：宁波市	666	37222	28125	856	8073	168
安徽省	11333	350131	256387	10675	70769	12300
福建省	8133	243881	183752	5281	51869	2979
其中：厦门市	442	16724	11240	381	3747	1356
江西省	8406	252451	223997	1715	22744	3995
山东省	10903	541293	486546	11303	40634	2810
其中：青岛市	875	53672	41153	2437	9658	424
河南省	13572	677823	512367	21137	142309	2010
湖北省	8829	438233	332139	8255	93874	3965
湖南省	13323	471802	367983	6863	93857	3099
广东省	11256	665109	519768	14266	119257	11818
其中：深圳市	539	38407	35885	6	88	2428
广西壮族自治区	8942	326662	235689	4840	77486	8647
海南省	1455	62346	45570	1506	12336	2934
重庆市	4045	184935	122022	2871	57794	2248
四川省	21199	584471	417731	7456	150459	8825
贵州省	7848	280325	193146	6690	66210	14279
云南省	9997	343117	279826	2785	27900	32606
西藏自治区	3030	64817	48968	245	12730	2874
陕西省	9791	288588	250444	4024	28865	5255
甘肃省	6931	225846	167394	4963	45965	7524
青海省	2293	77725	49482	3308	23138	1797
宁夏回族自治区	1346	56056	40860	1702	11737	1757
新疆维吾尔自治区	4996	241172	168991	5141	55206	11834

续表1

部门	其中				
	财政预算拨款开支人数				
	合计	在职人员	离休人员	退休人员	其他人员
地方合计	**9505552**	**7249109**	**234358**	**1808818**	**213267**
北京市	195576	131410	6820	56369	977
天津市	105730	72735	3849	27146	2000
河北省	441543	360111	14835	57932	8665
山西省	325211	234459	15037	55159	20556
内蒙古自治区	289939	208144	7517	68265	6013
辽宁省	411095	279938	20393	104461	6303
其中：大连市	52660	34976	2778	13856	1050
吉林省	182682	173900	840	6516	1426
黑龙江省	320020	232094	12479	73123	2324
上海市	106903	103884			3019
江苏省	461724	334902	19424	97084	10314
浙江省	308994	228181	8794	62625	9394
其中：宁波市	37222	28125	856	8073	168
安徽省	349250	255592	10675	70748	12235
福建省	243616	183648	5281	51811	2876
其中：厦门市	16720	11240	381	3743	1356
江西省	252451	223997	1715	22744	3995
山东省	537178	486279	10680	37409	2810
其中：青岛市	49557	40886	1814	6433	424
河南省	675623	510436	21129	142195	1863
湖北省	438173	332079	8255	93874	3965
湖南省	470421	366681	6861	93780	3099
广东省	655069	511995	14243	117820	11011
其中：深圳市	37958	35611	6	84	2257
广西壮族自治区	326603	235643	4840	77473	8647
海南省	62329	45557	1506	12333	2933
重庆市	184887	121983	2871	57791	2242
四川省	583484	416781	7456	150426	8821
贵州省	280325	193146	6690	66210	14279
云南省	343016	279729	2785	27896	32606
西藏自治区	64817	48968	245	12730	2874
陕西省	288423	250373	4024	28860	5166
甘肃省	225773	167357	4963	45962	7491
青海省	77725	49482	3308	23138	1797
宁夏回族自治区	56056	40860	1702	11737	1757
新疆维吾尔自治区	240916	168765	5141	55201	11809

续表 2

部　　门	其　中					年末学生数
		自收自支单位年末人数				
	其他人员	在职人员	离休人员	退休人员	其他人员	
地　方　合　计	**27606**	**18429**	**712**	**5840**	**2625**	**97950**
北京市	18	18				6016
天津市						3801
河北省						2078
山西省	352	296		8	48	908
内蒙古自治区						7534
辽宁省	736	702		16	18	
其中：大连市	18	18				
吉林省	197	177	1	18	1	2377
黑龙江省	260	256		4		9016
上海市	29	29				
江苏省	5293	3172	55	788	1278	3266
浙江省	73	68		5		4083
其中：宁波市						
安徽省	881	795		21	65	
福建省	265	104		58	103	2027
其中：厦门市	4			4		
江西省						3215
山东省	4115	267	623	3225		15855
其中：青岛市	4115	267	623	3225		10363
河南省	2200	1931	8	114	147	5926
湖北省	60	60				758
湖南省	1381	1302	2	77		11310
广东省	10040	7773	23	1437	807	5028
其中：深圳市	449	274		4	171	
广西壮族自治区	59	46		13		156
海南省	17	13		3	1	
重庆市	48	39		3	6	1534
四川省	987	950		33	4	
贵州省						7614
云南省	101	97		4		2244
西藏自治区						
陕西省	165	71		5	89	1113
甘肃省	73	37		3	33	646
青海省						
宁夏回族自治区						
新疆维吾尔自治区	256	226		5	25	1445

2004 年各省、自治区、直辖市各部门基本数字表(事业部分)

单位：人

部门	年末机构数(个)	年末人数				
		合计	在职人员	离休人员	退休人员	其他人员
地方合计	**762589**	**37439553**	**27715823**	**448542**	**8358982**	**916206**
北京市	4699	603744	400930	11081	176296	15437
天津市	4777	440044	277616	5141	130155	27132
河北省	41084	1995153	1515995	37516	381302	60340
山西省	11906	1149113	838353	20328	212574	77858
内蒙古自治区	16925	998825	729168	12101	248219	9337
辽宁省	26493	1498943	1025905	30598	398897	43543
其中：大连市	2045	162094	104923	5295	48675	3201
吉林省	20623	1134797	840713	22610	261654	9820
黑龙江省	23050	1274468	927829	21443	312549	12647
上海市	5343	700567	412233	11621	262099	14614
江苏省	29644	1917647	1416076	22665	450825	28081
浙江省	18783	1178166	879964	10652	274356	13194
其中：宁波市	2089	136155	101333	875	32155	1792
安徽省	41500	1353624	983203	17322	317131	35968
福建省	26142	986208	733097	8231	226781	18099
其中：厦门市	1169	53410	37703	515	12779	2413
江西省	30504	1297003	973255	10674	294338	18736
山东省	34926	2613619	2037143	60433	499822	16221
其中：青岛市	3192	207118	161488	3628	39796	2206
河南省	71362	2695426	2216183	30595	436501	12147
湖北省	32363	1734900	1346709	14244	348288	25659
湖南省	47681	2139360	1638581	13675	465115	21989
广东省	37883	2023074	1508797	15960	437812	60505
其中：深圳市	1192	93839	70723	396	11517	11203
广西壮族自治区	28640	1383244	1012581	6564	329013	35086
海南省	3761	218044	156220	1151	51223	9450
重庆市	13687	670784	451803	2763	196122	20096
四川省	51146	1890697	1352054	7766	490797	40080
贵州省	21354	985490	710431	5025	183015	87019
云南省	26309	1271154	881326	16666	326265	46897
西藏自治区	2191	89567	64464	821	17206	7076
陕西省	41580	1277306	958587	17499	254107	47113
甘肃省	25518	752432	590053	5466	127743	29170
青海省	5310	197237	142988	1683	47959	4607
宁夏回族自治区	3640	215926	161238	2160	40350	12178
新疆维吾尔自治区	13765	752991	532328	4088	160468	56107

续表 1

部　　门	其　中				
	财政预算拨款开支人数				
	合计	在职人员	离休人员	退休人员	其他人员
地　方　合　计	**35388184**	**26187684**	**435787**	**8011148**	**753565**
北京市	586477	390473	10896	171305	13803
天津市	417826	258280	5079	127871	26596
河北省	1838777	1391623	36057	363214	47883
山西省	1089096	796263	19900	206484	66449
内蒙古自治区	970093	704760	12014	246094	7225
辽宁省	1386484	950806	29307	370767	35604
其中：大连市	156595	100710	5249	47977	2659
吉林省	1097554	811224	22207	257448	6675
黑龙江省	1214495	879286	20987	306002	8220
上海市	687500	404072	11519	258510	13399
江苏省	1814942	1343215	22183	433463	16081
浙江省	1089346	810214	10279	262224	6629
其中：宁波市	126770	95391	818	29765	796
安徽省	1314861	952459	16914	312239	33249
福建省	950329	706342	8078	221985	13924
其中：厦门市	51144	36009	503	12355	2277
江西省	1217094	914341	10469	277676	14608
山东省	2457876	1922063	57552	466312	11949
其中：青岛市	173937	149106	1926	21844	1061
河南省	2489457	2033739	29736	416400	9582
湖北省	1560686	1213258	13571	324283	9574
湖南省	2032156	1550787	13580	450247	17542
广东省	1861240	1393532	15529	418074	34105
其中：深圳市	84158	66367	394	11253	6144
广西壮族自治区	1309548	963381	6359	310631	29177
海南省	181253	143182	991	29312	7768
重庆市	646662	437299	2710	190577	16076
四川省	1826511	1303429	7596	479578	35908
贵州省	973326	701453	4993	181189	85691
云南省	1212500	849032	16331	301805	45332
西藏自治区	89567	64464	821	17206	7076
陕西省	1231575	927595	16983	243268	43729
甘肃省	725632	567319	5377	126270	26666
青海省	183163	133396	1630	44547	3590
宁夏回族自治区	211070	157019	2157	39994	11900
新疆维吾尔自治区	721088	513378	3982	156173	47555

续表 2

部　　门	其　中					年末学生数
		自收自支单位年末人数				
	其他人员	在职人员	离休人员	退休人员	其他人员	
地　方　合　计	**2051369**	**1528139**	**12755**	**347834**	**162641**	**213159154**
北京市	17267	10457	185	4991	1634	1488978
天津市	22218	19336	62	2284	536	1579586
河北省	156376	124372	1459	18088	12457	11908143
山西省	60017	42090	428	6090	11409	6327242
内蒙古自治区	28732	24408	87	2125	2112	3438606
辽宁省	112459	75099	1291	28130	7939	6159174
其中：大连市	5499	4213	46	698	542	823273
吉林省	37243	29489	403	4206	3145	3660682
黑龙江省	59973	48543	456	6547	4427	4539360
上海市	13067	8161	102	3589	1215	1543622
江苏省	102705	72861	482	17362	12000	12083208
浙江省	88820	69750	373	12132	6565	7392547
其中：宁波市	9385	5942	57	2390	996	894217
安徽省	38763	30744	408	4892	2719	11668410
福建省	35879	26755	153	4796	4175	5601244
其中：厦门市	2266	1694	12	424	136	267724
江西省	79909	58914	205	16662	4128	7951234
山东省	155743	115080	2881	33510	4272	13964039
其中：青岛市	33181	12382	1702	17952	1145	907600
河南省	205969	182444	859	20101	2565	17087348
湖北省	174214	133451	673	24005	16085	10717161
湖南省	107204	87794	95	14868	4447	9142419
广东省	161834	115265	431	19738	26400	15259225
其中：深圳市	9681	4356	2	264	5059	534921
广西壮族自治区	73696	49200	205	18382	5909	8502131
海南省	36791	13038	160	21911	1682	1422896
重庆市	24122	14504	53	5545	4020	4960458
四川省	64186	48625	170	11219	4172	14073782
贵州省	12164	8978	32	1826	1328	7688508
云南省	58654	32294	335	24460	1565	6835106
西藏自治区						286882
陕西省	45731	30992	516	10839	3384	7270802
甘肃省	26800	22734	89	1473	2504	5141552
青海省	14074	9592	53	3412	1017	693740
宁夏回族自治区	4856	4219	3	356	278	1206695
新疆维吾尔自治区	31903	18950	106	4295	8552	3564374